现代服装设计与工程专业系列教材

服装现代制作工艺

（第二版）

主　编　鲍卫君

ZHEJIANG UNIVERSITY PRESS
浙江大学出版社

图书在版编目(CIP)数据

服装现代制作工艺/鲍卫君主编. —2版. —杭州：
浙江大学出版社,2012.9(2022.1重印)
ISBN 978-7-308-10503-3

Ⅰ.①服… Ⅱ.①鲍… Ⅲ.①服装缝制－高等学校－
教材 Ⅳ.①TS941.63

中国版本图书馆 CIP 数据核字(2012)第 204732 号

内容提要

服装制作工艺是服装专业的一门专业基础课程,它是将服装设计思想变为产品的关键步骤。本书内容涵盖大学本科、高职院校专科服装制作工艺教学所涉及的范围。它从服装基础知识入手,包括裁剪基础知识、熨烫基础知识、粘合衬的选择和粘合方法、手缝和车缝基础、典型服装部件的制作,再到女装工艺和男装工艺,包括裙子、裤子、衬衫、夹克衫、马夹、西装、大衣、旗袍等品种。

本书在实例的选用上,体现了产品工艺的典型性和款式的时尚性;所采用的工艺体现现代服装企业的新颖特色,具有先进性和时代感,又适当兼顾缝制工艺的传统性和单件产品制作的局限性。本教材实用性强,通俗易懂,适于作为服装专业教材,也可作为服装从业人员和服装爱好者的参考用书。

服装现代制作工艺(第二版)

鲍卫君　主编

责任编辑	王元新
封面设计	黄晓义
出版发行	浙江大学出版社
	(杭州市天目山路 148 号　邮政编码 310007)
	(网址:http://www.zjupress.com)
排　　版	杭州青翊图文设计有限公司
印　　刷	浙江省邮电印刷股份有限公司
开　　本	787mm×1092mm　1/16
印　　张	21.5
字　　数	523 千
版 印 次	2012 年 9 月第 2 版　2022 年 1 月第 14 次印刷
书　　号	ISBN 978-7-308-10503-3
定　　价	39.00 元

序

　　我国的服装业源于外贸加工,由加工型企业发展起来了一大批大众品牌,目前正在由大众品牌阶段向设计品牌时代过渡,也正力图实现从世界服装生产大国向世界服装强国的转变。改革开放以来,服装产业的快速发展得到了我国各级政府的充分重视,发展环境不断优化,产业集群和大量服装园区的形成与发展,确立了中国服装业在全球的战略地位。但是我国服装产业长期以来依靠低价格及数量取胜,尽管在面料、加工技术方面我国与国际先进水平的差距已经很小,而产品的附加值和科技含量与发达国家相比仍存在很大差距。创国际品牌、提高产品附加值涉及我国服装业的整体发展水平、设计研发能力等,需要深厚的人文底蕴和历史沉淀,更需要大量高素质的专门人才。

　　中国的高等服装教育源于上世纪80年代初,只有二十余年的历史,尽管已经培养了一批为服装行业服务的优秀人才,但行业的发展与进步更需要有一批能适应行业进步与发展的人才。如何按照行业的发展与学科建设的需求来培养人才,是我们一直在追求的目标。

　　浙江省是我国服装制造业的重要基地,所拥有的服装"双百强企业"数位居全国首位。目前行业的发展现状是:截至2004年末,全省服装行业国有及销售收入500万元以上企业计2423家,从业人员58.58万人。2004年完成服装生产总量24.66亿件,占全国同行业生产总量的20.85%,产量继续保持全国第二位;实现利润47.93亿元,占全国同行业利润总额的31.43%;上缴利税27.26亿元,占全国同行业的25.73%。近年来,浙江服装产业发展迅速,在国内的影响越来越大,已经形成了一批有影响的服装企业和服装品牌。浙江的服装业在经历了群体化、规模化、集约化、系列化的发展历程之后,产品创新求变、生产配套成龙,初步形成了以名牌西服、衬衫、童装、女装为龙头,以男装生产为主,内衣、休闲装、职业服装、羊绒服装、西裤等配套发展的服装产业格局。在空间布局上,已经逐渐显现出区域性发展的脉络,众多区域性品牌凸显,形成以杭、宁、温、绍、海宁为首,化纤及面料、领带、袜业、纺织服装机械等相关行业区际分工配套的多中心网状格局。应该说,浙江省具有优良的服装产业背景,正在打造国际先进服装制造业基地,发展势态呈现出持续发展的良好趋势。

　　浙江省有中国最早开设服装专业之一的浙江理工大学(前浙江丝绸工学院)等院校,是培养服装设计师、服装工程师的摇篮。浙江理工大学服装学院经过多年的探索与实践,提出了艺术设计与工程技术相结合、创意设计与产品设计相结合、校内教学与社会实践相结合的服装专业教学思路,形成了自己的鲜明特色。2001 年获浙江省教学成果一等奖、国家级教学成果二等奖。服装设计与工程专业被列入浙江省重点建设专业，所属学科是浙江省惟一的重点学科并具有硕士点和硕士学位授予权，为服装行业培养了一大批优秀的适用人才，声誉卓著，社会影响力巨大。

这次由浙江大学出版社和浙江省纺织工程学会服装专业委员会共同组织浙江理工大学、中国美术学院等具有服装专业的相关院校编著"现代服装设计与工程专业系列教材"，依托浙江省重点建设专业和重点学科，旨在进一步为中国的高等服装教育及现代服装产业的发展与繁荣作出更大的贡献。参加教材编著的成员是浙江省各院校的骨干教师，多年来一直与服装产业紧密结合，既具有服装产业的实际工作经历，又有丰富的服装理论教学经验。我相信这套系列教材的出版，一定会有助于中国现代高等服装教育的发展，为培养适应服装行业发展需求与 21 世纪要求的高素质的专门人才服务，同时为我国服装产业的提升与技术进步及增强国际竞争力作出应有的积极贡献。

浙江省重点学科"服装设计与工程"带头人
浙江省重点建设专业"服装设计与工程"负责人
浙江省纺织工程学会服装专业委员会主任委员

邹奉元教授
2005 年 8 月

前　言

　　《服装现代制作工艺》自 2005 年出版以来,被国内众多服装院校作为教材使用,受到了广大读者的厚爱,在此表示衷心感谢。

　　随着高校教学改革的不断进行以及服装行业日新月异的变化,原教材中的部分内容适应不了当今服装工艺教学的需要,也没有很好地及时反映服装新工艺新技术,为此,作者对原教材进行了较大的修改。第二版教材在保留原教材精华内容的基础上,增加了能体现当今服装潮流及发展趋势的新款式、新工艺和新技术,在充分考虑内容覆盖面的基础上,体现教材的经典性、时代性和先进性。

　　教材内容涵盖大学本科服装专业、高职院校服装专业在服装制作工艺教学中所涉及的范围。它从服装基础知识入手,包括缝纫基础知识、裁剪基础知识、熨烫基础知识、粘合衬的选择和粘合方法、典型服装部件的制作,再到女装工艺和男装工艺,包括裙子、裤子、衬衫、旗袍、茄克衫、马夹、西装、大衣等品种,阐述了在服装制作中必须具备的基础知识、经典服装部件的制作要点,详述了服装的制图、样板的放份、排料、工艺制作全过程,并配以大量的图片,力图使学生在有限的教学课时中,经过系统的学习,全面掌握服装制作的基本方法和要领,掌握服装缝制工艺流程和服装缝制工艺质量标准。

　　本教材由浙江理工大学服装学院鲍卫君主编,负责全书的统稿和修改。全书共五章,参编人员如下:

　　浙江理工大学鲍卫君编写第一章,第二章,第三章,第四章第二节、第四节、第五节、第六节,第五章第二节;

　　浙江理工大学徐麟健编写第四章第七节,第五章第一节、第三节;

　　浙江科技学院黄志青编写第四章第一节、第五章第四节;

　　浙江理工大学张芬芬编写第四章第三节;

　　浙江理工大学陈荣富编写第五章第五节。

　　由于作者水平有限,疏漏和错误之处在所难免,敬请同行专家和广大读者批评指正。

浙江理工大学服装学院　　鲍卫君

2012.7

目　录

第一章 服装制作工艺基础

第一节 常用工具

在服装缝制中,需要用到很多工具,能否正确、熟练地使用这些工具,关系到缝制工艺的质量和效率。

一、常用缝制工具

1. 尺

尺常用于服装的制图和测量(见图 1-1-1)。服装制作中常用的尺有以下几类:

(1)直尺,用于直线的绘制与尺寸的量取。

(2)放码尺,用于样板的放缝,也可在作图或划样时用于画直线。

(3)弧形尺,用于衣片的袖窿、领圈及裤片的裆弯等弧线部分的绘制。

(4)软卷尺,用于身体各部位尺寸、纸样中弧线长度的测量,成衣各部位尺寸的测量。

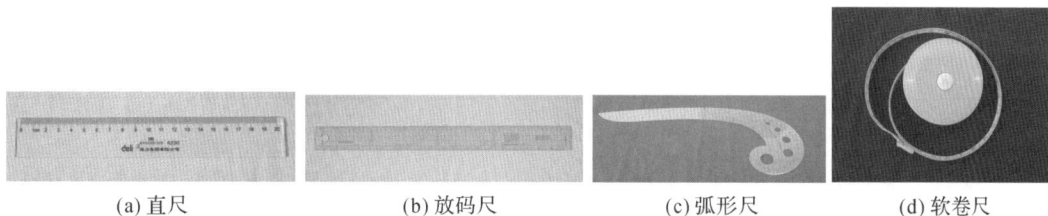

(a) 直尺	(b) 放码尺	(c) 弧形尺	(d) 软卷尺

图 1-1-1 尺

2. 剪刀

如图 1-1-2 所示,服装制作中常用的剪刀有以下几类:

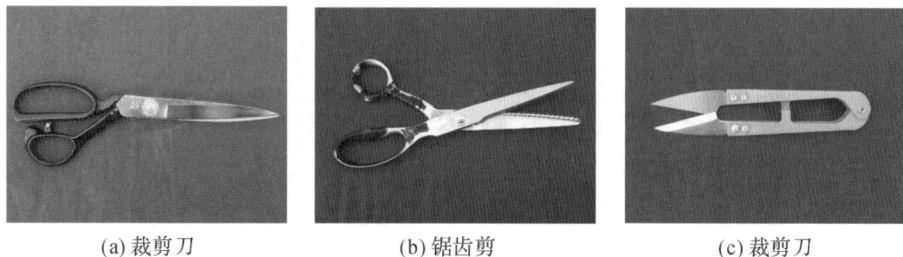

(a) 裁剪刀	(b) 锯齿剪	(c) 裁剪刀

图 1-1-2 剪刀

(1)裁剪剪刀,用于裁剪面料和剪纸样。裁剪面料和剪纸样的剪刀最好分开。裁剪剪刀有 12♯、11♯、10♯、9♯之分。

(2)锯齿剪,既可用于面料边缘的防脱散处理,又可用于面料边缘的装饰处理。

(3)线剪,用于缝制过程中剪断线或缝制完成后服装上线头的剪除。

3. 针

如图 1-1-3 所示,服装制作中常用的针有以下几类:

(1)缝纫机针,有工业缝纫机针和家用缝纫机针之分,教学上所用的通常是工业缝纫机。

(2)手缝针,也叫手针,在手工缝纫时使用。

(3)珠针(大头针),在缝制过程中用于裁片的临时定位。宜选用细而长的针型。

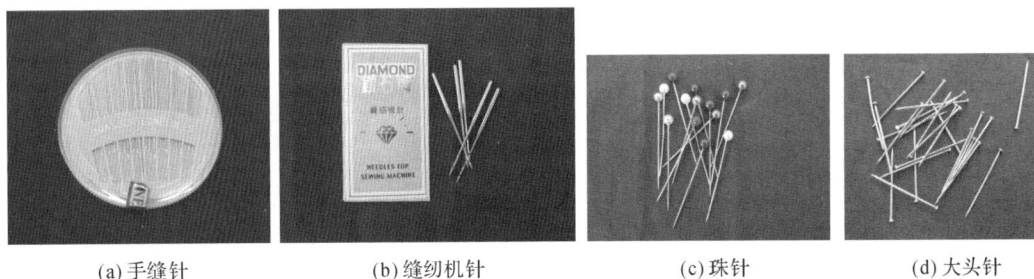

(a)手缝针　　　　　　　(b)缝纫机针　　　　　　　(c)珠针　　　　　　　(d)大头针

图 1-1-3　针

缝纫机针与手缝针粗细的选用与面料的厚薄有关。如表 1-1 所示,缝纫机针的号数越大,针杆就越粗;而手缝针则相反,针的号数越大,针杆就越细。

表 1-1　针的选用与面料的厚薄的关系

类　别	轻薄面料	中型厚度面料	厚型面料
家用缝纫机针	9♯,11♯	11♯,14♯	14♯,16♯
工业缝纫机针	70♯、75♯	75♯,90♯	90♯,100♯
手缝针	9♯,10♯,11♯,长7♯,长9♯	4♯,5♯,6♯,7♯,8♯	1♯,2♯,3♯

4. 缝纫线

缝纫线是缝制的基本材料。如图 1-1-4 所示,常用的缝纫线从形状上分有两种:一种较小,呈圆柱形,适用于家用缝纫机上单件服装的缝制;另一种较大,呈圆锥体,适用于工业缝纫机上服装的缝制及包缝机、锁眼机、绷缝机等特种机上使用。从材料上分,缝纫线有涤纶线、涤棉线、丝线等。

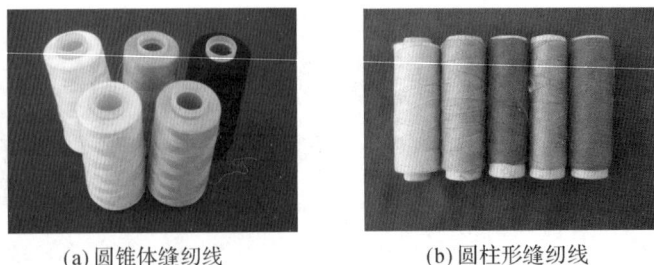

(a)圆锥体缝纫线　　　　　　　(b)圆柱形缝纫线

图 1-1-4　缝纫线

5. 梭壳、梭芯

梭壳、梭芯属缝纫机中的配件（见图 1-1-5）。

图 1-1-5　梭壳、梭芯

6. 压脚

压脚也是缝纫机中的配件。压脚的种类很多，从功能上分，有普通平压脚（平缝机上原有的部件）和其他专用压脚。根据需要配置适当的专用压脚，可有效地提高缝制效率和缝制质量。

（1）单边压脚：如图 1-1-6（a）所示，单边压脚有左右向之分，主要用来安装普通拉链和滚条滚边。

（2）隐形拉链压脚：如图 1-1-6（b）所示，隐形拉链压脚可以紧贴隐形拉链齿进行缝纫，进行如裙子、裤子、上衣等服装上隐形拉链的缝制。由于该压脚上带有特殊的凹槽孔用以导入隐形拉链，从而可以实现缝合部位平服、拉链齿密合的效果。

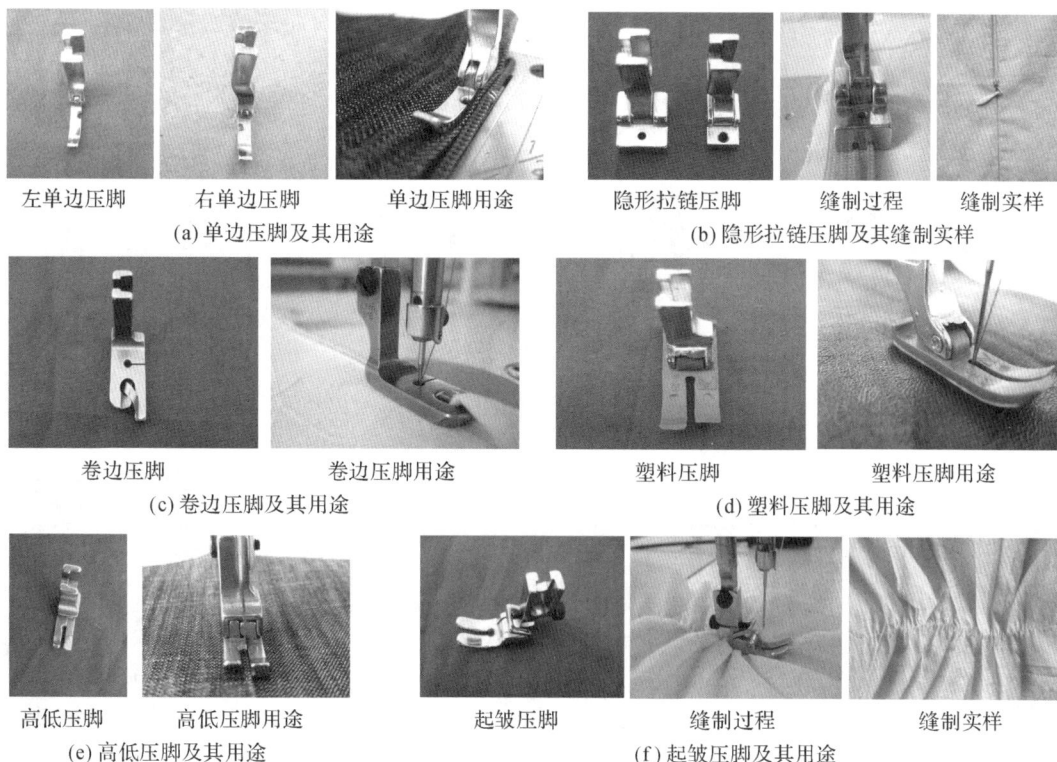

| 左单边压脚 | 右单边压脚 | 单边压脚用途 | 隐形拉链压脚 | 缝制过程 | 缝制实样 |

（a）单边压脚及其用途　　　　　　　（b）隐形拉链压脚及其缝制实样

| 卷边压脚 | 卷边压脚用途 | 塑料压脚 | 塑料压脚用途 |

（c）卷边压脚及其用途　　　　　　　（d）塑料压脚及其用途

| 高低压脚 | 高低压脚用途 | 起皱压脚 | 缝制过程 | 缝制实样 |

（e）高低压脚及其用途　　　　　　　（f）起皱压脚及其用途

图 1-1-6　压脚

（3）卷边压脚：卷边压脚可用来完成服装卷边操作。如图 1-1-6（c）所示，卷边压脚的原理是将布料边缘卷起细窄的三折边，用直线针迹进行缝合。该压脚适用于一些薄面料的卷边处理。

（4）塑料压脚：用于皮革、塑料等制品的缝制（见图 1-1-6（d））。

（5）高低压脚：用于具有高低不平的缝料，如衣片前门襟止口、领子的止口等部位的缝制（见图 1-1-6（e））。

（6）起皱压脚：压脚跟部抬起不送布，使前部缝好送入的线迹抽紧形成碎褶，主要用于木耳边的抽褶和衣片细褶的制作（见图 1-1-6（f））。

7. 其他缝制辅助工具

其他缝制辅助工具如图 1-1-7 所示。

（1）针插：用于插入手缝针和珠针（大头针），便于取用。它内装棉花或晴纶棉，外包一层棉布。

（2）划粉：用于在面料上划线。划粉线要细，画错时，可轻轻拍去粉线。若用在浅色面料上，宜选用与面料相近的划粉。

（3）镊子：用于翻出服装中的一些尖角、直角部位，如领角、下摆角、袖克夫等部位。也可用于缝制时用镊子推送上层面料，可使上下层面料平齐。镊子还可以用来拆线。弯形镊子可用来拔除线钉和线头。

（4）锥子：用于裁片省位、袋位的定位，确保左右片的对称，也可用来翻角和拆线。

（5）点线器：主要用于复制样板。

（6）螺丝刀：有大、小螺丝刀之分。大螺丝刀用于拆装压脚和简单的机器螺丝调节。小螺丝刀用于调节梭壳或梭皮上的螺丝，从而起到调节底线张力的作用；也可用来装针、换针。

（7）人体模型：有男模和女模之分，按胸围大小分型号。我国常用的女模有 80、84、88 等型号，男模有 88、92、96 等型号，用于衣服制作过程或成衣的试样。

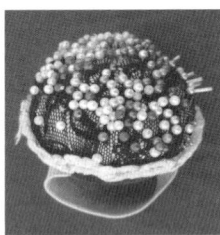
（a）针插

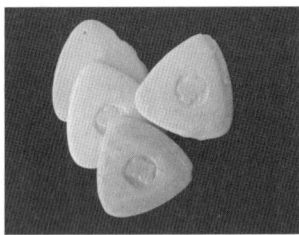
（b）划粉

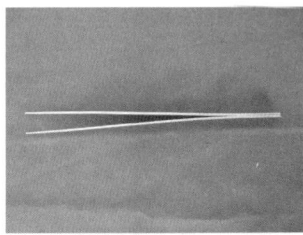
（c）镊子

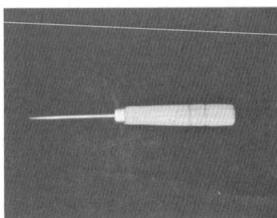
（d）锥子

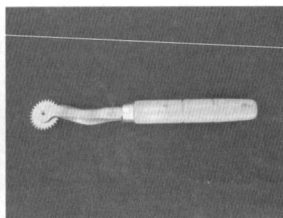
（e）点线器

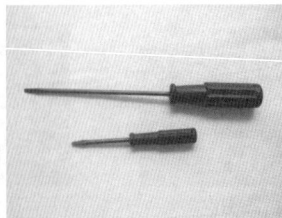
（f）螺丝刀

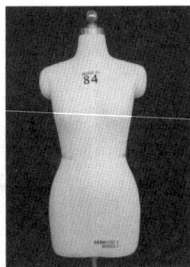
（g）人体模型

图 1-1-7　其他缝制辅助工具

二、常用熨烫工具

如图 1-1-8 所示,常用的熨烫工具有以下几种:

1. 电熨斗

常用电熨斗的为蒸汽熨斗,并装有自动调温器,旋转刻度盘旋钮,能将熨斗调到所需温度。蒸汽熨斗分为"自身水箱式滴液"蒸汽熨斗、"挂瓶式滴液"蒸汽熨斗以及电热蒸汽熨斗。

2. 铁凳

铁凳主要用于肩缝、前后肩部、后领窝、袖窿等不能平铺熨烫的部位。

3. 长烫凳

长烫凳常用于熨烫裙子的裙裥、裤子的侧缝、袖缝等。

4. 布馒头

布馒头是为了熨烫服装的凸出部位,如上衣胸部、背部、臀部等造型丰满的部位所需的辅助垫烫工具,内装锯木粉,采用棉布包裹做成。

5. 台板熨烫垫呢

台板熨烫垫呢通常是用双层棉毯(或粗毛毯)上面再蒙盖一层白棉布构成。白棉布使用前应将布上的浆料洗去,然后将垫毯、白棉布固定在台板上。

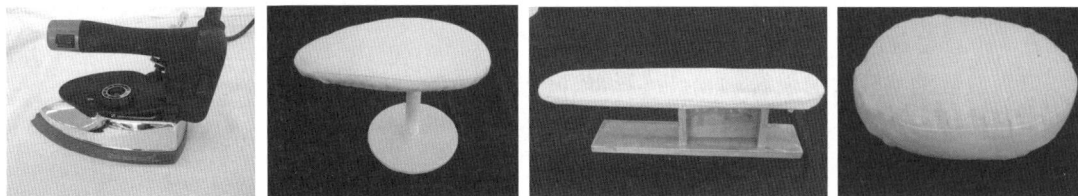

(a) 蒸汽电熨斗　　　　(b) 铁凳　　　　(c) 长烫凳　　　　(d) 布馒头

图 1-1-8　常用熨烫工具

思考与训练

1. 常用的压脚有哪几种? 各有什么用途?
2. 常用的工业缝纫机针有哪些型号?
3. 缝纫机针与面料的关系怎样?
4. 请说说"布馒头"的用途。

第二节　裁剪基础知识

一、服装材料的预处理

服装材料加工时,由于加工手段不同或纤维材料的性能不同,在织物内部存在着不同的应力和其他病疵,如果在裁剪前不消除这些情况,将会不同程度地影响服装成品形态的稳定性能、穿着性能和产品的外观质量。面料的预处理是消除和纠正这种影响的一道必要工序。

所以,在裁剪前必须对服装材料,主要是面料、里料、衬布等进行充分的预缩和良好的处理。

1. 面料的预缩

服装材料在生产过程中要经过制造、精练、染色、整理等各种理化处理,在各道工序中所受的强烈机械张力会导致织物呈纬向收缩、经向伸长的不稳定状态,使织物内部存在各种应力及残留的变形。根据纤维和材料的不同,这些变形特征各异。因此,在裁剪前要消除或缓和这些变形的不良因素,使服装成品的变形降低到最小程度。由于材料中存在的变形因素不同,预缩的方法也不同。服装材料的预缩方法主要有四种。

(1)自然预缩

在裁剪前将织物抖散,在无堆压及张力的情况下,放置 24 小时以上,使织物自然回缩,消除张力。另外,一些有张力的辅料,如松紧带、有弹性的花边等材料,在使用前必须抖松。放置 24 小时左右,否则,短缩量会很大。

(2)水缩

缩水率较大的材料在裁剪前必须给予充分的缩水处理。如纯棉、麻织物,可将织物直接用清水浸泡(浸泡时间根据材料的品种和缩水率的大小而定),然后摊平晾干。

若是上浆织物,要用搓洗、搅拌等方法给予去浆处理,使水分充分进入纤维,有利于织物的缩水。

毛织物的缩水有两种方法:一是喷水烫干;二是用湿布覆盖在上面熨烫至微干,熨烫温度在 180℃ 左右。

一般收缩率较大的辅料,如纱带、彩带、嵌线、花边等,也需进行缩水处理。

(3)热缩

这是一种干热预缩法,有两种方式:

● 直接加热法,即用电熨斗、呢绒整理机等对织物直接加热。

● 利用加热空气和辐射热进行加热,可利用烘房、烘筒、烘箱等热风形式及应用红外线的辐射热进行热缩。

(4)湿热缩

这是一种利用蒸汽使织物在蒸汽给湿和给热的作用下,恢复纱线的平衡弯曲状态,以减少缩率的面料预缩方法。一般服装厂可采用在烘房内通过蒸汽压力,让织物在受湿热的作用下自然回缩,时间视材料不同而定,然后经过晾干或烘干方法进行干燥处理。小批量或单件的服装材料也可利用大烫蒸汽或蒸汽熨斗蒸汽进行预缩处理。

2. 面料的整理

服装材料在检验后会发现许多疵点和缺陷,如纬斜、疵点、断线、缺经等,这就要通过一些整理工序给予修正和补救,其方式一般有织补和整纬两种。

(1)织补

织补是指对面料存在的缺经、断纬、污纱、漏针、破洞等织疵,用人工方法按织物的组织结构给予修正,一般分为半成品织补和成品织补。一些无法织补的疵点,可采用换片、绣花、贴布等方法补救。

(2)整纬

纺织材料有经纬纱之分。我们把与布边平行的布纱称为经纱(直丝),把与布边垂直的布纱称为纬纱(横丝),正常织物的经纬纱应保持互相垂直状态。经纬纱若不互相垂直,则要对织物进行整纬处理。

1)小面积织物整纬,可采用人工整纬的方法,见图1-2-1。具体操作方法:先抽取一根纬纱,然后顺着纬纱剪整齐;再将织物喷湿,用熨斗在织物的反面,一边在纬斜的方向拉伸,一边反复用力熨烫,直至拉到经纬向互相垂直为止。

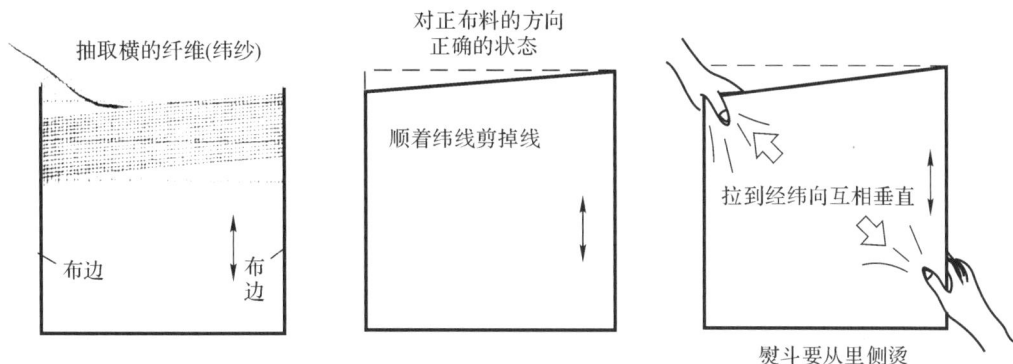

图1-2-1 人工整纬方法

2)大面积织物的整纬,一般采用专业的整纬装置。整纬装置种类很多。从功能上分,有纬斜整纬装置和纬弯整纬装置;从结构上分,有差动齿轮式整纬装置和滚筒式整纬装置。为提高精确度,还可采用光电整纬装置,其工作原理是:将光源发射的平行光线透过运行着的织物进入信号接收头,按各自的检测原理而设计的光学系统所取的纬纱成像,由光电原理转换成输出信号,通过放大控制器和执行机构,调整直辊和弯辊(分别调整纬斜和纬弯),从而达到整纬的目的。

服装材料的预处理,不管采用哪种方法,均要视面料的材质而定。在预处理之前,可以先取小块面料或布端进行试验,观察其缩率、色牢度、耐高温程度、面料气味等,然后进行大批处理。

值得注意的是,若采取熨烫的方法,应在面料的反面进行熨烫。现列出常见面、辅料小面积手工预处理方法(如表1-2所示),以供参考。

表 1-2 常见面、辅料小面积手工预处理方法

面料品种	要 点	图示
纯棉、麻织物	1. 用清水浸泡 1 小时后捞起至半湿状,用熨斗烫平,同时整理布纹丝向。 2. 若是上浆织物,先要用搓洗、搅拌的方式去浆。 3. 若已经防缩、防皱处理的,则只要用熨斗整纬即行。	清水浸泡1小时　　180~200℃ 织物反面 稍带湿气
毛织物	1. 均匀地喷一些水雾,稍带湿气,再从反面用熨斗烫平。 2. 在反面垫湿布熨烫。	180℃左右 织物反面

续表

面料品种	要　　　点	图示
丝织物	1. 需水缩的丝织物，浸水10分钟左右捞起晾至半干，边整纬边熨平。 2. 无需水缩的，则直接用熨斗在面料的反面进行整纬。 3. 薄而下垂感强的丝织物，可用悬挂法整纬，水平悬挂一夜，自然就可矫正布纹。	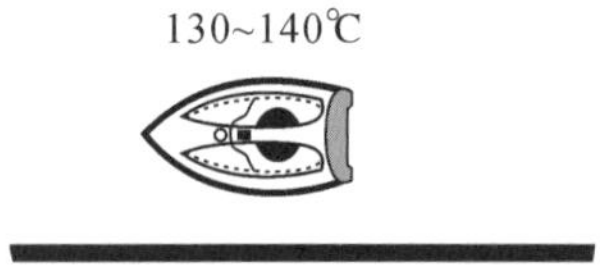 130~140℃
化纤织物	1. 一般无需水缩，在织物反面垫上湿布边整纬边烫平。 2. 直接用蒸汽熨斗在织物的反面烫平。要特别注意熨斗的温度。	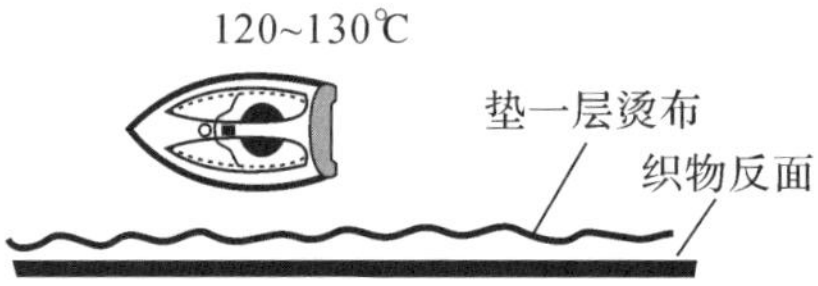 120~130℃ 垫一层烫布 织物反面
表面有立体感的面料（珍珠毛呢等）	1. 把面料正面相对折叠后，在用蒸汽熨斗边整理上下层的布纹，边轻轻熨烫。 2. 在两面喷水，让水均匀地渗入到织物的组织中，再用熨斗轻轻熨烫。	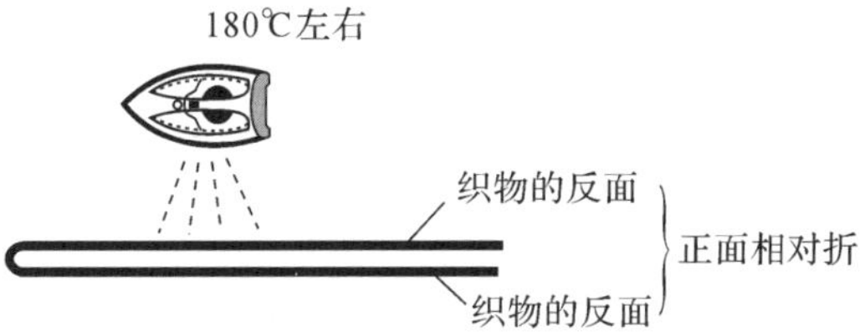 180℃左右 织物的反面 正面相对折 织物的反面
双面布料	1. 垫布，用蒸汽熨斗烫平。 2. 在两面喷水，再垫布熨平。	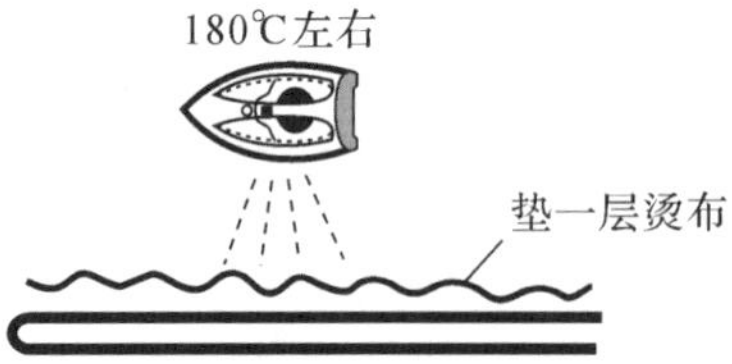 180℃左右 垫一层烫布
长毛织物	将织物正面相对折，熨斗在反面顺着长毛方向，不喷蒸汽，只烫去皱褶即可。	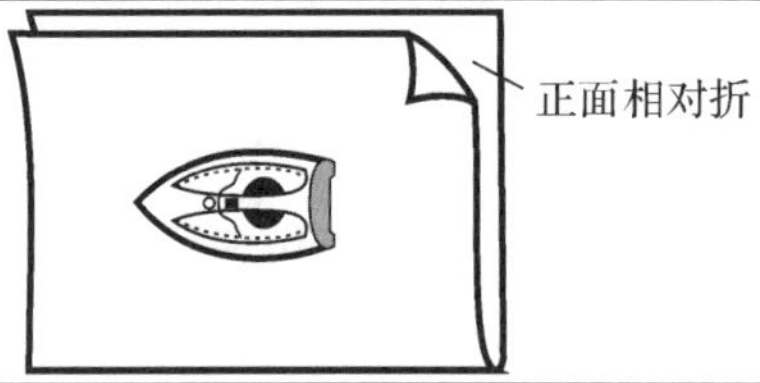 正面相对折
格子、条纹织物	将织物正面相对折，对齐上下层条纹，用长绗针假缝固定，再用熨斗整纬。	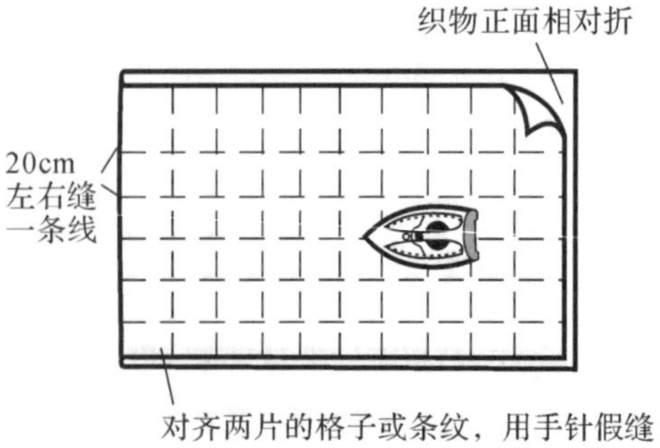 织物正面相对折 20cm左右缝一条线 对齐两片的格子或条纹，用手针假缝格子、条纹织物

续表

面料品种	要　　点	图示
里衬	毛衬及麻衬,要充分浸水,晾至稍有湿度时,边整纬边用熨斗烫干。	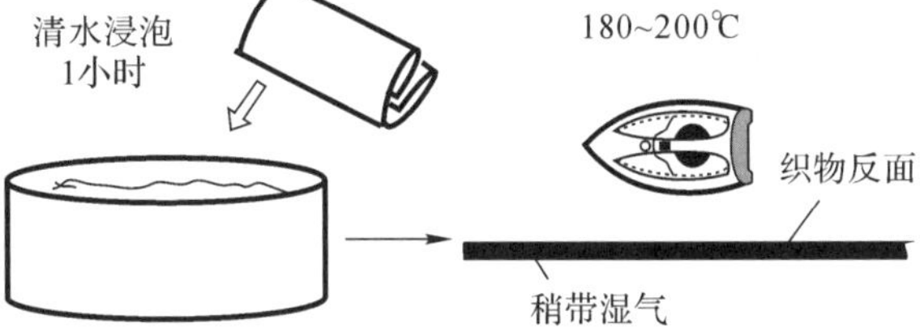 清水浸泡1小时　180~200℃　织物反面　稍带湿气
有纺粘合衬	不需要水缩,但需整纬。采用垫纸卷在木棒上的方法。	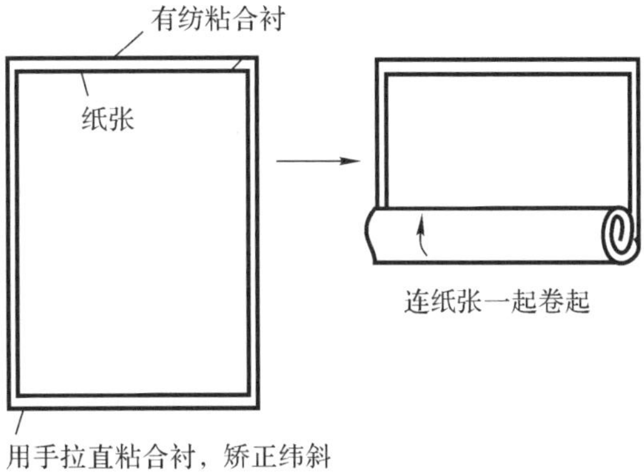 有纺粘合衬　纸张　连纸张一起卷起　用手拉直粘合衬,矫正纬斜

二、服装的裁剪

1. 排料

排料是裁剪的基础,它决定着每片样板的位置及使用面料的多少。排料前必须对款式的设计要求和缝制工艺了解清楚,其次对所要缝制的面料性能有足够的认识,在进行排料时要注意以下几点:

(1)先要对面料进行预缩和整理。

(2)认清面料的正反面。

(3)确定面料的铺设方式。

单件服装的裁剪不同于批量生产的服装裁剪,在排料前要确定面料的铺设方式。面料的铺设方式应根据其门幅的宽度、样板的形状和面料的特点来决定。通常,服装面料有窄幅、中幅和宽幅之分。

对于窄幅(90cm)或中幅(110~120cm)面料,常见的铺设方式如图 1-2-2 所示。

对于宽幅(144~150cm)面料,常见的铺设方式如图 1-2-3 所示。

铺料时不管采用哪种方式,都要把面料的反面朝上,避免在划样时将划粉直接划在面料的正面。

(4)确认衣片是否左右对称

服装上许多衣片具有对称性,如上衣的衣片和袖子、裤子的前片和后片等,都是左右对称的两片。因此,排料时既要注意保证面料正反一致,又要保证衣片的对称,避免出现"一

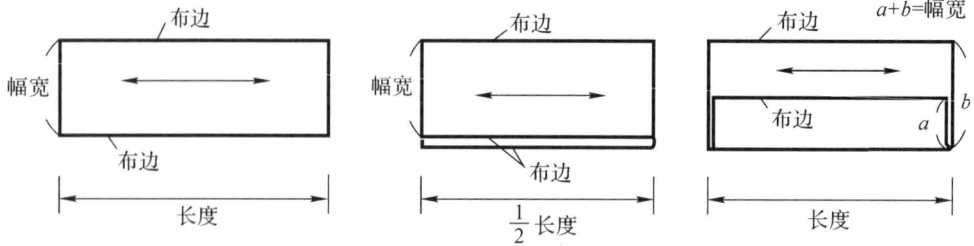

图 1-2-2　窄幅或中幅面料的铺设方式

顺"的现象。如图 1-2-4 所示,图中①,②的排料为"一顺"现象,是错误的;③,④的排料为对称,是正确的。

（5）面料的方向性

面料的方向性表现在两个方面。首先,面料有经向和纬向之分。在服装制作中,面料的经向和纬向表现出不同的性能。经向挺拔垂直,不易伸长变形;纬向略有伸长,斜向易伸长变形。因此不同衣片在用料上有直料、横料和斜料之分。在排料时,应根据服装制作的要求,注意用料的布纹方向,样板的经向与面料的经向必须排列一致。

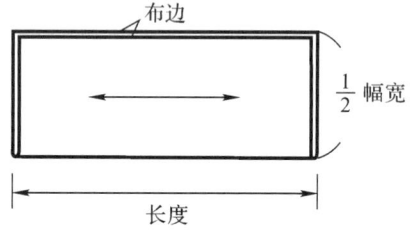

图 1-2-3　宽幅面料铺设方式

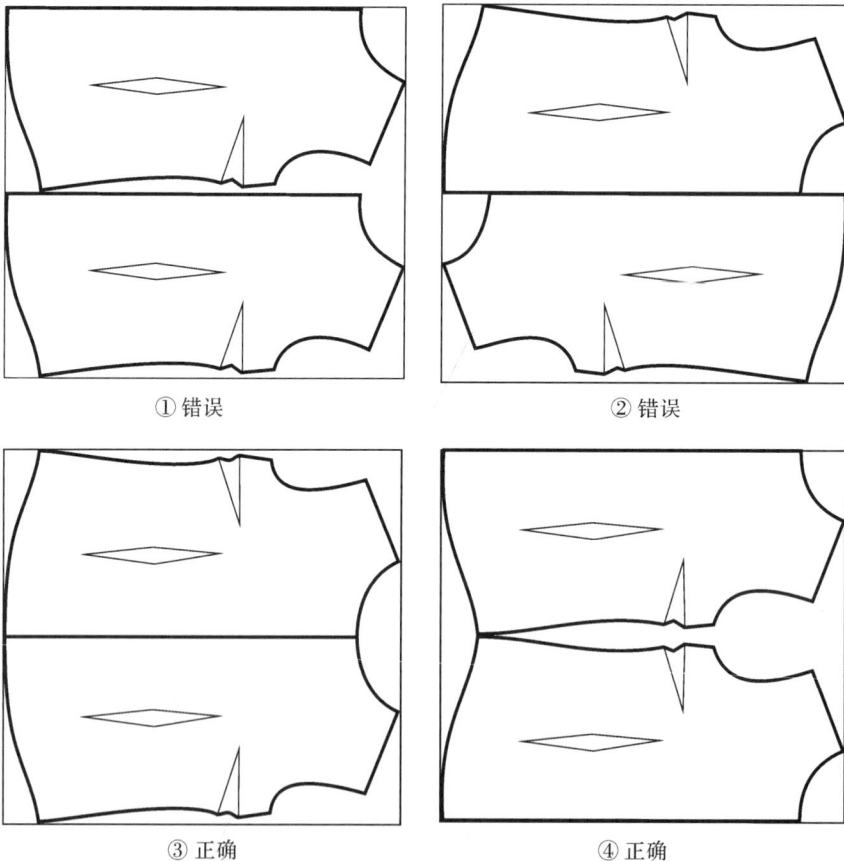

① 错误

② 错误

③ 正确

④ 正确

图 1-2-4　衣片排料的对称性

其次,当从两个相反方向观看面料的表面状态时,其具有不同的特征和规律。例如表面起绒或起毛的面料,沿经向毛绒的排列就具有方向性,当从不同的方向观看面料时,会出现不同的色泽,不同方向的手感也不一样。有些条格面料,颜色的搭配或条格的变化规律也有方向性,这样的面料通常称为"顺风条"面料或"阴阳格"面料。还有些面料的图案有方向性,如花草树木、建筑物、人物、动物等,面料的方向放错了,就会头脚倒置。表面绒感较强的面料往往会呈现出倒顺毛的特征,在排料时应注意纸样要顺着面料的同一方向排列,不能一顺一逆,以免因面料表面纤维对光的折射效果不同而引起衣片相应缝合部位出现倒顺色差。

（6）面料的色差、疵点、污渍的处理

对于有明显质量问题的面料,如有色差、疵点、污渍等,在排料时应适当调整纸样,尽量使疵点等不足之处排在次要部位。对色差明显的面料则应在排料时巧妙处理。尽量使相互缝合的部位排在色差等级相近的部位,如前裤片的裆部与侧缝处,相拼接的部位尽量排列一致,以免缝合后增强色差的对比。同时还应注意零部件与大身衣片就近排列,以减少色差等级差异。

（7）节约用料

在保证设计和制作工艺要求的前提下,尽量减少面料的用量是排料时应遵循的重要原则。服装的成本很大程度上在于面料用量的多少,而决定面料用量多少的关键又是排料方法。同一套样板,由于排放的形式不同,所占的面积大小就会不同,也就是用料多少会不同。排料的目的之一,就是要找出一种用料最省的样板排放形式。如何通过排料达到这一目的,很大程度上要靠经验和技巧。根据经验,以下方法对提高面料利用率、节约用料是行之有效的。

● 先大后小　排料时,先将主要部位较大的样板排放好,然后再把零部件较小的样板在大片样板间隙中及剩余部分进行排放。

● 紧密排料　样板形状各不相同,其边线有直的、有斜的、有弯的、有凹凸的等等。排料时,应根据它们的形状,采取直对直、斜对斜、凹对凸,弯与弯相顺,这样可以尽量减少样板之间的空隙,充分利用面料。

● 缺口相拼　有的样板具有凹状缺口,但有时缺口内又不能插入其他部件。此时应将两片样板的缺口拼在一起,使两片之间的空隙加大,这样就可以排放另外一些小片样板。

2. 划样和裁剪

（1）划样

排料结束后,要清点样板的数量,以免漏排,然后用划粉沿样板边缘划样。划粉的边缘要求薄一些,划样的线要细。

（2）裁剪

划样完毕,就可以用剪刀沿面料上的粉线进行裁剪。单件裁剪的难度并不大,但对于初次接触裁剪的人来说,要注意以下几点:

1）裁剪刀刀口要锋利、清洁,否则容易造成面料在刀口打滑或裁片布边起毛,增加裁剪的难度,影响裁剪的速度和精度。注意:裁布的剪刀和剪纸样的剪刀要分开。

2）裁剪台要保持平整,最好在台面垫上棉毯或厚布,以增加面料和台面的摩擦力,增加面料的稳定性,便于操作。

3）裁剪操作时,左右手要互相配合。进刀时,左手压着布面,右手握刀前进。左手手势应随着右手进度及时跟上,以免上下层面料滑动,造成上下层该对称的裁片因移位而产生较大的误差。对于初学者来说,在裁剪较滑爽的面料时,特别是夏季的轻薄化纤面料,可先在台面上铺上一块厚实的棉毯,再用大头针将其对折归正,丝缕顺直的面料同台面棉毯固定之后再裁,以降低裁剪难度。

4)裁剪应严格按照划粉线进行,要求刀路顺直流畅。裁剪直线时,剪刀张口宜大,要使用刀刃中央,进刀量宜多。裁剪曲度较大的弧线时,如裤子的前后裆弯、衣片的前后袖窿,剪刀张口宜小,尽量使用刀刃前端去剪,但速度要快,如图 1-2-5 所示,同时要保证刀口的圆顺。

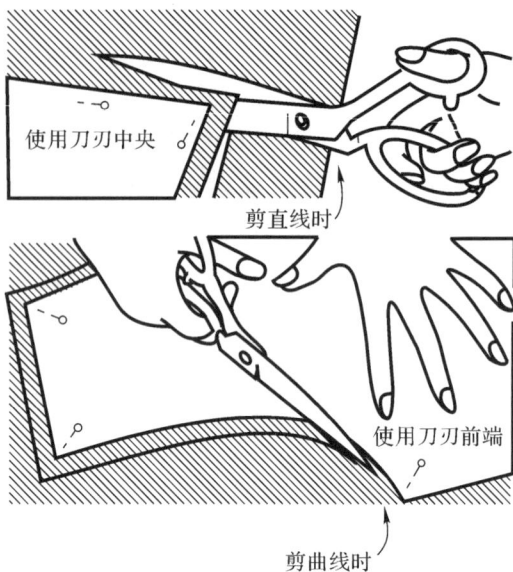

图 1-2-5　裁剪的方法

思考与训练

1. 服装材料预处理的目的是什么?
2. 服装材料的预缩主要有哪几种方法?
3. 什么是织物的经纬向?
4. 怎样进行织物的小面积手工整纬?
5. 进行排料时要注意哪几点?

第三节　熨烫工艺基础知识

熨烫技术和技巧,作为服装制作的基础工艺和传统技艺,在缝制技术和工艺中占有重要的地位。从衣料的整理开始,到最后成品的完美形成,都离不开熨烫,尤其是高档服装的缝制,更需要运用熨烫技艺来保证缝制质量和外观造型的工艺效果。服装行业用"三分缝制七分熨烫"来强调熨烫技术在服装缝制全过程中的地位和作用。

一、熨烫工艺的作用

在服装缝制的过程中,熨烫工艺从原料测试、预缩到成品整形贯穿始终。它的主要作用有以下四个方面:

(1)原料预缩

在服装缝制前,尤其是毛料和棉、麻、丝等天然纤维织物,要通过喷雾、喷水熨烫等不同方法,对面、辅料进行预缩处理;并烫掉折印、皱痕,得到平整衣料,为排料、画样、裁剪和缝制创造条件。

(2)热塑变形

通过运用推、归、拔等熨烫技术和技巧,塑造服装的立体造型,弥补结构制图没有省道、撇门及分割设置等造型技术的不足,使服装立体、美观。

（3）定型、整形

● 压、分、扣定型　在半成品缝制过程中,衣片的很多部位要按工艺要求进行平分、折扣、压实等熨烫操作,如折边、扣缝、分缝烫平、烫实等,以达到衣缝、褶裥平直,贴边平薄贴实等持久定型。

● 成品整形　通过整形熨烫,使服装达到平整、挺括、美观、适体等成品外观形态。

（4）修正弊病

利用织物纤维的膨胀、伸长、收缩等性能,通过喷雾、喷水熨烫,修正缝制中产生的弊病。如对绲线不直、弧线不顺、缝线过紧所造成的起皱,小部位松弛形成的"酒窝",部件长短不齐,止口、领面、驳头、袋盖外翻等弊病,都可以用熨烫技巧给予修正,以提高成衣质量。

二、服装缝制半成品熨烫技术

服装缝制过程中的熨烫技术,主要是对半成品进行的边缝制、边熨烫,俗称"小烫"。半成品熨烫分散在各个环节、各道工序、各个部位随时进行,它是获得优良的成品质量的前提和基础。基本的熨烫技法有三种:分缝熨烫技法、扣缝熨烫技法和部件定型熨烫技法。

1. 分缝熨烫技法

服装缝制作业量最大的是"绲缝"。为了使半成品平顺、服帖、平整,在缝制过程中要随时进行"分缝",即把缝子按造型、结构需要进行分缝熨烫,使缝份分匀、烫平、烫实。根据不同部位的造型需要,分缝熨烫基本有3种技法和形式,即平分缝、伸分缝和缩分缝。

（1）平分缝熨烫技法

平分缝熨烫是指把绲好的衣缝不伸、不缩地烫分开,烫实,烫平挺。常用于裙子的侧缝、裤的侧缝以及直腰式上衣的摆缝等。

熨烫技法见图1-3-1。用熨斗尖缓缓地向前移动将衣缝左右分开,然后盖上烫布,用有蒸汽的熨斗逐渐向前压烫。操作时左手配合熨斗的前进、后退,不断掀、盖烫布(为散发水汽);右手随烫布的掀、盖节奏,将熨斗作前进、后退的往复移动熨烫(盖时前进,掀时后退),直至将缝子分开、烫平、烫实为止。

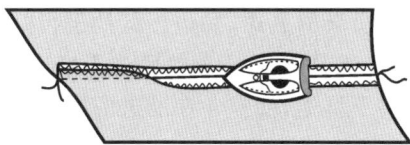

图1-3-1　平分缝熨烫　　　　　　　　图1-3-2　伸分缝熨烫

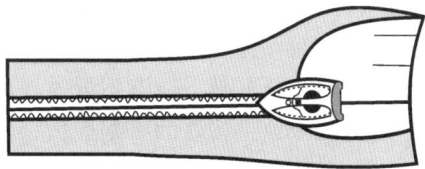

（2）伸分缝熨烫技法

即在分缝熨烫时,一边熨烫,一边将缝子拉伸。主要用于裤子的下裆缝、袖子的前偏袖缝等衣缝,使缝绲后符合人体的立体造型,做到不紧、不吊、服体。这种缝子的特点都为内凹弧线。

熨烫技法见图1-3-2。向前进行劈缝熨烫,不握熨斗的手应拉住缝头配合,使缝子分平、分匀、烫实,达到伸而不吊、长而不缩的分缝效果。

（3）缩分缝熨烫技法

主要用来烫分上衣衣袖的外偏袖袖缝(俗称胖缝)、肩缝;裙子、裤子侧缝中的外凸斜弧形缝。在熨烫时,为了防止把缝子伸长、拉宽,应将熨烫部位的缝子放置在铁凳或弓形烫板上熨烫。

熨烫技法:见图1-3-3。用不握熨斗的手的中指和拇指掀住衣缝两侧,再用食指对准熨斗尖稍向前推与分烫前进的烫斗协调配合,边分开缝份,边熨烫,边前进。控制衣缝在分开、烫平、烫实时不伸长,斜丝绺不豁开、不拉宽。

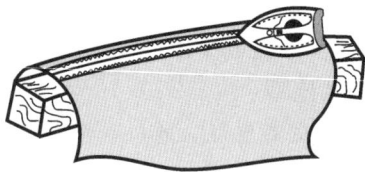

图1-3-3　缩分缝熨烫

2. 扣缝熨烫技法

在服装半成品缝制过程中,经常要进行扣缝、折边、卷贴边等扣缝作业。这些扣、折、卷作业只有经过扣缝熨烫,才能平服、整齐,便于机缝或手工缲缝。扣缝熨烫主要有3种技法,即平扣缝熨烫、归扣缝熨烫和缩扣缝熨烫。

(1)平扣烫技法

平扣烫技法即平扣缝熨烫,简称平扣缝。常用于裙子或裤子的腰头缝制,熨烫时必须用平扣缝的方法将腰头两边的毛边扣折烫压为光边,而且要扣烫平顺、服帖、烫实。

熨烫技法见图1-3-4。以腰头为例,将腰头料靠身一边放平,用不握熨斗的手的食指和拇指把腰头料靠外边的折缝按规定的宽度折转,边往后退边折转;同时另一只拿熨斗的手用熨斗尖,轻轻地跟着折转的折缝向前徐徐移动、压烫,然后用整个熨斗的底板,稍用力地来回熨烫(必要时垫烫布)。

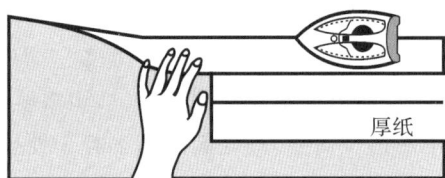

图1-3-4　平扣缝熨烫

(2)归扣烫技法

归扣熨烫多用于有弧形或弧形较大、较长的上衣、大衣或裙子等的底边、贴边的翻折扣烫。其目的是使底边、贴边的翻折宽窄一致,并且平整、服帖,具有和人体体型圆弧相适应的"窝服"(不豁、不向外翻翘)。因此,必须将底边、贴边进行边翻折、边归缩扣烫。

熨烫技法见图1-3-5。扣烫时,首先将底边、贴边按翻折宽度翻折过来,再用不握熨斗的手的食指按住翻折的底边、贴边,另一只手用熨斗尖在折转的底边、贴边折缝处进行归扣烫。扣烫时,双手要配合默契。注意不握熨斗的手的食指在按住折翻过来的底边不断向后退的同时,还要有意识地将按住的折翻底边、贴边往熨斗尖下推送,使熨斗在前进的压烫中,将底边或贴边成弧线形归缩定形,平服烫实。

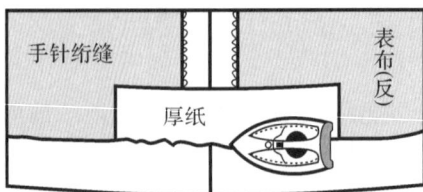

图1-3-5　归扣熨烫

图1-3-6　缩扣熨烫

(3)缩扣烫技法

缩扣烫和归扣烫相似,都是使熨烫部位收缩,但收缩程度不同,技法也有差异。缩扣烫多用在局部的小部位,如衣袋扣烫圆角,衣袖袖窿收吃势的扣烫。

以扣烫衣袋圆角为例，熨烫技法见图1-3-6。先在衣袋圆角处用大针距从缝边距净线0.3cm缉缝一道线，抽缩，使圆角收缩成曲势；扣烫时，将净样模板放在袋布上面，先将衣袋两边的直边扣烫平直，再扣烫衣袋圆角；把袋口放在靠身一边，用熨斗尖侧面把圆角处缝份逐渐往里归缩熨烫平服。要求里外平服，里层不能出现褶裥影子。

3. 部件定型熨烫技法

在半成品缝制过程中，一些部件和零件都要边缝制，边进行熨烫定型，为下一道缝制工序创造条件，并为整件服装良好的工艺和质量打好基础。

半成品部件和零件的定型熨烫，主要运用分烫定型、压烫定型、伸拔定型和扣烫定型四种熨烫技法。

（1）分烫定型技法

分烫定型的操作方法基本上与"分缝熨烫"相似。不同的是这种分烫定型主要运用于一些细小部位、特殊部位，如嵌线、扣眼、省道等的分烫定型。它有自己的特殊操作熨烫方法和要求。现以省缝分烫定型为例说明，见图1-3-7。将衣片摆平，丝缕摆直顺，剪开省道；从剪开处插入手针，以便顺直分烫省尖；从省的最宽处起烫，省缝必须分开烫实，省尖部位出现的泡印"必须归烫平服"。

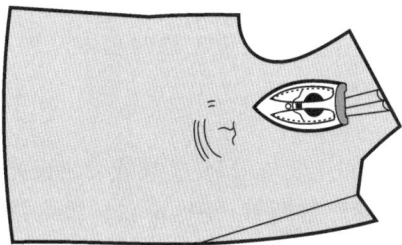

图 1-3-7　省道分烫定型

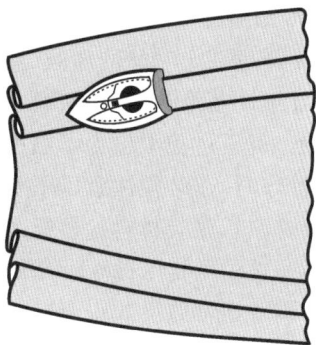

图 1-3-8　褶裥压烫定型

（2）压烫定型技法

压烫定型熨烫多用于半成品部件边缝止口和褶裥的压烫定型，见图1-3-8。要求烫实、烫薄。

（3）伸拔烫定型技法

半成品缝制过程中的归、拔熨烫定型主要有两个作用：一是在缝制过程中巩固裁片大部件的推、归、拔、烫塑型效果；二是对一些部件进行特殊需要的伸拔定型，如对裤腰、裙腰进行的伸拔熨烫定型。现以裤腰头的弧形伸拔熨烫定型为例说明。熨烫技法见图1-3-9。熨斗沿腰头外口箭头方向进行弧形熨烫；不握熨斗的手按箭头方向将腰头外口边进行弧形拉伸，双手配合进行伸拔熨烫定型。

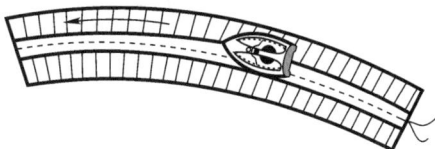

图1-3-9　裙、裤腰头伸拔烫定型

图1-3-10　穿带襻扣烫定型

（4）扣烫定型技法

与前述扣烫技法一样，只是重点用于小部件、小零件，如穿带襻按规定要求进行翻折，熨斗随即跟进，进行压扣烫定型，熨烫技法如图 1-3-10 所示。

三、熨烫的基本原理及注意事项

熨烫本质上是利用纤维在温热状态下能膨胀伸展和冷却后能保形的物理特性来实现对服装的热定型。

对衣片进行加湿、加温、加压，使其通过塑型达到定型的过程，基本遵循三个原理分阶段完成。

1. 给湿加温原理

运用熨烫工具对衣片给湿（喷雾、喷水），再给热升温。给湿后水分能使织物纤维膨胀；给热升温后水变为热蒸汽，加快了热汽的渗透和传递，使衣片的织物纤维均匀受热，增加纤维大分子的活性，从而有利于衣片塑型和定型。

2. 加压原理

运用熨斗或用熨烫机械给衣片加湿、加温的同时，还要进行加压。经蒸汽加湿、加热的织物纤维在压力的作用下，才能按预定需要进行伸直、弯曲、拉长或缩短，便于塑型和定型。

3. 冷却原理

衣片经过一定时间的加湿、加温和加压，再通过快速干燥和冷却，去掉衣片中的水汽，使织物的纤维的新形态固定，从而完成衣片的塑型，获得稳定的外观立体定型。

显然，熨烫过程中包含了温度、水分和压力三个要素。了解了熨烫工艺的基本原理后，在实际操作时，还必须注意以下事项：

（1）要注意服装材料的性能，选择适当的熨烫温度。

（2）通常尽可能在衣料反面熨烫，若在正面熨烫，一般要盖上烫布，以免烫黄或烫出极光。

（3）熨斗通常应沿衣料经向缓慢移动，这可以保持衣料丝缕顺直，使热量在纤维内渗透均匀，让纤维得到充分的膨胀和伸展。

（4）熨烫时压力的大小要根据材料、款式、部位而定。如真丝、人造棉、人造毛、灯芯绒、平绒、丝绒等材料，用力不能太重，否则会使纤维倒伏而产生极光；而像毛料西裤挺缝线、西服止口等处，则应用力重压，以利于折痕持久，止口变薄。

思考与训练

1. 熨烫工艺的主要作用有哪四个方面？
2. 熨烫过程中包含了哪些要素？在进行实际操作时应注意哪些事项？
3. 服装缝制过程中的基本熨烫技法有哪几种？

第四节　粘合衬的选择与粘合方法

粘合衬是一种服装辅料，在服装外衣的生产中几乎都要采用，它已成为服装不可缺少的重要材料。

粘合衬是指在基布的一面涂上一层热塑性的粘合树脂，通过一定的温度与压力，就可以

与其他织物粘合在一起,从而在以下几方面可以加强和美化成衣的外观:

● 控制和稳定关键部位;

● 增强特殊的设计特征;

● 对面料手感的不良影响可控制到最小;

● 保持挺括和崭新的外观风格。

一、粘合衬的结构

粘合衬的构成包括三个方面:

(1)基础材料:也叫基布。

(2)热塑树脂:一种合成树脂,当受热时融化,冷却后又回复到其原始的固有状态。

(3)涂层:一定数量的黏性涂层使树脂能够安全地附在基布上。

图1-4-1(a)展示了粘合衬的基本结构,图1-4-1(b)说明了当粘合衬与其他面料粘合在一起时,树脂是如何粘上去的。粘合后的材料称为粘合布。

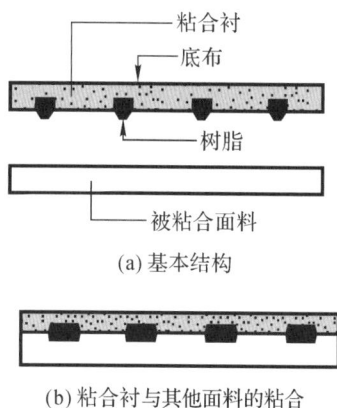

(a)基本结构

(b)粘合衬与其他面料的粘合

图 1-4-1　粘合衬的基本结构及粘合后的状态

二、粘合衬的分类

根据基布、热熔胶品种、性质、加工制作方法、性能、应用范围、粘合方法和效果等的不同,粘合衬的品种多达上千种。

1. 根据基布类型进行分类

● 梭织粘合衬　其基布是梭织面料,有平纹、缎纹和横向斜纹等。

● 针织粘合衬　其基布是针织面料,有经编粘合衬和纬编粘合衬之分。针织粘合衬具有很好的弹性,与针织面料粘合后,可以适应身体和肢体的运动。

● 非织造衬　又叫无纺衬,其基布是用一类纤维或混合纤维通过粘合而成的。

2. 根据树脂涂层的方法进行分类

● 点状涂层　是用装着树脂晶体的带有凹槽的滚筒在基布的表面印上平均分布的点状树脂。这种方法生产出的粘合衬富有柔韧性。

● 分散涂层　是使用电动的分散头使树脂晶体沉积在移动的基布上。这种方法的缺点是因为基布的表面覆盖着一层树脂,从而降低了粘合衬的柔韧性。

● 网状涂层　树脂先通过热加工形成树脂网,再通过加热、加压粘合在基布上。在树脂网与基布的加热过程中,树脂网的连接线被融化,而在基布上留下了微小的点状图案。这种方法可用来生产双面黏性的牵条,用来固定下摆和贴边,以代替暗缝。

3. 根据粘合的类型进行分类

● 永久粘合(完全粘合)的粘衬　即反复地进行水洗或干洗也能保持粘合力的衬布。使用家用熨斗来粘贴,很难达到这种程度,一般要用粘合机来压烫。

● 暂时粘合的粘衬　为便于缝制以暂时固定为目的的粘衬。在洗衣或穿着时,有时会脱开,因此,要把粘衬的边端与面料车缝固定。

三、粘合衬的选择与使用

1. 粘合衬的选择

在选用粘合衬之前要考虑以下一些因素：

（1）面料

粘合衬与面料之间存在着相互匹配的问题，在使用之前应观察：

● 粘合过程是否会引起面料的缩水、发亮或永久性的色变。

● 查看面料是否经过硅的处理，硅处理会使粘合效果失效。

● 有些面料是由连续的长丝织造而成的，可能会对粘合产生一定的影响。在粘合前应进行小面积的实验加以确认。

● 面料的结构是否很疏松，结构疏松会使面料的正面出现树脂的痕迹。

● 面料上是否有凸起图案，在粘合后还应该检查面料的手感与悬垂性。

（2）粘合衬的基布

同一件服装上的不同部位需要选用不同的粘合衬，因此评价粘合衬的适用性应该考虑到要粘合的部位。非织造布的粘合衬比其他粘合衬要便宜，因此在一些小部位尽量考虑用它，如口袋、开衩、下摆和领里。在大的部位应使用有纺粘合衬，如衣服的前片，另外还可将排板过程中剩下的粘合衬用于较小的部位。

（3）树脂

树脂性能关系到衣服是干洗、水洗或者既能干洗又能水洗。衣服的洗涤方式通常取决于服装面料的性能，而粘合树脂的选择要根据服装洗涤的方式来决定。

（4）价格

价格很重要，但是它不应该成为选择粘合衬的惟一参考标准，因为价格本身没有太大的意义，只有当它与性能联系在一起时才有可比性，应该从客观的角度去评判一种粘合衬是加强还是减弱了服装的效果。

2. 粘合衬的使用

（1）纱线的纹路

通常，梭织物或针织物粘合衬的纱线方向要与被粘合的面料的纱线方向一致（见图1-4-2）。非织造布粘合衬一般要看其中纤维的排列方向，并要看所裁衣片的功能。非织造布中的纤维有明确的方向性时，使它的纹路与面料的纱线方向保持一致，效果会更好。

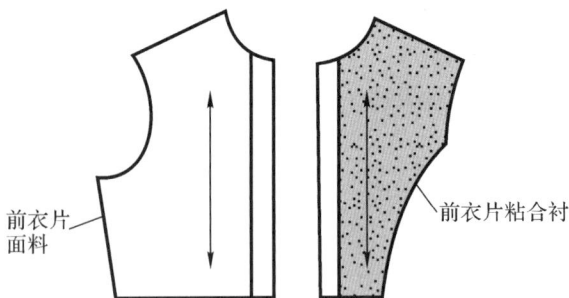

图 1-4-2　粘衬与衣片的粘合

前衣片面料　前衣片粘合衬

（2）缝边

除了袖窿、肩线、领子、门襟和袋盖等部位外，粘合衬需在分烫的缝边处去边（见图1-4-3），去边的量是缝份宽度加0.1～0.2cm。这样既减少了缝边的厚度，又可略微降低操作者在将粘合衬定位于面料上时所需要的精确度。

粘合衬去边

前衣片全衬

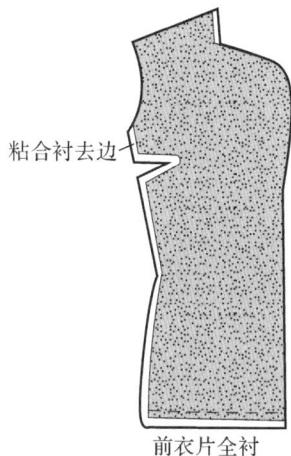

图1-4-3　粘合衬在分烫的缝边处去边

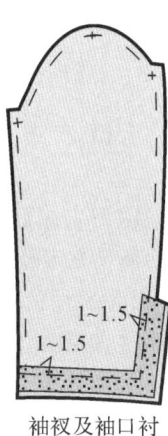

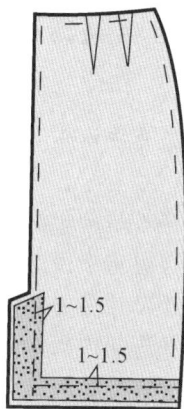

袖衩及袖口衬　　裙衩及裙摆衬　　贴袋衬

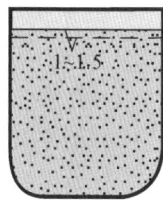

1~1.5
1~1.5
1~1.5
1~1.5
1~1.5

图1-4-4　折边部位的粘烫方法

（3）折边

在制作服装时,有时烫了粘合衬的部分要折叠,使粘合衬超过折叠线 1~1.5cm 比较好(见图 1-4-4),这样多出的部分在折叠后可以防止织物拉伸,同时也能使折边比较平直。

（4）粘合衬边缘的裁剪

对于那些不是全衬的前片来说,当服装被熨烫后,粘合衬的边有时能在正面凸显出来,因此粘合衬的边被裁剪为波浪形而不是光滑的曲线(见图 1-4-5)。如果在其他部位有相同的问题,也可以这样处理。

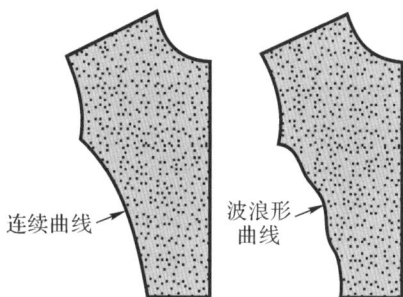

连续曲线　波浪形曲线

图 1-4-5　粘合衬边缘的波浪形裁剪

（5）加固作用

粘合衬还有一个重要作用是防止服装上某些部位边缘线的脱落。如衣片下摆、袖片底边、插袋、裤子的门襟、侧袋等(见图 1-4-6)。非织造布的粘合衬经常在这种情况下使用,一些裁剪剩余的较小的梭织或针织粘合衬若纱线方向适合的话也能使用。

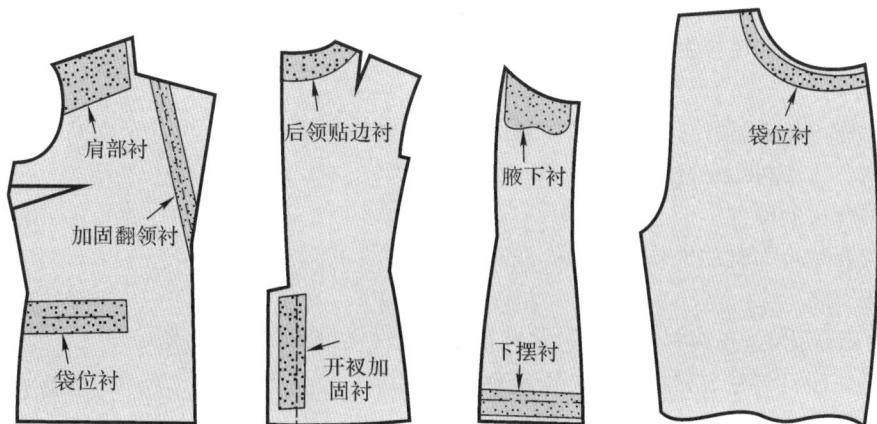

肩部衬
加固翻领衬
袋位衬
后领贴边衬
开衩加固衬
腋下衬
下摆衬
袋位衬

图 1-4-6　粘合衬边缘部位的加固

四、粘合衬的粘烫方法

1. 粘合设备

常用的粘合设备有蒸汽熨斗、平板粘合机、传送带粘合机三种。

（1）蒸汽熨斗

常规的蒸汽熨斗不是理想的粘合设备，用它来压烫粘合衬，有许多不足：

1）对大多数粘合树脂来说，它达不到所需的粘合温度。

2）需粘合的衣片尺寸受熨斗底板外形和尺寸的影响。

3）熨斗没有装有自动控制系统，全部过程需人工操作。

4）如果树脂通过蒸汽热量就可以熔化，那么服装在生产中的熨烫过程也可以使它熔化。这样粘合衬的稳定性就有很大的问题。

（2）平板粘合机

这是一种专门的粘合设备，它具有多种尺寸、型号和性能。这种粘合机有上下两层粘合板，可以通过电加热为单层或双层的粘合板加热。下层的粘合板是静止的，上层的粘合板在下降时加热，以便进行粘合，并经过冷却后再抬起。大部分平板粘合机装有时间和程序的自动控制装置，能达到高水平的粘合质量。

（3）传送带粘合机

传送带粘合机也称连续式粘合机，无论有没有要粘合的衣片它都可以连续地运转。这种设备可以调节传送带的速度，控制粘合的温度和压力，它适合于不同长度和宽度的被粘合材料，可以自动地输入和输出被粘合的材料。较先进的传送带粘合机装有微电脑，可以自动控制粘合的每一个过程。

2. 粘合四要素

无论采用何种粘合衬或粘合设备，粘合过程都是由四个要素控制的，即温度、时间、压力和冷却。若要达到理想的粘合效果，必须对四个要素进行合理的组合。

（1）温度

每一种粘合树脂都有它自己的有效温度范围。温度太高，容易使树脂渗透到面料的正面；而温度太低，树脂的黏性不足，难以粘到面料上。通常，树脂的融化温度在 $130\sim160℃$，最佳粘合温度在粘合衬生产厂家所规定的 $\pm7℃$ 之间。

（2）时间

粘合时间是指面料与粘合衬在加热区域受压力的时间，它由以下几个因素确定：

● 粘合衬中树脂融化温度的高低；

● 粘合衬的厚薄；

● 需要粘合面料的性质，如厚薄、疏密。

（3）压力

当树脂融化时，在面料与粘合衬之间需要施加一定的压力，目的是：

● 保证面料与粘合衬之间的全面接触；

● 以最佳的水平来传递热量；

● 使融化的树脂能以均匀的穿透力与面料的纤维相结合。

（4）冷却

粘合后要进行强制冷却,这样粘合布在粘合后可以马上直接用手触摸。冷却的方法有多种,水冷、压缩空气循环冷却与真空冷却。将粘合布快速冷却到30～35℃时的生产效率比操作者等待粘合布自然冷却要好。

总之,粘合过程是为服装制作打下良好的基础,只有连续、精确地控制这四个要素,才有可能得到理想的粘合效果。

思考与训练

1. 粘合衬的作用是什么？其结构包括哪几方面？
2. 粘合过程是由哪几个要素控制的？
3. 在选用粘合衬之前要考虑哪些因素？
4. 常用的粘合设备有哪几种？

第二章　手缝和车缝基础

第一节　常用手缝基础工艺

手工缝纫是一项传统的工艺，能代替缝纫机尚不能完成的技能，并且有灵活方便的特点。手缝工艺是服装加工中的一项基本功，特别在缝制毛呢或丝绸服装的装饰点缀时，手缝工艺更是不可缺少的辅助工艺。

手缝针法种类较多，按缝制方法可分为平针、回针、斜针等；按线迹形状可分为三角针、旋针、竹节针、十字针等。现介绍常用的几种手缝针法，从其运用范围、缝制技法要点等方面分别加以阐述。

1. 短绗针

如图 2-1-1 所示，将手针由右向左，间隔一定距离构成针迹，一般连续运针 3～4 针后拔出。常用于手工缝纫、假缝试穿、装饰点缀、归拢袖山弧线、抽碎褶等。图中①为运针方法，②为归拢袖山弧线，③为抽碎褶。在归拢袖山弧线与抽碎褶时，衍缝针距要细密，只是作针尖运动。

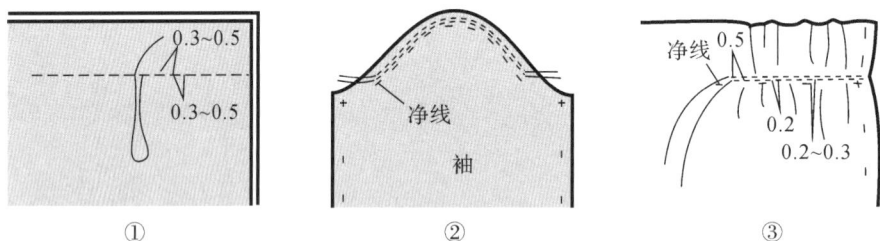

图 2-1-1　短绗针

2. 长短绗针

长短绗针也称绷缝，如图 2-1-2 所示。面料上面为长绗针迹，面料下面为短绗针迹，一般用于覆衬、打线钉等。图中①为运针方法，②为打线钉。

线钉在服装生产过程中的作用是定位。各种毛料服装在制作之前，首先要进行这道工序，服装完成之后，线钉作用即消失。还有对那些不能采用划粉作标记的衣片，也用打线钉的方法。这些面料除毛料外，还有各种混纺面料、丝织品等。

打线钉的线采用全棉双线，在直线处，针距可大一些；曲线部位，针距可短一些。

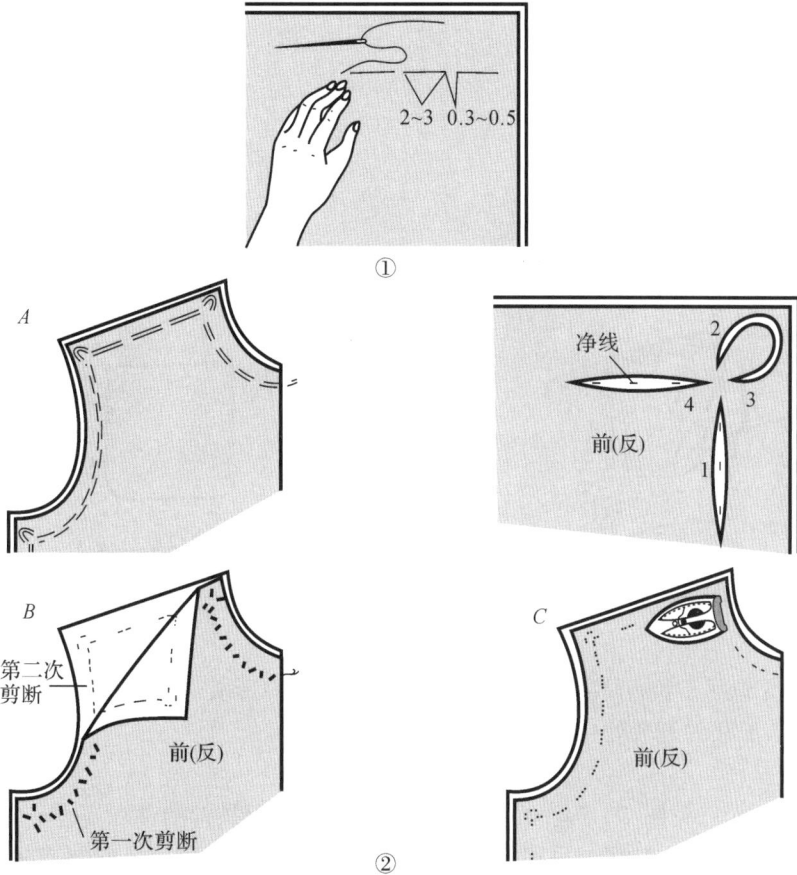

图 2-1-2 长短绗针

3. 回针

回针也称倒勾针（如图 2-1-3 所示），它有全回针和半回针之分，用于加固服装某些部位，如领口、袖窿、裤裆等服装弧线部位。图中①是全回针，其针法是一边将针回到原针眼位置，一边缝下去，如果是密集的全回针，外观与缝纫机平缝线迹相似。②是半回针，其针法是一边将针回到原来针眼位置的二分之一处，一边缝下去，多用于两块布的固定。

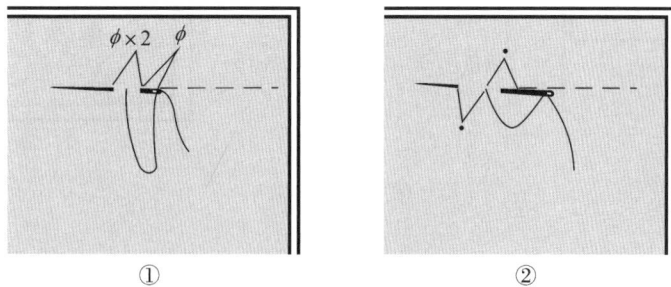

图 2-1-3 回针

4. 扎针

扎针也称斜针（如图 2-1-4 所示），线迹为斜形，针法可进可退。主要用于将边缘部位固定。

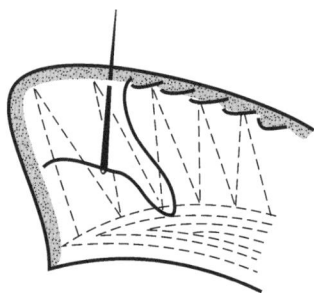

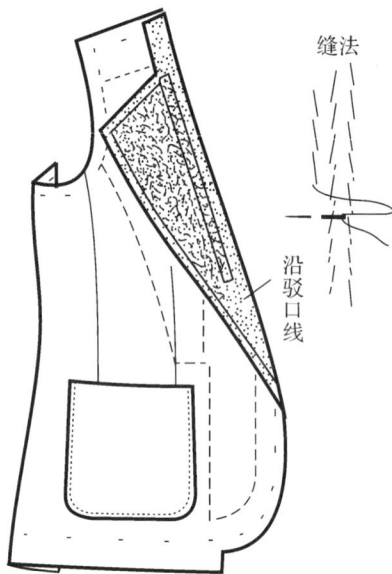

图 2-1-4 扎针   图 2-1-5 纳针

5. 纳针

纳针的线迹为八字形,故也称八字针。上下面料缝后形成弯曲状,底针针迹不能过分显现。多用于西服领的翻驳处(见图 2-1-5)。

6. 暗针

暗针也称拱针(见图 2-1-6)。在服装缝制过程中,采用拱针的部位不多,一般在毛呢服装不压明线的前门襟止口部位采用,使衣身、挂面、衬料三者能固定。它要求表面不露出明显针迹。在方法上采取倒回针的形式进行加工,图中①是挂面与缝头固定的情况,②是缭拉链的情况,③是固定驳头线的情况。

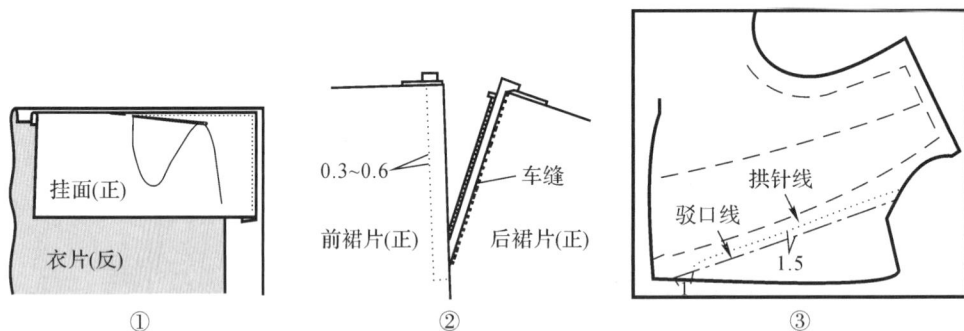

图 2-1-6 暗针

7. 缲针

缲针有明缲针、暗缲针与三角缲针三种(见图 2-1-7)。缲针一般用于服装的底边、袖口、裤口的贴边等的边缘处理。宜选用与衣料同色线,以便隐藏线迹。缲针在服装反面操作,线迹宜松弛。

(1)明缲针

由右向左,由内向外缲,每针间距 0.2cm,针迹为斜扁形(见图 2-1-7①)。

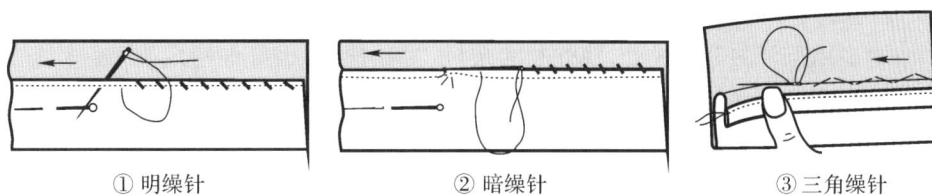

| ① 明缲针 | ② 暗缲针 | ③ 三角缲针 |

图 2-1-7　缲针

（2）暗缲针

由右向左，由内向外直缲，缝线隐藏于贴边的夹层中间，每针间距 0.3cm（见图 2-1-7②）。

（3）三角缲针

由右向左，每针间距 0.5cm，注意在衣片上只挑起 1～2 根纱线（见图 2-1-7③）。

8. 三角针

三角针也称花绷针（见图 2-1-8）。针法为内外交叉、自左向右倒退，将布料依次用平针绷牢，要求正面不露出针迹，缝线不宜过紧。图中①为运针方法，②为普通三角针，主要用于全夹里的西服下摆、袖口的缝头固定，③为直立三角针，比普通三角针针距间隔窄，纵向稍长，上下都通过表布，主要用于裤脚口的缝头处理，④为简略三角针，与上述三类三角针的缝向相反，从右向左，交互地缝，主要用于将防止伸缩的衬条固定在表布上。

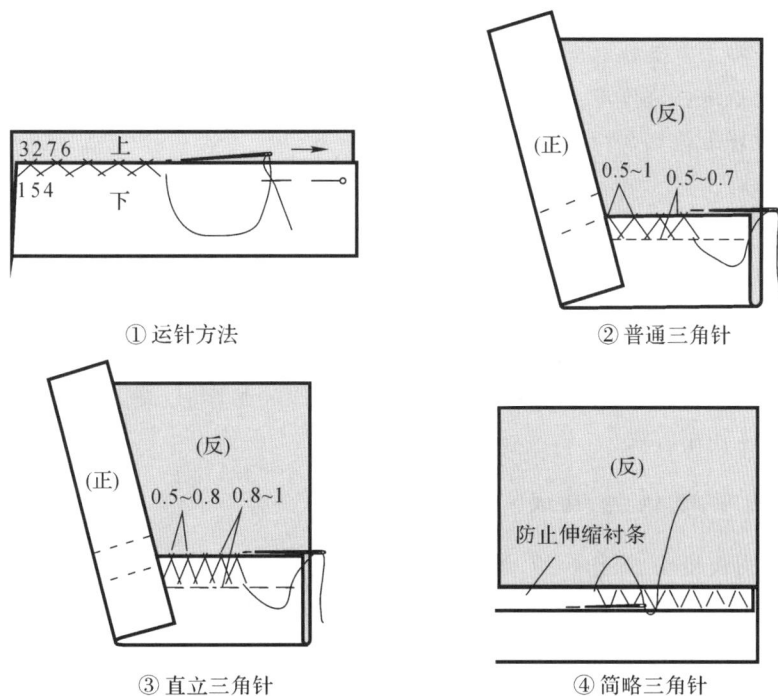

| ① 运针方法 | ② 普通三角针 |
| ③ 直立三角针 | ④ 简略三角针 |

图 2-1-8　三角针

9. 直卷缝

线与车缝线同色，稍比车缝线粗，针距与裁剪线成直角，针迹较密（如图 2-1-9 所示）。

10. 斜卷缝

斜卷缝多用于领的翻驳线处,使外翻的余量、衬和挂面,很好地稳定下来。针与翻驳线成直角,斜卷着缝下去(如图 2-1-10 所示)。

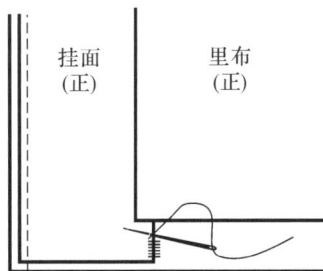

图2-1-9　直卷缝

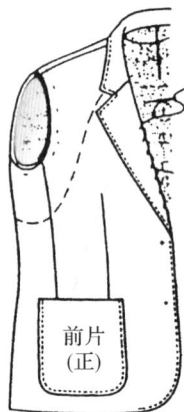

图2-1-10　斜卷缝

思考与训练

1. 缲针一般用于服装哪些部位的处理? 它有几种针法?
2. 三角针和三角缲针有什么区别?
3. 请说说短绗针的作用。
4. 回针的作用是什么?

第二节　工业平缝机的操作和使用

工业平缝机有普通高速平缝机和电脑高速平缝机之分,它是服装制作的基本设备,其构造、使用方法与普通的家用缝纫机是不同的。在学习服装制作前,需首先了解平缝机操作的常规知识和基本使用方法。

一、高速平缝机的组成

高速平缝机由机头、操作台版、线架、电动机、脚踏板等五大部分组成,如图 2-2-1 所示。

二、装针

1. 机针结构
机针的结构见图 2-2-2。

2. 装针要点
装针时转动上轮,使针杆上升到最高位置,旋松装针螺丝将机针的长槽朝向操作者的左面,然后把针柄插入针杆下部的针孔内,使其碰到针杆孔的顶部为止,再旋紧装针螺丝即可(如图 2-2-3(a)所示)。图 2-2-3(b)中机针没有装到顶部,图中 2-2-3(c)中机针的长槽面向操作者,这两种操作都是错误的。

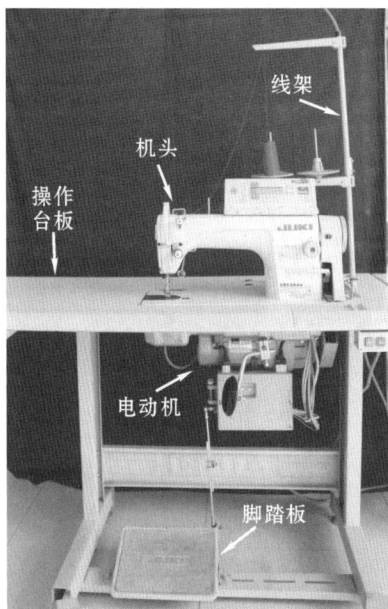

图 2-2-1 高速平缝机的组成

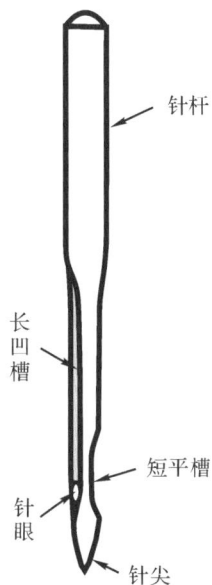

图 2-2-2 机针结构

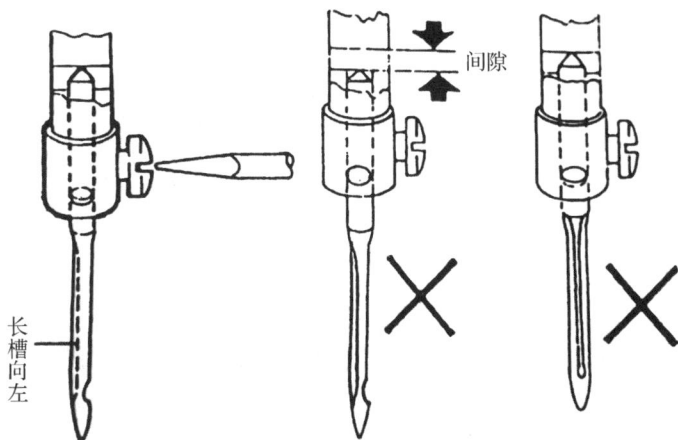

图 2-2-3 装针

三、穿面线、引底线

1. 穿面线

穿面线时针杆应升至最高位置,然后由线架上引出线头,按图 2-2-4 所示顺序穿线。注意:由于设备型号的不同,穿面线的方法也会略有差别。

2. 引底线

引底线时,先将面线线头捏住,转动主动轮使针杆向下运动,再回升到最高位置,然后拉起捏住的面线线头,底线即被牵引上来。最后将底线和面线的线头一起置于压脚下前方。

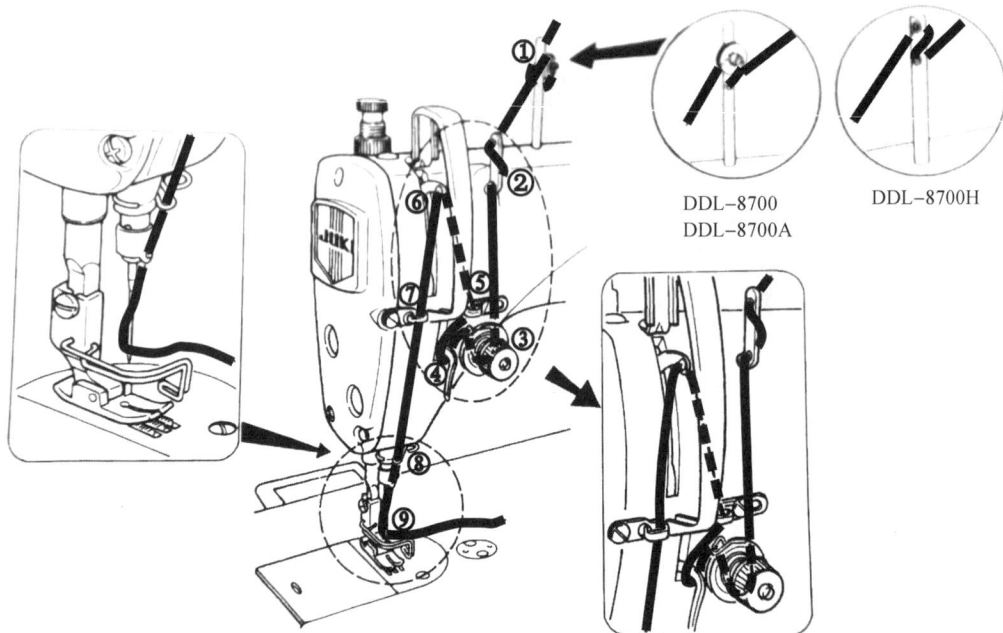

DDL-8700
DDL-8700A

DDL-8700H

图 2-2-4　穿面线顺序

四、绕底线

底线是通过绕线装置绕在梭芯上的,梭芯线应排列整齐而紧密。绕线装置如图 2-2-5 所示。

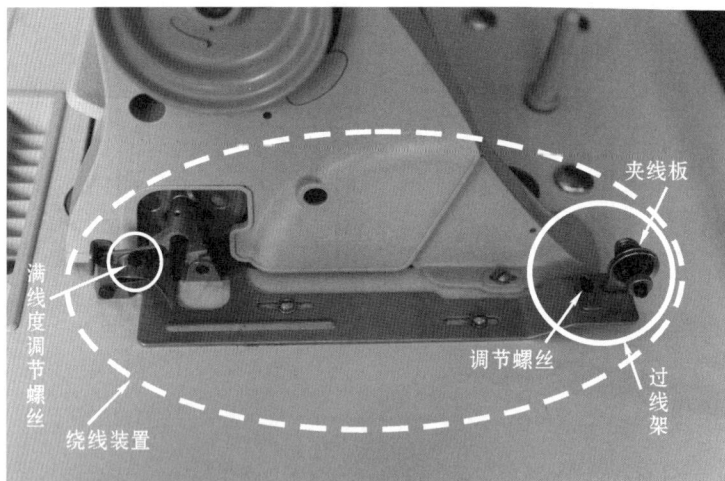

夹线板

满线度调节螺丝

调节螺丝

过线架

绕线装置

图 2-2-5　绕线装置

1. 绕线调节

梭芯线如果出现以下情况,需进行绕线调节(如图 2-2-6 所示)。

(1)正常绕线,如图 2-2-6 中的①所示。正常绕线梭芯线应排列整齐而紧密,绕线量为梭芯外径的 80%。

(2)单边线,如图 2-2-6 中的②所示。可旋松过线器上的螺丝,分别向右和向左移动过线架,直至自动排列整齐,成为如图 2-2-6 中的①所示即可。

（3）两边高，中间低，如图 2-2-6 中的③所示。这种情况下梭芯线排列不齐，需要移动过线架的位置进行调整。

（4）梭芯线松浮不紧，如图 2-2-6 中的④所示。可通过夹线板上螺丝的调节，加大过线架夹线板 A 的压力。

（5）绕线过满：如图 2-2-6 中的⑤所示。应减少绕线量至梭芯外径的80%。

图 2-2-6　绕线调节

2. 绕线量的控制

梭芯线不要绕得过满，否则容易散落，适当的绕线量为平行绕线至梭芯外径的80%。绕线量由满线跳板上的满线度调节螺丝加以调节。

3. 注意点

绕线时应抬起压脚，以防送布牙磨损。

五、针距

1. 针距调节

针距的长短，可以用转动针距标盘 A 来调节，见图 2-2-7。标盘上的数字表示针距长短尺寸（单位为 mm）。当标盘上的数字对准上方正中的小圆点时，该数字越大，针距越长；该数字越小，针距越短。

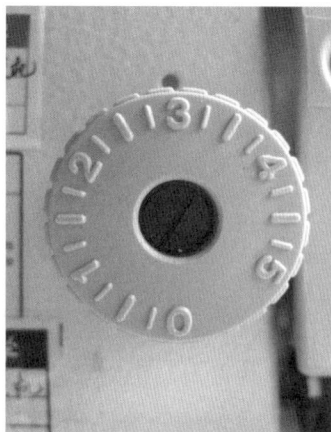

(a)

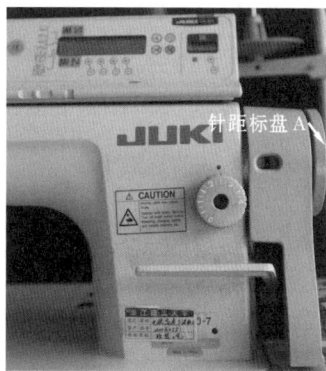

针距标盘 A

(b)

图 2-2-7　针距调节

2. 针距的选用

针距的长短应根据缝制的面料和服装的款式进行设计。通常缝制薄料时,针距应稍密;缝制厚料时,针距宜稍疏(见图 2-2-8)

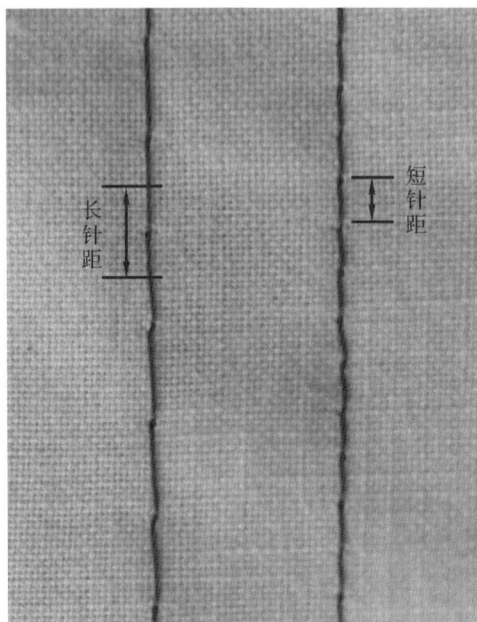

图 2-2-8　针距长度

3. 针距的表示方法

针距通常以 3cm 内的针数来表示,表 2-1 所示是几类不同面料针距的常用规格,在使用时应根据实际情况作调整。

表 2-1　不同面料针距的常用规格

常用工具薄型	中厚型	厚型	中厚型牛仔布
15～16 针/3cm	13～14 针/3cm	11～12 针/3cm	9～10 针/3cm

六、倒缝(回针)操作

1. 倒缝(回针)操作方法

倒向送料时,可将倒缝操作杆向下揿压,即能倒送,手放松后倒缝操作杆自动复位,恢复顺向送料,见图 2-2-9。

2. 倒缝(回针)的作用

(1)防止缝线散脱。两层或两层以上面料缝合时,通常情况下,在开始和结束时需回针,回针的距离控制在 0.6cm 左右,倒回数以三次为宜,以防止缝线散脱。

(2)加固作用。在服装需加固的部位,如口袋、裤襻等部位应采用回针的方法加固。

(a)

(b)

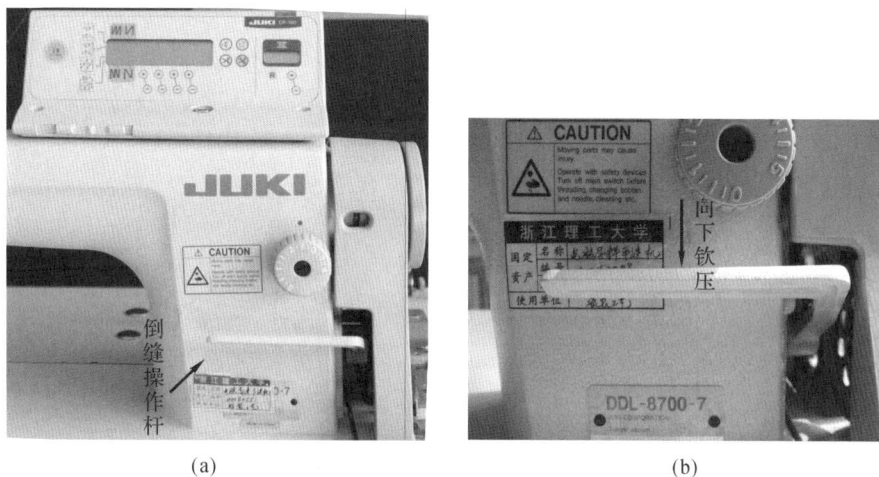

图 2-2-9　倒缝（回针）操作方法

七、压脚压力调节

压脚压力,要根据面料的厚度通过调压螺丝加以调节,如图 2-2-10 所示。在缝纫厚料时,应加大压脚压力,按图 2-2-10 所示顺时针方向转动调压螺丝;缝纫薄料时,可按图 2-2-10 所示逆时针方向转动调压螺丝,以减少压脚压力。调节后的压脚压力应以能正常推送料为宜。调压螺丝的高度通常在 2.9～3.2cm 间调节。

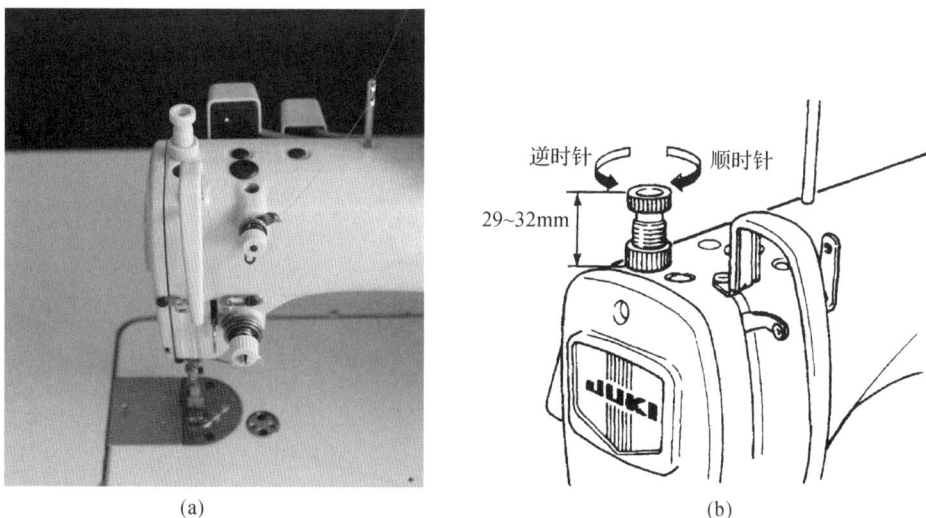

(a)

(b)

图 2-2-10　压脚压力调节

八、缝线线迹的调节

缝线的线迹要根据缝料的不同、缝线的粗细及其他一些因素而变动。底、面线需保持适当的张力,这是形成合格线迹的重要因素,因此在缝制前,必须仔细地调节底面线的张力。一般先调节底线张力,再调面线张力。

1. 底线张力调节

底线张力调节方法如图 2-2-11(a)所示，用小号螺丝刀顺时针方向旋转梭壳上的梭皮大螺丝，以加大底线张力；逆时针方向旋转梭壳上的梭皮大螺丝，以减少底线张力。一般来说，底线如果采用 60# 棉线，梭芯装入梭壳后，拉出缝线穿过梭壳线孔，捏住线头吊起梭壳，如果梭壳能缓缓下落（见图 2-2-11(b)），则说明底线张力合适。

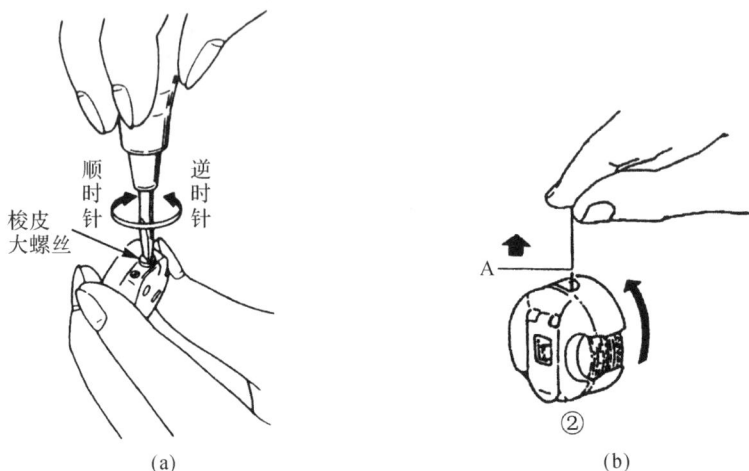

图 2-2-11　底线张力调节

2. 面线张力调节

面线张力调节主要通过调节夹线板来实现，如图 2-2-12 所示，顺时针方向调节加大张力；逆时针方向调节则减小张力。调节后需进行试缝，观察线迹形成情况。

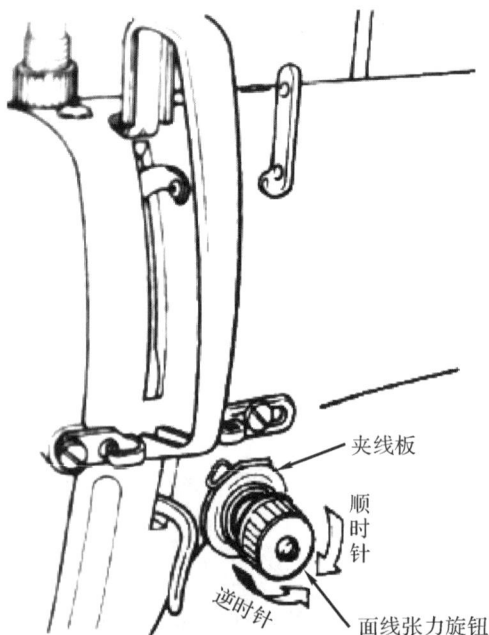

图 2-2-12　面线张力调节

3.底面线线迹试缝

在正式缝制前,需对底面线进行试缝,如有浮线等不合格线迹,需进行调整。

如图 2-2-13 所示,图中①表示缝纫线的正常线迹;②表示浮面线,说明面线张力过大,则应逆时针旋转夹线螺母,放松面线压力(或旋紧梭皮螺丝加大底线压力);③表示浮底线,说明面线张力太小,则应顺时针旋转夹线螺母,以加大面线的压力(或旋松梭皮螺丝,减少②底线压力);④表示底面线均浮线,说明底面线张力均过小;⑤表示底面线张力均过大。

④和⑤的情况可按前述方法分别加大或减少底面线张力来调整。

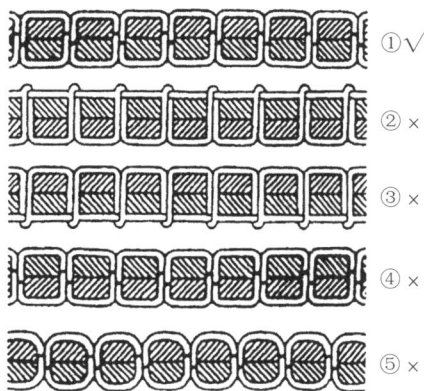

图 2-2-13　底面线线迹试缝

九、线钩装配位置的调节

1.线钩实物位置

如图 2-2-14(a)所示,线钩的装配位置应适合缝料与缝纫条件,钩所处的位置不同,将关系到缝纫线迹的优劣。要调节线钩的位置可旋松固定螺丝,根据需要向左或右移动,如图 2-2-14(b)所示。

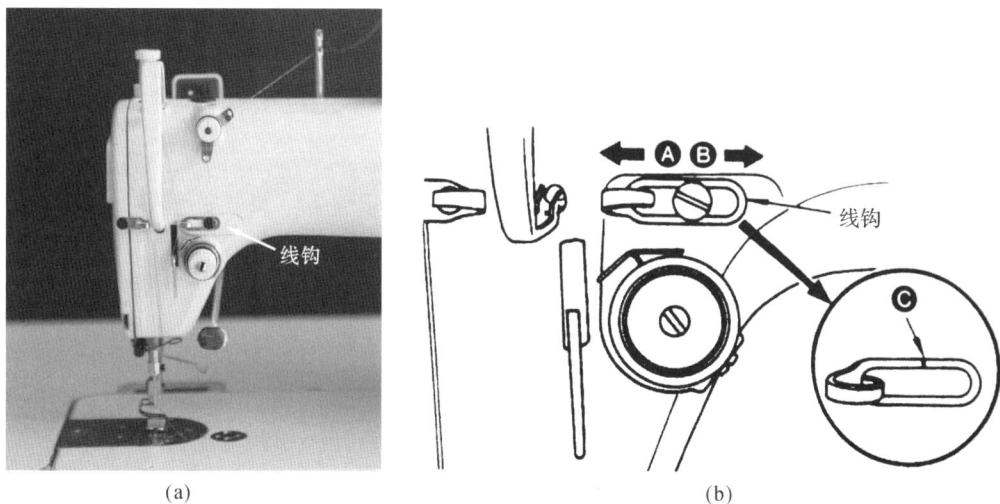

(a)   (b)

图 2-2-14　线钩装配位置的调节

2.线钩所处位置和缝料厚度的关系

线钩所处位置和缝料厚度的关系见表 2-2。

表 2-2　线钩位置与缝料厚度的关系

缝　料	厚　料	中厚料	薄　料
线钩位置	左侧	中间	右侧

思考与训练

1. 高速平缝机装机要注意什么？根据操作要点进行实际训练。

2. 绕底线时要注意什么？

3. 针距怎样调节？针距与面料的关系怎样？

4. 底、面线张力怎样调节？根据要点进行实际操作。

第三节　车缝基础缝型

缝型的结构形态对成衣的品质(外观和强度)来说具有决定性的意义。

由于缝制时衣片的数量和配置形式及缝针穿刺形式的不同,使缝型变化较为复杂。为了逐步推行缝型的标准化,国际标准化组织于 1981 年 3 月拟订出缝型符号的国际标准(ISO 4916)。

1. 缝型国际标准图示标准图描绘方法说明

(1)用垂直于缝料的直线表示缝针穿透缝料的位置和程度

其中短线表示包覆在内部的缝料缝制穿刺形式,长线一般表示最后完成的呈现在缝料表面的缝针穿刺形式。

(2)缝针穿刺缝料的情况

缝针穿刺缝料有三种情况(如图 2-3-1 所示)。第一种是缝针穿刺所有缝料,用垂直通过所有横线的直线表示。第二种是缝针不穿刺所有缝料,用直线垂直通过部分横线表示;第三种是缝线穿刺与缝料相切,用直线垂直通过横线而与某部分横线相切。

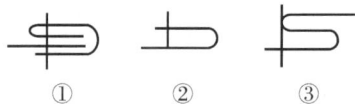

图 2-3-1　缝针穿刺缝料的三种情况

(3)表示宽紧带和衬布的方法

用短而粗的横线表示宽紧带,用长而粗的横线表示衬布。

(4)缝型示意图

所有缝型示意图都按机器缝合的情况给出,如果要经多次缝合,应绘最后一次缝合情况,最后的缝合可能有一次或多次,需要在示意图中完整绘出。常用缝型符号见表 2-3。

表 2-3　常用缝型符号

缝型名称	缝型符号	缝型名称	缝型符号
平缝(合缝)		内包缝、外包缝	
扣压缝(钉口袋)		压止口线	
来去缝		三线包缝合缝	
折边(卷边)		五线包缝合缝	

缝型名称	缝型符号	缝型名称	缝型符号
装拉链		合肩(加肩条)	
缝裤带环		缝单道松紧带	
滚边(光滚边、半滚边)		缝双道松紧带	
滚边(织带)		缲边缝	
搭接缝			

2. 缝型的缝制工艺

衣服是由不同的缝型连接在一起的。由于服装款式不同以及适用范围不同,因此在缝制时,各种缝型的连接方法和缝份的宽度也就不同。缝份的加放对于服装成品规格起着重要的作用,以下介绍几种常用的缝型。

(1)平缝

平缝也称合缝,指把两层缝料的正面相对,在反面缉线的缝型(见图2-3-2)。这种缝型宽一般为0.8~1.2cm。在缝纫工艺中,这是最简单的缝型。将缝份倒向一边的称倒缝;缝份分开烫平的称分开缝。平缝广泛使用于上衣的肩缝、侧缝,袖子的内外缝,裤子的侧缝、下裆缝等部位。缝制时,在开始和结束时作倒回针,以防线头脱散,并注意上下层布片的齐整。

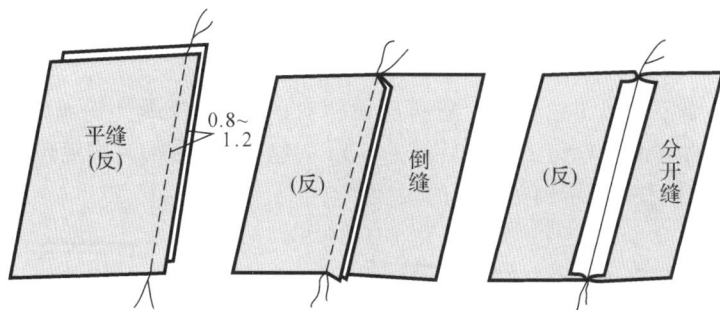

图2-3-2　平缝

(2)扣压缝

扣压缝也称克缝。先将缝料按规定的缝份扣倒烫平,再把它按规定的位置组装,缉上0.1cm的明线,见图2-3-3。扣压缝常用于男裤的侧缝、衬衫的覆肩、贴袋等部位。

(3)内包缝

内包缝又称反包缝。将缝料的正面相对重叠,在反面按包缝宽度做成包缝。缉线时注意正好缉在包缝的宽度边缘。包缝的宽窄是以正面的缝迹宽度为依据,有0.4cm,0.6cm,0.8cm,1.2cm等(见图2-3-4)。内包缝的特点是正面可见一根

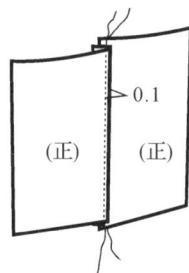

图2-3-3　扣压缝

线,反面是两根底线。常用于肩缝、侧缝、袖缝等部位。

（4）外包缝

外包缝又称正包缝。缝制方法与内包缝相同。将缝料的反面与反面相对重叠后,按包缝宽度做成包缝,然后距包缝的边缘缉 0.1cm 明线一道,包缝宽度一般有 0.5cm、0.6cm、0.7cm等多种（见图 2-3-5）。外观特点与内包缝相反,正面有两根线（一根面线,一根底线）,反面是一根底线。常用于西裤、夹克衫等服装中。

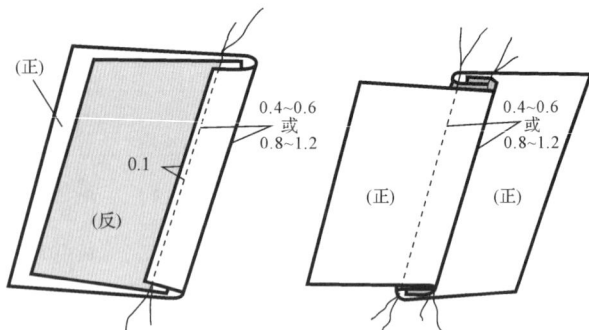

图 2-3-4　内包缝

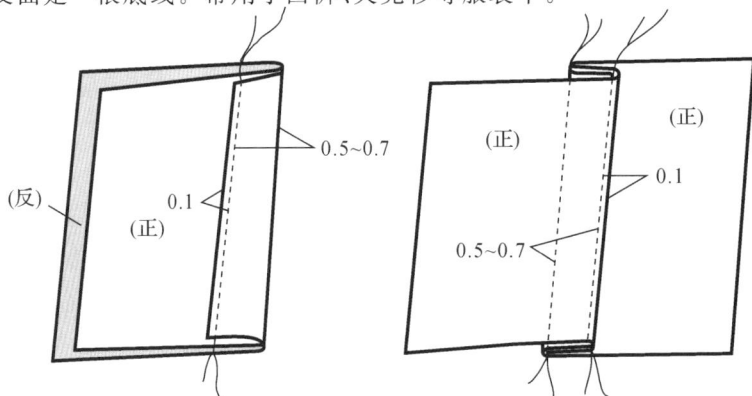

图 2-3-5　外包缝

（5）来去缝

来去缝是正面不见缉线的缝型。缝料反面相对后,距边缘缉 0.5cm 的明线,并将缝份修剪成 0.3cm。再将两缝料正面相对后缉 0.6cm 的缝份,且使第一次缝份的毛屑不能露出（见图 2-3-6）。此工艺适用于细薄面料的服装。

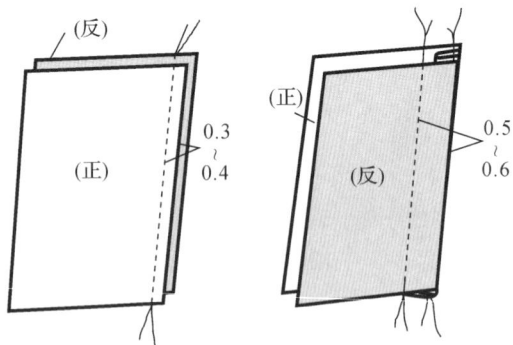

图 2-3-6　来去缝

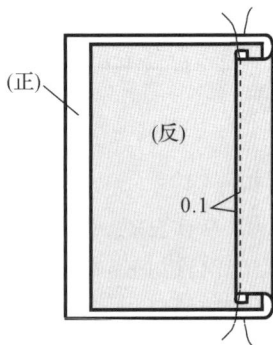

图 2-3-7　滚包缝

（6）滚包缝

滚包缝指只需一次缝合便将两片缝份的毛茬均包干净的缝型（见图 2-3-7）,适宜于薄料服装。

（7）搭接缝

搭接缝又称骑缝。将两片缝料拼接的缝份重叠，在中间缉一道线将其固定，可减少缝子的厚度，多在拼接衬布时使用（见图2-3-8）。

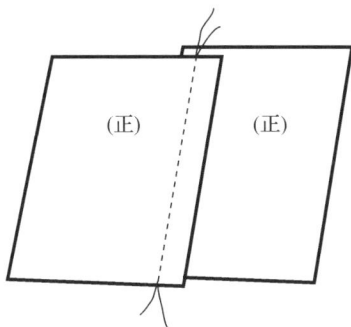

图 2-3-8　搭接缝

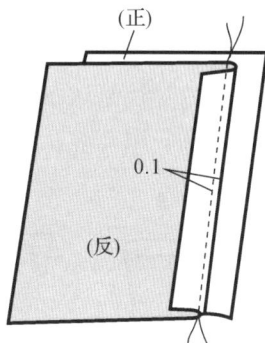

图 2-3-9　分压缝

（8）分压缝

分压缝又称劈压缝。先平缝后向两侧分开烫平成分开缝，再在分开缝基础上加压一道明线而形成的缝型（见图2-3-9）。其作用一是加固，二是使缝份平整。常用于裤裆、内袖缝等部位。

（9）闷缝

将一块缝料折烫成双层（布边先折烫光）下层比上层宽 0.1cm，再将包缝料塞进双层缝料中，一次成型（见图2-3-10）。常用于缝制裙、裤的腰或袖克夫等需一次成缝的部位。缝制时注意边车缝边用锥子略推上层缝料，保持上下层松紧一致。

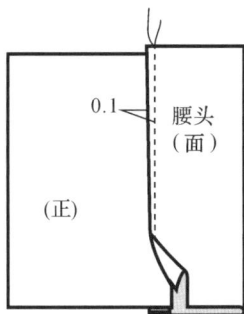

图 2-3-10　闷缝

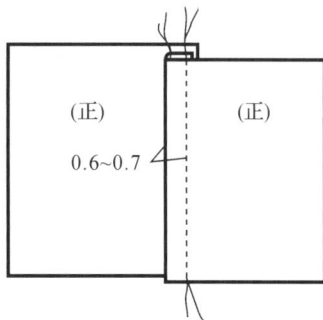

图 2-3-11　坐缉缝

（10）坐缉缝

先将两片面料平缝，再将缝份朝一边坐倒，烫平后在坐倒的缝份上缉明线（见图2-3-11）。常用于夹克、休闲类衬衣等服装的拼接缝，其主要作用一是加固，二是固定缝份，三是装饰。

思考与训练

1. 常用缝型有哪几种？

2. 内包缝与外包缝在操作上、外观上有什么区别？

3. 来去缝、闷缝怎样操作？常用于什么服装中？

第四节　服装省道的工艺处理

1. 省的缝法

车省时,正确的缝法是从布边缘开始,开始处需回针,车缝到省尖时不打回针。用打结来固定不至于脱线(见图2-4-1)。

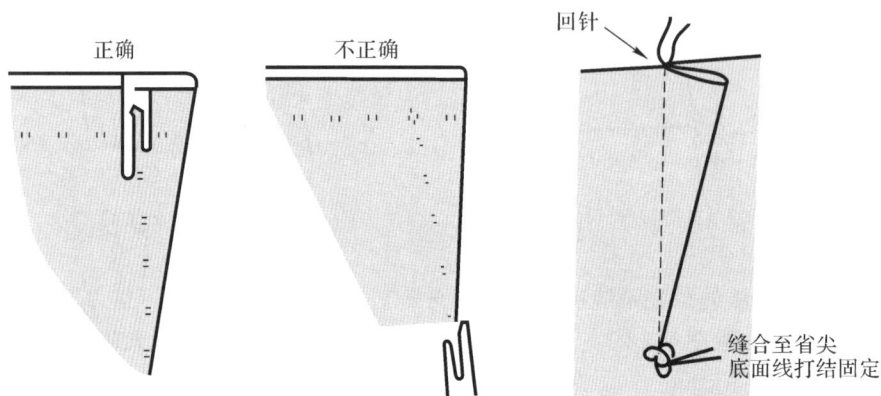

正确　　　　不正确　　　　回针

缝合至省尖
底面线打结固定

图 2-4-1　省的缝法

烫省时,省尖处在圆形熨烫台("布馒头")上作回旋压烫(见图2-4-2)。

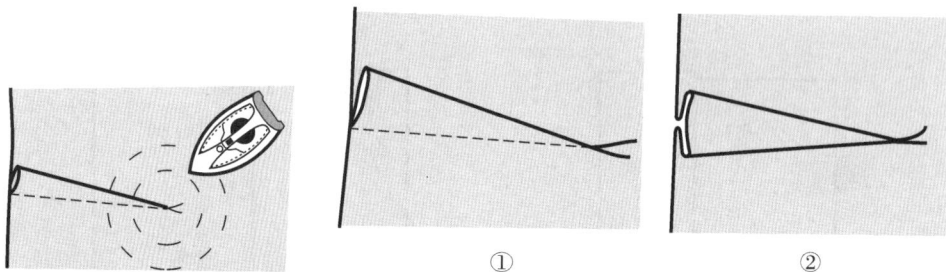

①　　　　②

图2-4-2　省的烫法　　　　图2-4-3　薄料时省的处理

2. 薄料时省的处理

(1)省份往一边倒压烫(见图 2-4-3①)。

(2)省份分烫(见图 2-4-3②)。

3. 厚料时省的处理

为了使服装正面看上去平顺,当面料较厚时,省的处理可采用剪开或垫布等方法。

(1)剪开分烫法(见图 2-4-4)

步骤:

1)剪开省缝头,剪到离省尖1～2cm 左右。

2)用熨斗分烫开,若无里布时,可对省的缝头进行缲缝锁边。

3)省份大或弧形省时,需在缝头上剪切口后再作分烫。

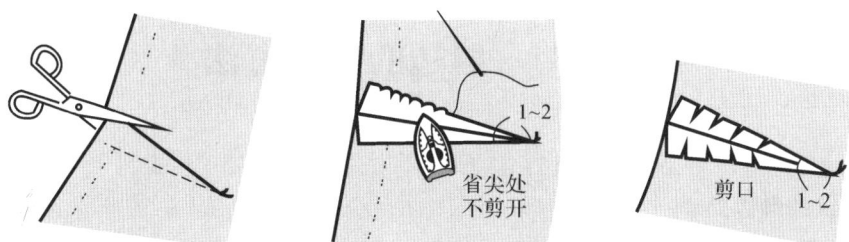

图 2-4-4　剪开分烫法

（2）垫布法

方法一（见图 2-4-5）适合于薄型或中等厚度的面料。

步骤：

1）取本色面料裁一小块，形与省道同。

2）车省时，将此省形布垫在省下对齐缉线。

3）然后省道与垫布分别朝两边烫倒。

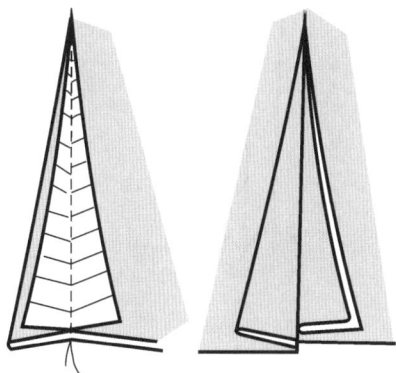

图 2-4-5　垫布法（一）

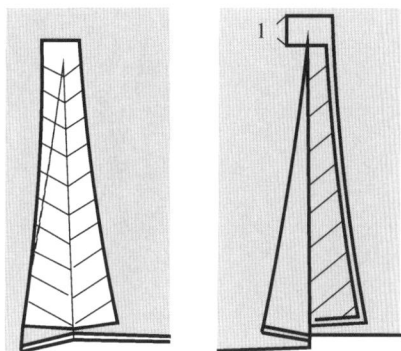

图 2-4-6　垫布法（二）

方法二（见图 2-4-6）

步骤：

1）用本色布裁一小片布，长超出省长约 1cm。

2）将垫布放在省下车缝。

3）在省尖处，将垫布剪切口。省尖以上的垫布朝一边烫倒。

（3）剪开、垫布混用法

此法适合于中等厚度的面料（见图 2-4-7）。

1）车省时，离省尖约 2cm 处垫一小块本色布，长 4cm 左右，宽 3cm 左右。

2）垫布以上的省道剪开，并分烫省份道缝份，垫布在省尖位置打刀眼后朝一边烫倒。

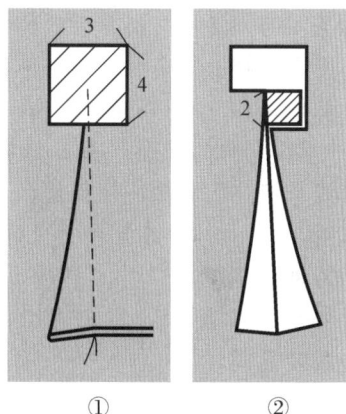

① ②

图 2-4-7　剪开、垫布混用法

第五节 缝边的处理方法

缝边的处理方法主要包括合缝的缝边处理和底摆的缝边处理两类。

1. 合缝的缝边处理

合缝主要有弧线、直线两种方式。

（1）弧线合缝的处理方法

弧线形的合缝在服装上主要表现为公主线、加贴边的领围、袖围等部位，其处理方法可根据面料的厚薄加以选择。

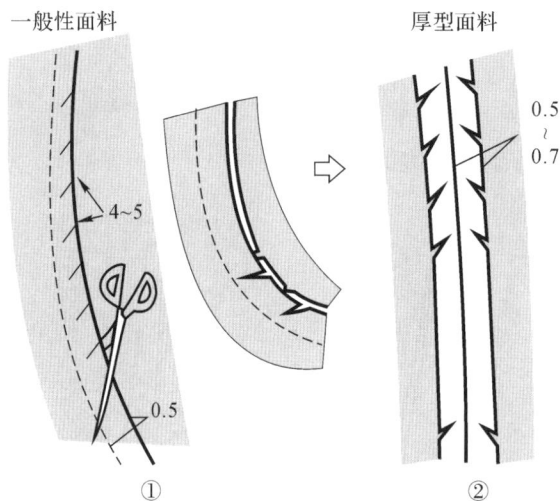

图 2-5-1 弧线合缝的处理方法

1）一般性面料　拼合后缝份修剪成 0.5cm，在弧度较大部位斜向地加上最小限度的剪口，见图 2-5-1①。

2）透明薄型面料　拼合后缝份修剪成 0.3cm，不必加剪口，拉直缝份即可。

3）厚型面料　拼合后缝份修剪成 0.5～0.7cm，在弧度较大部位，两个缝边稍微错开斜向加上剪口，以减少对表面的影响（见图 2-5-1②）。

（2）直线合缝的处理方法

直线合缝在服装中应用得最广，其处理方法也很多，应根据其加工方法及面料的类型分别来选用，以下具体介绍几种常见的处理方法。

1）特种机缝

● 特种机缝缝合后，将布边切去，如图 2-5-2①所示。常见于不脱线的面料。如涂层、皮革等服装面料。

● 特种机缝缝合后，将布边折起来，进行一般机缝，如图 2-5-2②所示。

2）三线包缝

将布边进行三线包缝后车缝，这是最常用的缝头处理方法，它适用面较广（见图 2-5-3）。

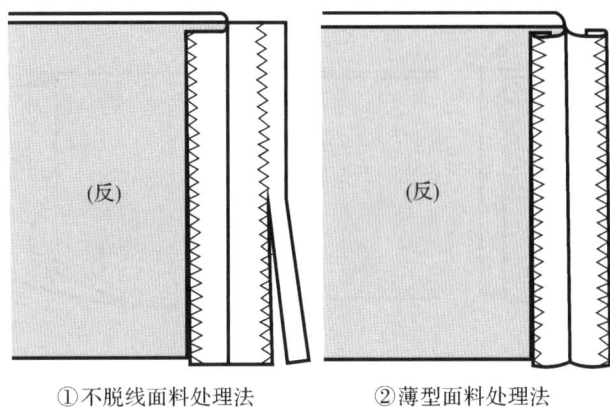

①不脱线面料处理法　　②薄型面料处理法

图 2-5-2　特种机缝

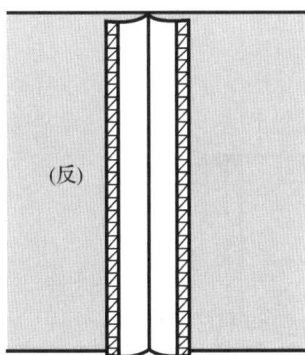

图 2-5-3　三线包缝

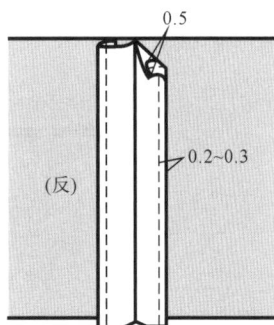

图 2-5-4　边端车缝

3）边端车缝

把缝边边缘折进去 0.5cm 后再绲上 0.2～0.3cm 的线,然后将缝边固定(如图 2-5-4 所示)。多用于比较薄的棉、麻、化纤面料的缝头处理。

4）包缝法

根据面料厚薄不同,有三种处理方法。

一是薄型面料包缝法(如图 2-5-5 所示)。

● 先将上层衣片的缝份放 0.7cm,下层衣片的缝份放 1.9cm。

● 再把下层缝边多出的量向上翻转包住上层衣片的缝边,同时沿边车 0.1cm 的线加以固定。

● 在衣片反面能看到一条缝线,正面看不到缝线。

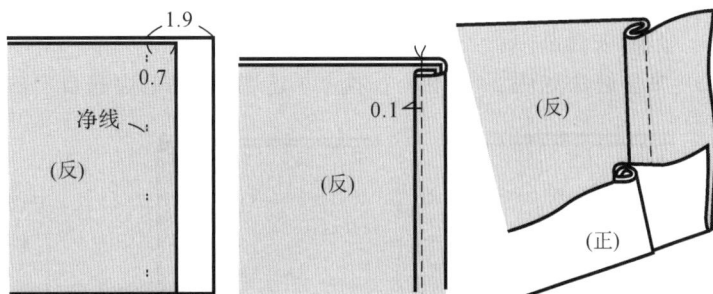

图 2-5-5　薄型包缝法

二是中等厚度面料包缝法(如图 2-5-6 所示)。

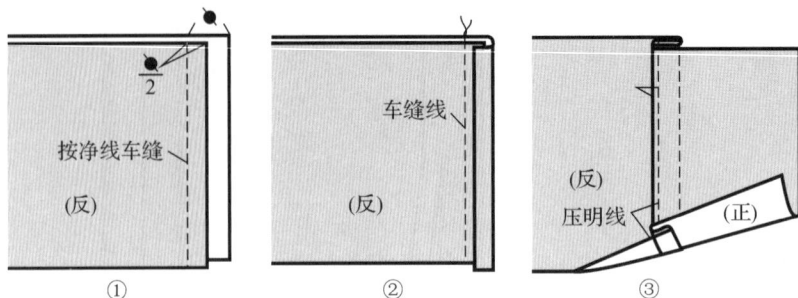

图 2-5-6　中等厚度面料包缝法

● 缝料正面相对按净线车缝后,将其中一片的缝头剪去 1/2 或比 1/2 稍多一些(或最初裁剪时,使两步的缝头有一定的差)(如图 2-5-6 中的①所示)。

● 使缝份宽的一片包着缝份窄的那一片,然后再进行熨烫(如图 2-5-6 中的②所示)。

● 从反面压明线(如图 2-5-6 中的③所示)

三是厚型面料包缝法(如图 2-5-7 所示)。

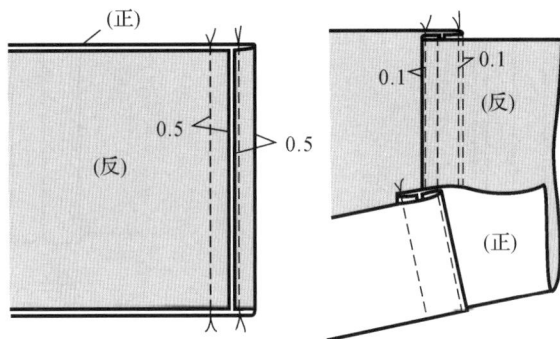

图 2-5-7　厚型面料包缝法

● 按图示分别固定上、下层衣片的缝边。

● 将上、下层衣片摊开分成左右面,然后按图示车缝两条线固定。

5)来去缝法

来去缝法如图 2-5-8 所示,适合于透明、容易毛边的布料的缝制。

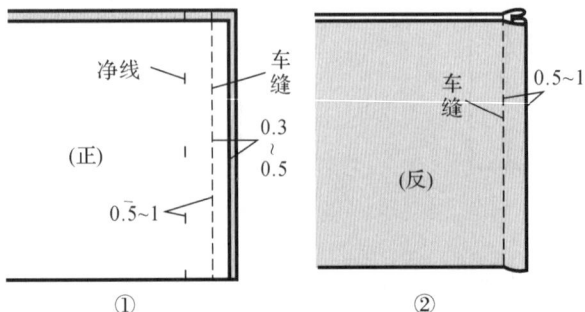

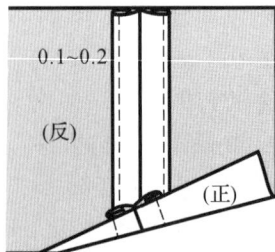

图 2-5-8　来去缝法　　　　图 2-5-9　劈烫缉缝法

6）劈烫缉缝法

将缝料正面相对进行合缝后,熨烫分开缝头,将缝头的边缘分别折进 0.5cm,左右缝头烫平固定后,从正面压 0.1～0.2cm 的明线(如图 2-5-9 所示)。适用于厚度适中的面料。

7）劈烫扦缝法

将缝料正面相对车缝后,分开缝份烫平,然后进行斜卷缝(如图 2-5-10 所示)。适合于不透明、有一定厚度且不易毛边的布料。

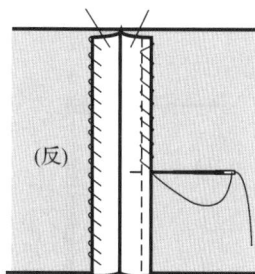

图 2-5-10　劈烫扦缝法

8）锯齿剪切法

将分开后的缝份锯齿剪切后,缝头的边端成为斜向,不易毛边。也有先将缝份作锯齿剪切,将其放在布的表面,然后压明线。此方法不适用于易毛边的布料(见图 2-5-11)。

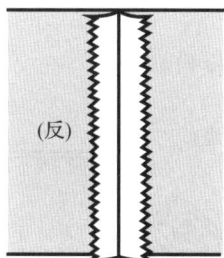

图2-5-11　锯齿剪切法

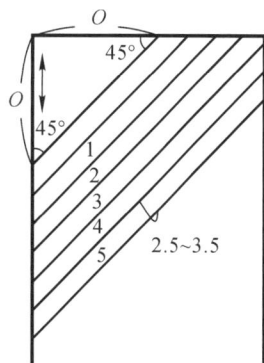

图2-5-12　滚边斜条的裁剪

9）滚边缝法

滚边缝是采用斜布条对缝边进行滚边处理的一种方法,适用于高档面料服装的缝边处理。

滚边斜条的裁剪与制作方法如下:

● 裁剪(见图 2-5-12)。作为滚边用的斜条要采用薄型的面料,如羽纱、尼丝纺、细薄棉布等;取正斜方向,使斜条与经纬向成 45 度,进行裁剪。斜条宽度取 2.5～3.5cm 左右。

● 制作(见图 2-5-13)将斜条的边端对齐,进行车缝拼接,然后将缝份分开烫平,剪去多余的量(如图 2-5-13 中的①所示)。也可裁剪成长斜条,将全部缝合在一起,做上标记,然后裁剪(如图 2-5-13 中的②所示)。

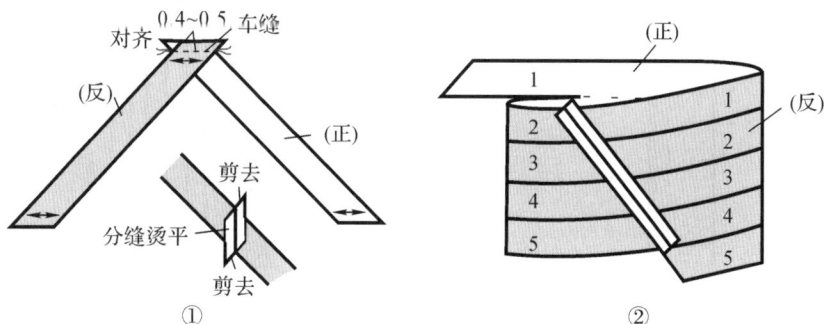

图 2-5-13　滚边斜条的拼接

滚边方法一（如图 2-5-14 所示），适合于中厚型面料，操作如下：

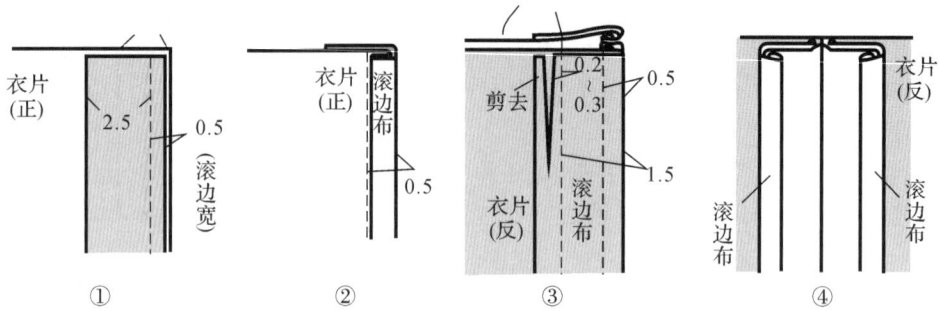

图 2-5-14　滚边法（一）

- 先将衣片正面向上，把缝边与滚边斜条拼合车缝 0.5cm。
- 翻转滚边布，在衣片正面紧靠滚边布的边车漏露缝。
- 将滚好边的两片衣片正面相对，同时对齐缝份上的滚边布，连同滚边布一起车缝 1.5cm 的缝份。
- 将衣片的缝份分开烫平即可。

滚边方法二（如图 2-5-15 所示），适用于薄型面料，操作如下：

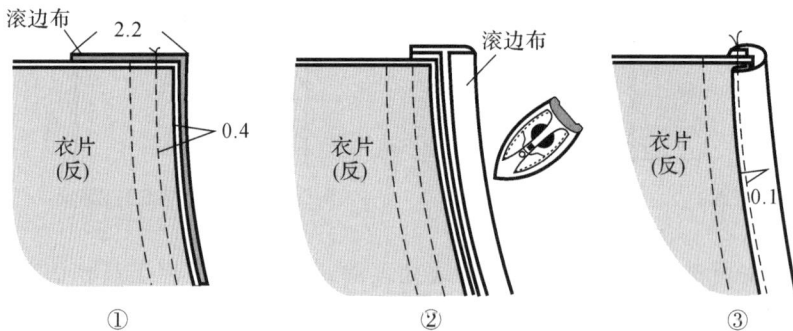

图 2-5-15　滚边法（二）

- 先将两片衣片缝合，然后将滚边布放在衣片缝边的下侧，沿缝边车 0.4cm 的线。
- 将滚边布翻转烫成所需的宽度。
- 再将烫好的滚边布翻转包住两层衣片的缝边，然后在滚边布上车 0.1cm 的明线。

滚边方法三（如图 2-5-16 所示），适用于厚型面料，操作如下：

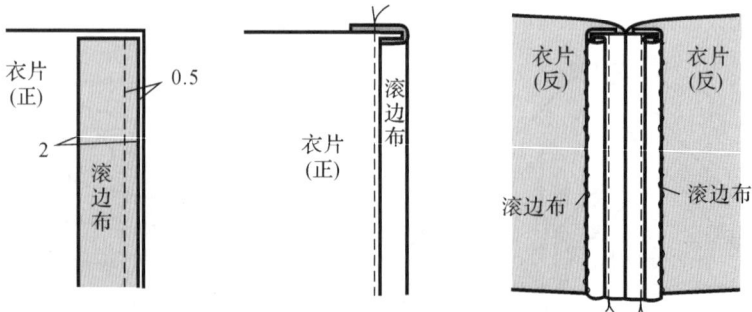

图 2-5-16　滚边法（三）

- 先分别将衣片的缝边与滚边布缝合，缝份为 0.5cm。

● 翻转滚边布,在衣片正面紧靠住滚边布处车漏露缝固定。

● 然后将缝制好滚边布的两衣片,沿净样线车缝,再分缝烫平,最后将缝边上的滚边布与衣片用缲针固定。

2. 底摆缝的处理

底摆的处理方法随面料厚薄、质地不同,底摆轮廓不同而不同。以下介绍其处理方法。

(1)薄型面料的底摆处理方法

1)三折边后车明线(见图2-5-17)

● 不完全三折,适合于不透明的面料,见图2-5-17①。

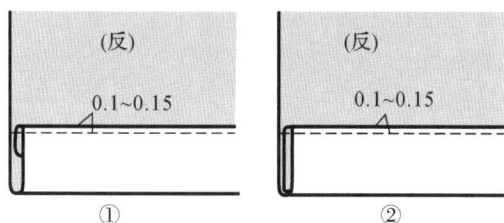

图 2-5-17 三折边后车明线固定

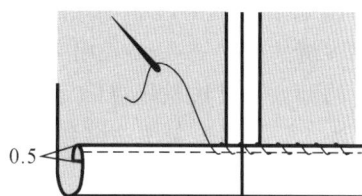

图 2-5-18 折缝后明缲针固定

● 完全三折缝,适合于透明的面料,见图2-5-17②。

2)折缝后明缲针固定(见图2-5-18)。

● 先将底边缝头折进0.5cm车缝固定。

● 再折烫出底摆宽度,用明缲针固定。

3)烫好折边缝份后,再用明缲针将底摆与衣片固定。注意缲针的线要放松(见图1-6-19)。

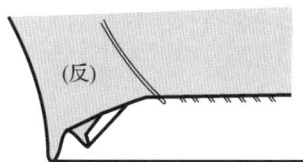

图2-5-19 明缲针固定

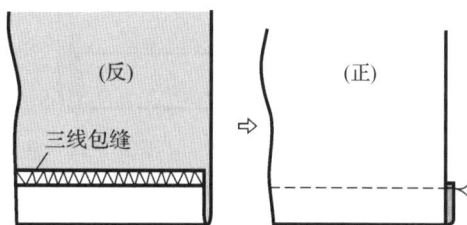

图2-5-20 三线包缝后车明线固定

4)锁边后再车明线,见图2-5-20。

(2)厚型面料的底摆处理方法

方法一 先将底摆毛边三线包缝,再手工暗缲针或三角针固定(见图2-5-21)。

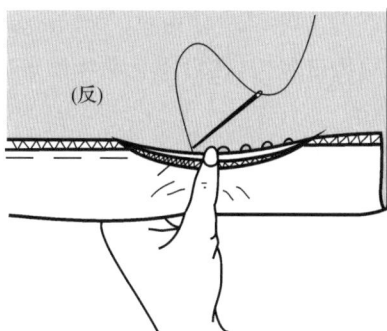

图 2-5-21 三线包缝后手针固定

方法二　固边缝后作手针绕缝,再手工暗缲针固定(见图 2-5-22)。操作如下:

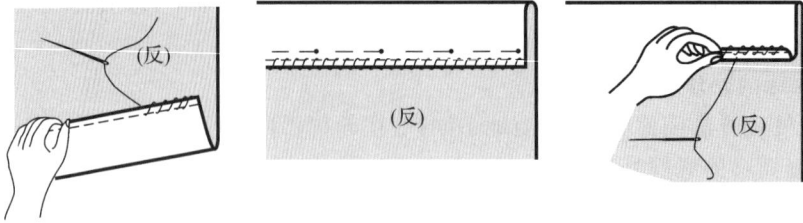

图 2-5-22　手工暗缲固定

● 作 0.5cm 的固边缝,不折边,用左手只握住底摆用细针绕缝锁边。

● 在缝边往里 0.8cm 处用大头针密密地别住。

● 边卸大头针边暗缲缝固定,线要放松,只缝住面料的一半深度。

方法三　先用斜条滚边缝包住底摆缝边再手工缲缝的方法。

● 单层斜条滚边法(如图 2-5-23 所示)。

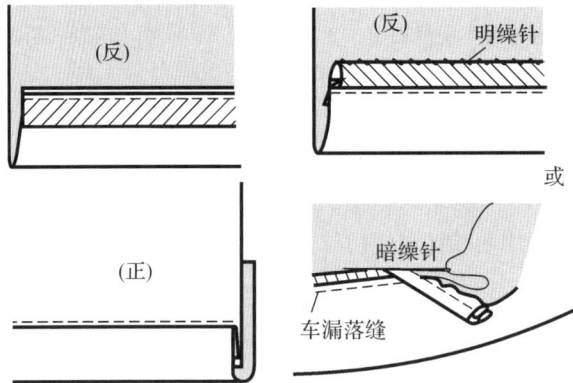

图 2-5-23　单层斜料滚边法

● 双层斜料滚边法(如图 2-5-24 所示),用于易脱散的厚料。

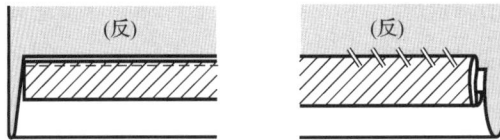

图 2-5-24　双层斜料滚边法

方法四　利用织带包边,然后手工明缲固定(如图 2-5-25 所示)。

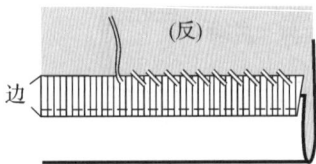

图 2-5-25　织带包边后明缲固定

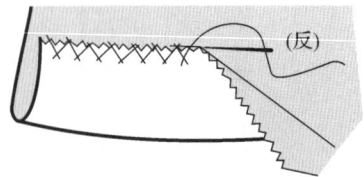

图 2-5-26　锯齿剪出三角后手针固定

方法五 先用花边剪刀剪出花边后,再用三角针固定底摆(如图 2-5-26 所示)。用于缝边不脱散的厚料。

(3)弧度较大的底摆处理方法

1)在弯曲度大的地方沿边缘用长针距车缝一道,把多余的量作抽褶处理,归扣烫后再用手工缲针或三角针固定底摆(见图 2-5-27)。

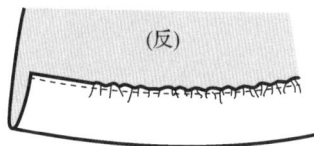

图 2-5-27 弧度较大的底摆处理(一)

2)薄面料时,可在缝边上取小省,省尖不要达到底摆边沿。用熨斗烫死省迹,然后手工固定(见图 2-5-28)。

(4)有里布的底摆处理方法

1)暗缲针法(见图 2-5-29),适用于精制西服、套装等。操作如下:

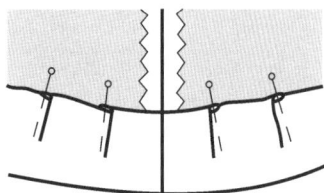

图 2-5-28 弧度较大的底摆处理(二)

● 先将面布的底摆折上,用三角针固定,然后将里布的底摆也烫折好。

● 将面布与里布的底摆缝份对正后,用大头针固定或绷缝线固定。

● 将里布底摆掀起直到用大头针别住的地方,用暗缲针加以固定。

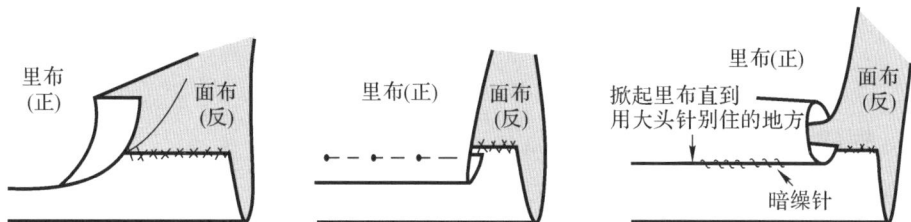

图 2-5-29 有里布的底摆处理(一)

2)面布与里布的底摆合缝法(见图 2-5-30),适用于女套装、男西服等。操作如下:

● 先将面布、里布的底摆合缝,再用三角针加以固定。

● 烫出里布底摆。

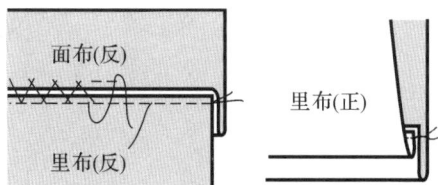

图2-5-30 有里布的底摆处理(二)

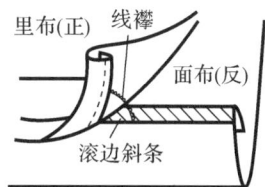

图2-5-31 有里布的底摆处理(三)

3)里布底摆悬挂着不与面布底摆缝合,面布可采用单层滚边法处理底摆,里布底摆用折缝法固定(见图 2-5-31),适用于大衣、风衣、外套等服装中。里布与面布的底摆采用拉线襻的方法加以固定。

4)面布与里布的下摆重叠缝合法。适用于棉袄、夹克衫等休闲服装中(见图 2-5-32)。

● 薄料时的底摆处理(见图 2-5-32①)。

● 厚料时的底摆处理(见图 2-5-32②)。

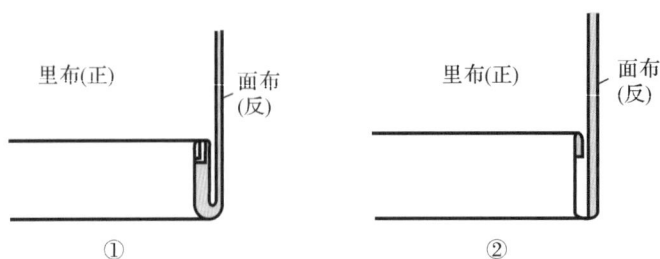

里布(正)　面布(反)　　　　里布(正)　面布(反)

①　　　　　　　　　　　　②

图 2-5-32　有里布的底摆处理(四)

思考与训练

1. 车缝省道时应注意什么?
2. 直线合缝的处理方法有哪几种?
3. 有里布的底摆有几种处理方法?
4. 薄型面料底摆处理通常有几种方法?

第六节　扣眼、钩扣的缝制

一、扣眼定位、锁缝方法

1. 决定扣眼的位置和长度的方法

扣眼的位置和间距,应根据设计要求和穿着情况来决定。通常情况下,扣眼的间距是相等的,但长大衣、长风衣等较长的外衣,越到下面扣眼的间距应越长些,这样才会使视觉产生平衡。

扣眼的长度是由扣子的大小和扣子的厚度决定的,即

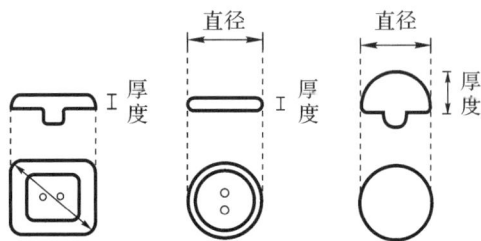

图 2-6-1　扣眼大小的确定

扣眼的长度＝扣子的直径＋扣子的厚度

扣眼大小的确定见图 2-6-1。扣眼位置的确定见图 2-6-2。

2. 扣眼的锁缝方法

扣眼在外观上分方头和圆头两种。功能上有实用与装饰之分,加工方法上有手工锁缝和机器锁缝之分。

手工锁眼时,一般使用棉、涤棉或丝线,线的长度大约是扣眼的 30 倍。根据面料的厚薄,可用单股缝线或用双股缝线合并锁缝。

机器锁缝采用锁眼特种机器,有平头锁眼机和圆头锁眼机。

采用手工锁眼时,在锁缝扣眼之前,要先对锁缝线进行处理,为防锁缝线打扭,可用熨斗熨一次,若在锁缝线上沾一些腊,再用纸张夹住擦去多余的腊,则锁缝线会更牢固一些(见图 2-6-3)。锁缝线应与面料的颜色匹配,或略深一些。

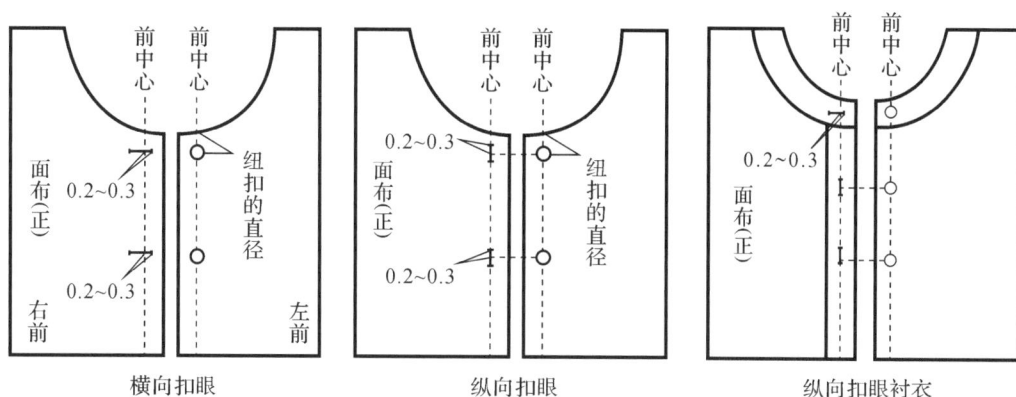

| 横向扣眼 | 纵向扣眼 | 纵向扣眼衬衣 |

图 2-6-2 扣眼位置的确定

下面介绍几种常用的手工锁眼方法。

（1）横向平头扣眼

横向平头扣眼常用于衬衫、两用衫、童装中。其特点是靠近前门襟止口处的一侧锁缝成放射状，另一侧锁缝成方型。具体操作步骤见图 2-6-4 中①～⑨。

①将扣眼大小确定，一般宽 0.4cm，长是扣子直径加扣子厚度（0.3cm），然后机缝。容易毛边的面料，在扣眼中也要来回车缝几道线，防止脱纱。

②在扣眼中央剪口。

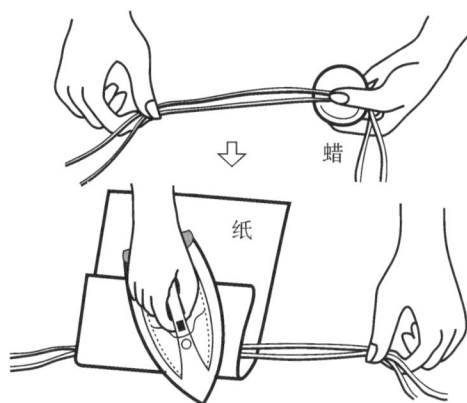

图 2-6-3 手工锁眼缝线处理

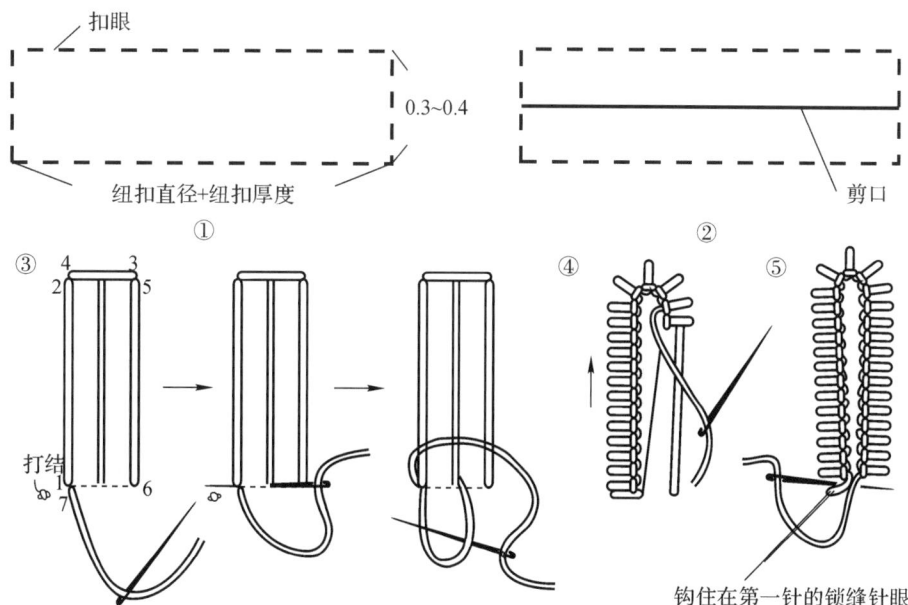

⑥ ⑦ ⑧ 里侧 ⑨

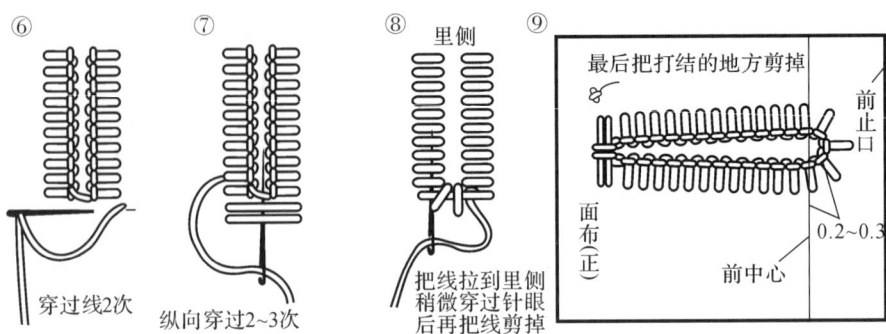

穿过线2次　　纵向穿过2~3次　　把线拉到里侧稍微穿过针眼后再把线剪掉

最后把打结的地方剪掉　前止口　0.2~0.3　面布(正)　前中心

图 2-6-4　横向平头扣眼锁缝法

③首先在扣眼周围扦上一圈衬线,然后按图示顺序,一边做结球,一边锁下去。

④一侧锁眼完后,在转角处锁成放射状,然后继续锁缝。

⑤按图示锁到最后,将针插入最初锁眼的那根线圈中。

⑥将线横向缝两针。

⑦在纵向缝两针。

⑧在里侧来回两次穿过锁眼线,不用打线结直接将线剪断。

⑨锁眼完毕,注意不要忘记将最初的线结去掉。

(2)纵向扣眼

纵向扣眼常用于衬衫类服装中,其特点是扣眼两端锁缝成方型。具体步骤见图 2-6-5 中①~⑦。

(3)圆头扣眼

圆头扣眼常用于毛料及较厚化纤面料的套装、西服、大衣等服装中。其特点是在扣眼的前端用打孔器开出小圆孔,圆孔大小等于纽脚粗细(见图 2-6-6 中①~④)。

(4)圆形扣眼

圆形扣眼常作为带子、绳子的穿引口,如图 2-6-7 中①~④所示。

(5)假扣眼

假扣眼常用于西装的翻领、袖开衩等的装饰,它是采用锁缝形成的一个假扣眼。有使用横向平头扣眼的锁缝法,见图 2-6-8 中①。也有用连锁刺绣的方法,见图 2-6-8 中②。

① 剪口　芯线　扣眼车缝　打结

② ③ ④

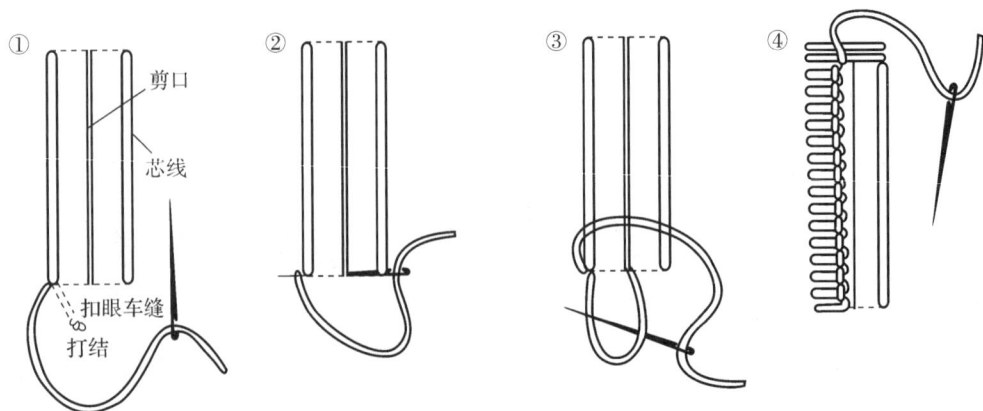

⑤ 穿过打结的针眼

⑥ 把针穿到固定线的下面 开始锁缝

⑦ 前中心 前止口 面布（正）

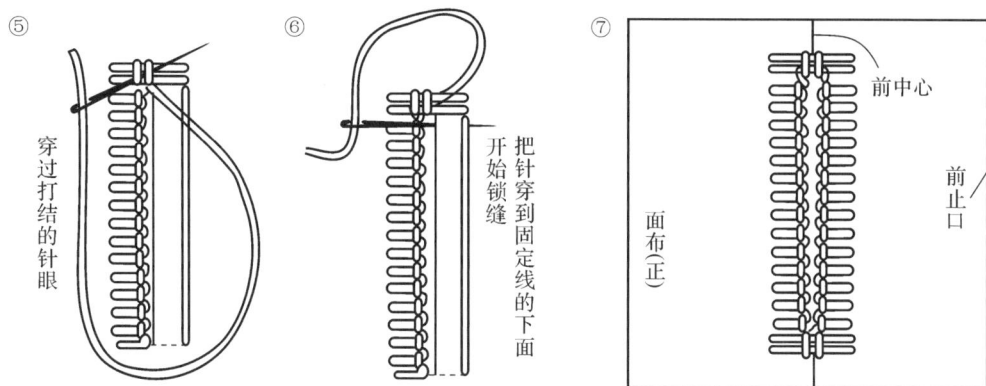

图 2-6-5 纵向平头扣眼锁缝法

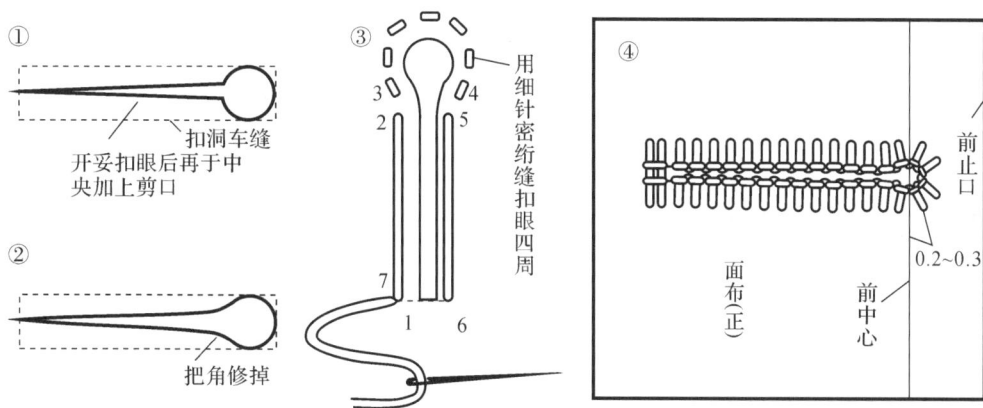

① 扣洞车缝 开妥扣眼后再于中央加上剪口

② 把角修掉

③ 用细针密纫缝扣眼四周
3 4
2 5
7
1 6

④ 前止口 0.2~0.3 前中心 面布（正）

图 2-6-6 圆头扣眼锁缝法

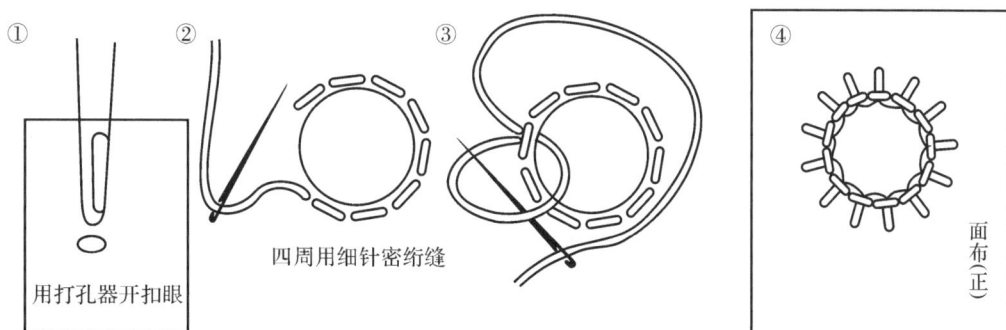

① 用打孔器开扣眼

② ③ 四周用细针密纫缝

④ 面布（正）

图 2-6-7 圆形扣眼锁缝法

（6）双嵌线平头扣眼

双嵌线平头扣眼常用于女大衣、外套等服装中。在面料的选用上既可用本色布，也可用别色布做嵌线。缝制方法见图 2-6-9 中的①～⑭。

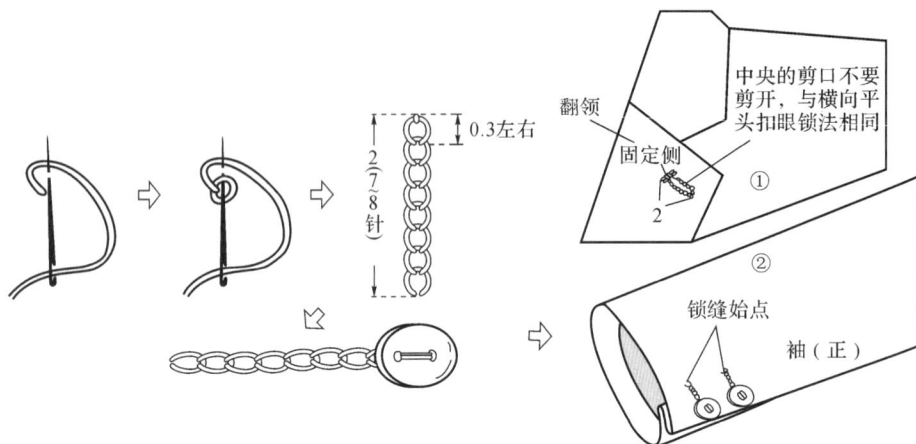

0.3左右

2/7 8针

中央的剪口不要剪开，与横向平头扣眼锁法相同

翻领

固定侧

①

2

②

锁缝始点

袖（正）

图 2-6-8　假扣眼的锁缝

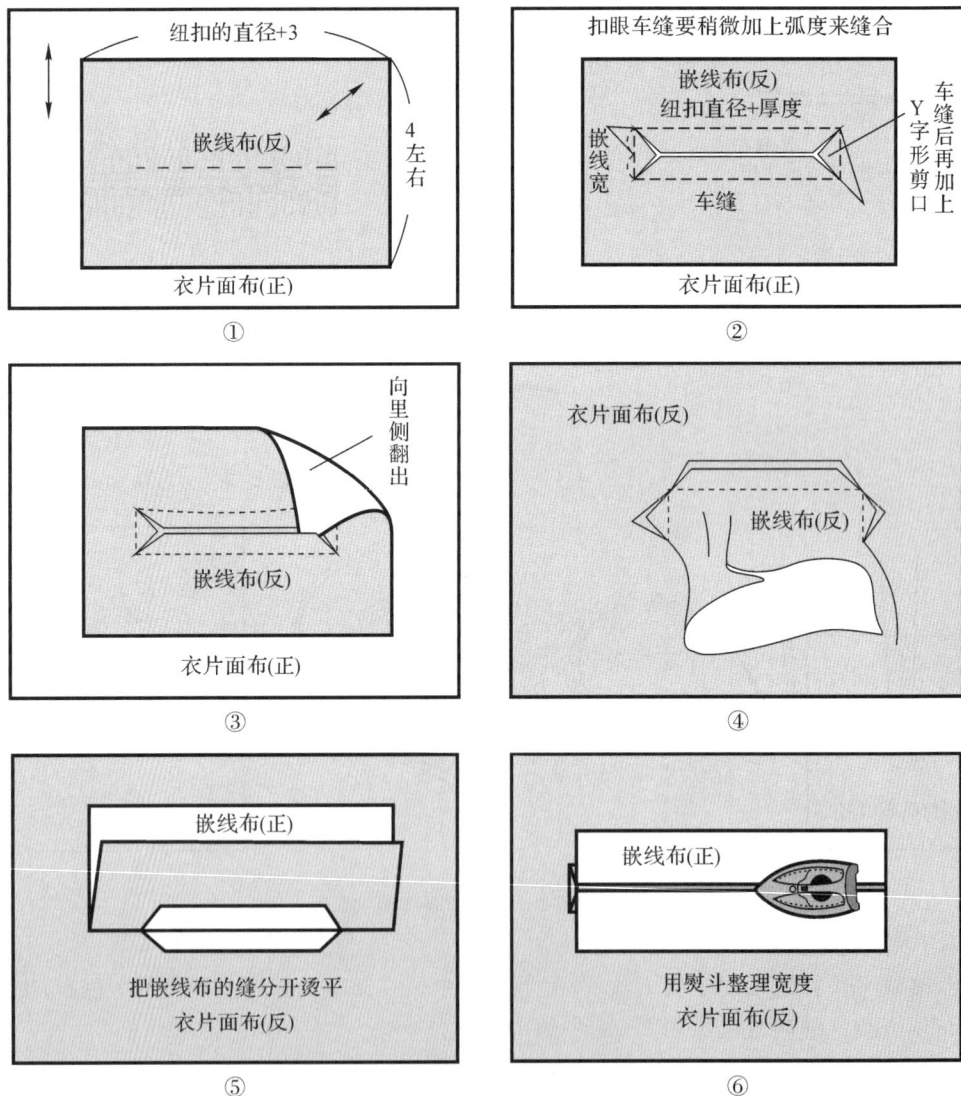

纽扣的直径+3

嵌线布(反)

4左右

衣片面布(正)

①

扣眼车缝要稍微加上弧度来缝合

嵌线布(反)

纽扣直径+厚度

嵌线宽

车缝

车缝后再加上Y字形剪口

衣片面布(正)

②

向里侧翻出

嵌线布(反)

衣片面布(正)

③

衣片面布(反)

嵌线布(反)

④

嵌线布(正)

把嵌线布的缝分开烫平

衣片面布(反)

⑤

嵌线布(正)

用熨斗整理宽度

衣片面布(反)

⑥

图 2-6-9　双嵌线平头扣眼的缝制（一）

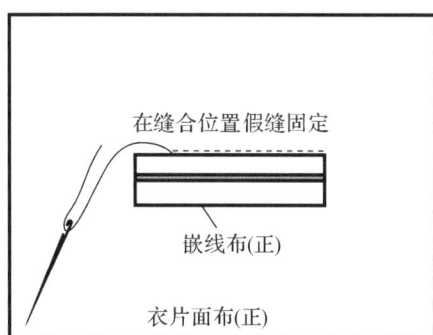

在缝合位置假缝固定

嵌线布(正)

衣片面布(正)

⑦

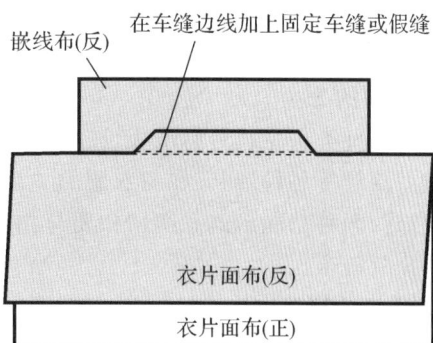

嵌线布(反)　在车缝边线加上固定车缝或假缝

衣片面布(反)

衣片面布(正)

⑧

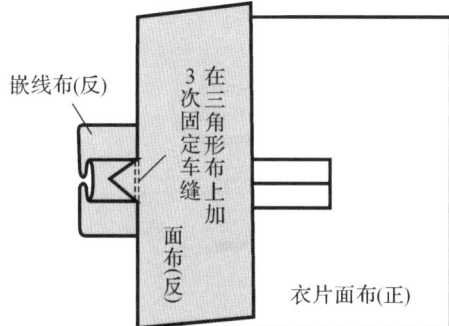

嵌线布(反)

在三角形布上加3次固定车缝

面布(反)

衣片面布(正)

⑨

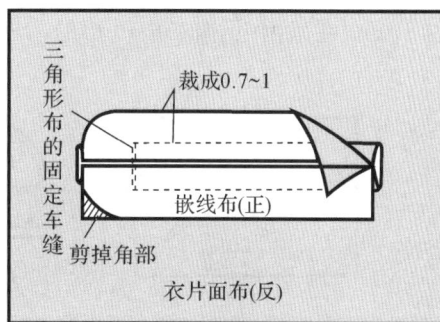

三角形布的固定车缝　裁成0.7~1

嵌线布(正)

剪掉角部

衣片面布(反)

⑩

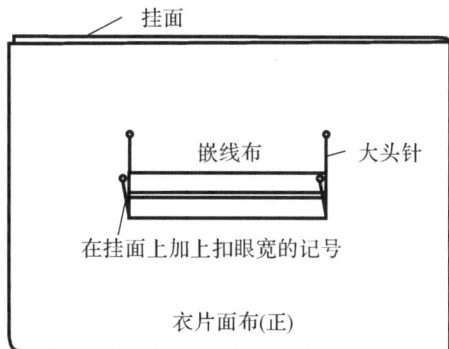

挂面

嵌线布　大头针

在挂面上加上扣眼宽的记号

衣片面布(正)

⑪

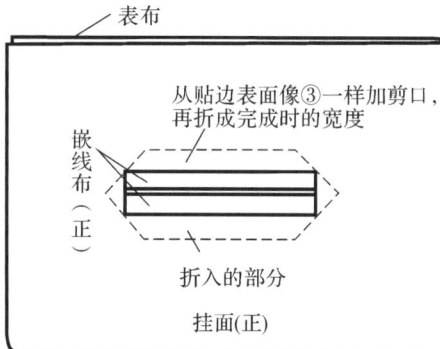

表布

从贴边表面像③一样加剪口,再折成完成时的宽度

嵌线布(正)

折入的部分

挂面(正)

⑫

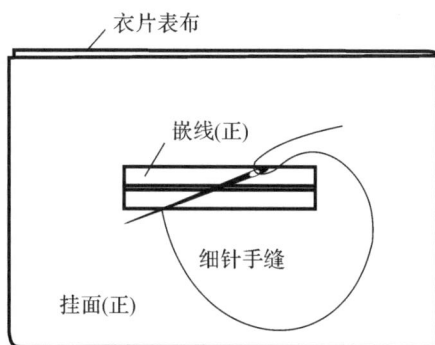

衣片表布

嵌线(正)

细针手缝

挂面(正)

⑬

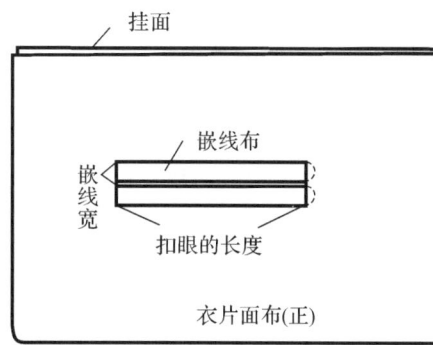

挂面

嵌线布

嵌线宽

扣眼的长度

衣片面布(正)

⑭

图 2-6-9　双嵌线平头扣眼的缝制(二)

53

二、纽扣的分类及钉缝方法

1. 纽扣的分类

纽扣的种类按材料分有纸板、胶木、木质、塑料、有机玻璃、金属、骨质等;在式样上有圆形、方形、菱形等各种形状;在与衣服的关系上可分为有眼和无眼两种。钉缝的纽扣有实用扣和装饰扣两种功能形式。实用扣要与扣眼相吻合,装饰扣与扣眼不发生关系。在钉纽扣时线要拉紧钉牢。

2. 纽扣的钉缝方法

(1)有线脚无垫扣纽扣的钉缝方法

线脚的长短应根据所扣衣片的厚薄来决定,一般要比衣片的厚度稍长,最初与最终所打的线结不要留在里侧(见图 2-6-10 中的①～⑥)。操作方法如下:

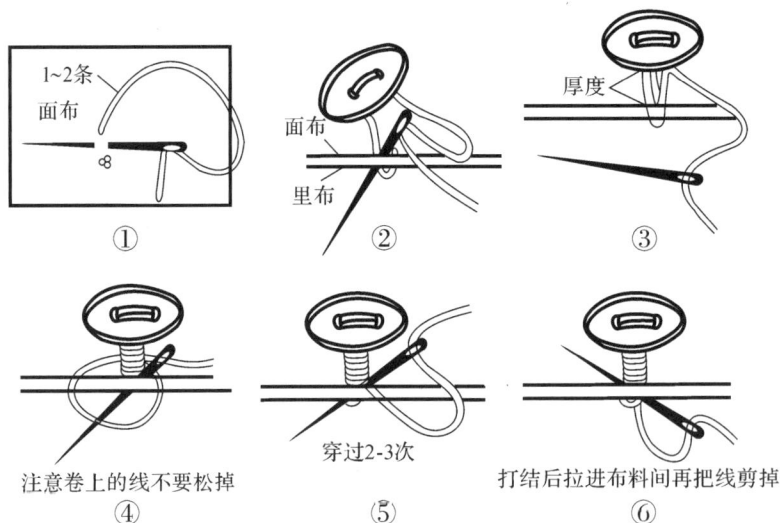

图 2-6-10　有线脚无垫和纽扣的钉缝方法

①做线结,在布的表面缝成十字形。

②将线穿入扣子。

③将线穿 2～3 次,使线脚比需要的厚度稍长。

④从上向下将线绕几圈。

⑤打一个线套,将线拉紧。

⑥来回穿两针,将线穿到里面。

(2)有线脚有垫扣(支力扣)的钉缝方法

有线脚有垫扣法常在西服、外套、大衣上使用。由于扣子比较大,对布料的负担就大,钉扣子时针线要穿到里面,同时将垫扣也钉上,垫扣不需要线脚,见图 2-6-11 中的①。

(3)装饰扣的钉缝方法

装饰扣的钉缝方法同钉扣一样,但不需要线脚。见图 2-6-11 中的②。

(4)有脚扣的钉缝方法

有脚扣的钉缝方法是直接将缝线穿过纽脚上的扣眼与衣片固定,缝线不必放出线脚。

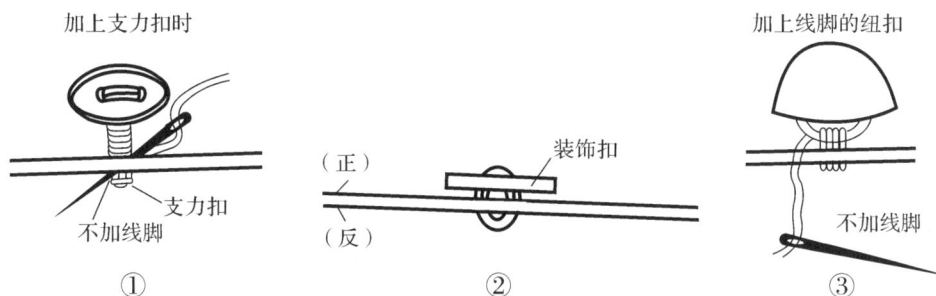

图 2-6-11　有线脚有垫扣的钉缝方法

见图示 1-7-11 中的③。

（5）四孔纽扣的钉缝方法

四孔纽扣的穿线方法有平行、交叉、方形
等三种，如图 2-6-12 所示。

图 2-6-12　四孔纽扣的钉缝方法

三、线环、布环、钩扣、包扣的缝制

1. 线环

线环也叫线襻，常用于腰带襻、裙子、大衣的面布与里布的固定。常用方法有两种：

（1）手编法

操作方法分套、钩、拉、放、收五个步骤，见图 2-6-13。

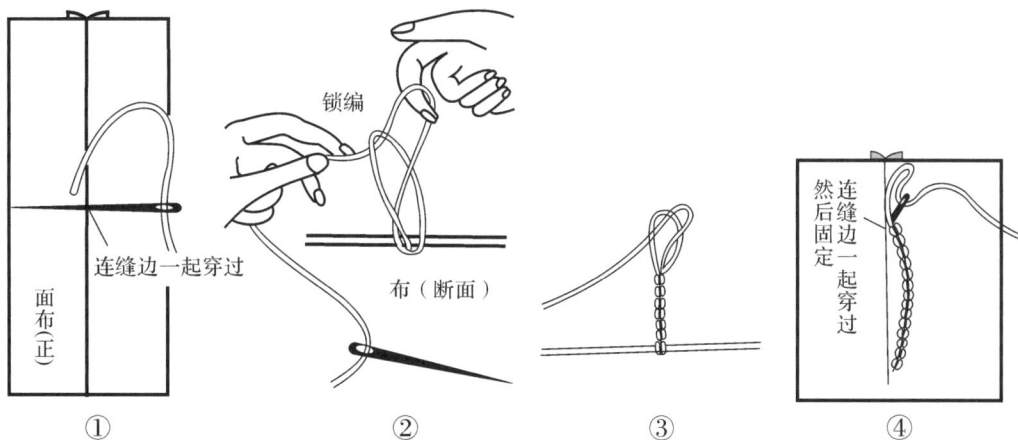

图 2-6-13　手编法

（2）锁缝法

操作时先用缝线来回缝出 2～4 条芯线（衬线），然后按照锁扣眼的方法进行锁缝，见图
2-6-14。

2. 布环

布环常用于钩住纽扣、装饰带等。布环的制作方法如下：

（1）裁剪斜条

将布料裁剪成 45°的正斜条，薄料斜条宽度为 1.6cm，厚料斜条宽度为 2cm，拼接方法见

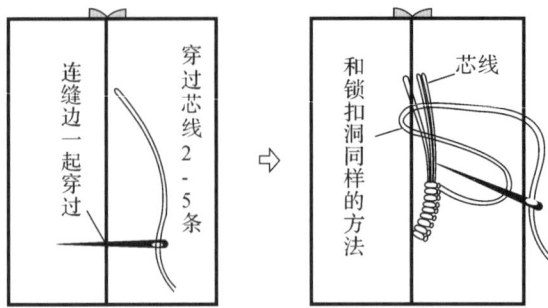

图 2-6-14　锁缝法

图 2-6-15 中的①。若要裁剪很长的斜条,先在要裁剪的面料上画出 45°的正斜线作为记号,然后将两头拼接缝合,沿记号线裁剪,见图 2-6-15 中的②。

（2）车缝斜条

将斜条对折缝成筒状,缝线的一端要多留线头,用手针带过翻出,在针眼部位要打结。为便于翻折,在留长线的一端,口子要稍宽些,见图 2-6-15 中的③。

（3）制作布环

按纽扣的大小剪下缝合后的斜条,用熨斗烫成圆弧形,同时要烫成里外匀,见图 2-6-15 中的④。

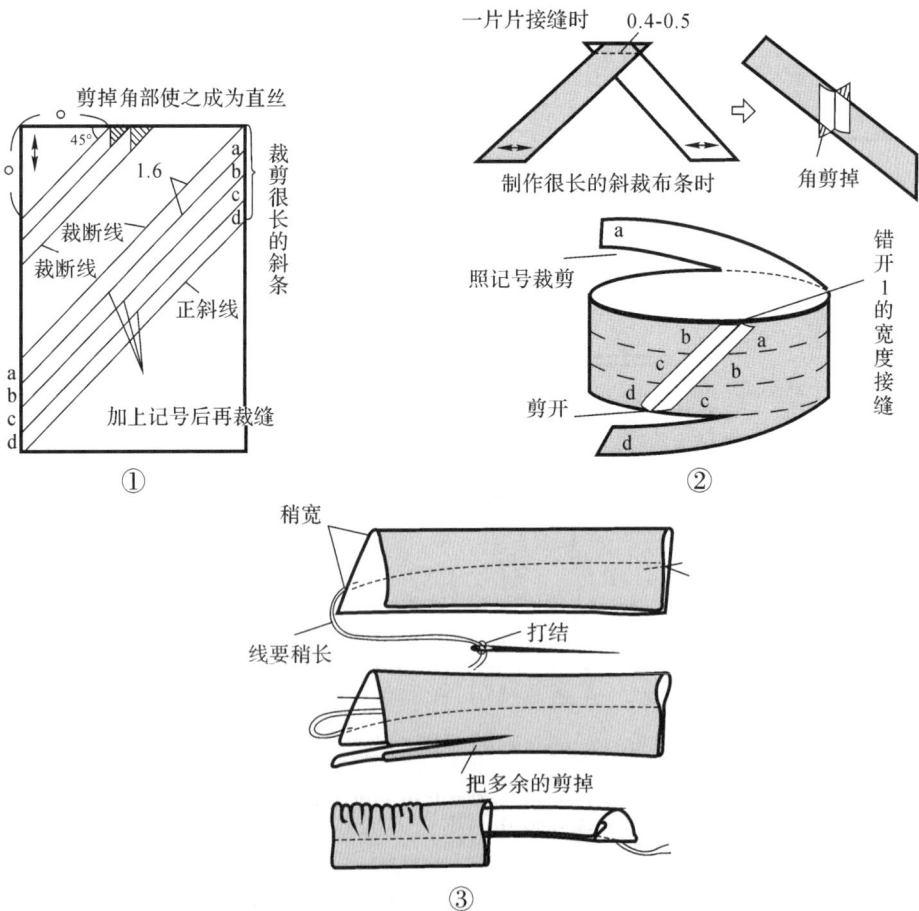

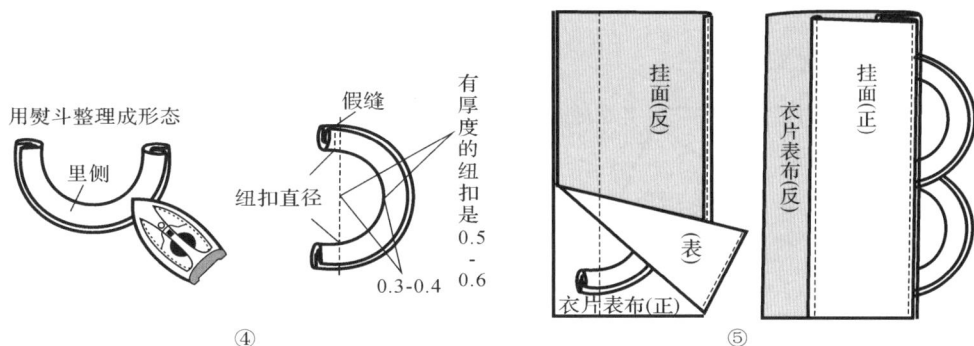

用熨斗整理成形态　里侧　假缝　纽扣直径　有厚度的纽扣是 0.5 - 0.6　0.3-0.4　④

挂面（反）　衣片表布（反）　挂面（正）　衣片表布（正）　（表）　⑤

图 2-6-15　布环的制作

（4）固定布环

将布环夹在两片布的中间,按所需位置将其固定,见图 2-6-15 中的⑤。

3. 钩扣

钩扣的形状、大小要根据使用的位置与功能进行选择。钉缝时,钩的一侧要缩进,环的一侧要放出,钩好后使衣片之间无间隙。

（1）丝状钩扣的钉法

丝状钩扣主要用于两片合在一起不太用力的地方。上层的钩稍进距边缘 0.2～0.3cm,下层的环与上层钩相反。首先穿两根横线,将挂钩固定,然后与锁眼方法相同。应注意"吞钩吐环"的要领,见图 2-6-16 中的①。下层的环也可采用线环代替,见图 2-6-16 中的②。

（2）片状钩扣的钉法

片状钩扣多用于易受拉力

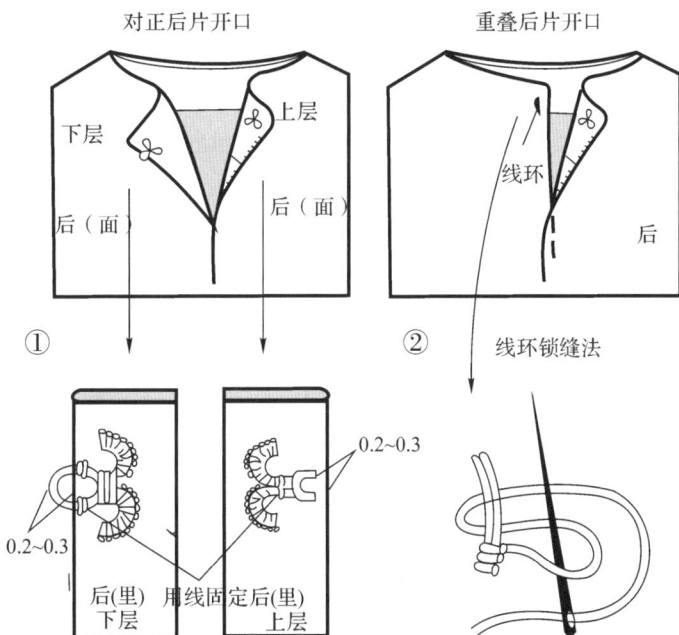

对正后片开口　重叠后片开口　下层　上层　后（面）　后（面）　①　线环　后　②　线环锁缝法

0.2～0.3　0.2～0.3　后（里）下层　用线固定　后（里）上层

图 2-6-16　丝状钩扣的钉法

的地方,如裙子、裤子的腰带上,如图 2-6-17 所示,注意扣钩的位置,钩扣钉上后,使整体造型美观、自然、平整,每个小孔缝完线后,将线剪断。

4. 按扣

按扣又称揿扣、子母扣,它较纽扣、拉链穿脱方便,且较隐蔽,按扣有大有小,色彩丰富,用途也较广。厚面料需用力的地方,钉大按扣。在不显露的暗处钉按扣时,多用与表布同色的按扣,凹形钉在下层,凸形钉在上层,如图 2-6-18 所示。

钉按扣的具体方法如图 2-6-19 所示:

①在钉按扣的中央,从表面先缝一针。

②与锁扣眼相同,每小孔缝 3～4 针。

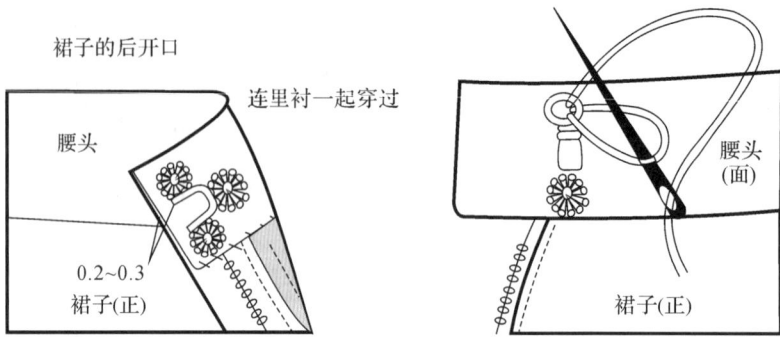

图 2-6-17　片状钩扣的钉法

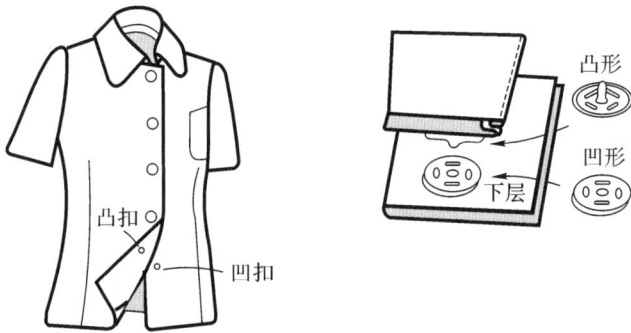

图 2-6-18　按扣位置的确定

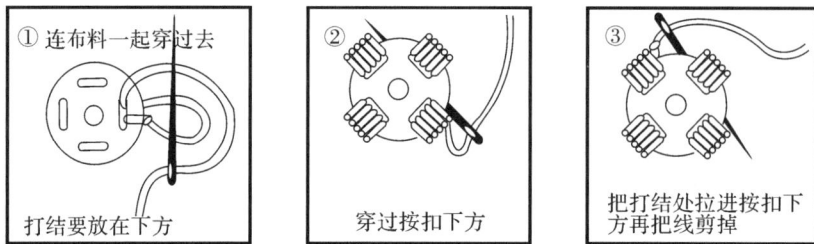

图 2-6-19　按扣的钉缝法

③最初与最终的线结,放在按扣与布之间,不要留在里面。

5. 包扣

　　将布按纽扣直径的 2 倍剪成圆形,用双线在其边沿均匀密纫缝一周,塞进纽扣或其他硬质材料后将线均匀抽拢、固定。有时为点缀可在布上作装饰缝。包扣在服装上既有实用功能,又起装饰作用。见图 2-6-20。

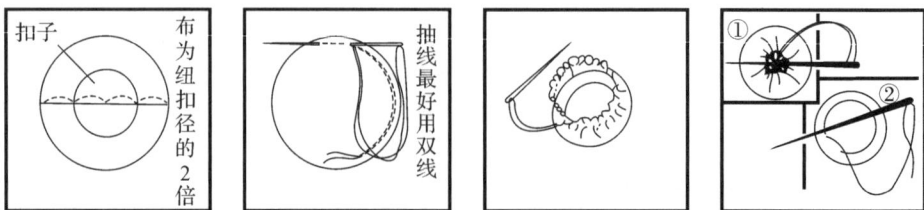

图 2-6-20　包扣的缝法

思考与训练

1. 扣眼的位置和间距是由什么决定的？
2. 怎样裁剪和拼接 45° 的正斜条？
3. 扣眼在外观上有哪几种？
4. 四孔纽扣的穿线方法有哪几种？
5. 钩扣的作用是什么？说说其钉缝的要领。

第三章　经典服装部件缝制

第一节　口　　袋

对于服装来说，口袋既是实用部件，又是装饰部件。常见的口袋分贴袋、挖袋和插袋三大类。

贴袋，是在衣片、裤片或裙片上贴缝一块袋布而成。它的式样变化很多，除了最基本的长方形、斜形之外，还有椭圆形、圆形、三角形等各种几何图形的贴袋。在贴袋上除可附有相应的袋盖外，还可做嵌线、褶裥等装饰。

挖袋又称开袋，就是在完整衣片的袋口部位将衣片剪开，内衬双层袋布缝制而成。它的式样有单嵌线、双嵌线，可以附有各种式样的袋盖，还有箱形挖袋。

插袋，是一种缝在前后衣片、前后裤片、前后裙片缝合线之间的口袋，衣片不用剪开，里面内衬两层袋布缝合而成。

一、口袋位置大小的决定方法

众所周知，作为服装的口袋，既具有美观装饰性，又具有实用性。我们在决定口袋的位置、大小以及袋口布（或嵌线布）的尺寸时都必须考虑以上两个因素。从实用性方面考虑，只要了解以下各点，就较容易掌握缝制方法。

1. 套装外贴口袋

套装外贴口袋的大小和位置是以基本样板的胸宽、前胸围大为基准，结合实际的款式尺寸而计算出来的，见图 3-1-1。有袋盖的贴袋和箱形口袋也以此作为参考。一般腰袋的袋口位

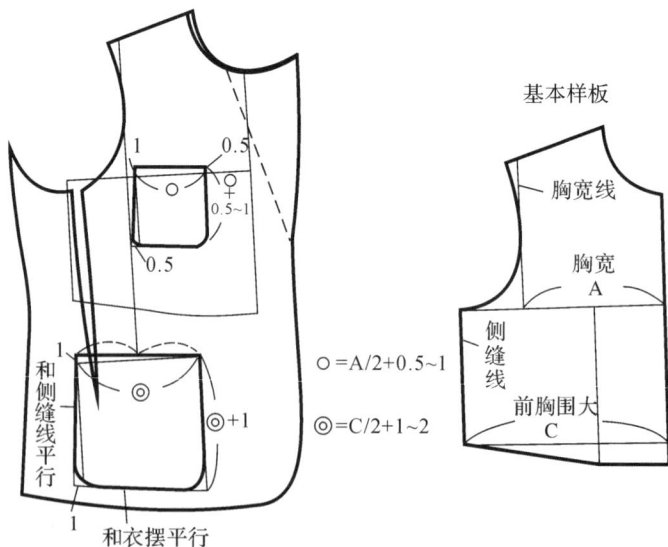

○ =A/2+0.5~1

◎ =C/2+1~2

图 3-1-1　贴袋位置大小的确定

置若是水平的,距腰线 8~10cm。袋口斜向的,其袋口中点距腰线 10cm。胸宽是指基本样板的胸宽线到前中线的尺寸,前胸围大是指侧缝线到前中线的尺寸。

2. 嵌线挖袋

不论是嵌线布还是袋里布,其宽度都要比袋口净尺寸宽 3~4cm,即在袋口两端多出1.5~2cm。袋布的深度通常和袋口宽相同,但若是较短的上衣,袋布底边碰到衣摆线时,则可以把袋布的底边和衣摆线叠在一起,就可缝制得较为平整,见图 3-1-2。

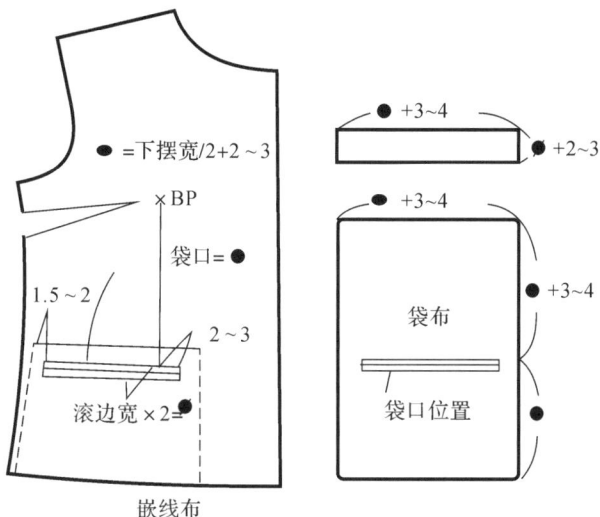

图 3-1-2　嵌线袋位大小的确定

3. 利用破缝线的插袋

这种口袋强调实用性,袋口宽应参考手掌的大小,若袋口太宽,内盛放的东西易滑落,应限于手可自由出入为宜。手掌围的测量方法是稍稍弯曲拇指来测量手掌围。袋布的宽度亦以同样的方法来决定,即以手可自由出入的尺寸为主。袋布深(即袋底部)的决定方法:将手臂自然放下,以手指尖可以碰到的长度为准,不可超过此尺寸,否则不易取出袋中之物,见图 3-1-3。

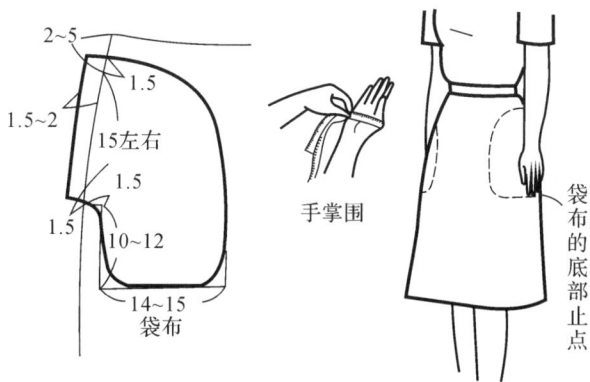

图 3-1-3　插袋位置、大小的确定

二、挖袋缝制要点

(1)由于挖袋要在完整的衣片上剪开,故在开剪的袋位处里侧烫上无纺粘合衬,以防布丝脱散(见图3-1-4)。

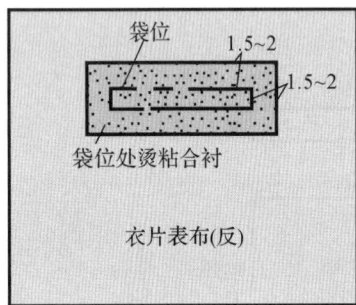

图 3-1-4

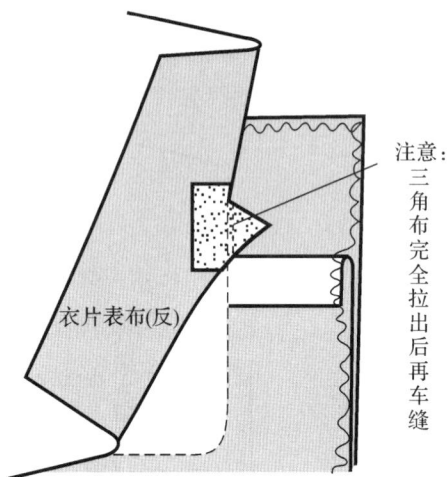

图 3-1-5

(2)袋位剪开处通常要剪成Y型,剪口时剪刀头要剪到位,避免剪断缝线。剪开后的三角布要完全拉出,再车缝2～3道线固定,见图3-1-5。

(3)挖袋的主要款式有单嵌线、双嵌线、箱形三大类,它们的缝制方法各不相同。单嵌线挖袋缝制要点见图3-1-6;双嵌线挖袋缝制要点见图3-1-7;箱形挖袋缝制要点见图3-1-8。

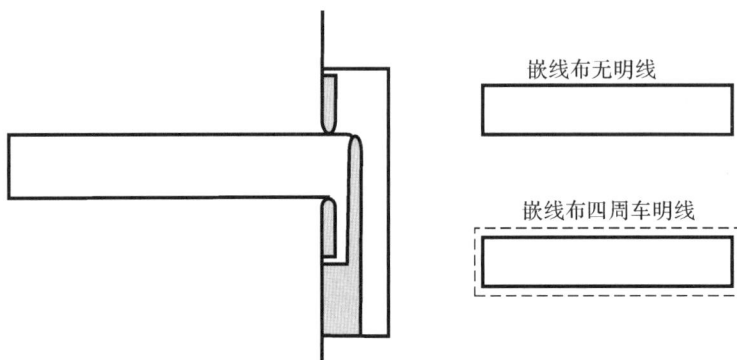

图 3-1-6

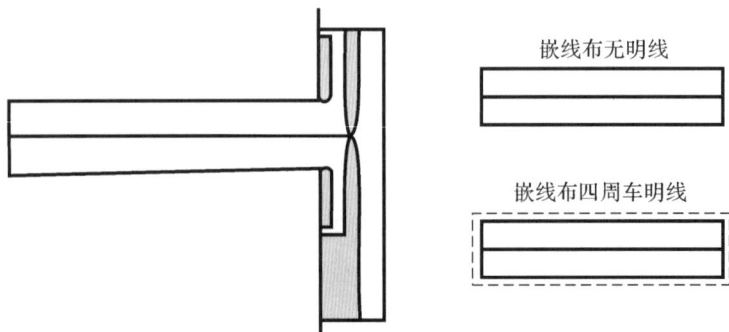

图 3-1-7

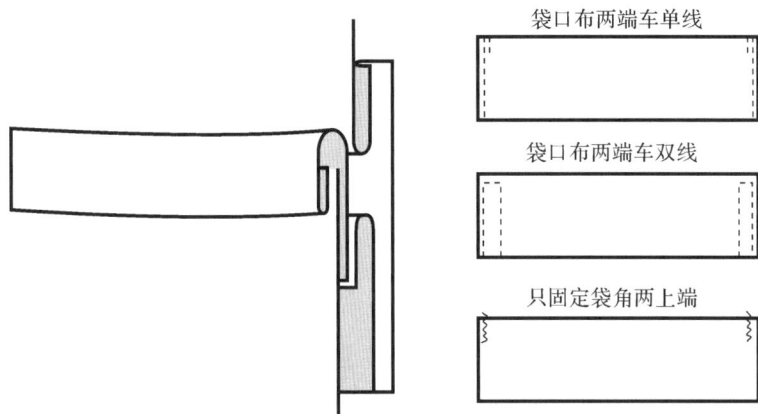

袋口布两端车单线

袋口布两端车双线

只固定袋角两上端

图 3-1-8

（4）有袋盖的挖袋分单嵌线的和双嵌线的两种。单嵌线有袋盖的挖袋的缝制要点见图 3-1-9；双嵌线有袋盖的挖袋的缝制要点见图 3-1-10。

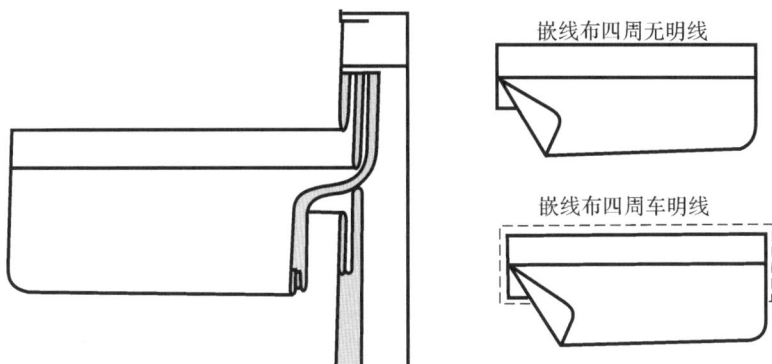

嵌线布四周无明线

嵌线布四周车明线

图 3-1-9

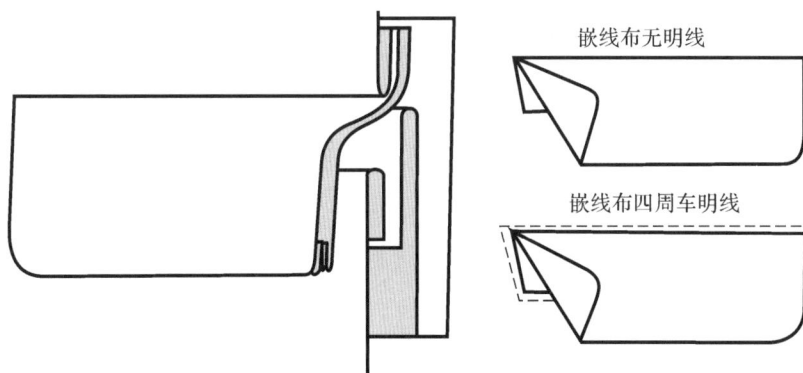

嵌线布无明线

嵌线布四周车明线

图 3-1-10

三、贴袋

1. 尖底衬衫贴袋

尖底衬衫贴袋如图 3-1-11 所示，其制作方法如下：

图3-1-11

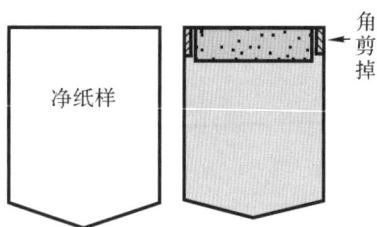

图3-1-12

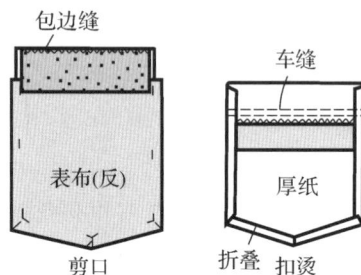

图3-1-13

（1）按纸样进行裁剪（见图3-1-12）

（2）三线包缝袋口贴边，按净样扣烫袋布缝份。先将袋口按净线把贴边折烫，然后在袋口车缝固定贴边，最后扣烫袋四周的缝份（见图3-1-13）。

（3）袋布与衣片缝合。先在衣片里侧袋位的袋口两端烫上支力布，然后在衣片表面按袋口位置将贴袋车缝固定（见图3-1-14）。

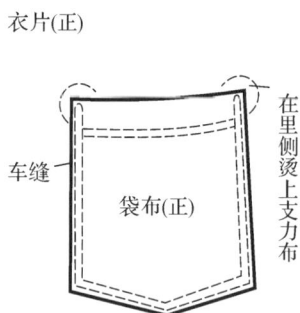

图3-1-14

图3-1-15

2. 明褶裥贴袋

明褶裥贴袋如图3-1-15所示。在明褶裥的口袋上加上袋盖，既富有动感，又具有实用性。袋盖的里布可使用表布，也可使用里子布（使用里子布时，其表面为毛料、有伸缩性的布料，或较厚的布料）。其制作方法如下：

（1）按纸样剪开进行裁剪（见图3-1-16）。

（2）缝制袋盖。把表、里缝合后，翻到正面，表、里袋盖要错开0.1cm，形成里外匀，整烫后，首先锁上扣眼（见图3-1-17）。

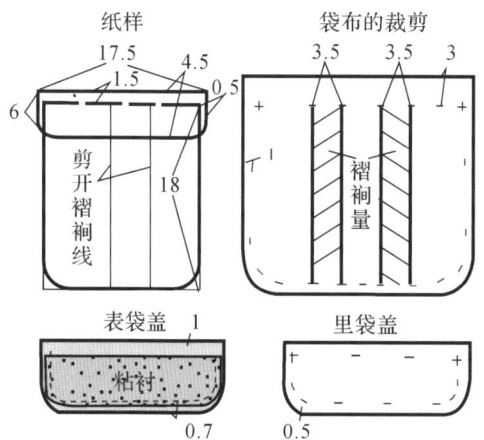

纸样

袋布的裁剪

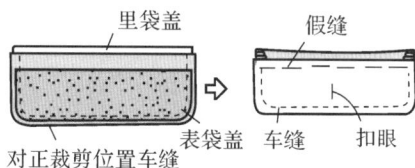

图3-1-16

图3-1-17

（3）折烫袋布的褶裥。将袋口贴边三线包缝后，按褶裥位置扣烫固定，在褶位车 0.1mm 的缝加以固定。然后在袋布圆角处距边 0.7cm 长针距车缝，再将车缝线抽紧，用净样板进行扣烫（见图 3-1-18）。

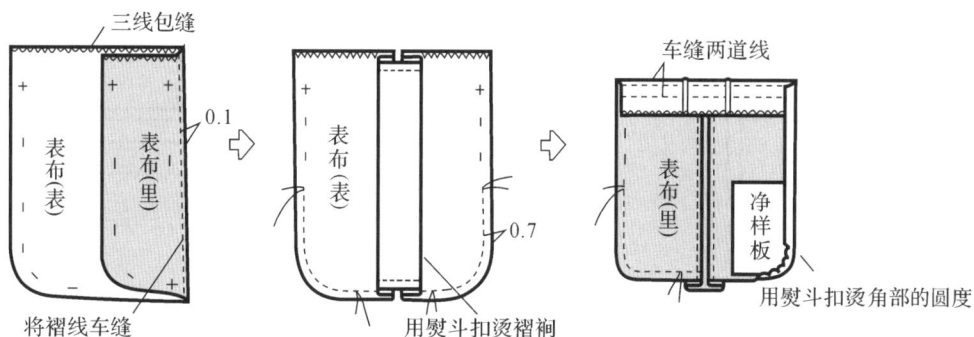

图 3-1-18

（4）车缝固定口袋布和袋盖。将口袋布和袋盖车缝固定在裤片上（见图 3-1-19）。

（5）车袋盖明线、钉纽扣。为使袋盖平坦地盖在口袋上，要用明线车缝固定，然后钉上纽扣（见图 3-1-20）。

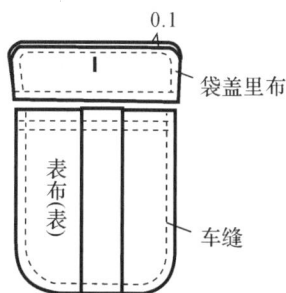

图3-1-19

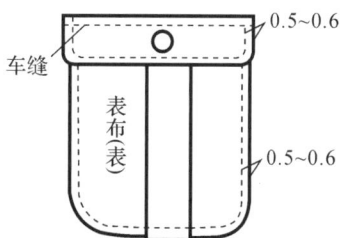

图3-1-20

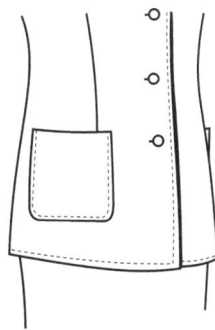

图3-1-21

3. 车装饰明线的外套贴袋

车装饰明线的外套贴袋如图 3-1-21 所示。此贴袋常用于有里布的上衣、外套中，袋里布宜采用柔软、轻薄、滑爽的里子布。其制作方法如下：

（1）裁剪袋布。按纸样裁剪表袋布和里袋布，并在表袋布的贴边烫上粘合衬（见图3-1-22）。

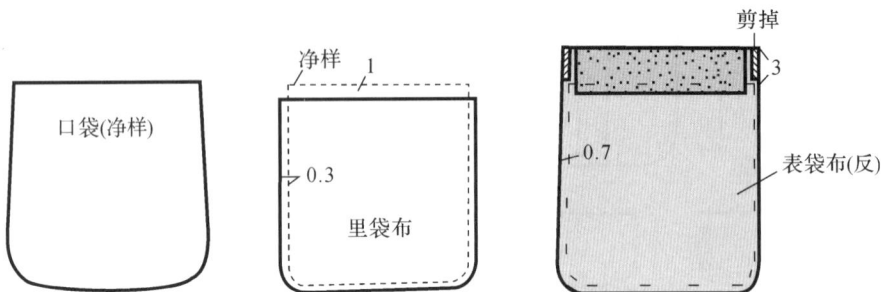

图 3-1-22

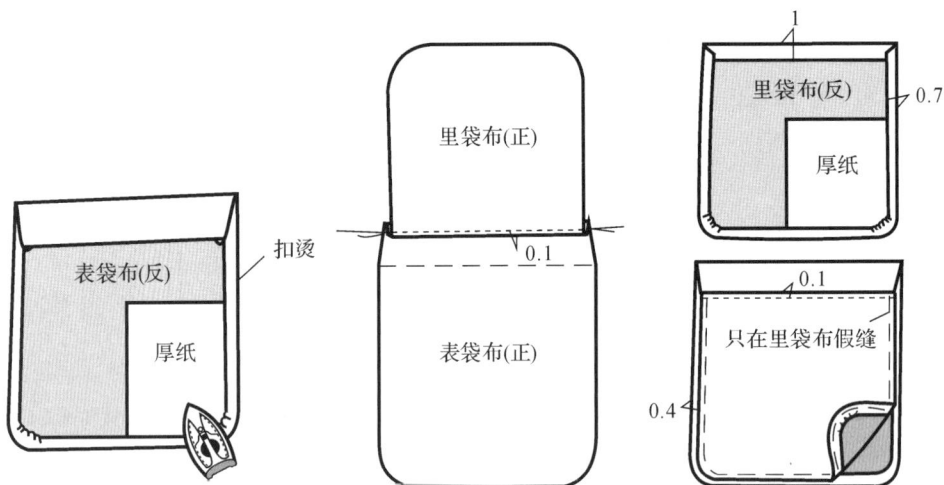

图 3-1-23

（2）制作口袋。先按净样板扣烫表袋布和里袋布，然后把里袋布放在表袋布上，对齐贴边车缝。将扣烫好的里子袋布的缝份用假缝线固定，以防变形（见图3-1-23）。

（3）车缝固定里袋布。将衣片放在布馒头上，里袋布对准里袋位线，先假缝固定再车缝，注意：袋口布要稍留空隙（见图3-1-24）。

（4）固定表袋布。将表袋布盖住里袋布，假缝固定后，再用0.1～0.2cm的明线车缝固定（见图3-1-25）。

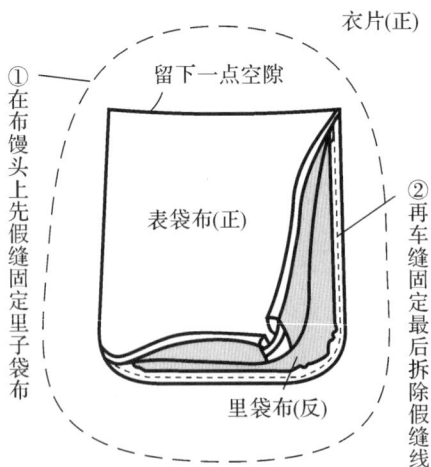

图 3-1-24

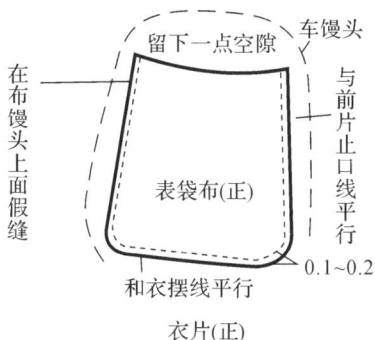

图3-1-25

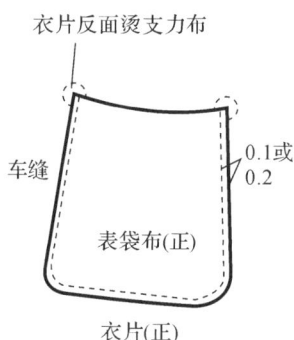

图3-1-26

四、挖袋

1. 有袋盖的单嵌线挖袋

有袋盖的单嵌线挖袋如图 3-1-26 所示。此袋的缝制方法是单嵌线夹缝袋盖。袋盖袋布都要根据袋口的斜向裁剪。制作方法如下：

（1）制图与裁剪见图 3-1-27。

（2）缝制袋盖。为使袋盖制成后，保证四周不露出里袋盖布，要将里袋盖布稍微错开来缝合。把裁成同样大小的表、里袋盖布，正面相对，加上记号后，把里袋盖布拉出 0.2cm 假缝，然后在净线的 0.2cm 外侧缝合。最后把袋盖翻转到表面，整烫成型，里袋盖自然会错开，形成里外匀（见图 3-1-28）。

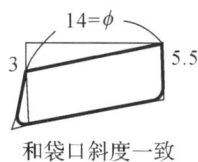
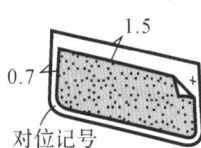
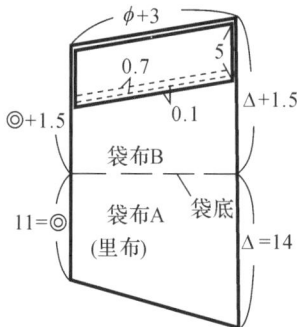
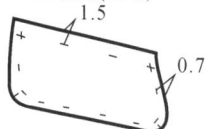
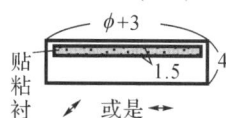

图 3-1-27

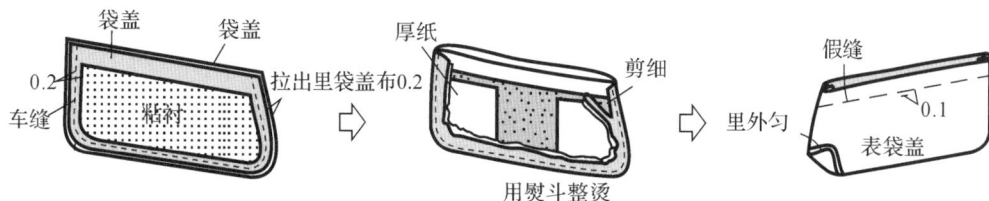

图 3-1-28

（3）在衣片上画出袋位。把袋盖的纸样放在衣片正面画线，并在挖袋位置的反面烫上粘衬（见图 3-1-29）。

（4）车缝嵌线布。在衣片正面袋位上放好嵌线布，嵌线布的边端要对正衣片袋位缝合袋盖的位置，车缝时要离嵌线布边端0.8cm。缝合止点在记号的 0.3cm 前（见图 3-1-30）。

（5）在袋位上车缝袋盖。把袋盖与袋位对正后先假缝再车缝固定（见图 3-1-31）。

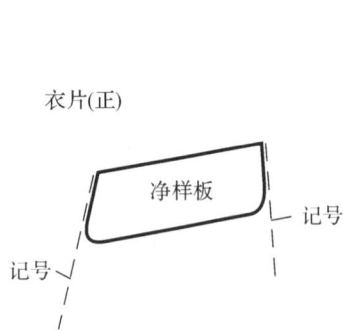

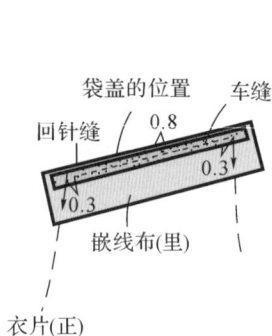

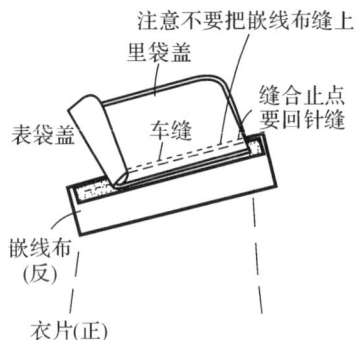

图3-1-29　　　　　　　　　　图3-1-30　　　　　　　　　　图3-1-31

（6）在袋口中央剪口。掀开袋盖和嵌线布的缝份,在中央剪Y形口子(见图3-1-32)。

（7）剪开袋口。从衣片里面可以清楚地看出第4至第6步骤的车缝线及剪口。车缝线一定要直,剪口到两端的角部,不能剪断缝线(见图3-1-33)。

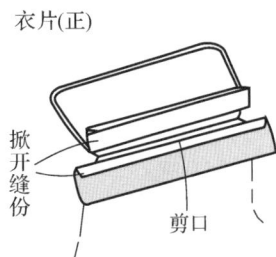

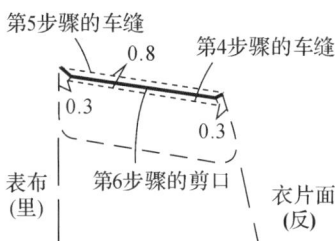

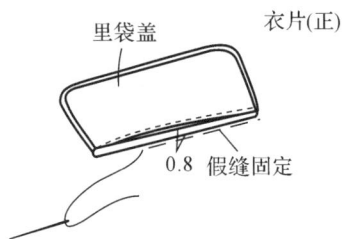

图3-1-32　　　　　　　　　　图3-1-33　　　　　　　　　　图3-1-34

（8）在嵌线布的缝合位置假缝固定。先把嵌线布的缝份烫开,然后把嵌线布整烫成0.8cm宽,掀开袋盖,在嵌线布的缝合位置固定假缝(见图3-1-34)。

（9）在衣片里侧,放上袋布后车缝固定,同时固定住嵌线布。把衣片掀开,然后把袋布A放在嵌线布下方,在第4步骤中固定嵌线布的车缝线边缘再车缝一道(见图3-1-35)。

（10）袋布B往上折,用手针假缝固定。袋布底部整理成水平,再往上折,用手针假缝固定(见图3-1-36)。

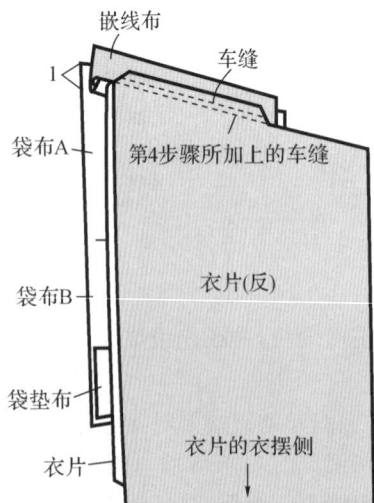

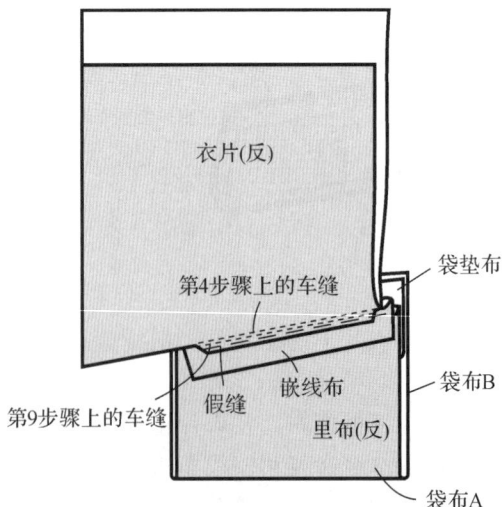

图 3-1-35　　　　　　　　　　　　　　图 3-1-36

（11）车缝固定袋布 B。在袋盖的缝线边缘，再车缝 1 道，固定袋布 B。袋口两端的三角布要来回车三道线固定。袋布两侧要车 2 道线固定（见图 3-1-37）。

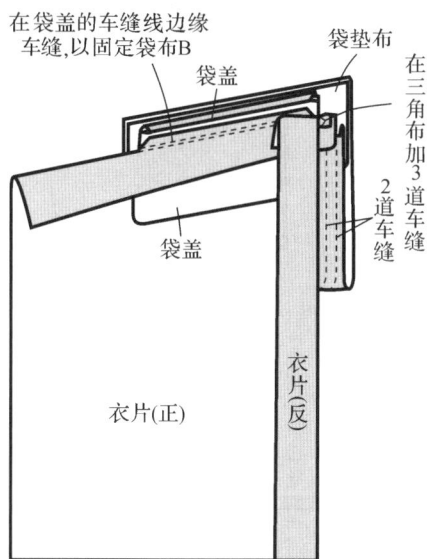

图 3-1-37

图 3-1-38

2. 有袋盖的双嵌线挖袋

图 3-1-38 所示为双嵌线夹缝袋盖的挖袋。嵌线布采用与衣片相同的面料裁一片，反面要烫上粘衬。袋布要用里子布连续裁剪，袋盖表、里也连续裁剪，在表袋盖的反面要烫上粘衬。制作方法如下：

（1）制图与裁剪（见图 3-1-39）。

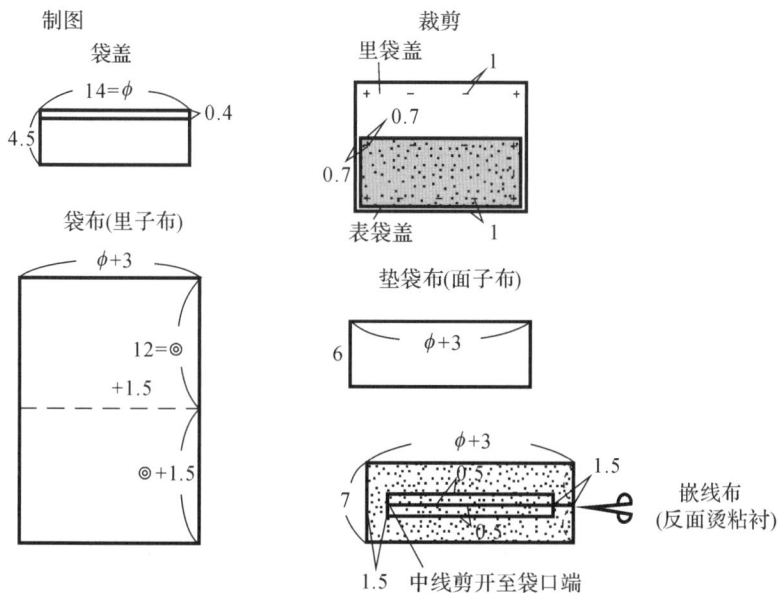

图 3-1-39

（2）做挖袋的准备。先将袋垫布与袋布对正后车缝；再在衣片袋位的反面烫上粘合衬

（见图 3-1-40）。

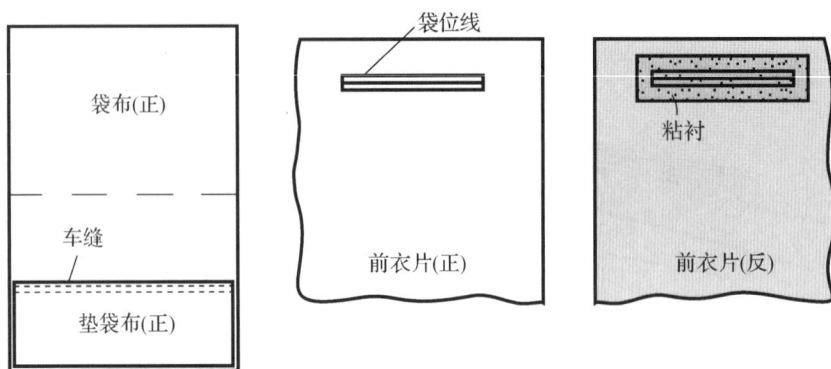

图 3-1-40

（3）缝制袋盖。为了使袋盖表里错开形成里外匀,缝合时里袋盖略拉出 0.1cm,使表袋盖稍松。缝合后翻到表面,整烫袋盖(见图 3-1-41)。

图 3-1-41

（4）嵌线布与衣片车缝。把嵌线布上的中间剪位对准衣片正面的袋位线,然后按嵌线宽度车缝,在两条缝线的两端回针固定(见图 3-1-42)。

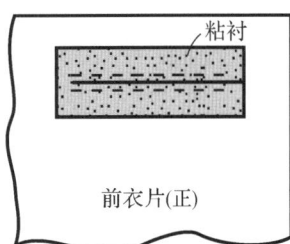

图 3-1-42

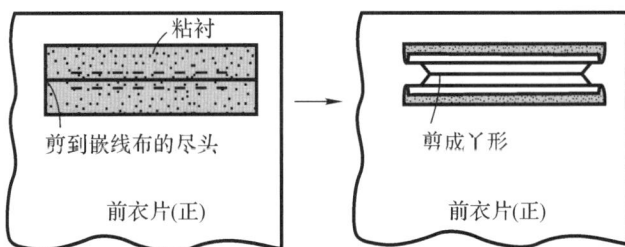

图 3-1-43

（5）在袋位中间剪口。先将嵌线布中间未剪开部分剪到尽头,然后把嵌线布的缝份翻开,在袋位中间剪 Y 形的口子,两端要剪到位,防止剪断缝线(见图 3-1-43)。

（6）熨烫、整理嵌线布。将嵌线布通过 Y 形剪口翻到里侧,再将嵌线布的缝份分开烫平,最后整理上下嵌线条的宽度,用熨斗烫平(见图 3-1-44)。

（7）嵌线布与袋布缝合固定。将前衣片往上掀开,把袋布置于衣片下面,其边端对齐嵌线布的边端,再沿嵌线布的边缘在车缝一道线固定袋布(见图 3-1-45)。

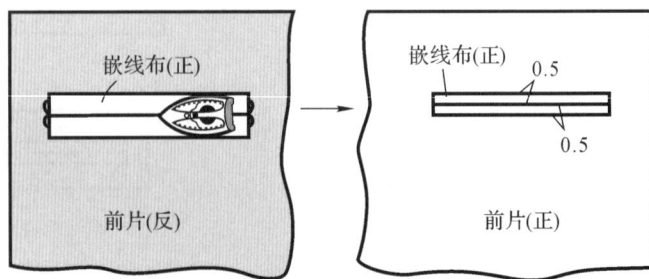

图 3-1-44

图3-1-45

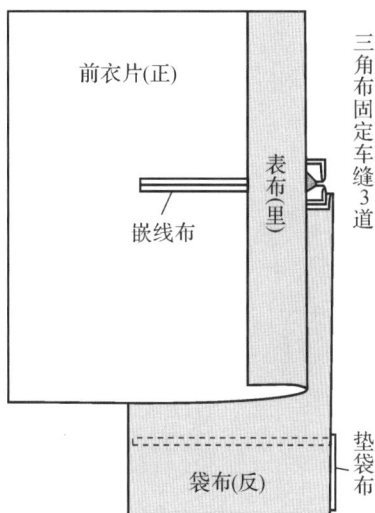

图3-1-46

（8）固定三角布。再次整理嵌线布的形状，然后将袋布两端的三角布放平，最后车缝3道线固定三角布（见图3-1-46）。

（9）夹缝袋盖。从袋口处插入袋盖，然后把袋布往上折，掀开衣片，在嵌线布的车缝线边缘，再车缝一道（见图3-1-47）。

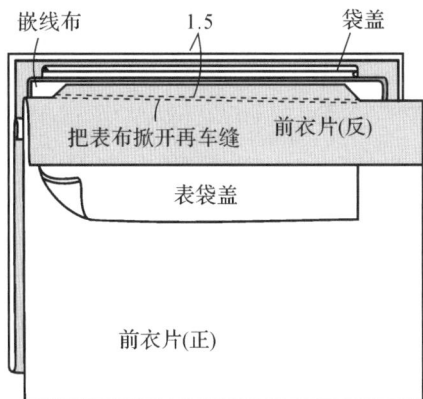

图3-1-47

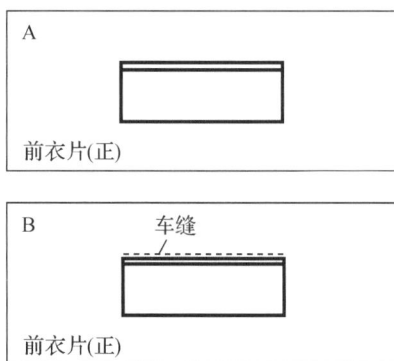

图3-1-48

（10）整理袋盖使之平整。A图是嵌线条边缘不车缝的外形。B图是在嵌线条的接缝处车缝一道明线的外形。可根据需要选择（见图3-1-48）。

（11）袋布缝合。在袋布四周车缝后，三线包缝（见图3-1-49）。

3. 手巾袋

手巾袋也叫西服胸袋（如图3-1-50所示），它常用于男女西服及套装中，袋口布的

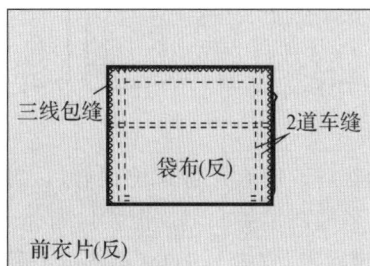

图3-1-49

图 3-1-50

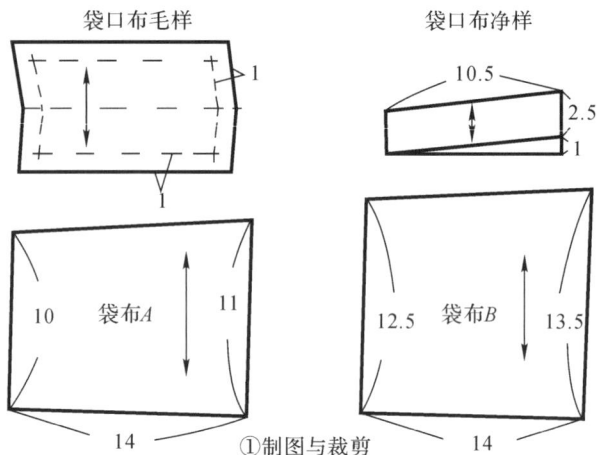

①制图与裁剪

图 3-1-51

丝缕通常与衣片保持一致。其制作方法如下：

（1）制图与裁剪（见图 3-1-51）。

（2）缝制袋口布。先在袋口布里侧烫上无纺粘合衬，若要使表袋布更挺刮，也可再在表袋口布里侧按净样增烫一层粘衬（见图 3-1-52）。

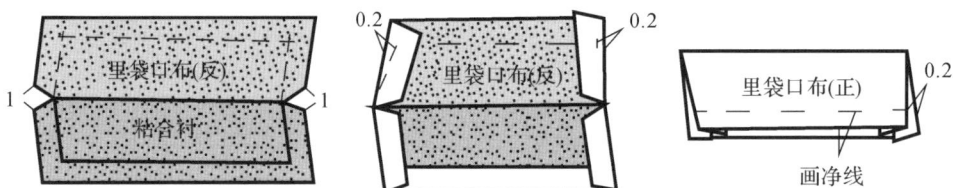

图 3-1-52

（3）按净样车缝袋口布和袋布 A。在衣片袋位的里侧烫上无纺粘合衬后，再在衣片正面的袋位处放上袋口布和袋布 A，按袋位净线车缝（见图 3-1-53）。

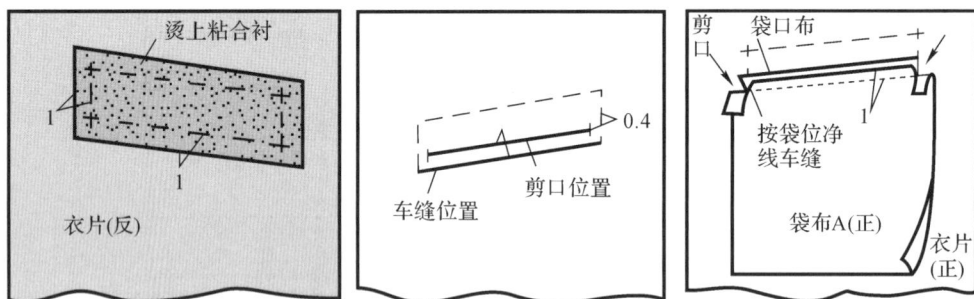

图 3-1-53

（4）剪口。按衣片剪口位置剪口，再将袋布翻向里侧烫平（见图 3-1-54）。

（5）车缝固定袋布 B。把袋口布掀开，折烫衣片袋位剪口的缝位 0.7cm，将该缝份与袋布 B 车缝固定，宽为 0.1cm（见图 3-1-55）。

（6）在袋口布两端车明线固定。注意两袋角要连同袋布 B 一道固定，然后将两片布缝合，其底角要车成圆角，以防灰尘堆积，若是无里布的衣服，袋布四周还要三线包缝（见图 3-1-56）。

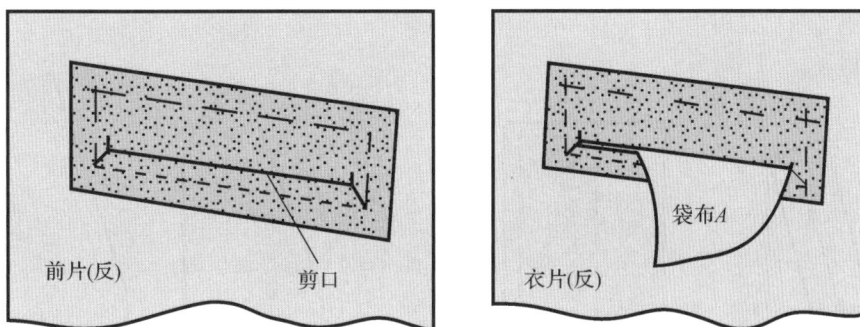

图 3-1-54

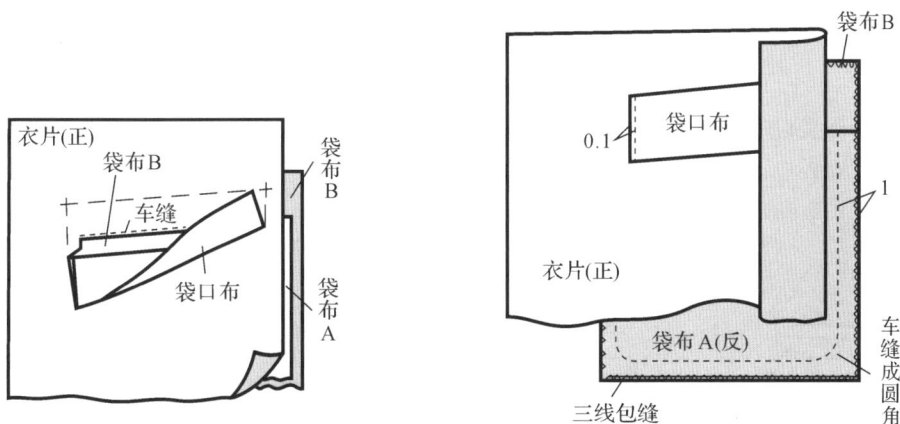

图 3-1-55　　　　　　　　　　　　　　　　　图 3-1-56

4. 斜向箱形口袋

斜向箱形口袋如图 3-1-57 所示。该袋形常用于外套、大衣、风衣、夹克等服装中。袋口布的丝缕原则上要与衣片表布面料的丝缕一致,也可根据款式需要另定。其制作方法如下:

图 3-1-57

（1）制图与裁剪（见图3-1-58）。

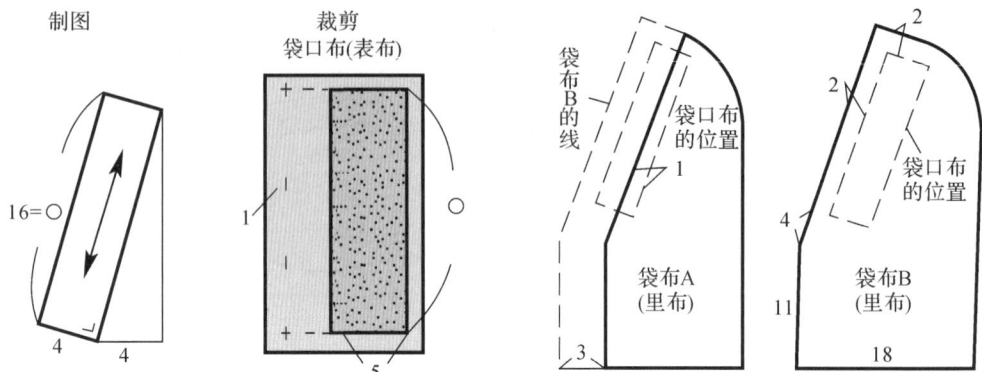

图 3-1-58

（2）缝合袋口布（见图3-1-59）。

（3）车缝袋口。在衣片袋位的反面烫上粘衬，在正面放上袋口布和袋布 A，按袋位净线车缝（见图3-1-60）。

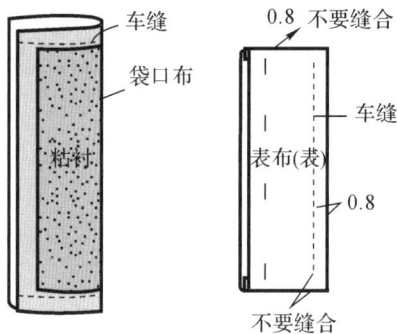

图3-1-59

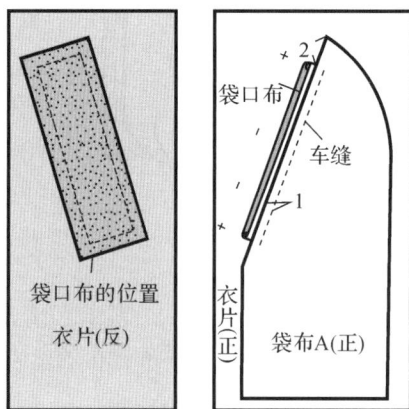

图3-1-60

（4）在袋位中间剪口。按图中位置剪成 Y形（见图3-1-61）。

（5）折叠衣片袋位剪口的缝份，车缝固定袋布 B。先在衣片接缝袋口位置与袋布 A 一起车缝。然后放上袋布 B，把袋口布掀开折叠衣片袋位剪口的缝份，将该缝份与袋布 B 车缝固定，同时将袋口两端的三角布车缝固定（见图3-1-62）。

（6）在袋口布两端车装饰明线固定。按住袋口布袋口一侧的装饰明线，连袋布一起车缝 2 道装饰明线（见图3-1-63）。

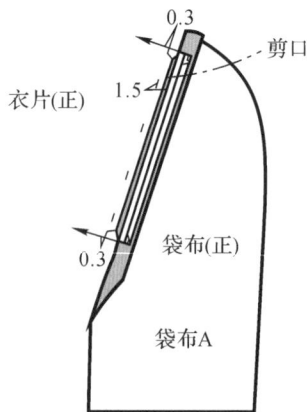

图 3-1-61

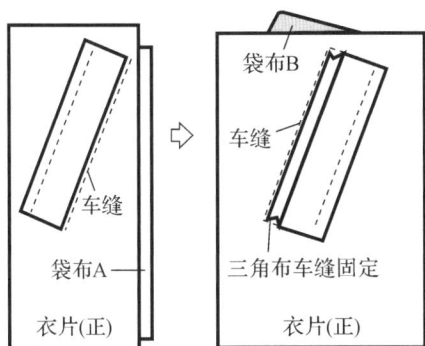

图 3-1-62

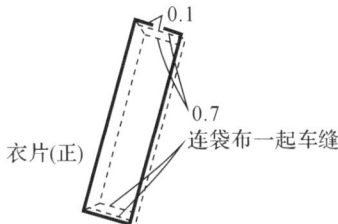

图 3-1-63

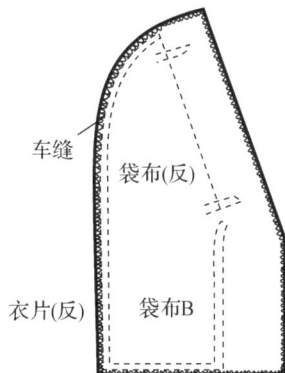

图 3-1-64

（7）固定袋布四周，再将其三线包缝（见图 3-1-64）。

五、插袋

1. 侧缝线上的插袋

侧缝线上的插袋如图 3-1-65 所示。这是利用裙子、上衣或裤子的侧缝线而缝制的口袋。其制作方法如下：

图 3-1-65

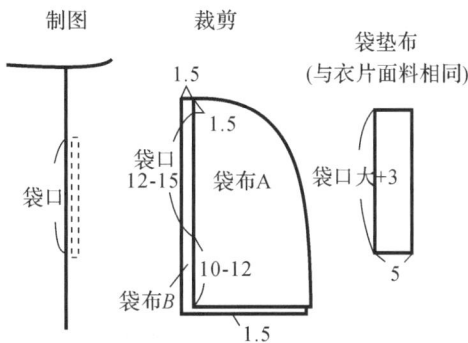

图 3-1-66

（1）制图与裁剪。袋布 A 与袋布 B 要相差 1.5cm（见图 3-1-66）。

（2）缝合袋布 A。在前裙片的袋口处，为防布料变形，要烫上粘衬牵条。然后把袋布 A 缝合在裙片的袋位处，再将袋布 A 拉出放平（见图 3-1-67）。

（3）缝合侧缝线。后片和前片表面相对，缝合侧缝（袋口不缝合）。袋口两端要用回针缝使之固定（见图 3-1-68）。

（4）将侧缝的缝份分开烫平，在袋

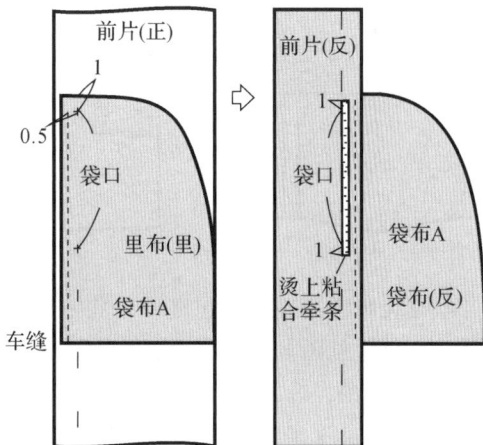

图 3-1-67

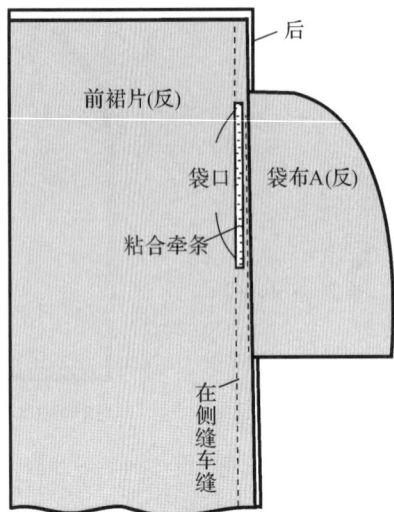

图 3-1-68

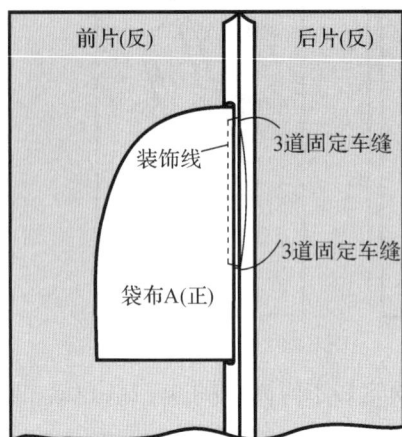

图 3-1-69

口车装饰明线。将缝份烫开后,从表面在袋口上车装饰明线,固定袋布。袋口两端要车3道线固定(见图 3-1-69)。

(5)缝合袋布 B。把袋布 B 放在袋布 A 的上面。注意,袋布 A 要固定在前片的缝份上;袋布 B 要固定在后片的缝份上。若袋布 B 的面料与衣片不一致,则应在袋布 B 上车缝固定袋垫布(见图 3-1-70)。

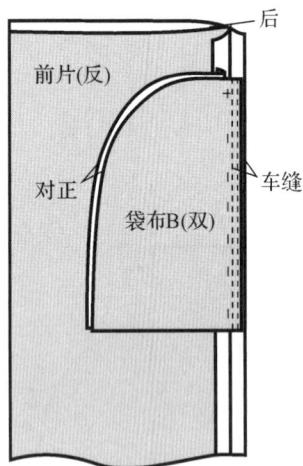

图3-1-70

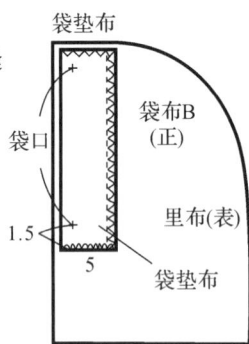

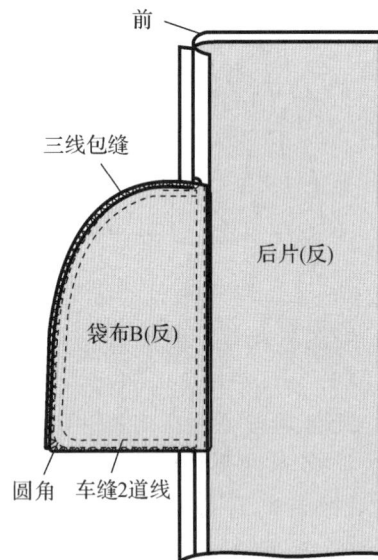

图3-1-71

(6)车缝袋布四周并三线包缝。先将衣片掀开,将两片袋布车缝 2 道线固定,然后三线包缝袋布的边缘(见图 3-1-71)。

2. 斜向裤插袋

斜向裤插袋如图 3-1-72 所示。该袋型常用于男、女西裤等款式中。缝制时要注意袋口不能太紧,要稍留一点空隙。其制作方法如下:

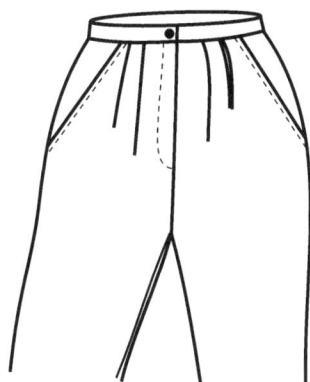

图 3-1-72

（1）制图与裁剪见图 3-1-73。

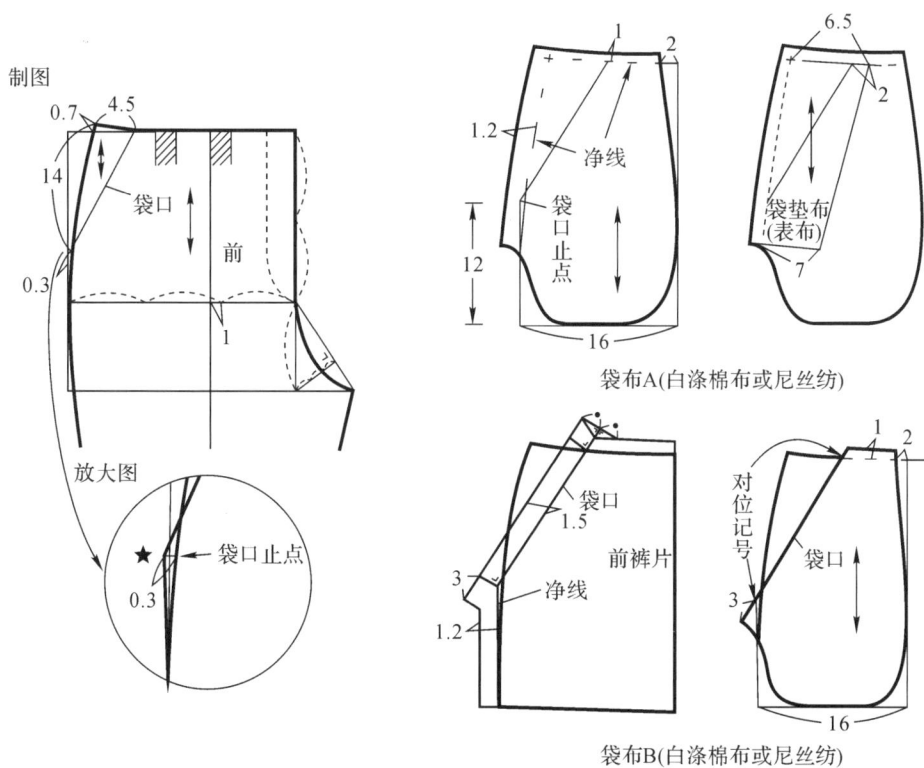

制图

放大图

袋口止点

袋布A(白涤棉布或尼丝纺)

净线

袋垫布
(表布)

袋口止点

前裤片

净线

对位记号

袋口

袋布B(白涤棉布或尼丝纺)

图 3-1-73

（2）车缝袋口布。前片袋口反面烫上无纺粘衬后,与袋布 B 一起缝合(见图 3-1-74)。

（3）车袋口。把袋口烫折成完成状,车缝装饰明线(见图 3-1-75)。

（4）固定口袋与裤片。袋布 A 与裤片、袋布 B 对正后,用大头针固定袋口(见图3-1-76)。

（5）缝合两片袋布。将前裤片掀开,缝合袋布四周。袋口止点必须车缝到袋口止点位置(见图 3-1-77)。

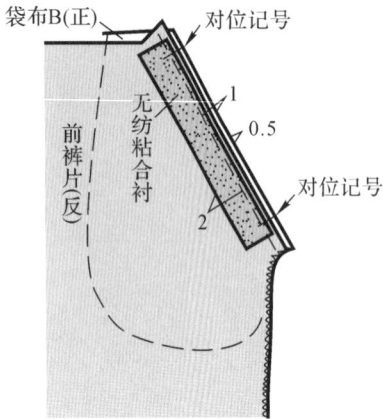

图3-1-74

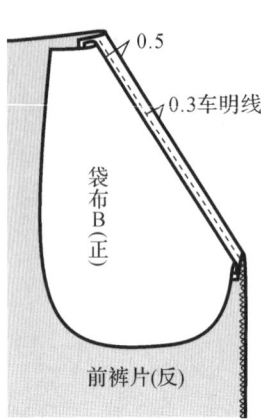

图3-1-75

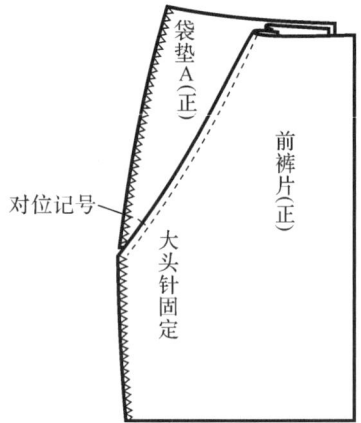

图3-1-76

（6）三线包缝袋布四周（见图 3-1-78）。

（7）固定袋口。在袋口止点车缝固定，并假缝固定袋布上端。注意，袋口处要稍留空隙（见图 3-1-79）。

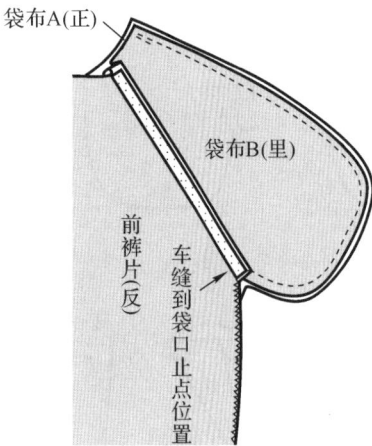

图3-1-77

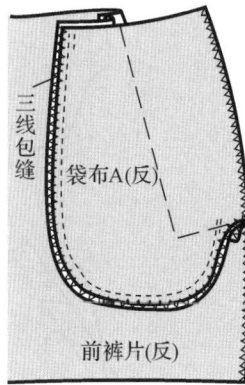

图3-1-78

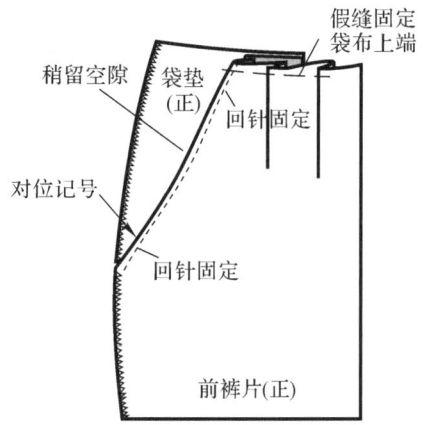

图3-1-79

思考与训练

1. 口袋的位置及大小是由什么决定的？

2. 口袋主要有哪几大类？

3. 简述贴袋的缝制要点。

4. 为使缝制后的袋盖具有自然窝势，袋盖的表里布该如何处理？

5. 缝制侧缝线上的插袋时，为防止袋口布料变形，应采取什么措施？

6. 袋布底角在缝制时为什么要处理成圆角？

第二节 领 子

一、翻领类领形的缝制原理及要点

1. 表领和里领的大小差异

一般来说,如果把表领和里领裁成同样大小来缝合,那么处于外围的表领会起吊,而在里侧的里领会有多余的量,造成领子翻开后不平伏。我们可以在以下图例的分析中看出。

(1)图 3-2-1 所示为领子翻折后的状况。

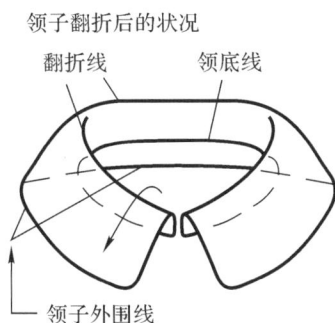

图 3-2-1

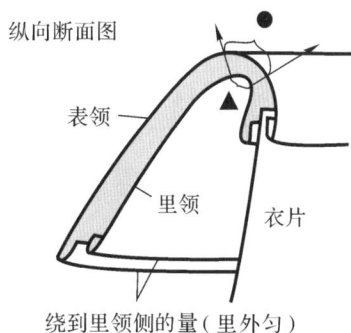

图 3-2-2

(2)图 3-2-2 所示为纵向断面图,从图中可以看出:领子的翻折部分会产生●与▲的差异。表领必须比里领稍宽,同时在表领上再加绕到里领侧的里外匀的量,才能缝制出漂亮的翻领。

(3)图 3-2-3 所示为横向断面图,从图中可以看出:

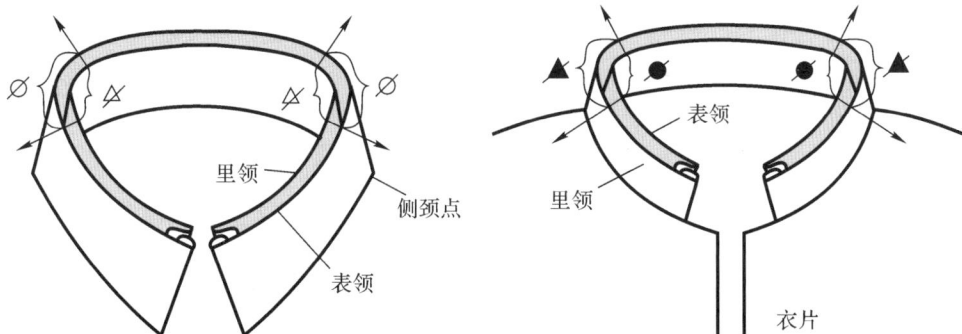

① 横向断面图(翻领外围部位)　　② 领座部位

图 3-2-3

● 翻领的外围部位,在侧颈点上方会呈现∅与∅的差异,见图①。故表领比里领长些。

● 在领座部位,表领反而比里领稍短些,见图②。

综上所述,在翻领类领子的缝制时,必须考虑上述因素来进行裁剪。表领和里领的这种差异,也叫做领子的里外匀。其差量的大小应视面料的厚薄来决定,面料越厚,其差量越大;

反之,则越小。

2. 裁剪方法

首先以裁剪图上所得的领子作为里领的净样板,表领以里领样板为基础进行制作。

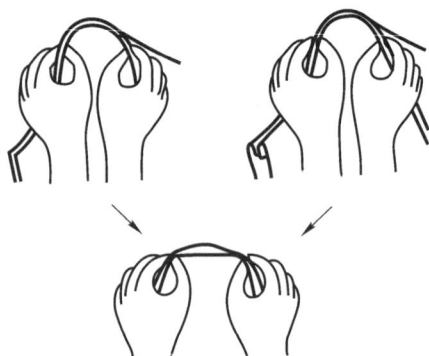

(1)确定表里领大小的差异量,把实际要缝制的布料按图 3-2-4 所示将两片布料重叠,弯曲成翻领状,再确定上层面料比下层面料长出多少,这长出的量就是表领翻折线部位的松量,而表领外围绕到里领的量要另外加上。

(2)表领样板制作,见图 3-2-5。

(3)经过以上制作得到的是表领的净样板,在此基础上四周多放出 1cm 作为缝份进行裁剪,裁剪时要稍大些,以便可以修正。里领是直接在图 3-2-5 中①图的基础上放出 1cm 的缝份进行裁剪。然后对正表领和里领的领底线,用大头针固定,整理成完成状,确认表领所放的松量是否合适,再对表领重新进行裁剪,如图 3-2-6 所示。

图 3-2-4

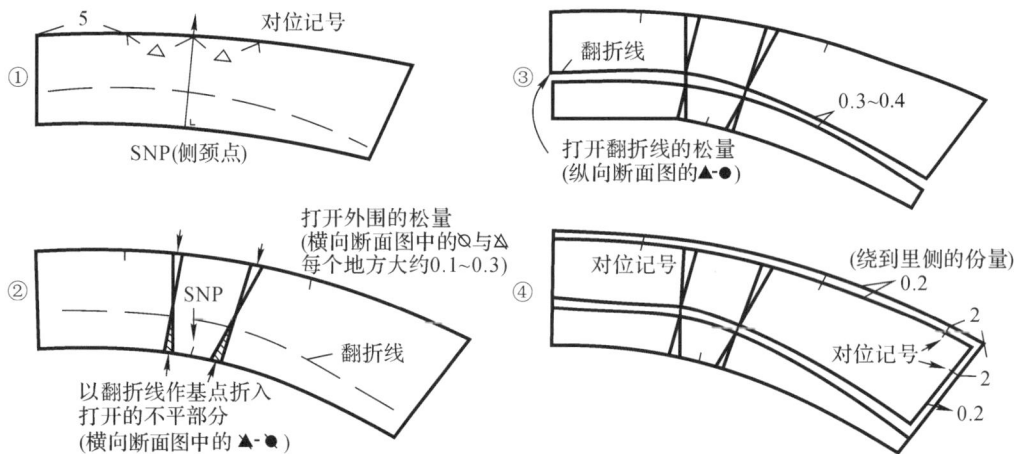

图 3-2-5

3. 领子缝制要点

从前面分析可知,表领和里领在裁片上是有大小差异的,但是,在缝合表、里领时其车缝起点与终点是一致的,这就要求我们对表领在各部位所放出的松量在适当的位置加以缩缝,这是缝制好领子的关键所在。

我们从图 3-2-2 翻领纵向断面图及图 3-2-3 翻领横向断面图可以看出,产生表领和里领的大小差异主要集中在侧颈点(SNP)附近,故要求我们在缝合领子的外圈时,表领要在该部位附近缩缝。表领角绕到里领角里侧的量,要在离领角

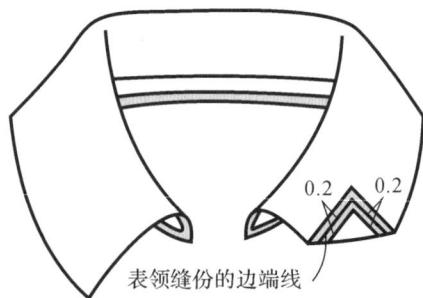

图 3-2-6

约 2cm 处进行缩缝,使领角产生自然窝势。

要在表领和里领的相应位置作出对位记号,便于缝制出漂亮的领子。领子的对位记号及缩缝部位见图 3-2-7 所示。

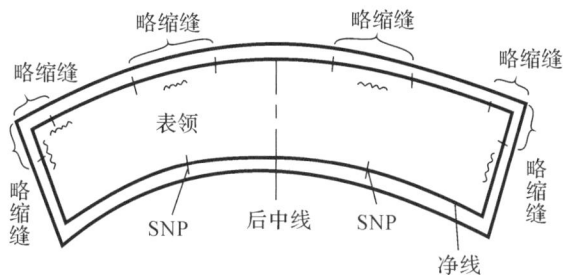

图 3-2-7

二、贴边处理的 V 形领线

V 型领(如图 3-2-8 所示)在尖角处容易脱线,且领圈处是斜料,容易伸长,故应在领圈边缘烫上粘衬牵带使之定形,然后再进行缝制,使得领形美观。

图3-2-8

图3-2-9

图 3-2-9 为其裁剪图。其制作方法如下:

(1)烫粘衬。在衣片的前后领圈边缘烫上粘衬,缝合肩线,缝头分开烫平(见图 3-2-10)

(2)衣片和贴边对正后缝合领圈。在贴边的尖角处烫上粘衬加固,后片开口装上拉链,然后缝合领圈(见图 3-2-11)。

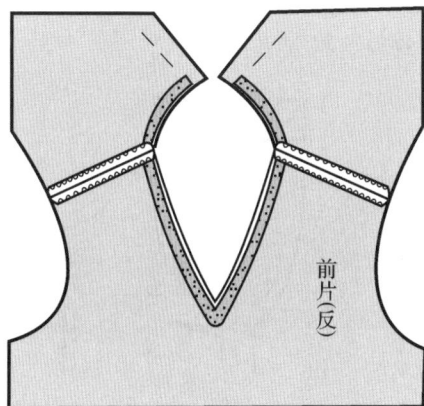

图 3-2-10

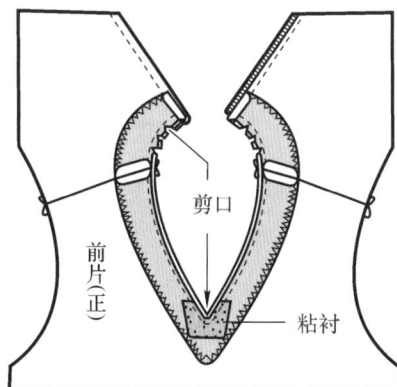

图 3-2-11

（3）把贴边往衣片里侧翻折,整理领圈。缝份打剪口,然后将贴边向衣片里侧翻折,烫出里外匀。领圈如果不车装饰线,可用手针点状固定,使贴边固定,以防外吐(见图3-2-12)。

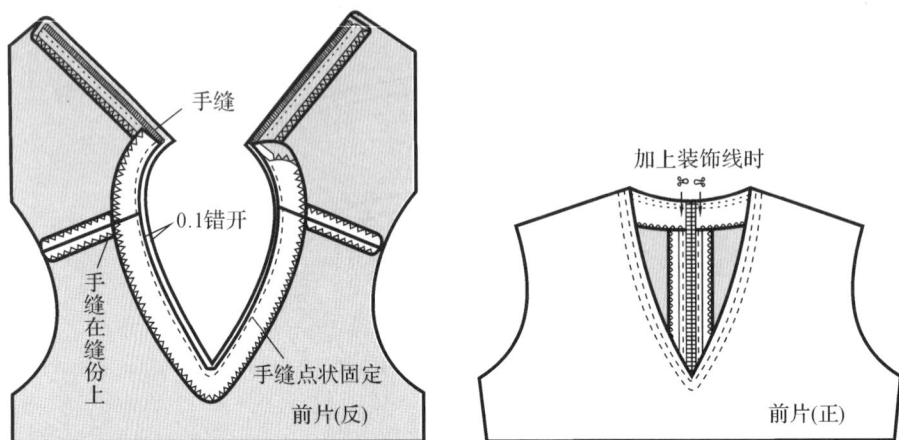

图 3-2-12

三、领底呈直线形的衬衫领

衬衫领有各种款式,本方法适合于如图3-2-13所示的领底呈近似直线状的款式。

图 3-2-13

图 3-2-14 为裁剪图,A,B 两种领型均适合于此种缝制方法。

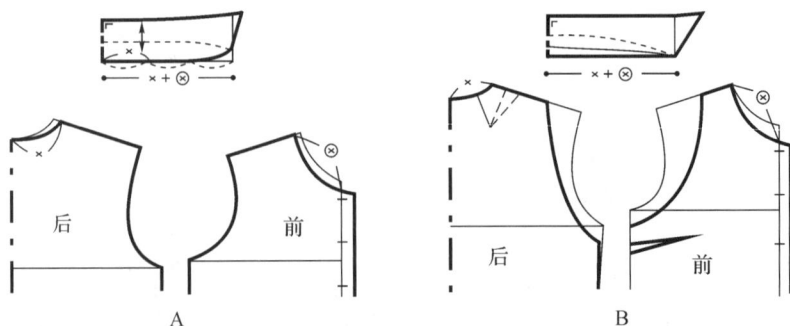

图 3-2-14

缝制要点：

● 前片挂面部分,必须把领座的缝份向挂面折倒,把其余的缝份塞入领子中。

● 表领和里领都烫上薄粘衬。

其制作方法如下：

(1)缝合领片。以裁剪图所得的领子作里领,表领的处理参照图 3-2-7"表领样板制作"进行制作。由于装领后领底线的缝份要改变折倒方向,故必须在表领的领底线位置(图示为▲)剪口,中间剪口部分折烫 1cm 成完成状。然后把表领和里领正面相对,表领放在下面缝合领外沿(见图 3-2-15)。

(2)修剪缝份。剪掉领角,把里领的缝份修剪掉一半,再把里领的缝份折倒烫平(见图 3-2-16)。

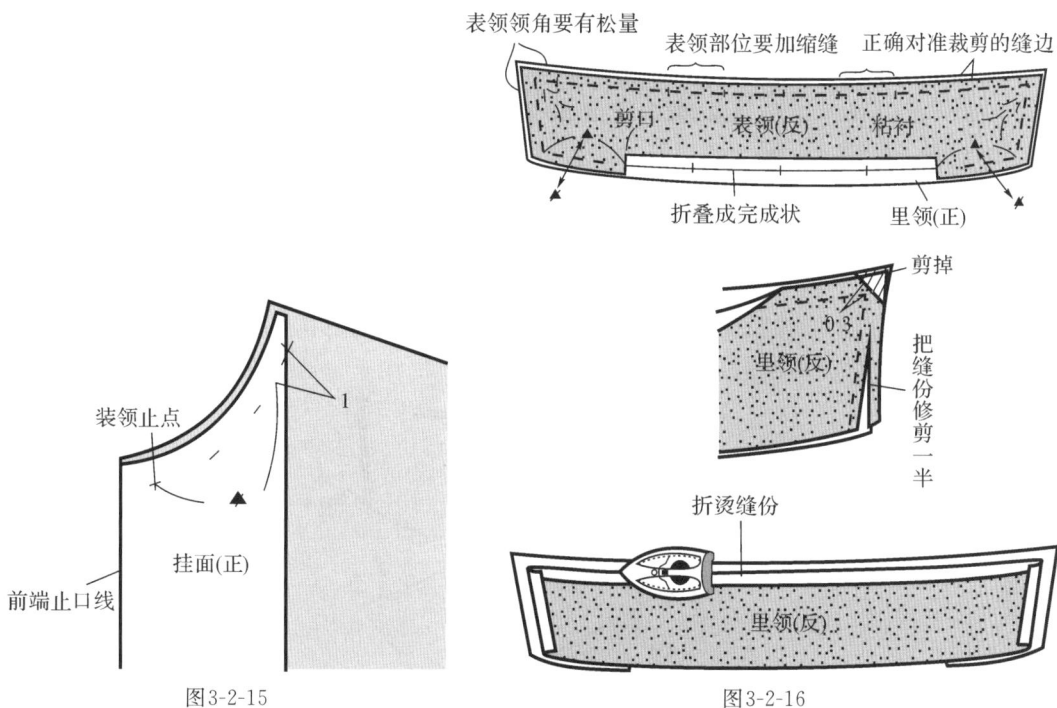

图3-2-15

图3-2-16

(3)翻折领子,整理成型。将领子翻到正面,用熨斗把领止口烫成里外匀,然后在领子外沿车一道装饰线(见图 3-2-17)。

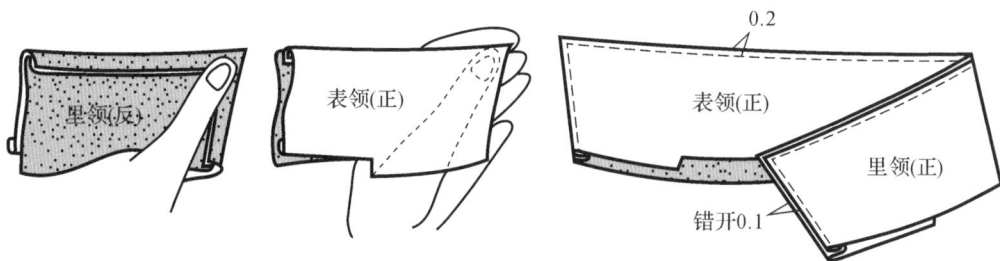

图 3-2-17

（4）装领子（见图 3-2-18）。

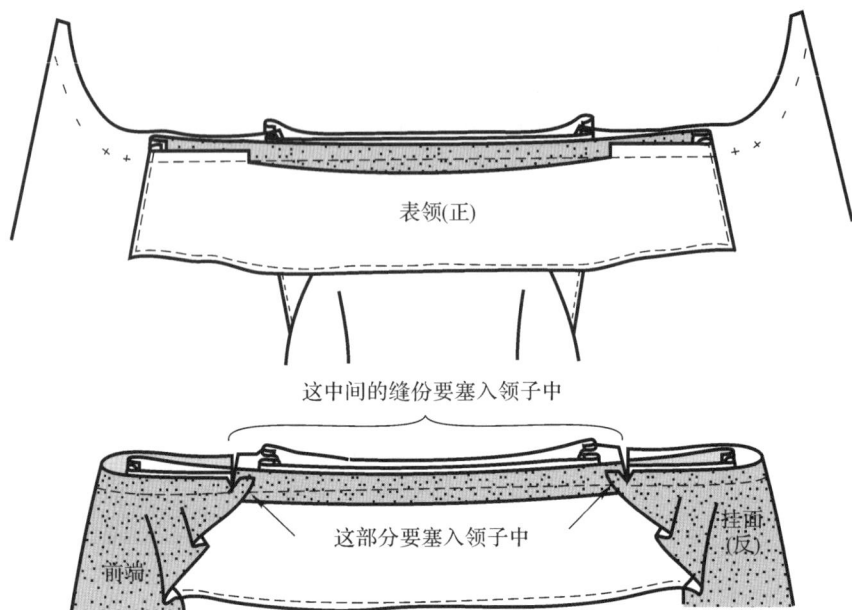

图 3-2-18

（5）修剪缝份，车装饰明线。把缝份修剪成 0.5cm，然后把装领点的缝份剪口，以防止这部分起吊。翻到表面整理后，最后从前止口线开始至领底线车一道装饰明线（见图 3-2-19）。

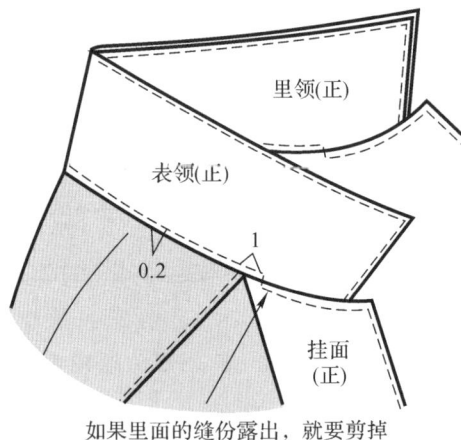

图 3-2-19

四、平领

平领如图 3-2-20 所示。该款为平领，其横开较大，领子平平地披在身上。其制作方法如下：

（1）假缝固定领子。领子的缝制参照呈直线形的衬衫领，由于要用斜条作为领底线缝份的滚边布，所以在把领子与衣片对正后，先用手针假缝固定（见图 3-2-21）。

（2）折烫滚边斜条。斜布条的面料要与衣片相同，以 45°斜裁，宽为 2.6cm。然后对折斜

图 3-2-20

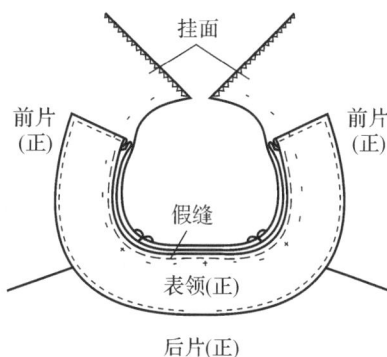

图 3-2-21

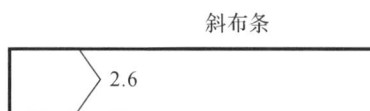

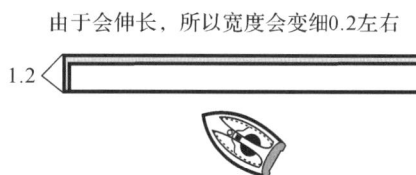

图 3-2-22

条,用熨斗烫平(见图 3-2-22)。

（3）斜条与衣片领子缝合。按前门襟止口对位记号反折挂面,然后把斜条压在衣片上,以稍拉紧斜条的缝制要领车缝。缝份要修剪成 0.3～0.5cm,在领圈圆弧处易起吊的部位斜向剪口。然后把挂面翻到正面,斜条向衣片折倒,用熨斗烫平(见图 3-2-23)。

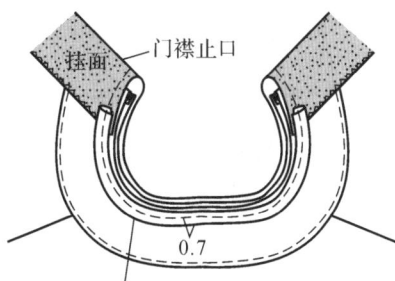

图 3-2-23

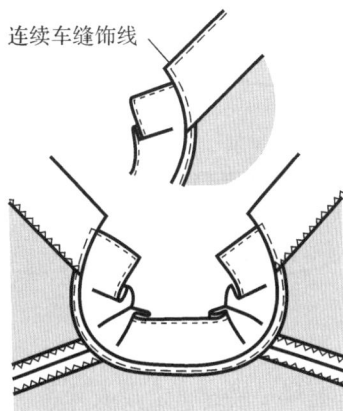

图 3-2-24

（4）车缝装饰线。从装领点开始车缝装饰线,同时固定斜条。如前衣片门襟止口也车装饰线,可如图车缝(见图 3-2-24)。

五、小翻领

小翻领如图 3-2-25 所示。其制作方法如下:

图 3-2-25

（1）反面烫粘衬，缝合领子。在表领的反面烫粘衬，表领和里领正面相对，对齐领外沿后缝合（见图 3-2-26），并翻烫成里外匀。

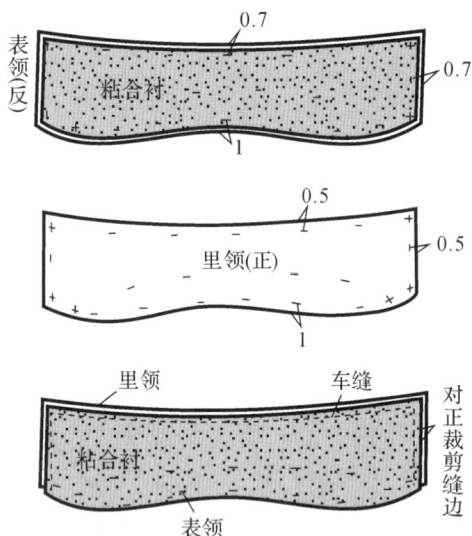

图 3-2-26

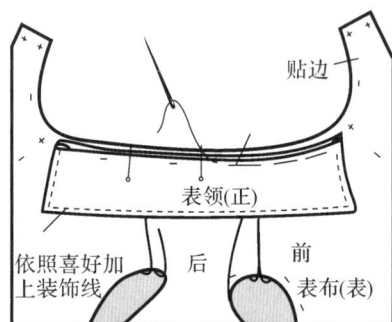

图 3-2-27

（2）把领子假缝固定在衣片上。注意要使左右领宽度相等，对准装领止点后假缝固定（见图 3-2-27）。

（3）车缝固定衣领与挂面。翻折挂面将其重叠在领子上面，在后片领围处放上对折烫平后的斜布条，从左前止口线车缝到右前止口线（见图 3-2-28）。

（4）挂面往表面翻折，整理领围。为了避免缩紧，在领围的缝边加上剪口，把挂面往正面翻折。折叠斜布条后车缝固定；挂面的肩线缝份与衣片的肩线缝份用手缝或车缝固定（见图 3-2-29）。

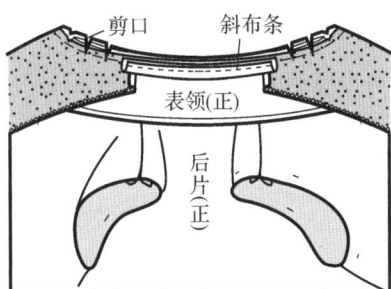
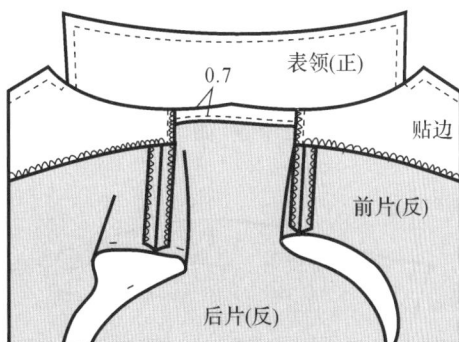

剪口　　斜布条
表领(正)
后片(正)

0.7
表领(正)
贴边
前片(反)
后片(反)

图 3-2-28

图 3-2-29

思考与训练

1. 简述翻领类领子的缝制要点。

2. 领子的里外匀是指什么？在缝制时怎样才能处理好里外匀？

3. V 型领的尖角处容易脱线，在缝制时应采取什么措施？

4. 简述领底呈直线的衬衫领的缝制要点。

第三节　袖　　子

一、袖窿车装饰明线的衬衫袖

在衣片袖窿线上车明线的袖子如图 3-3-1 所示，其袖山头的吃势几乎很少。袖口边的处理是先把袖口贴边折成完成状，重叠在袖下缝合线上与袖下线一道缝合。

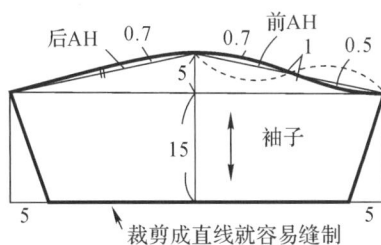

后AH　0.7　　0.7　前AH　0.5
5
15　　袖子
5　　　　　　5
裁剪成直线就容易缝制

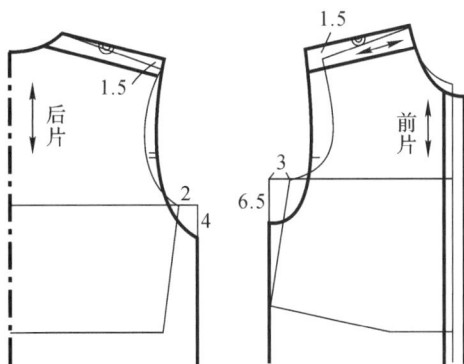

1.5
1.5
后片
前片
2
4
3
6.5

图 3-3-1

图 3-3-2

图 3-3-2 所示为裁剪图,其制作方法如下:

(1)修剪袖口贴边。把袖口贴边按净线往上折迭后烫平,再按袖下线修剪袖口贴边,使之与袖下线重叠,其目的是为了袖口贴边折上时,不会产生量的不足(见图 3-2-3①)。然后在袖口边端车缝或卷缝(如图 3-2-3②)。

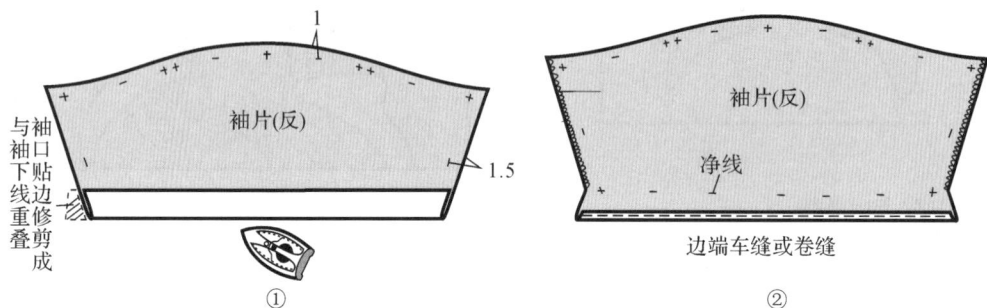

图 3-3-3

(2)装袖子。把袖子与缝好肩线的衣片正面相对,同时对正袖子袖山线和衣片袖窿的对位记号,别上大头针,然后再加以缝合。如果把袖子放在上面车缝,缝份会打扭而不易车缝,故最好把衣片放上来车缝。最后把缝份合在一起三线包缝(见图 3-3-4①)。然后把缝份往衣片折倒,沿袖窿弧线在衣片上车装饰明线(见图 3-3-4②)。

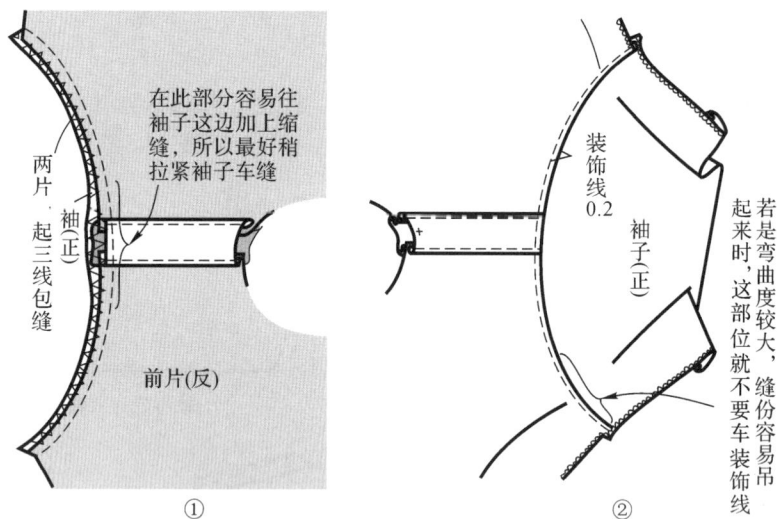

图 3-3-4

(3)连续从袖下线缝合到侧缝线。袖下线只缝合到净线为止(见图 3-3-5①)。

(4)处理袖口贴边。把前后两片的袖口贴边重叠,按净线折成完成状,压在缝合好的袖下线上再缝合(见图 3-3-5②)。

(5)袖口贴边车缝装饰明线。先把袖口贴边翻转到表面,用装饰明线固定(见图 3-3-5③)。

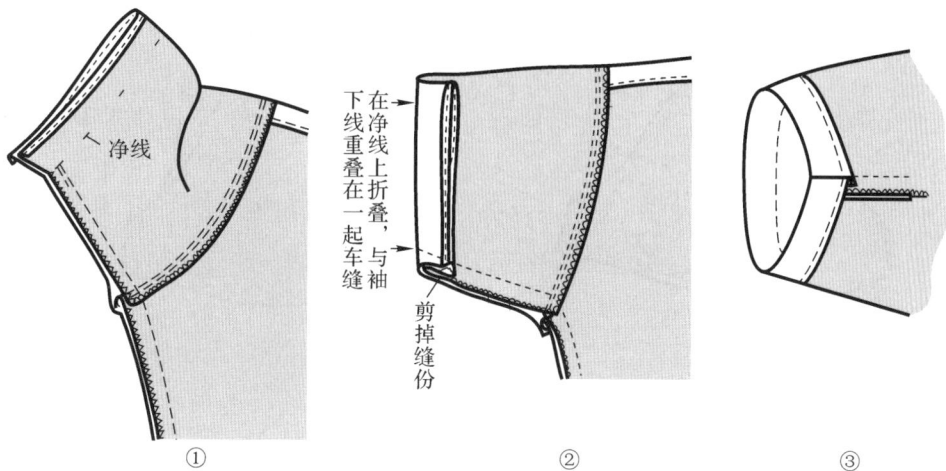

图 3-3-5

二、泡泡袖

泡泡袖如图 3-3-6 所示。该袖由于其外型抽许多细褶而成泡泡状得名。它给人以活泼可爱的感觉,常用于童装及女装中,其袖子有长短之分,而缝制方法是一样的,现以短袖加以说明。

图 3-3-6

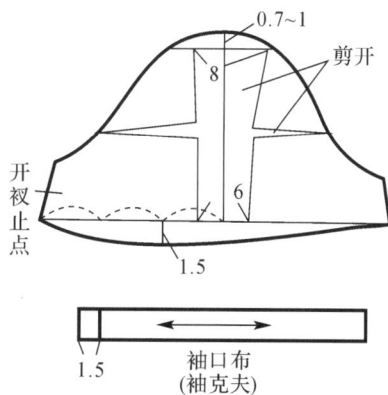

图 3-3-7

(1)裁剪。如图 3-3-7 所示,在袖片净线四周各放 1cm 缝份,袖克夫放出 1 倍的宽度后,再在四周放 1cm 的缝份。

(2)假缝袖山弧线和袖口弧线。先沿袖山弧线边缘 0.7cm 处手针绗缝或长针距车缝第一道线,第二道线距第一道线 0.2cm,再在袖口缝两道线,方法同上(见图 3-3-8①)。

(3)抽细褶。分别将袖山弧线和袖口弧线上的假缝线抽紧成细褶状,要求以袖中线为中心向两边均匀抽线(见图 3-3-8②)。

(4)装袖。先缝合肩缝,再把抽细褶后的袖片与衣片正面相对,袖窿线与袖山线对齐,袖中线刀眼对准衣片肩缝,离边缘 1cm 车缝,将缝份三线包缝后,再将袖底缝和衣片侧缝分别

89

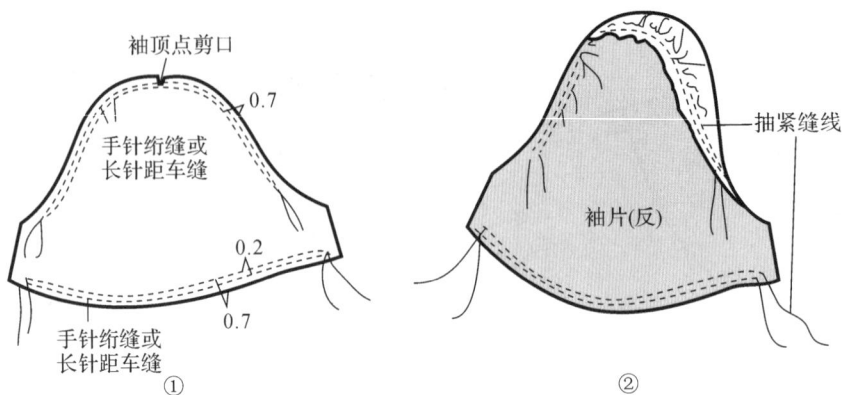

图 3-3-8

三线包缝(见图 3-3-9①)。

(5)连续缝合衣片侧缝和袖底缝。把袖山头的缝份往袖片折倒后,再缝合前后衣片的侧缝和袖底缝,注意缝合到袖口的开衩止点为止,并在此处用倒回针固定(见图 3-3-9②)。

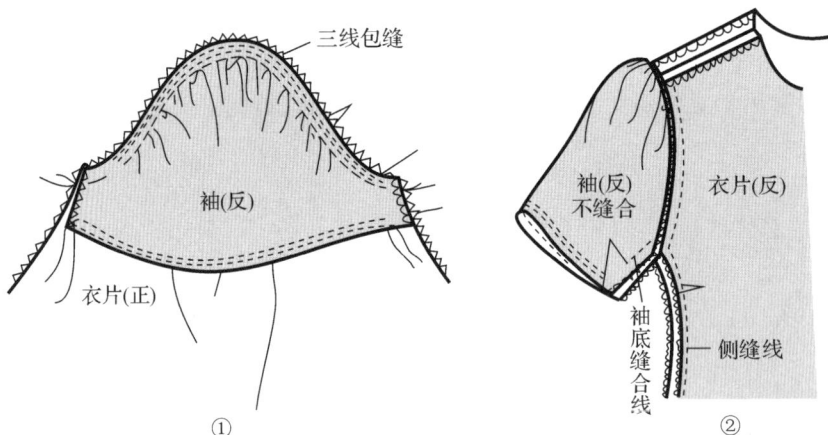

图 3-3-9

(6)缝制袖克夫。先在袖克夫反面烫上粘合衬,其宽度为袖克夫宽加上 1cm,然后将袖克夫对折,两端缝合。注意在叠门一侧要沿净线车缝,倒回针固定后剪口;在另一端把袖克夫的边缘折上 1cm 后车缝。最后把袖克夫翻至正面烫平(见图 3-3-10)。

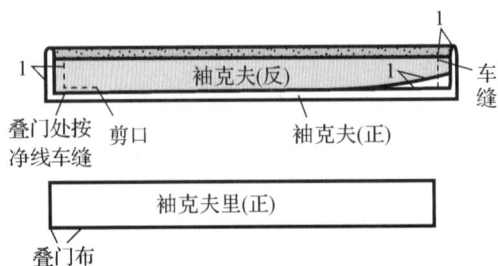

图 3-3-10

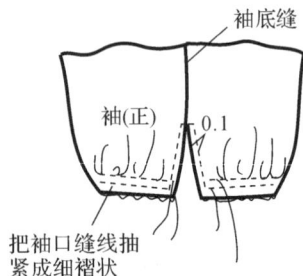

图 3-3-11

(7)抽紧袖口假缝线。先将袖开衩车缝固定,缝份为 0.1cm,再把袖口的两道假缝线抽紧成细褶状(见图 3-3-11)。

(8)装袖克夫。把袖克夫与袖片正面相对,边缘对齐,距边 1cm 车缝固定(见图 3-3-12①)。

(9)固定里袖克夫。把袖口缝份往袖克夫一侧折倒后,用手针固定或车缝固定(见图 3-3-12②)。

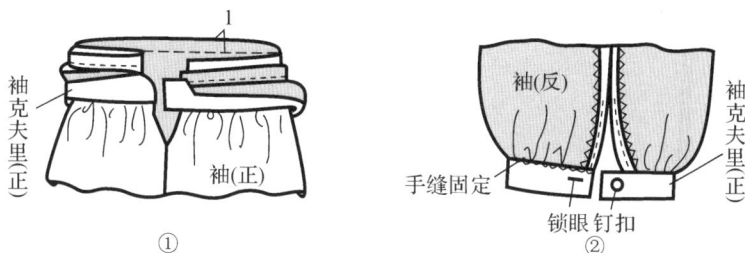

图 3-3-12

三、有里布的两片西装袖

两片西装袖如图 3-3-13 所示,由于其外形合体,常用于合体的套装或西服中。其袖口开衩有两种处理方法,一种是封闭型袖衩,一种是活动型袖衩。现逐一加以介绍。如图 3-3-14 为裁剪图。

图 3-3-13

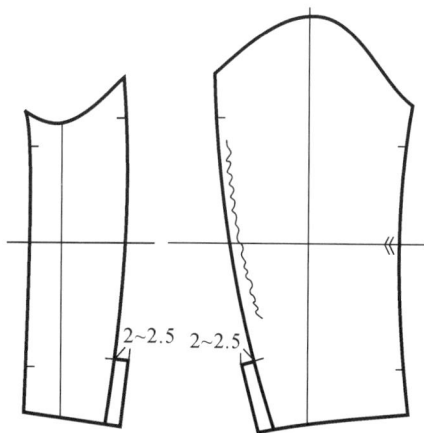

2~2.5 2~2.5

图 3-3-14

1. 封闭型袖衩的缝制方法

(1)裁剪表袖和里袖。里袖的袖山和袖下的缝份要多留一些,以作为袖下松度的调节(见图 3-3-15)。

(2)在表袖的袖口贴边、大袖袖衩上烫贴粘合衬。其作用是保持袖口形态,起定型作用(见图 3-3-16)。

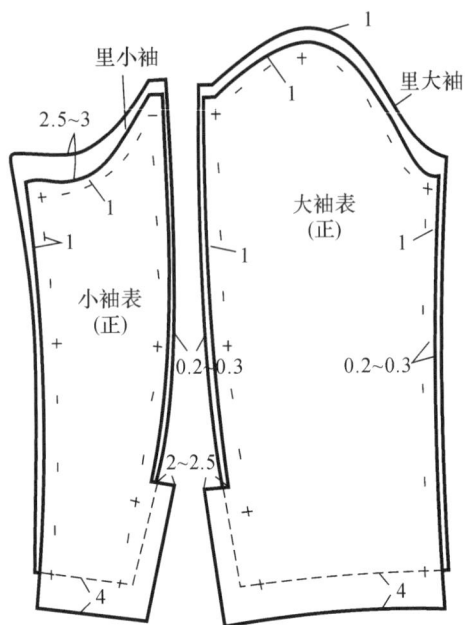

图 3-3-15

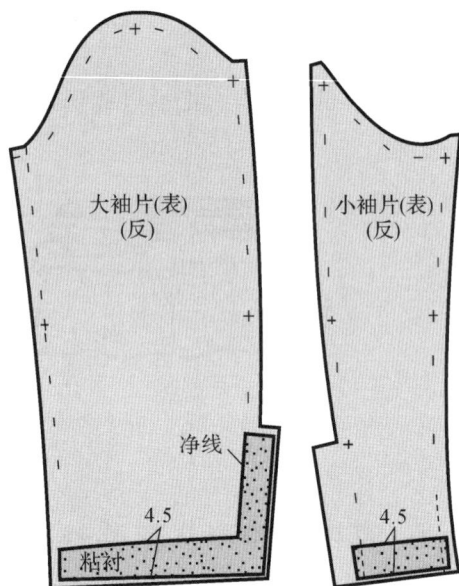

图 3-3-16

　　（3）缝合面袖、里袖的后袖缝线。先缝合表袖的后袖缝线，然后将小袖片的开衩止点剪口，开衩贴边折向大袖片。里袖的车缝线在净线外侧 0.2～0.3cm 处，然后将缝份往大袖侧烫倒（见图 3-2-17）。

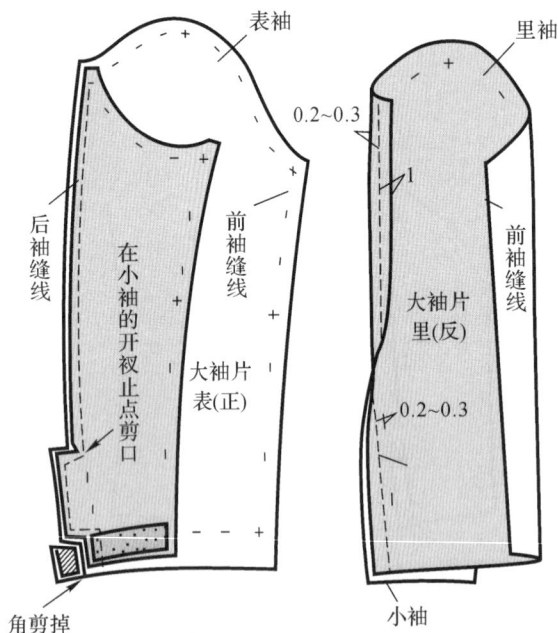

图 3-3-17

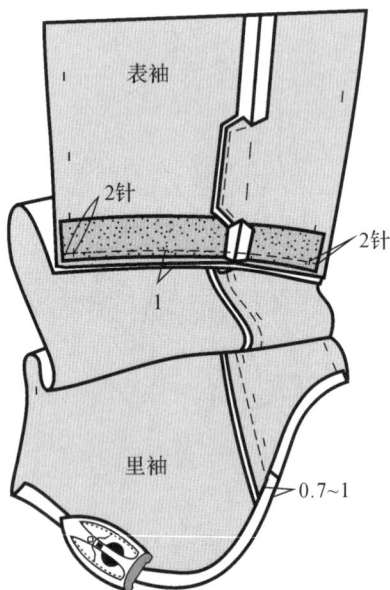

图 3-3-18

　　（4）缝合表、里袖的袖口。对齐表袖和里袖的袖口贴边后，缝合到距净线 2 针的位置为止（见图 3-3-18）。

（5）缝合表袖、里袖的前袖缝线，并在前袖缝线的里侧将表袖、里袖手缝固定。注意：表袖袖底缝线按净线车缝，里袖袖缝车到距净线 0.2～0.3cm，以调节里袖的松量（见图 3-3-19）。

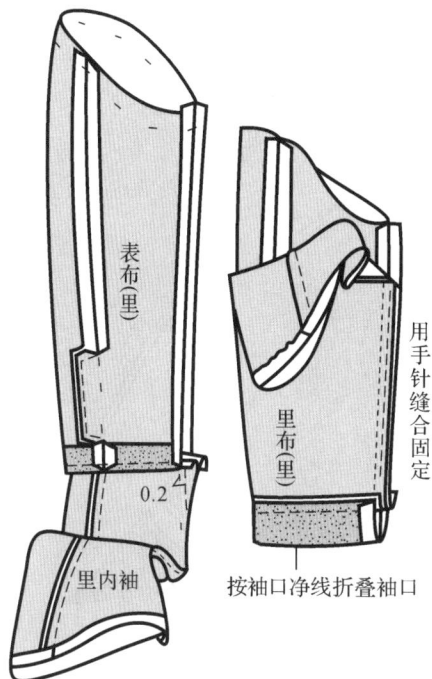

图3-3-19

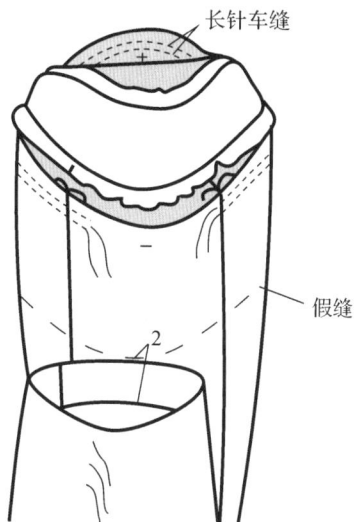

图3-3-20

（6）把里袖往表面翻折。在面袖的袖山弧线车缝 2 道长针距线，用以归缩袖山的吃势。表袖和里袖定型以后，从正面用手针假缝固定（见图 3-3-20）。

2. 活动型袖衩的缝制方法

（1）裁剪表袖和里袖。按图 3-3-21 所示进行放缝。

（2）在表袖的袖口及袖衩贴边烫上粘合衬（见图 3-3-22）。

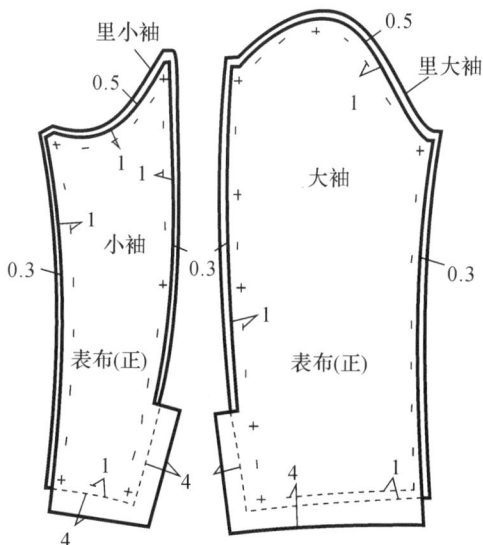

图 3-3-21

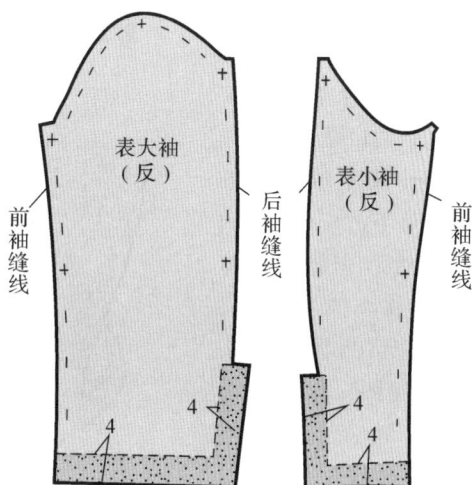

图 3-3-22

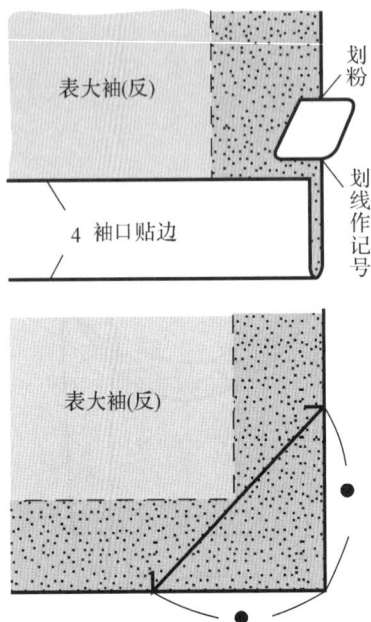

图3-3-23

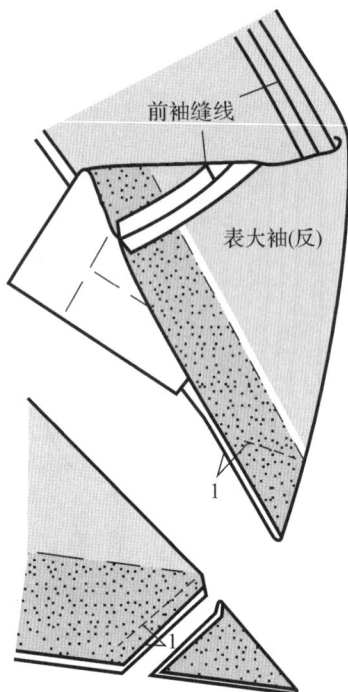

图3-3-24

（3）将表袖大袖片的袖口用划粉作出袖衩的缝合记号（见图3-3-23）。

（4）缝合大袖片袖衩口。先将表布大、小袖的前袖缝线缝合，并分缝烫开，然后按表大袖的袖口划粉记号车缝袖开衩。注意：缝线距离袖口边1cm，并回针固定。最后将袖衩的尖角部位剪掉，烫开缝份（见图3-3-24）。

（5）缝合小袖口袖衩。先将袖口贴边按净线折上4cm烫平，并在距袖口贴边处1cm车缝固定内袖衩。然后车缝后袖缝线，最后将小袖片的袖口贴边按1cm折倒，用大头针固定（见图3-3-25）。

（6）缝合大小袖的袖衩，并整理贴边（见图3-3-26）。

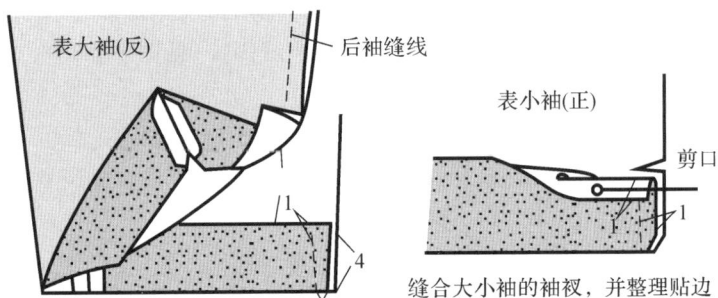

图 3-3-25

缝合大小袖的袖衩，并整理贴边

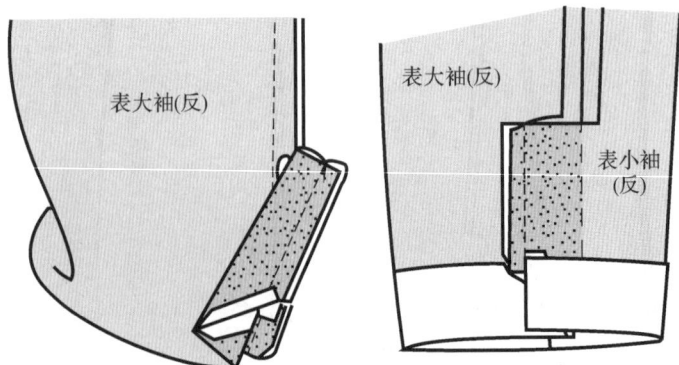

图 3-3-26

（7）缝合里袖的前后袖缝，并将缝份坐倒 0.3cm 烫向大袖片（见图 3-3-27）。

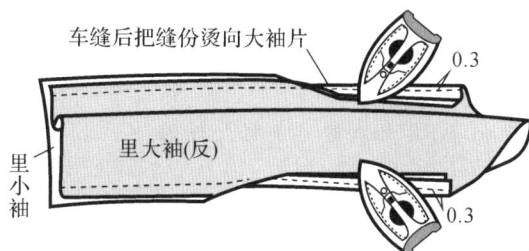

图 3-3-27

（8）缝合表、里袖的袖口，并用三角针加以固定（见图 3-3-28）。

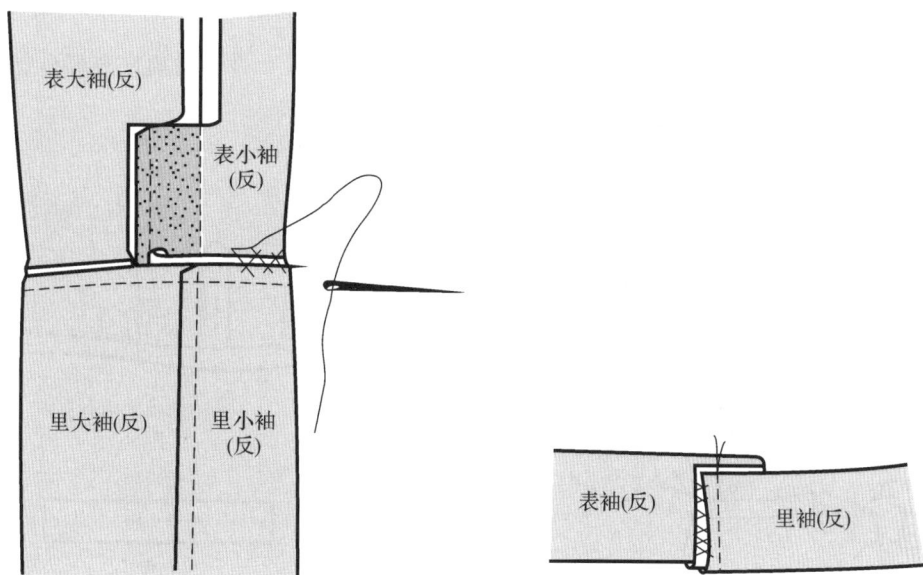

图 3-3-28

（9）将里袖翻出，整理里大袖片的袖口贴边，然后在表大袖片的袖山弧线外用密纫针缝上两道（见图 3-3-29）。

（10）将表袖翻向外，用手抽紧密纫缝线，然后将它置于袖烫凳上把抽褶烫平（见图 3-3-30）。

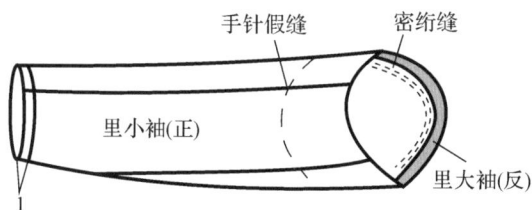

图 3-3-29

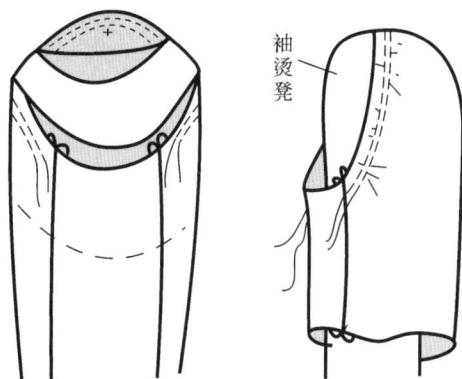

图 3-3-30

思考与训练

1. 两片西装袖袖口开衩的处理方法有哪几种？简述其缝制要点。
2. 泡泡袖的袖山褶皱该怎样处理？
3. 袖窿线上车明线的袖子,其袖口边是怎样处理的?

第四节 开衩、开口

一、宝剑头式衬衫袖开衩开口

如图 3-5-1 所示,袖开衩上端呈宝剑状的袖形,常用于男、女衬衫的袖口开衩中,其缝制方法有两种。图 3-4-2 为其裁剪图。

图 3-4-1

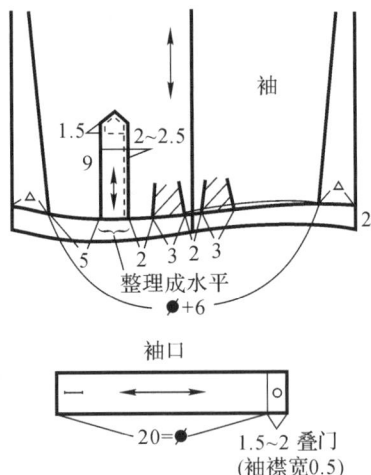

图 3-4-2

1. 先缝合袖襻布和叠门布再剪口

(1)裁剪。袖布上的剪口无论袖襻布是宽型还是窄型,都这样剪口,但剪口必须在接缝袖襻布和叠门布时进行。叠门布是以剪口长为基准,宽度比剪口宽(1.5cm)要窄一些(见图 3-4-3)。

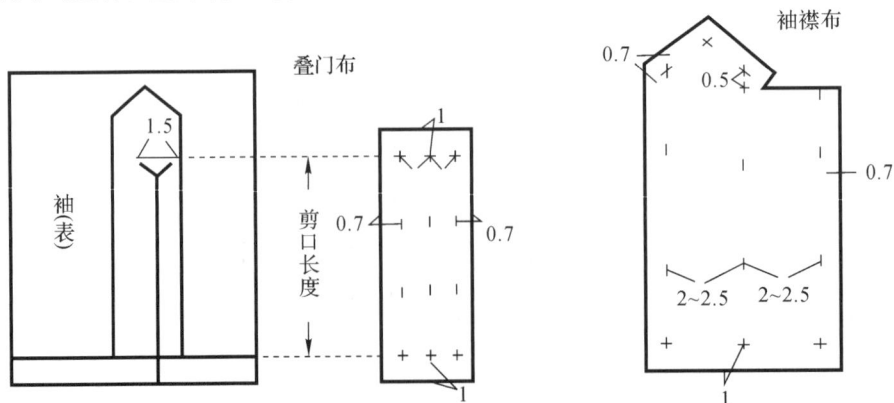

图 3-4-3

（2）用熨斗折烫叠门布、袖襟布（见图3-4-4）。

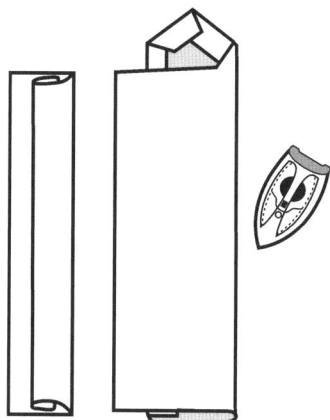

图3-4-4

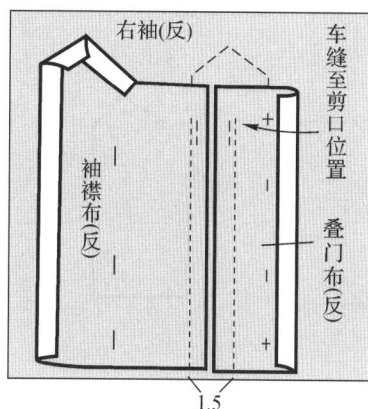

图3-4-5

（3）在袖里侧车缝叠门布与袖襟布（见图3-4-5）。

（4）只在袖子上剪口（见图3-4-6）。

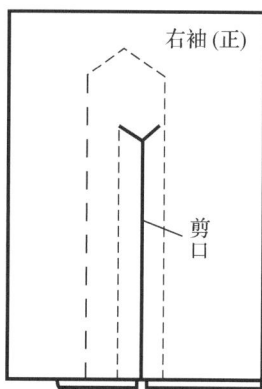

图3-4-6

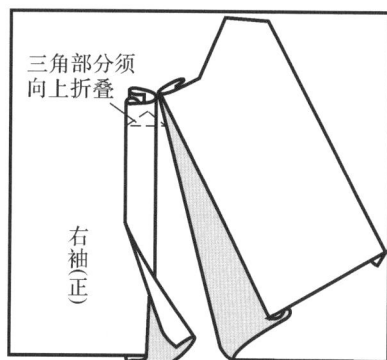

图3-4-7

（5）把叠门布和袖襟布翻折到表面，固定三角部分。注意：剪口上的三角部分须向上折向表侧（见图3-4-7）。

（6）车缝装饰明线。将袖襟布折成完成状，对正位置后，车装饰明线固定（见图3-4-8）。

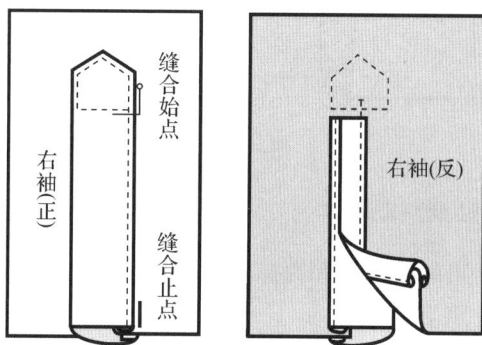

图3-4-8

2. 先剪口,再夹缝袖襟布及叠门布

(1)裁剪、叠门布与袖襟布(见图3-4-9)。

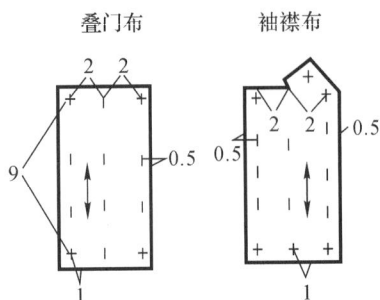

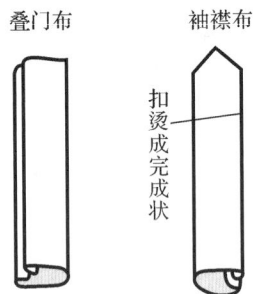

图 3-4-9   图 3-4-10

(2)分别扣烫叠门布、袖襟布使之成为完成状(见图3-4-10)。

(3)车缝叠门布,袖襟布。在袖片开衩位置剪口,将扣烫成型的叠门布、袖襟布分别夹缝在袖片的开口上(见图3-4-11)。

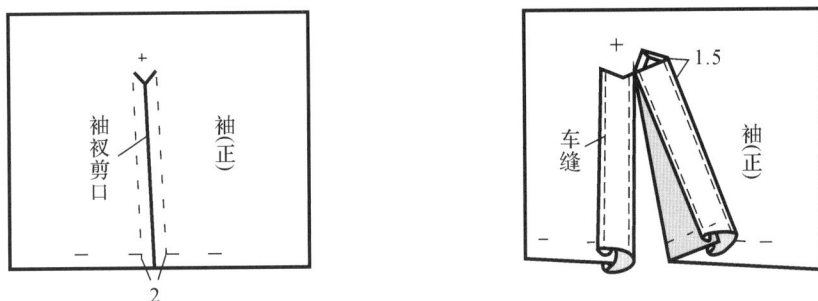

图 3-4-11

(4)车缝固定袖襟布上端的宝剑头。注意车缝的始点和止点(见图3 4 12)。

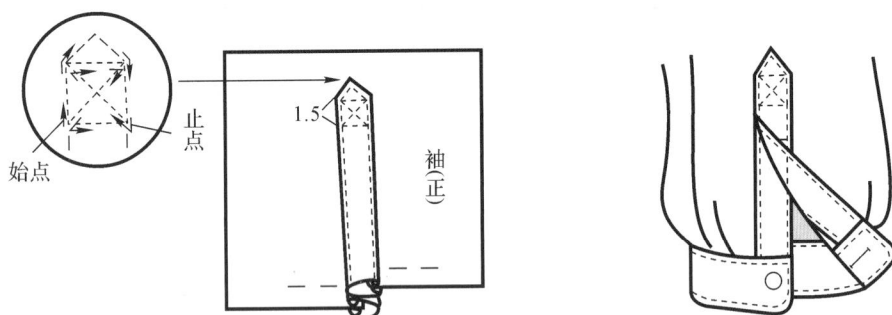

图 3-4-12

二、滚边式衬衫袖开衩开口

图3-4-13是女衬衫常用的一种袖开衩形式,开口采用滚边的方法。制作方法如下:

(1)裁剪、扣烫滚边布(见图3-4-14)。

(2)缝合滚边布。在袖位开衩位置剪口,先将滚边布未经扣烫的一侧与开口缝合(见图3-4-15)。

图 3-4-13

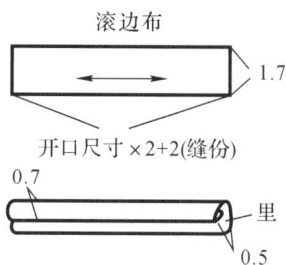

图 3-4-14

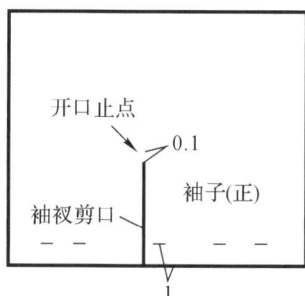

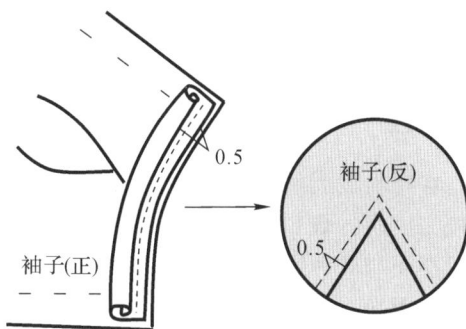

图 3-4-15

（3）固定滚边布。注意：在袖里侧用回针缝斜向缝3道固定滚边上端（见图3-4-16）。

图 3-4-16

三、短门襟圆领开口

如图3-4-17所示，圆领圈的3种短门襟开口，其制图方法相同，但门襟的处理方法各不相同。读者可根据需要加以选择。现分别加以介绍（图3-4-18为裁剪图）。

1. 门襟缝制方法一

本方法使下端角部剪口不会脱线，其方法是先车缝门襟再剪口（见图3-4-19）。

（1）裁剪。左右片门襟裁剪方法相同，将下端如图

图 3-4-17

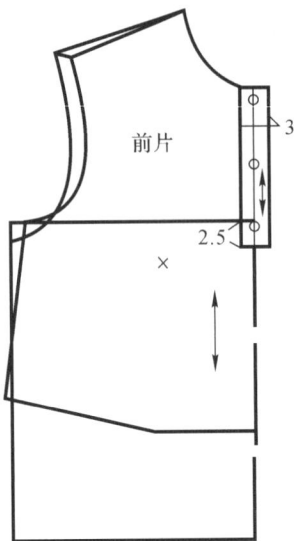

前片

3

2.5

×

图3-4-18

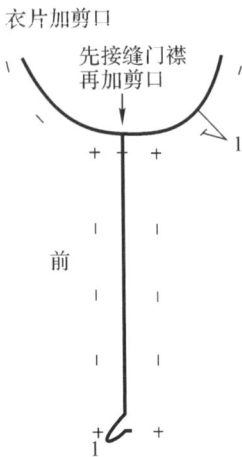

衣片加剪口

先接缝门襟
再加剪口

前

图3-4-19

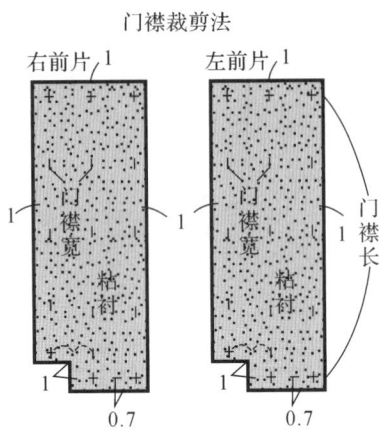

门襟裁剪法

右前片 1   左前片 1

1   门襟宽   粘衬   1   门襟长

1   门襟宽   粘衬   1

1   1   1   1

0.7   0.7

图3-4-20

示修剪后,在反面烫上薄的粘衬(见图3-4-20)。

(2)按完成状折叠扣烫门襟左右片(见图3-4-21)。

(3)门襟布与衣片缝合。将门襟布放在领圈已滚过边的前衣片上车缝,然后在前中心剪口,剪口位置距净线1cm(见图3-4-22)。

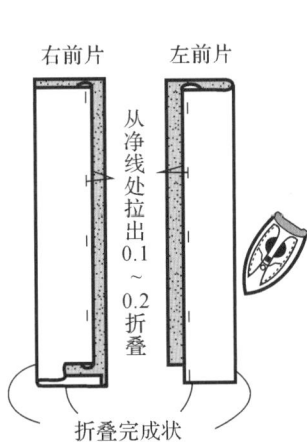

右前片   左前片

从净线处拉出0.1～0.2折叠

折叠完成状

图3-4-21

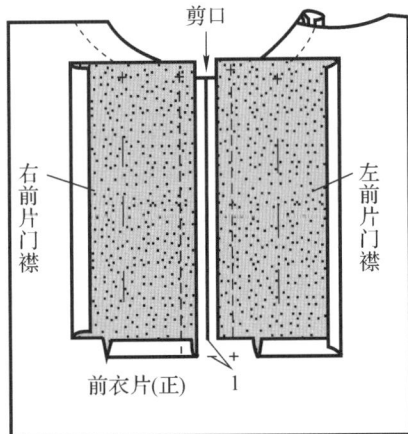

剪口

右前片门襟   左前片门襟

前衣片(正)   1

图3-4-22

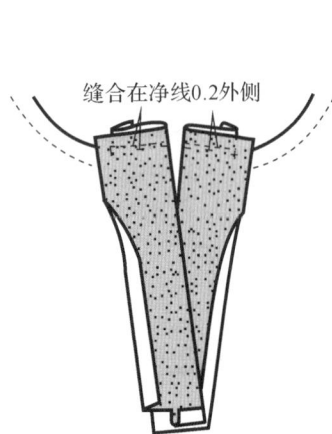

缝合在净线0.2外侧

图3-4-23

(4)左右片门襟各自正面相对折叠,缝合上端。预先估计一下面料的厚度,在净线稍外侧缝合(见图3-4-23)。

(5)修剪门襟布上端,并翻转到正面。先将缝份折叠部分的一边修剪留0.5cm,用手指压住角部翻转到正面(见图3-4-24)。

(6)左门襟车明线。掀开右前片,把左前门襟整理成型后,如图示车上装饰明线(见图3-4-25)。

(7)右片门襟车明线。掀开左前片,整理右前门襟后车装饰明线。注意:下端1cm不要回针缝(见图3-4-26)。

(8)固定门襟。重叠对正左右片门襟后,两片一起车缝固定下端(见图3-4-27)。

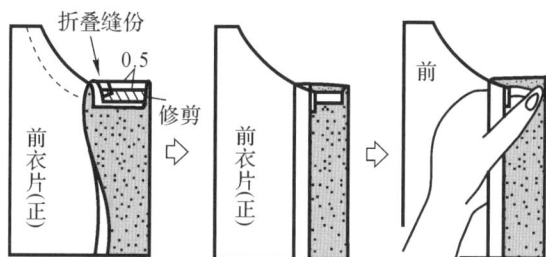

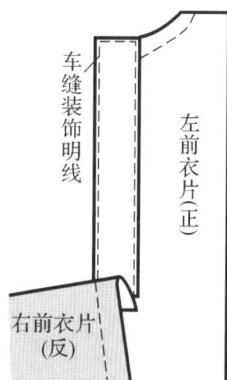

图3-4-24

图3-4-25

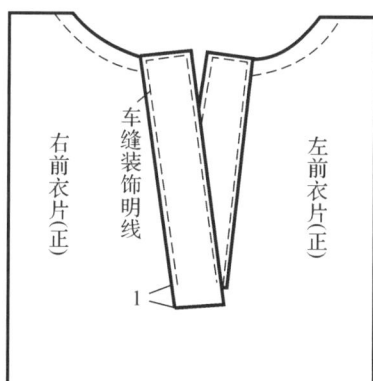

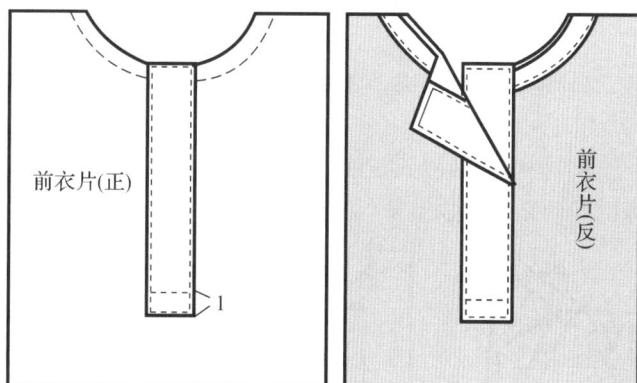

图3-4-26

图3-4-27

2. 门襟缝制方法二

采用本方法可以将门襟接缝线缝制得较为平整。

要领:把接缝门襟的缝份分开烫平。先把门襟烫折成完成状后再缝合,最后加上剪口,注意在剪口处的里侧烫上小块粘衬以防脱线。此方法不适合透明的面料。

(1)在门襟反面烫上粘衬(见图3-4-28)。

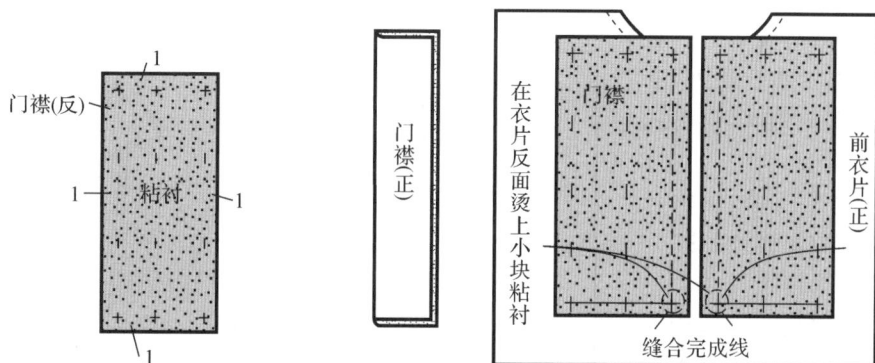

图3-4-28

图3-4-29

(2)车缝门襟。先将门襟对折熨烫,再将衣片门襟缝线的下端部位反面烫上小块粘衬,最后将门襟放在衣片上缝合(见图3-4-29)。

（3）在缝合线上折叠熨烫门襟的缝份（见图3-4-30）。

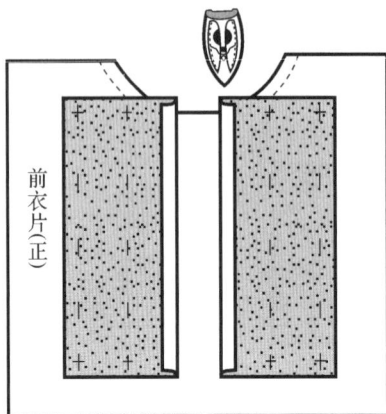
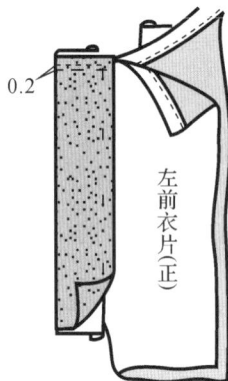

图3-4-30　　　　　　　　　　图3-4-31

（4）缝合门襟上端。要在上端净线外侧0.2cm处缝合，这样翻转至表面时就相当平整（见图3-4-31）。

（5）把门襟翻转到正面。先将门襟上端的缝份修剪（参照方法一中的第5步），然后把门襟翻转到正面加以整烫（见图3-4-32）。

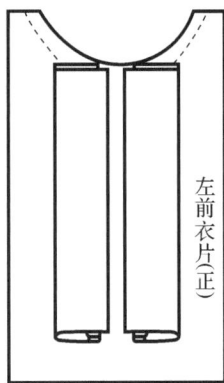
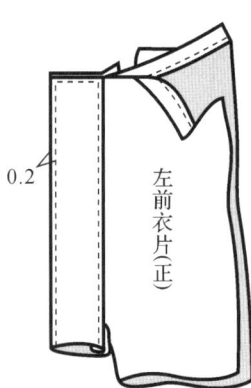
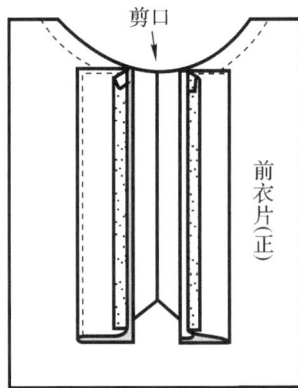

图3-4-32　　　　　　　　图3-4-33　　　　　　　　图3-4-34

（6）门襟车装饰线。掀开衣片，除门襟下端外，在其余3边车装饰明线（见图3-4-33）。

（7）掀开门襟，在衣片加Y形剪口（见图3-4-34）。

（8）整理门襟缝份。把缝份向衣片反面折倒，门襟的下端也折入反面加以整理（见图3-4-35）。

（9）掀开衣片，车缝固定门襟下端。要注意车缝2

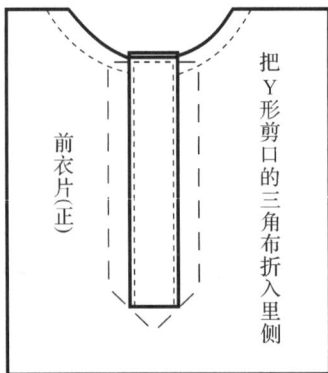
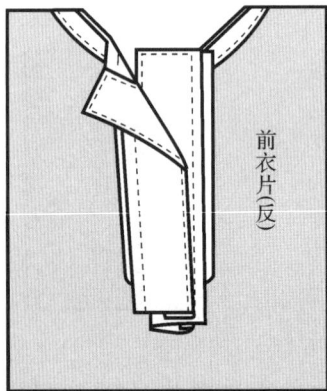

①　　　　　　　　　②

图3-4-35

～3道才能牢固(见图 3-4-36①)。

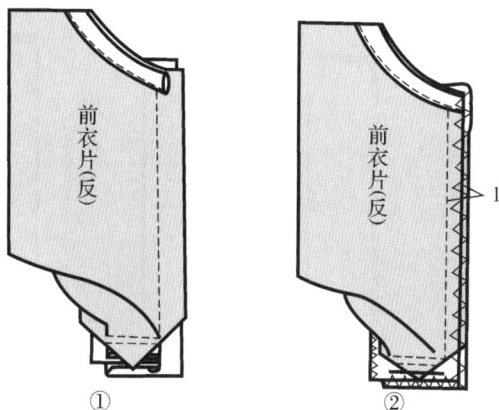

图 3-4-36

(10)修剪缝份成1cm宽,再三线包缝缝份(见图 3-4-36②)。

(11)缝成完成后的形状。图①为正面,图②为反面(见图 3-4-37)。

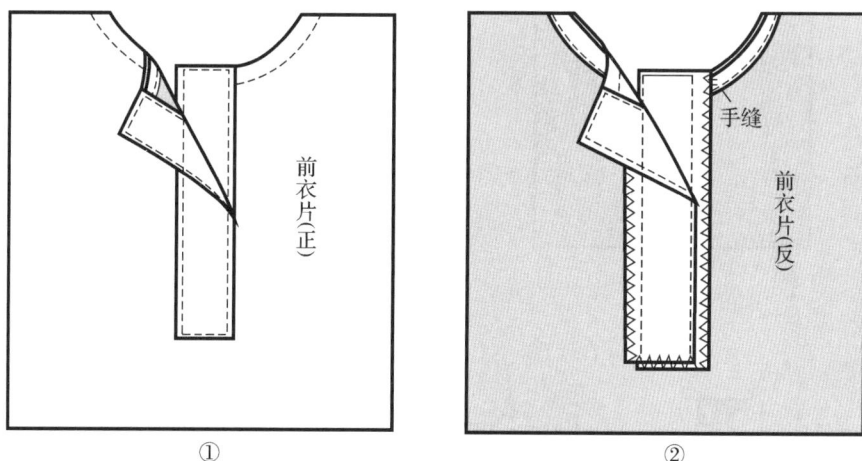

图 3-4-37

3. 门襟缝制方法三

本方法是简易缝制方法。只把门襟对折,直接与衣片缝合,可适合于针织布等具有伸缩性的面料。

(1)裁剪门襟,并对折烫平。把门襟的两侧缝份放1/2门襟宽的量,在里侧烫上粘衬后,对折烫平(见图 3-4-38)。

(2)将门襟与衣片缝合。把左右片门襟的缝份对齐放在衣片中心线的位置,沿门襟宽的净线车缝固定,为防衣片剪口后脱线,车缝前应在衣片反面烫上小块粘衬(见图 3-4-39)。

(3)在衣片的前中线按门襟位置剪 Y 开口,然后将门襟的缝份拉向反面,用熨斗烫平(见图 3-4-40)。

(4)固定门襟下端。先把左右边门襟对正,掀开衣片,在门襟的下端车缝固定2道线,最后将3侧缝份三线包缝(除上端外)(见图 3-4-41)。

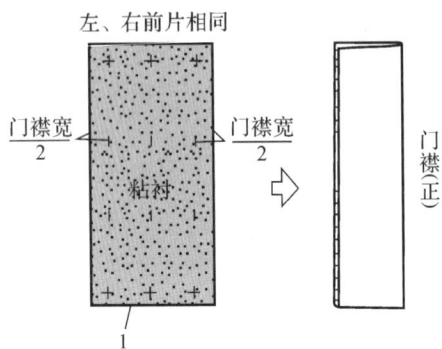

左、右前片相同

门襟宽／2　门襟宽／2

粘衬

门襟(正)

1

图 3-4-38

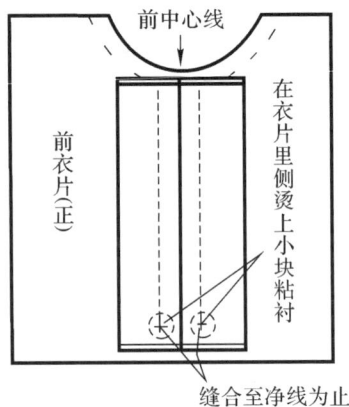

前中心线

前衣片(正)

在衣片里侧烫上小块粘衬

缝合至净线为止

图 3-4-39

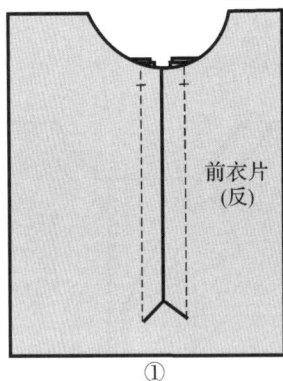

前衣片(反)

①

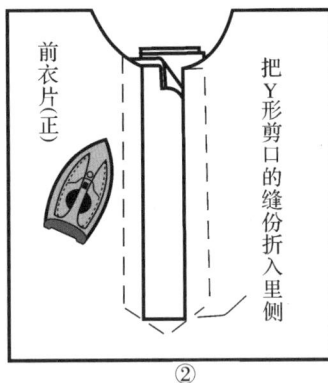

前衣片(正)

把 Y 形剪口的缝份折入里侧

②

图 3-4-40

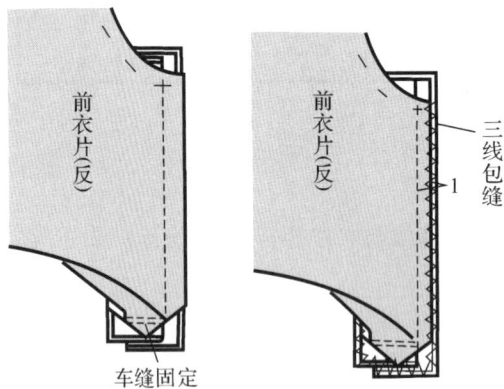

前衣片(反)　前衣片(反)

三线包缝

1

车缝固定

图 3-4-41

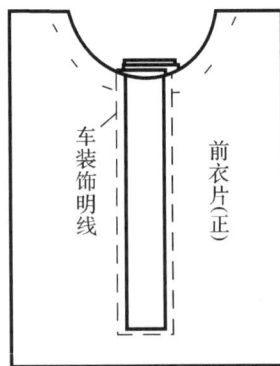

车装饰明线　前衣片(正)

图 3-4-42

（5）若需车装饰明线，则要车在门襟外侧的衣片中（见图 3-4-42）。

四、有里布的下摆开衩开口

图 3-4-43 所示为有里布的下摆开衩，适用于西服裙、男女套装及西服的下摆开衩。制作方法如下：

图 3-4-43

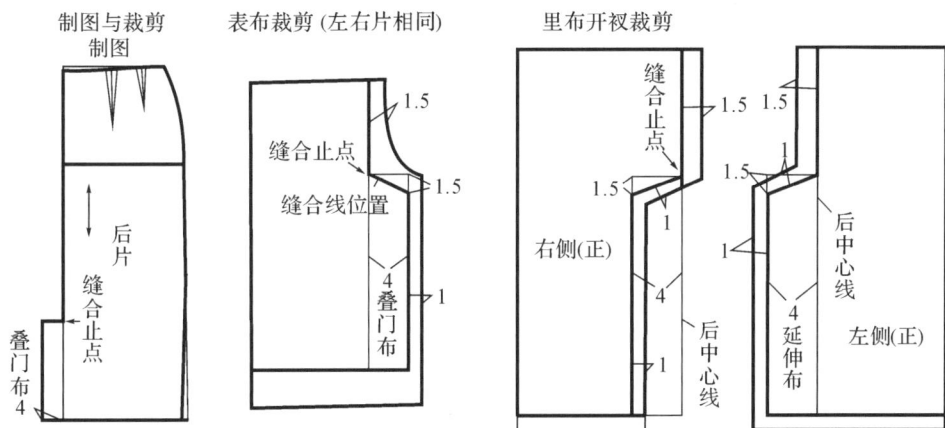

制图与裁剪
制图

表布裁剪 (左右片相同)

里布开衩裁剪

图 3-4-44

（1）制图与裁剪见图 3-4-44。

缝合里布后中线时，里布会因缩缝而使之吊起，为避开这一缺陷，在裁剪里布后片时，应在后中腰线上增加 0.5cm 的缩缝量（见图 3-4-45）。

（2）车缝开衩。表布后中线缝合到缝合止点，从缝合止点到延伸布应如图示斜向缝合（见图 3-4-46）。

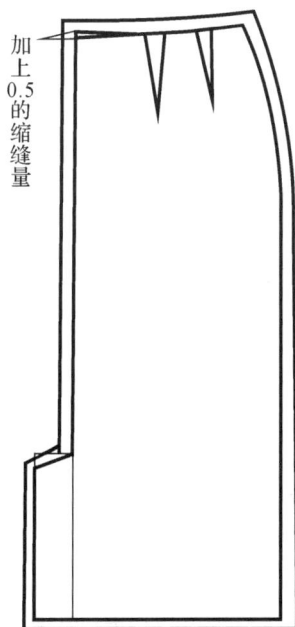

图 3-4-45

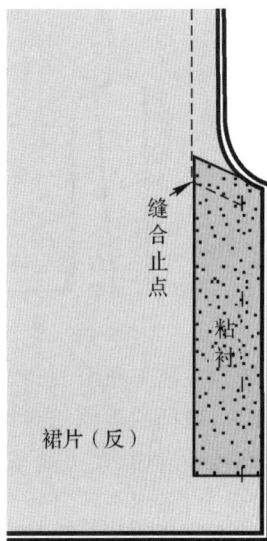

图 3-4-46

（3）整理缝份。先在左侧缝合止点斜向剪口，再分缝烫开缝合止点以上的缝份（见图3-4-47）。

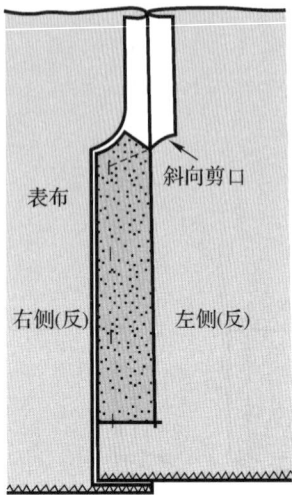

图 3-4-47

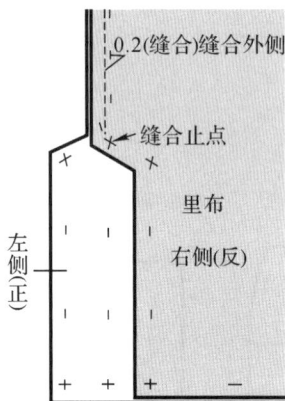

图 3-4-48

（4）缝合里布后中心线。从净线记号的0.2cm外侧缝合里布，车缝到缝合止点为至（见图3-4-48）。

（5）车缝里布裙摆。将缝份向右侧烫倒，注意要烫出0.2cm的座份，裙摆三折边后车缝（见图3-4-49）。

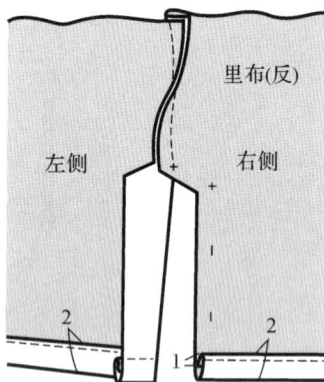

图 3-4-49

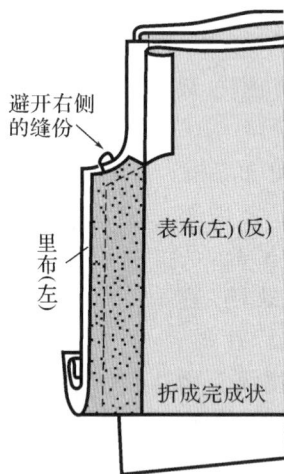

图 3-4-50

（6）缝合左侧里布与表布。里布左侧与表布左侧的叠门布表面相对缝合。注意要避开右侧的缝份，裙摆的表面相对折成完成状后一起缝合（见图3-4-50）。

（7）翻转到表面，在边端车缝装饰线。把缝合止点以上的里布后中缝份用手针缝于表布后中的缝份上（见图3-4-51）。

（8）固定右侧裙摆折边。把里布右侧的缝份折成完成状，用细密的手缝针迹加以固定或在里侧车缝固定。（见图3-4-52）。

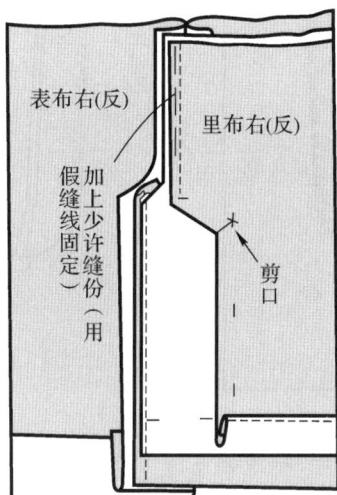

图 3-4-51

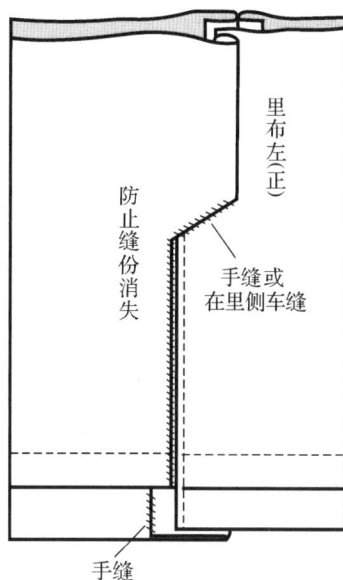

图 3-4-52

五、裤子前片拉链开口

如图 3-4-53 所示,裤子前片中心装上拉链作为开口的缝制方法有两种,左前片在上或右前片在上都可以,一般情况下女裤是右前片在上,男裤是左前片在上,或根据个人喜欢加以选择。

1. 门襟、里襟另外裁剪的方法

按图 3-4-54 所示,制作方法如下:

图 3-4-53

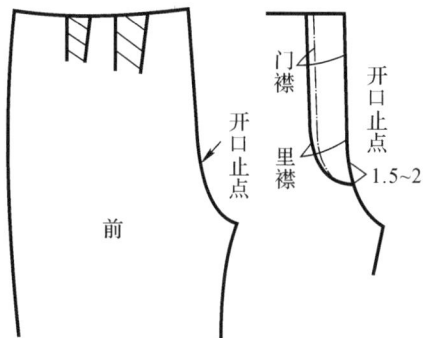

图 3-4-54

（1）缝制里襟、门襟与裤片接缝。里襟的下部要缝合，再翻折到表面，门襟里侧烫上粘衬后再与裤片车缝固定（见图 3-4-55）。

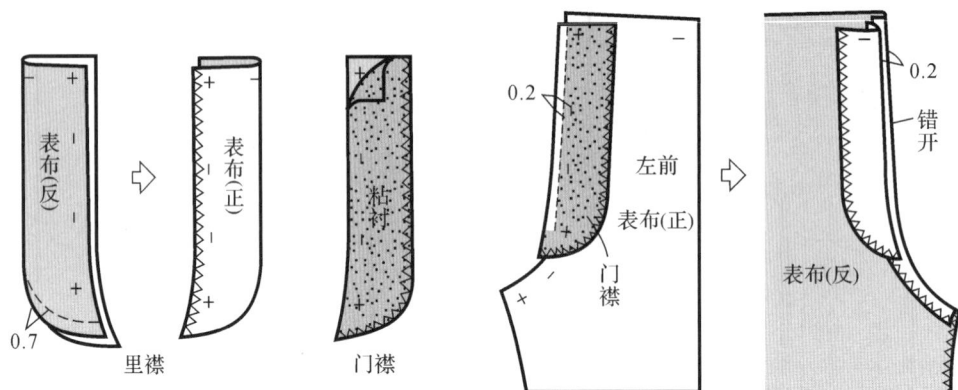

图 3-4-55

（2）先缝合前后裆线。再把拉链车缝固定在左右前片，裆线要车缝 2 次以增加牢度。右前片的缝份拉出 0.3cm 折叠，放在拉链上面和里襟布一起车缝固定（见图 3-4-56）。

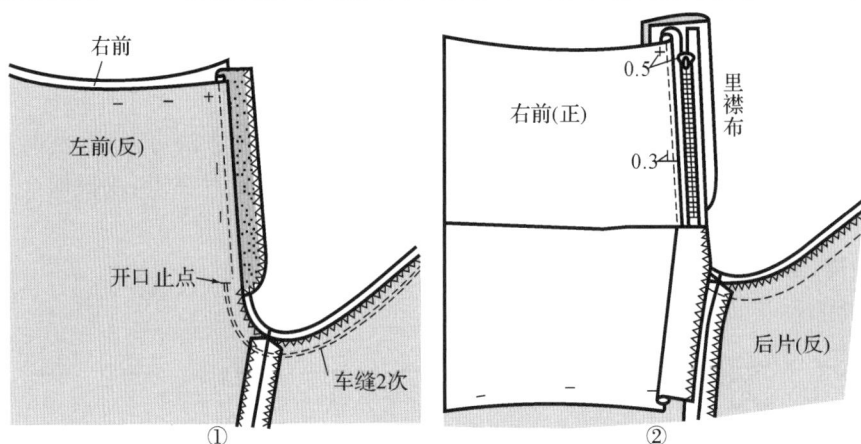

图 3-4-56

（3）把拉链的布端固定在门襟上。对正右前片和左前片，先用手针假缝固定，再掀开里襟布加以车缝固定（见图 3-4-57）。

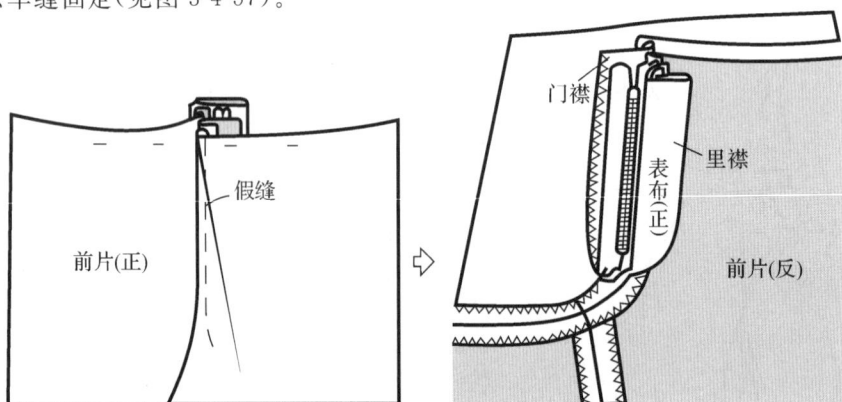

图 3-4-57

（4）门襟车装饰线。掀开里襟布，再从正面车一道固定门襟布的装饰明线。固定门襟后，再把掀开的里襟布放回原处，把里襟布用回针缝缝到开口止点的位置，使之固定（见图 3-4-58）。

2. 门襟、里襟连续裁剪的方法

此方法常用于伸缩性布料或开口较浅，接缝拉链的位置为直线时。

（1）裁剪裤片，缝合前后裆线。右前片在上或左前片在上均可，如左前片在上，则门襟要在左边连续裁出（见图 3-4-59）。

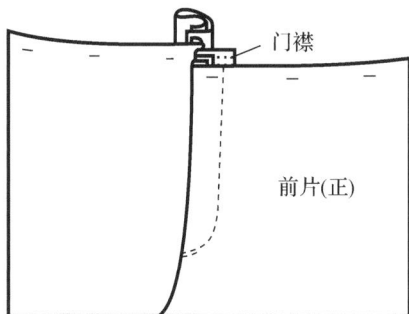

图 3-4-58

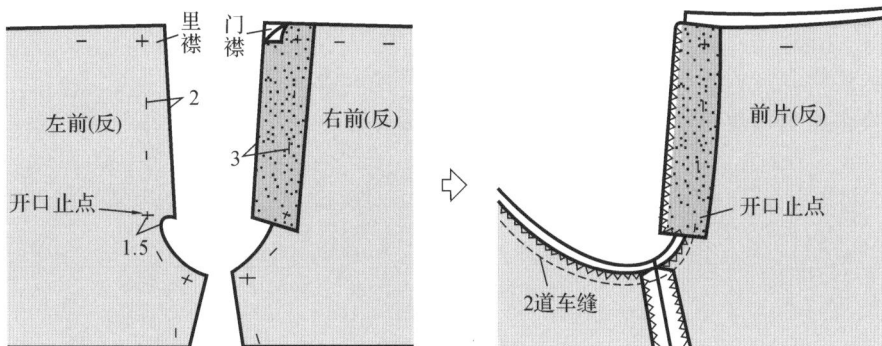

图 3-4-59

（2）把拉链车缝在左前片上。左前片的里襟布要拉出 0.3cm 折叠，再将其放在拉链的布端车缝固定（见图 3-4-60）。

（3）把拉链的布端固定在门襟上。先假缝固定再车缝，假缝要在拉链齿的边缘（见图 3-4-61）。

（4）固定门襟。从右前片的正面到门襟都要车一道固定门襟的装饰明线（见图 3-4-62）。

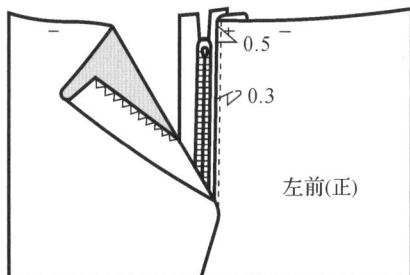

图 3-4-60

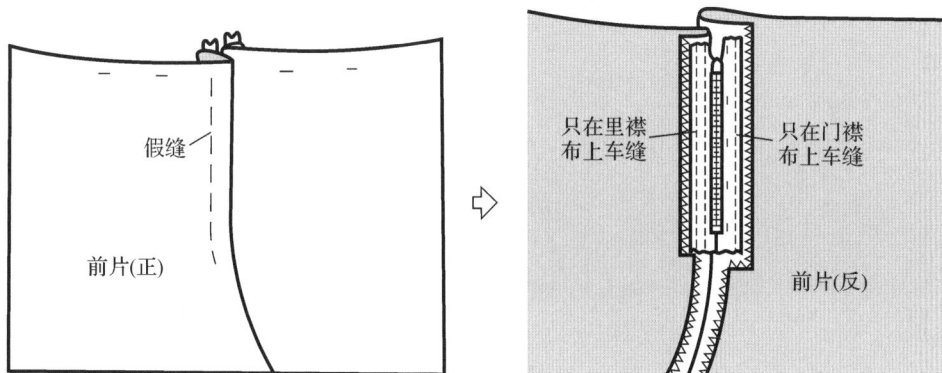

图 3-4-61

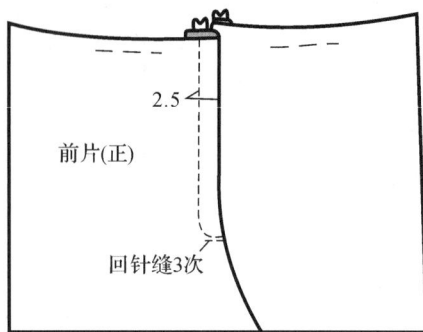

图 3-4-62

思考与训练

1. 试比较宝剑头式衬衫袖开衩开口两种缝制方法的不同点。
2. 简述圆领圈短门襟开口 3 种缝制方法的特点。

第四章　女装制作工艺

第一节　直身裙

一、直身裙外形概述、用料要求

直身裙是裙子的基本式样,它的特点是腰部、臀部合体,下摆顺臀围而下,基本上处于包裹在人体之上的状态,后身开口和开衩都是右压左,绱腰。直身裙款式简练,但制作工艺基本上包括了一般裙子的制作要点。工艺方面的关键工序主要有:腰省的收法,做后开衩,绱拉链,绱腰,绱裙里等。手工、机缝并用(见图 4-1-1)。

图 4-1-1　裙子外形图

直身裙面料通常采用 144cm(双幅)的花呢、女衣呢、毛料或混纺毛料。里料通常采用美丽绸、羽纱、尼丝纺、尼龙绸等,里料有 144cm 双幅和 90cm 单幅,幅宽不同要注意用料长度,单幅为两个裙长,双幅为一个裙长。

款式组合图:表面组合图(见图 4-1-2),里面组合图(见图 4-1-3)

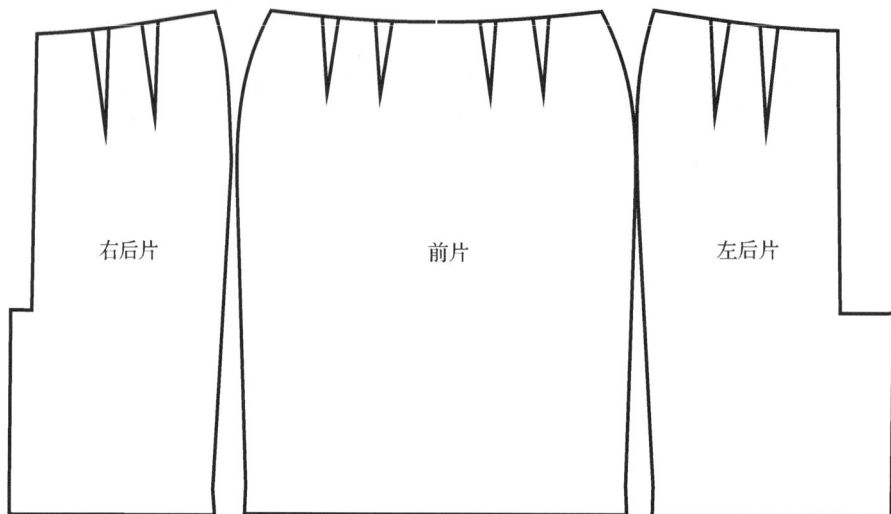

右后片 前片 左后片

图 4-1-2 表面组合图

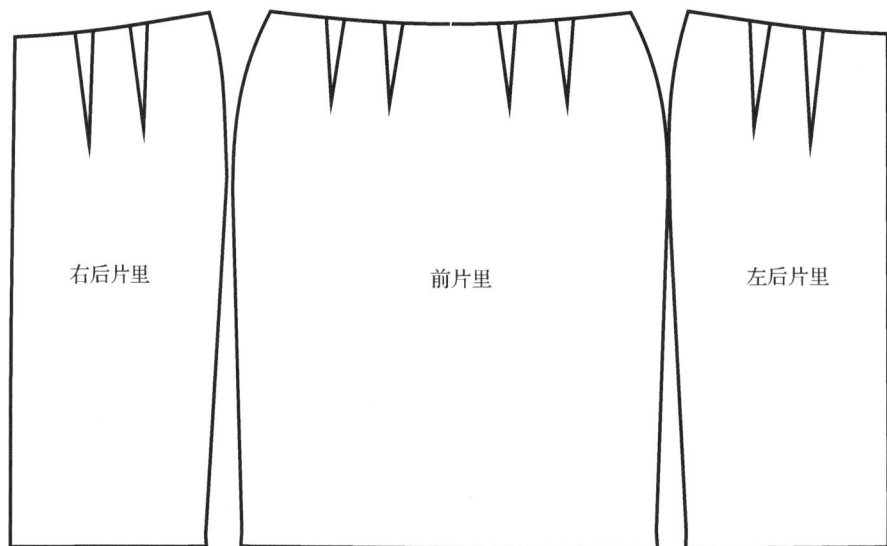

右后片里 前片里 左后片里

图 4-1-3 里面组合图

二、直身裙成品规格

1. 成品规格(见表 4-1)

表 4-1 (单位:cm)

名称	号型	裙长	臀围(H)	腰围(W)	下摆围
规格	160/66A	60	96	66	92

2. 细部规格(见表 4-2)

表 4-2

(单位:cm)

名称	腰宽	拉链长	后衩高	下摆贴边
规格	3	17	20	3.5

三、直身裙结构图

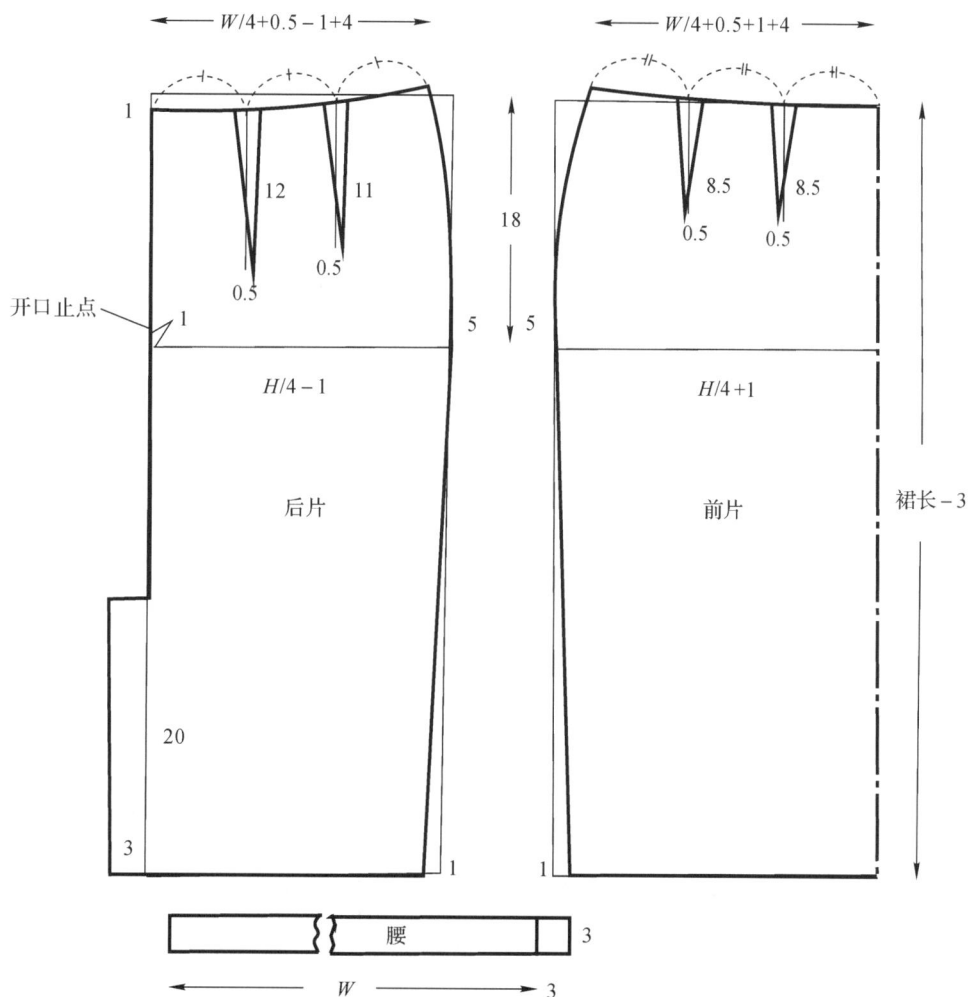

图 4-1-4　款式结构图

直身裙结构图如图 4-1-4 所示。裁剪时要注意以下几点:

(1)裙子及开衩的长度可根据设计需要来调节,一般情况下,拉链下开口点到开衩点之间的距离为 20cm 左右。

(2)腰围处放松量可根据季节的不同来调节,腰围处的吃势量可加可不加。

(3)裙片臀围根据一般人体特点采用前片大后片小,但具体应用时应根据个人体形特点来定。

(4)腰线处的轮廓线需注意省道两侧与腰线最好成直角。

(5)注意省道造型。

四、直身裙裁片数量及辅料要求

1. 直身裙面料裁片数量(见表 4-3)

表 4-3
(单位:片)

名称	前片	左后片	右后片	裙腰
数量	1	1	1	1

2. 直身裙里料裁片数量(见表 4-4)

表 4-4
(单位:片)

名称	前片里	后片里
数量	1	1

3. 其他辅料

无纺衬 25cm,用于后衩位置、后中门里襟内侧及腰面。普通拉链一根,直径 1.5cm 与面料同色纽扣 1 粒,配色线 1 个。

五、直身裙放缝、用料、排料

直身裙面料放缝、用料、排料见图 4-1-5。

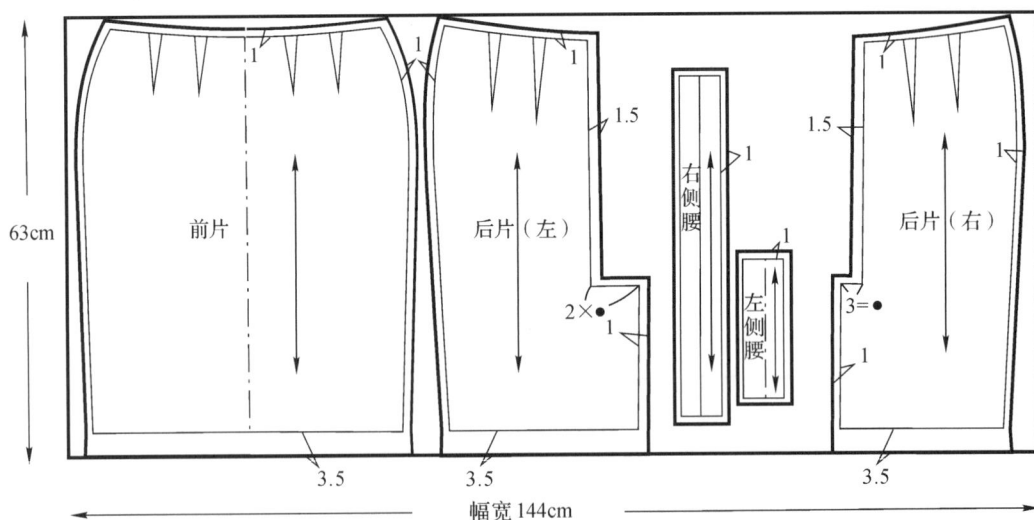

图 4-1-5 面料放缝、排料图

直身裙里料放缝、用料、排料见图 4-1-6。

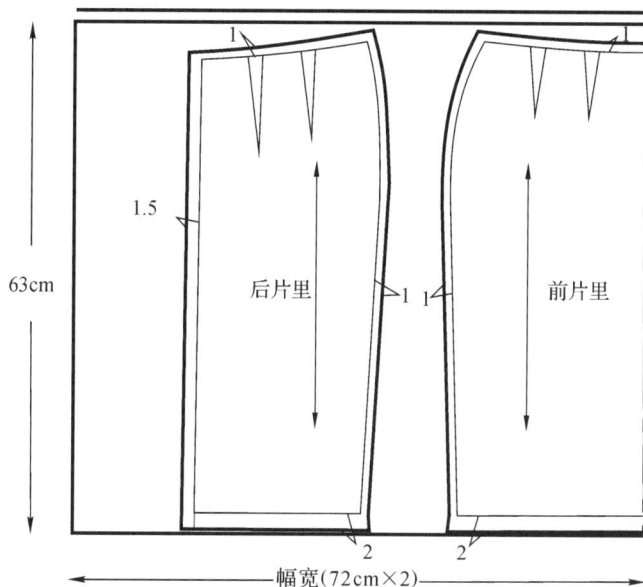

图 4-1-6 里料放缝、排料图

六、直身裙工艺流程

直身裙工艺流程如下：

做缝制标记 → 烫粘合衬 → 三线包缝 → 面、里收前、后省 → 缝合面、里后中缝 →

绱拉链 → 做后衩 → 缝合面、里侧缝 → 做腰、绱腰 → 拉线襻、锁钉 → 整烫

七、直身裙缝制工艺

在缝制前需选用与面料相适应的针号和线，调整底、面线的松紧度及线迹密度。

针号：80/12～90/14 号

用线与线迹密度：明线 14～16 针/3cm。底、面线均用配色涤纶线。

暗线 13～15 针/3cm。底、面线均用配色涤纶线。

1. 做缝制标记

标记面布裙片和里布裙片的省缝。

2. 烫粘合衬（见图 4-1-7）

3. 三线包缝

将烫好衬的裙片（除腰口外）用包缝机全部包缝。

4. 缝合面、里省道

（1）缝合省道。由省根缝至省尖，省尖处留线头 6cm，打结后剪短，省长和省大要

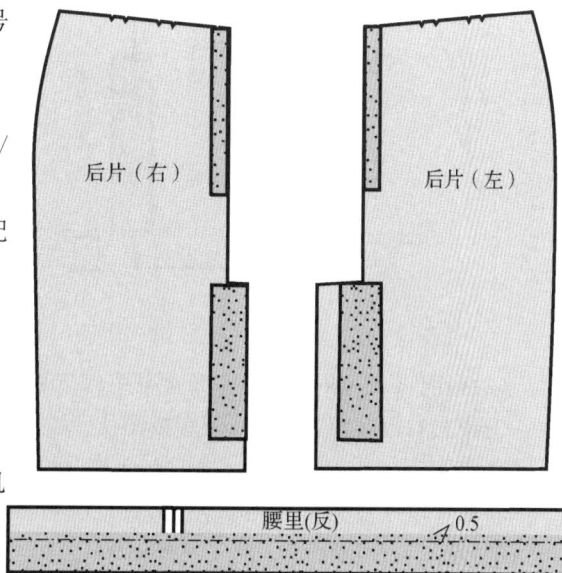

图 4-1-7 烫料合衬部位图

符合规格,省要缉直、缉尖。里子的省道处理方法与面料相同(见图 4-1-8)。

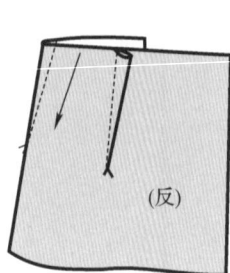

图 4-1-8 省道缝合   图 4-1-9 省道熨烫

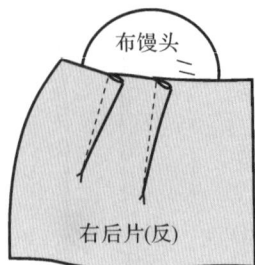

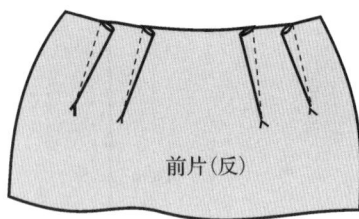

(2)烫省缝。将裙片面的前、后省缝分别向中心线方向烫倒,至省尖位置时,用手向上推着省尖熨烫,以免这个部位的纱向变形(见图 4-1-9)。裙片里的前、后省缝分别向侧缝方向烫倒。

5. 开衩部位的下摆处理

开衩部位的下摆处理根据面料厚薄有两种处理方法:

(1)当面料较薄时可将左右裙片底摆处多余的缝份剪掉,在门里襟反面各贴一层无纺衬,然后三线包缝(见图 4-1-10)。

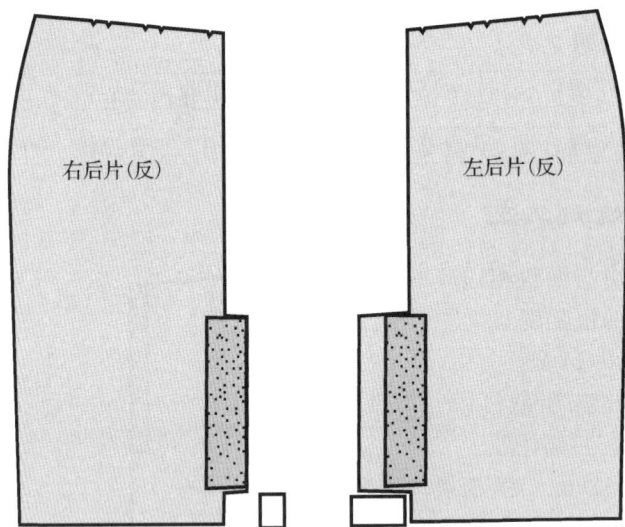

图 4-1-10 薄料底摆处理

(2)当面料较厚时,开衩角部常采用以下处理方法(见图 4-1-11):

①将左右裙片反面朝上,分别按图所示在右裙片反面画好 a 点 b 点 c 点,在左裙片反面画好 a' 点 b' 点 c' 点,注意 $ab=bc$,$a'b'=b'c'$。

②右片以 b 点为基点对折角部,使 a,c 两点重合,沿 ab 线车缝。左片以 b' 点为基点对折角部,使 a',c' 两点重合,沿 $a'b'$ 线车缝。

③将多余的缝份剪掉,仅留 0.4cm 左右缝份,用熨斗烫平。

④将角部翻转到正面。

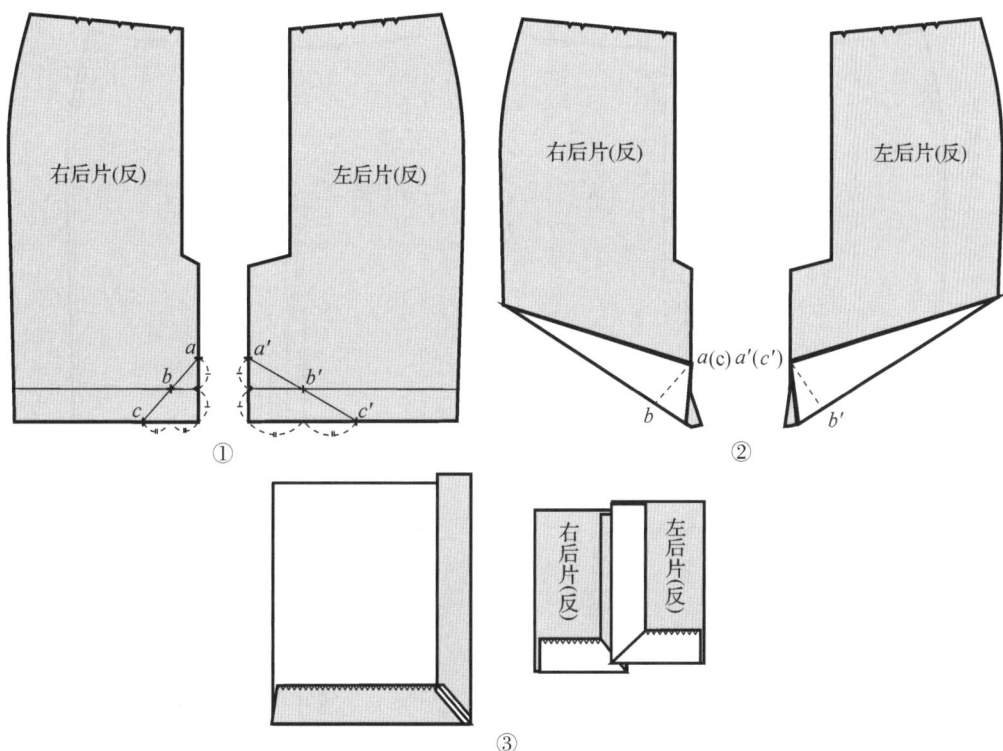

图 4-1-11　厚料底摆处理

6. 做后衩

直身裙的后衩根据面、里料裁剪的不同，有两种不同的做法，下面分别介绍。

（1）做后衩（一）

如图 4-1-12 所示：

①左右后裙片中缝各留 1.5cm 缝份。右后裙片门襟净宽 3cm，缝份 1cm；左后裙片里襟净宽为门襟宽的一倍，再留 1cm 缝份。

②左右后裙片里的后中缝各留 1.5cm 缝份，左后裙片里开衩处留 1.5cm 缝份；右后裙片里如图所示尺寸剪掉一部分。

③缝合后中缝：将左右两个后裙片正面相叠，自开口止点向下缝合，缝至开衩止点向右侧方向平行车缝，车缝到离门襟边缘 1cm 处停止。然后在左后裙片缝份拐角处打一斜剪口，剪口距车缝线 0.1cm 至 0.2cm，不要剪断车缝线。

④将左右后裙片后中缝分缝烫熨平。门襟按净线向反面扣烫，将里襟先正面对折烫平，然后也向门襟方向扣烫，用绷线与门襟固定。

⑤将左右后裙片里正面相对，车缝后中缝，一直车到开衩止点。然后在右后裙片里的缝份拐角处打一剪口。将左右后裙片里的底摆缝份向反面先折转 1.5cm，再折转 2cm 后车缝固定。

⑥将左右后裙片里的开衩缝份向反面折转，有手针或用车缝与左右后裙片面固定。

①

1.5   1.5   1.5   1.5

左后片(正)   右后片(正)   右后片里(正)   左后片里(正)

2×●   3=●   2

②

③

左后片(反)   右后片(反)   左后片(反)

拉链开口止点   1.5

2.5   车缝1cm处止

④

右后片(反)   左后片(反)

绷缝

⑤

右后片里(反)   左后片里(反)   右后片里(反)

2

⑥

右后片里(正)   左后片里(正)

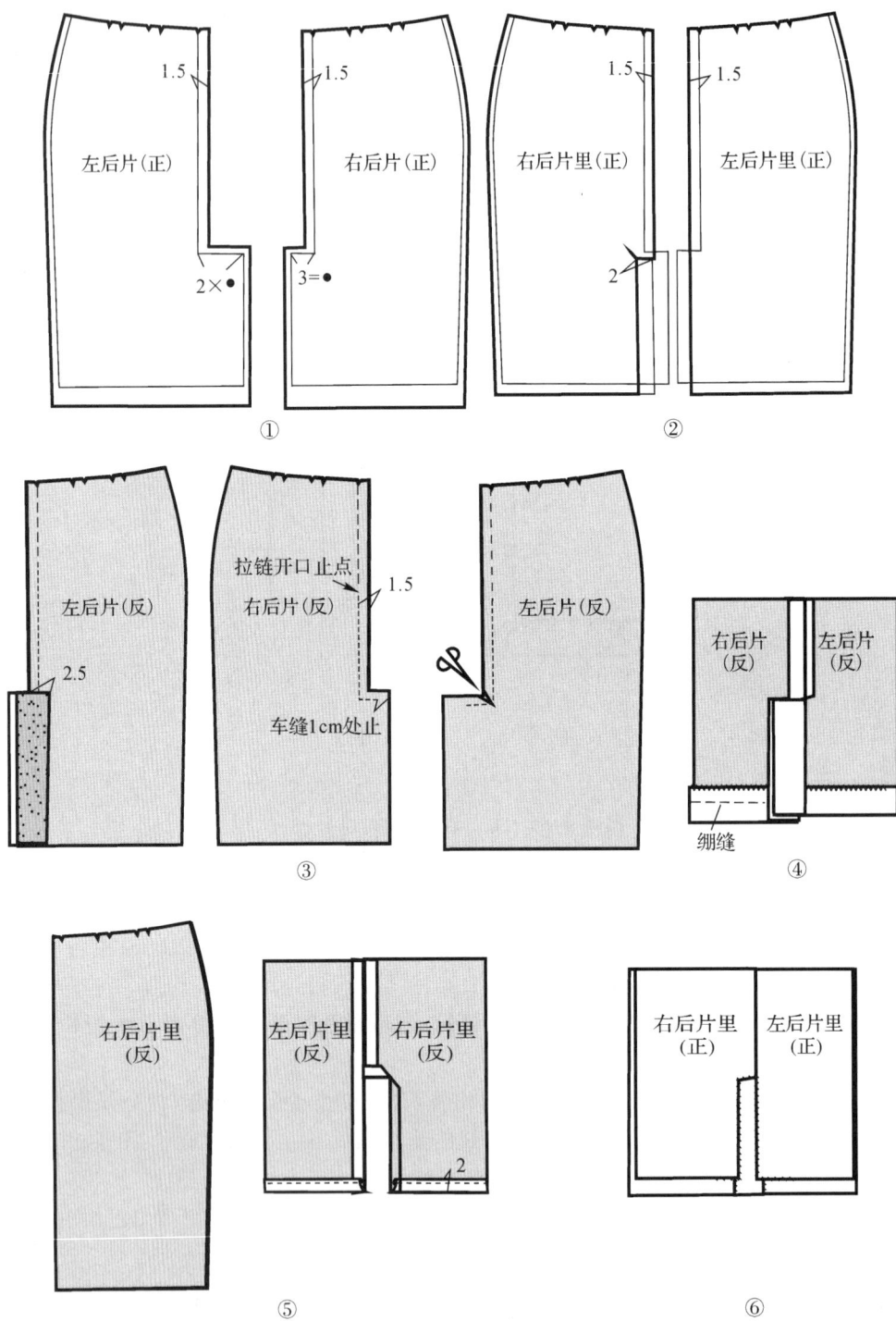

图 4-1-12 裙后衩制作(一)

118

（2）做后衩（二）

如图 4-1-13 所示：

①左右后裙片中缝各留 1.5cm 缝份。左、右后裙片门、里襟净宽相同，均为 3cm，缝份 1cm。

②左右后裙片里的后中缝各留 1.5cm 缝份，左后裙片里开衩处留出 3cm 延伸布及 1cm 缝份；右后裙片里如图所示尺寸剪掉一部分。

③缝合后中缝：将左右两个后裙片正面相叠，自开口止点向下缝合，缝至开衩止点向右下方车缝一斜线。然后在左后裙片缝份拐角处打一斜剪口，剪口距车缝线 0.1cm 至0.2cm，不要剪断车缝线。分缝烫开开衩止点以上的缝份。

④将左右两个后裙片里正面相叠，从后中心线缝份净线记号的 0.2cm 外侧缝合裙里，车缝到开衩止点为止。

⑤将裙里中缝向右侧烫倒，注意要烫出 0.2cm 的坐份。然后将裙里的底摆缝份向反面先折转 1.5cm，再折转 2cm 后车缝固定。

⑥将左后片里与左后片面的延伸布正面相对缝合，注意要避开右侧的缝份。将裙摆的正面相对折成完成状后一起缝合。

⑦翻转到裙子的正面，在边端车缝装饰线，把开衩止点以上的裙里缝份用手针缝于裙面的缝份上。

⑧把右后片里的下摆的缝份折成完成状，用车缝或细密的手缝针迹加以固定。

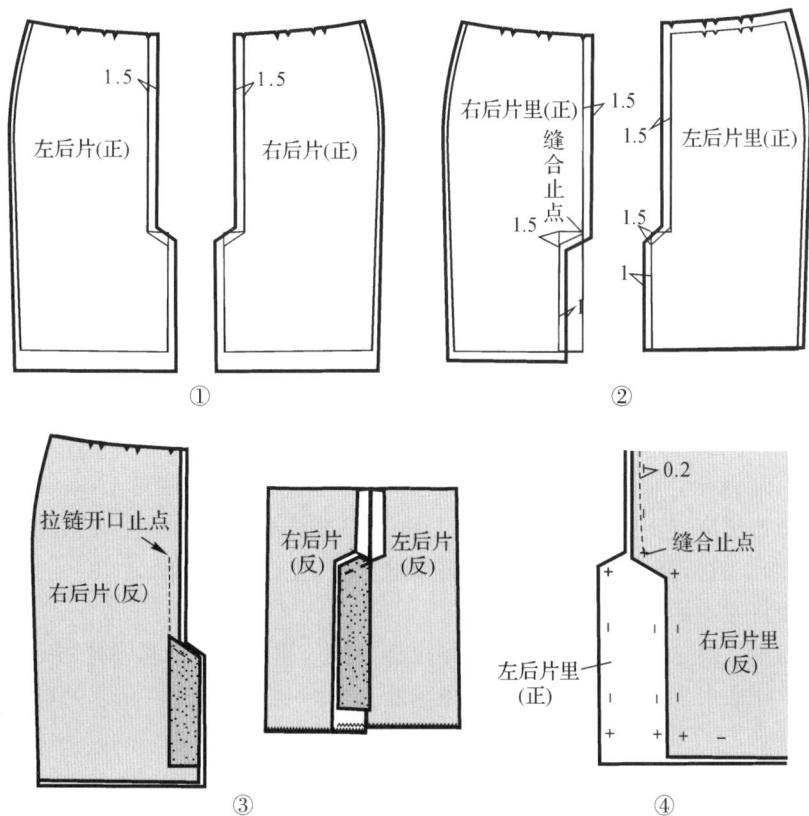

⑤

⑥

⑦

⑧

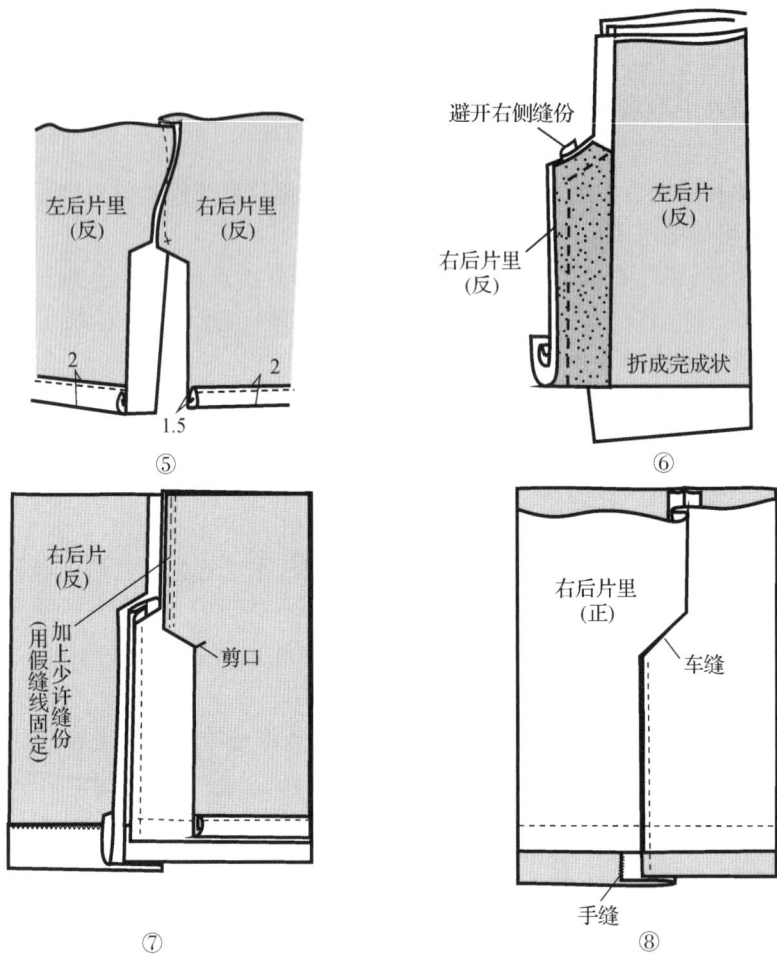

图 4-1-13　裙后衩制作(二)

7. 绱拉链

绱拉链要注意拉链头和尾的金属结,应稍离开缝合对位点,防止车针打上金属而断针。

普通绱拉链有两种方法,一种为后中线对准拉链中心,两边缝迹线宽度相等。另一种为后裙片右侧覆盖左侧。

(1)绱拉链方法(一)

如图 4-1-14 所示:

①拉链开口长度应比拉链长度短 1cm。将开口处烫好粘合衬的左右裙片正面相对,在开口处用大针码车缝,开口以下用普通针码车缝,开口止点来回针固定。

②用熨斗将左右后裙片反面缝份烫平。

③拉链与裙片缝份正面相对,用手针将拉链、缝份、裙身三层一起绷缝固定。

④将裙片正面向上,在开门左右两侧各车缝 0.6cm 宽明线,开口止点处横向车缝,封结固定。

⑤将绷线与大针码车缝线用锥子拆掉。

⑥将裙身反面向上,拉链边缘与裙片缝份车缝固定,拉链下端明绱固定。

⑦里子绱暗针或车缝与拉链及裙片缝份固定。

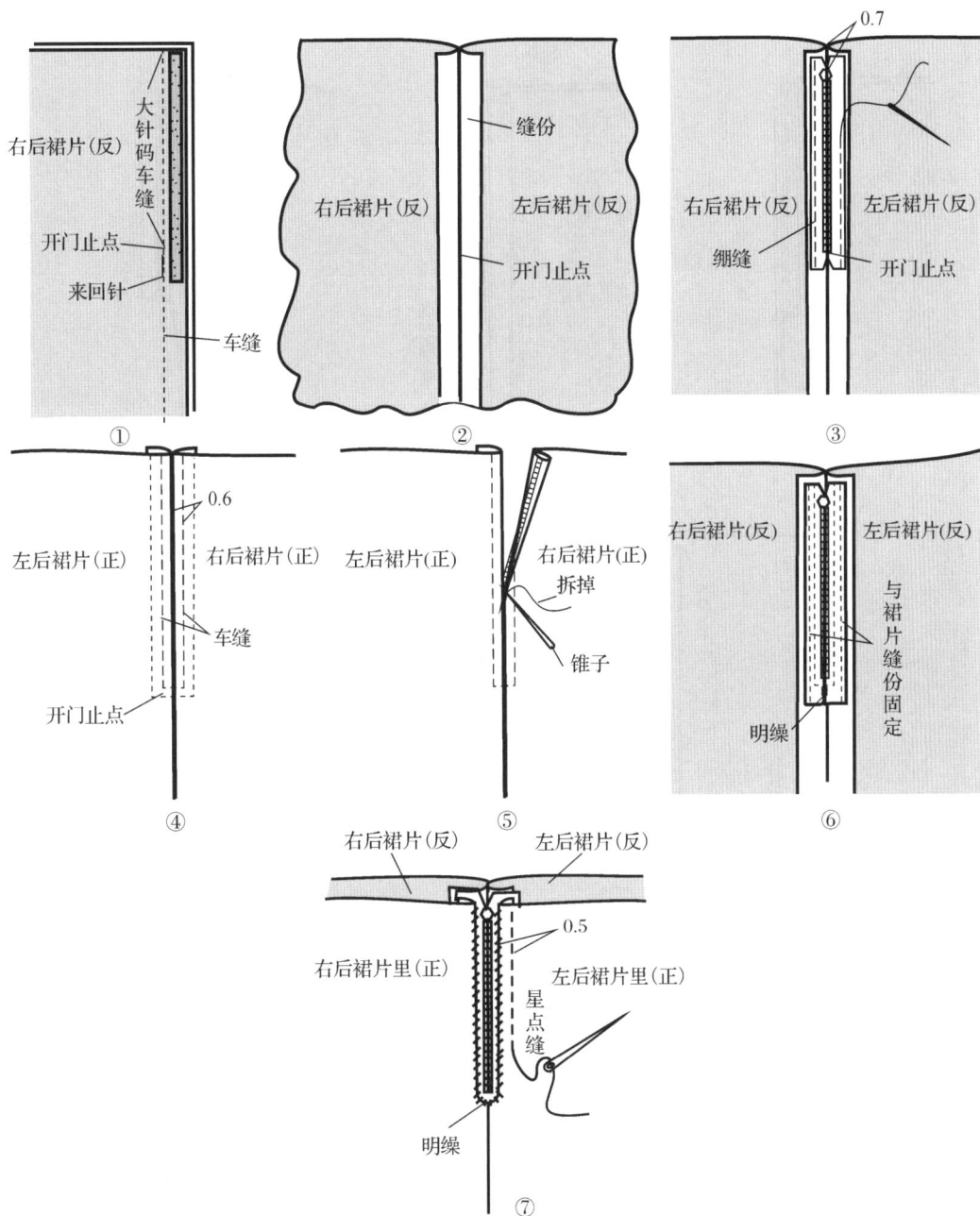

图 4-1-14　绱拉链方法(一)

(2)绱拉链方法(二)

如图 4-1-15 所示：

①拉链开口长度应比拉链长度短 1cm,将开口处烫好粘合衬的裙片正面相对,开口处用大针码车缝,开口止点车缝来回针固定。

②后裙片缝份沿车缝线朝反面折转扣烫,左后裙片在开口处的缝份扣烫后比车缝线吐出 0.3cm,开口止点以下吐出部分逐渐变窄。

③拉链正面朝上放在裙片的下面,将左后裙片突出的缝份与拉链布边车缝固定,缝份折

左后裙片

右后裙片(反)

大针码车缝

开门止点

来回针

车缝

①

左后裙片

右后裙片(反)

0.3

开门止点

逐渐变窄

②

左后裙片

右后裙片(反)

0.7

0.1

拉链(正)

开门止点

③

将大针码线拆掉

1~1.2

左后裙片(正)

右后裙片(正)

开门止点

封结

④

右后裙片(反)

明缲

左后裙片(反)

与裙片缝份固定

⑤

右后裙片(反)

左后裙片(反)

右后裙片(正)

0.5

左后裙片里(正)

星点缝

明缲

⑥

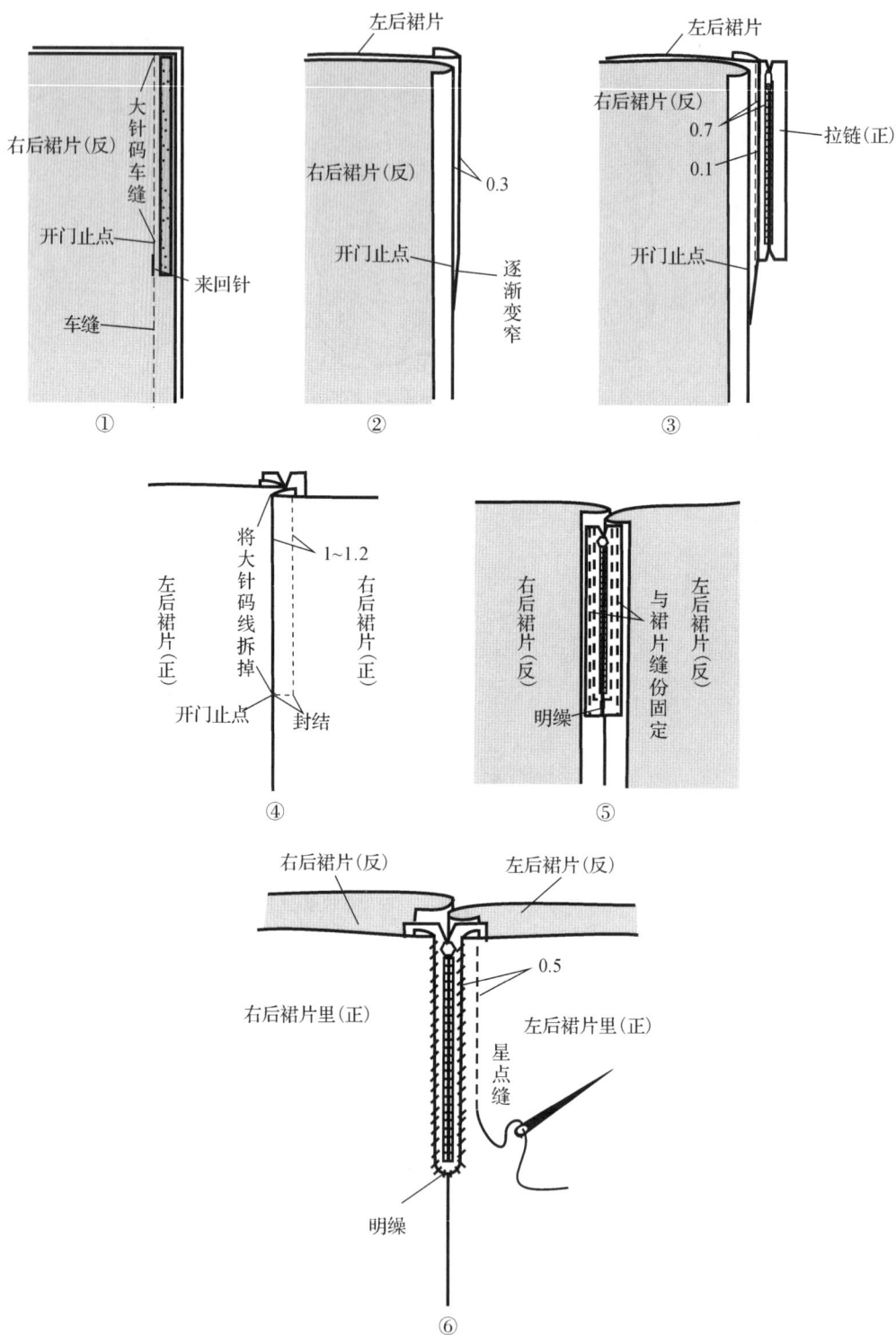

图 4-1-15 缲拉链方法(二)

边距拉链中心开口处 0.7cm，车缝线距缝份折边 0.1cm。

④右后裙片向右翻转，再使其正面向上，然后平行于后开口线车缝一道 1~1.2cm 宽的明线，止点处横向车缝来回针封结。最后将大针码线拆掉。

⑤拉链左右边缘分别与裙片缝份车缝固定，拉链下端用手针明缲固定。

⑥后开口处将左右后裙片里的缝份折光，用手针明缲在拉链上或将周围用星点缝固定。

8. 前后片拼合

缝合侧缝。将前后侧缝缝合并分缝熨烫。扣烫底摆并撬边：将下摆整圈扣烫好，先用白线绷缝，然后用三角针撬边。

9. 里子缝制

将左右后片中缝按 1.5cm 缝份缝合，后中线上开口止点要比面料开口止点低 1cm，以便于与面料固定。

将前后片里子的侧缝按 1cm 缝份缝合在一起，然后用包缝机锁边，线迹的正面在前片里子上，然后将里子的侧缝向后片烫倒，同时留出 0.3cm 的掩皮。

10. 做腰头、绱腰头

（1）做腰头

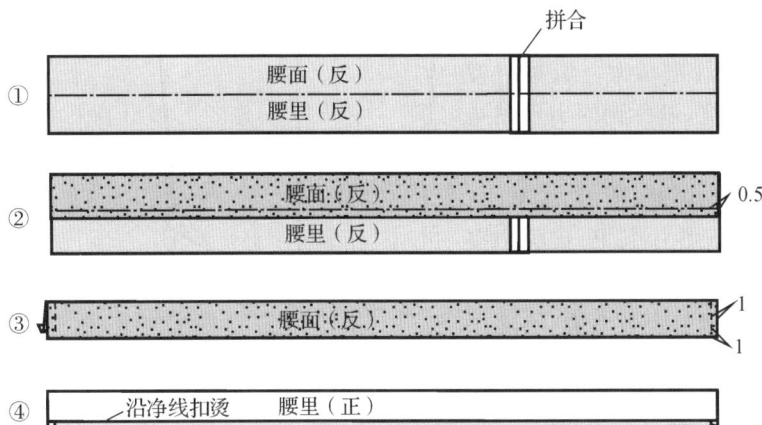

图 4-1-16　腰头制作

如图 4-1-16 所示：

①拼合腰布，烫开缝份。

②烫粘衬。将无纺衬烫于腰面反面，超出连折线 0.5cm。

③将腰头正面相对，在两端车缝 1cm 缝份，车缝至边缘 1cm 处停止，回针。

④将腰头翻到正面，扣烫好腰里使之折进 1cm 缝头。

（2）绱腰头

如图 4-1-17 所示：

①将腰头的正面与裙身的正面相对，右后裙片的拉链头与腰头对齐，把腰头绱在裙身上，腰头上留出的底襟放在左后裙片，注意如果样板上前后腰线处留有吃势量，应将其均匀地放在前裙片前中小腹部位和后裙片省道到侧缝线之间。

②将腰头翻好，在正面的腰口缝里绱缝一道线。由于腰里用车缝很容易推赶，也可用撩缝固定。

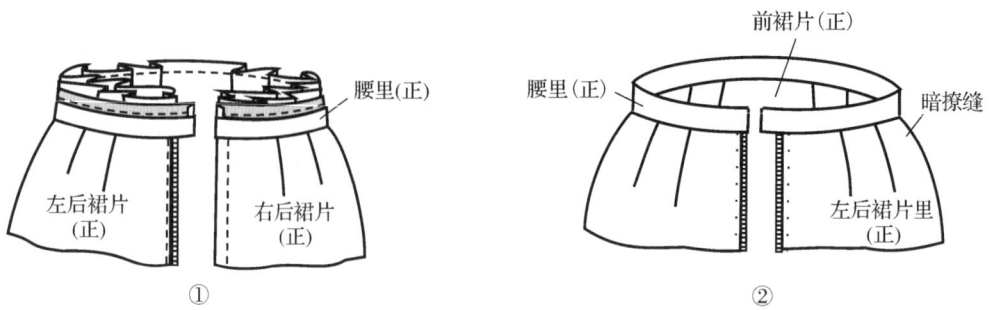

图 4-1-17　绱腰头

11. 拉线襻、锁钉

如图 4-1-18 所示：

①在侧缝上将裙面与里子用线襻连接。

②在腰头大襟锁扣眼，在底襟钉纽扣。

12. 整烫

（1）烫平、压薄裙贴边。熨烫时熨斗不要超过贴边宽，以免正面出现贴边印痕。

（2）烫平省道、侧缝、腰面、腰里。

（3）把裙后衩在小烫板上摆平熨烫。正面熨烫均要盖上水布，喷水烫干。熨烫时熨斗直上直下地烫，不能用熨斗横推。熨斗的走向应与衣料的丝缕相一致，以免裙子变形走样。

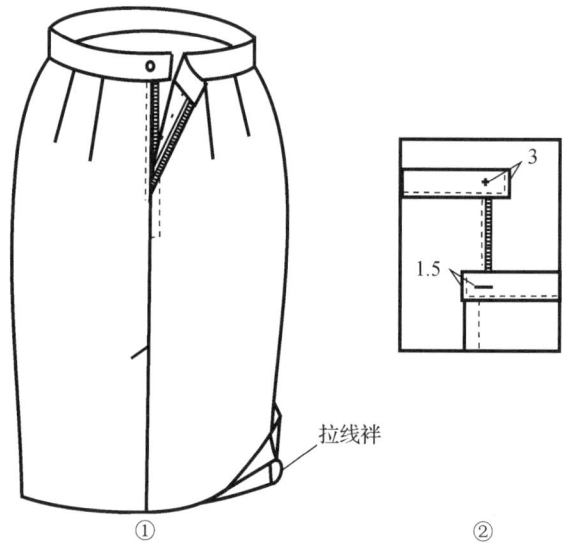

图 4-1-18　拉线襻、钉纽扣

八、直身裙缝制质量要求及评分参考标准（总分 100）

（1）腰头宽窄一致，无涟形，腰口不松开。（20 分）

（2）门里襟长短一致，拉链不能外露，开门下端封口要平服，门里襟不可拉松。（25 分）

（3）开衩要顺直、平服，不能豁开或搅拢。（30 分）

（4）里子要服帖，放平时要盖住裙摆贴边。（10 分）

（5）整烫要烫平、烫煞，切不可烫黄、烫焦。（15 分）

思考与训练

1. 写出直身裙的工艺流程。

2. 怎样装好直身裙的拉链？

3. 有里子的直身裙下摆开衩怎么做？

4. 直身裙开衩位置角部处理方法有几种？请作简单介绍。

第二节　女西裤

一、外形概述、用料要求

1. 外形特征

图 4-2-1 所示的女西裤前中装拉链,为装腰式。前裤片左右各两个褶裥,分别倒向侧缝,后裤片左右各两各省,左右侧缝装有口袋。

2. 适用面料

该款裤型面料选用范围比较广,全毛、毛涤、化纤均可,袋布选用全棉或涤棉漂白布。

3. 面辅料参考用量

(1)面料:门幅 144cm,用量约 110cm。估算式为裤长+6cm。

(2)辅料:袋布 35cm,粘合衬 20cm,普通拉链 1 条,扣子 1 颗。

二、制图参考规格

女西裤的制图参考规格见表 4-5。

图 4-2-1　女西裤款式图

表 4-5 (单位:cm)

号/型	裤长	腰围(W)	臀围(H)	直裆(含腰)	脚口	腰头宽	袋口长
160/68	100	68+2(松量)	90+10(松量)	28.5	40	3.5	15

三、款式结构图

女西裤的款式结构图见图 4-2-2。

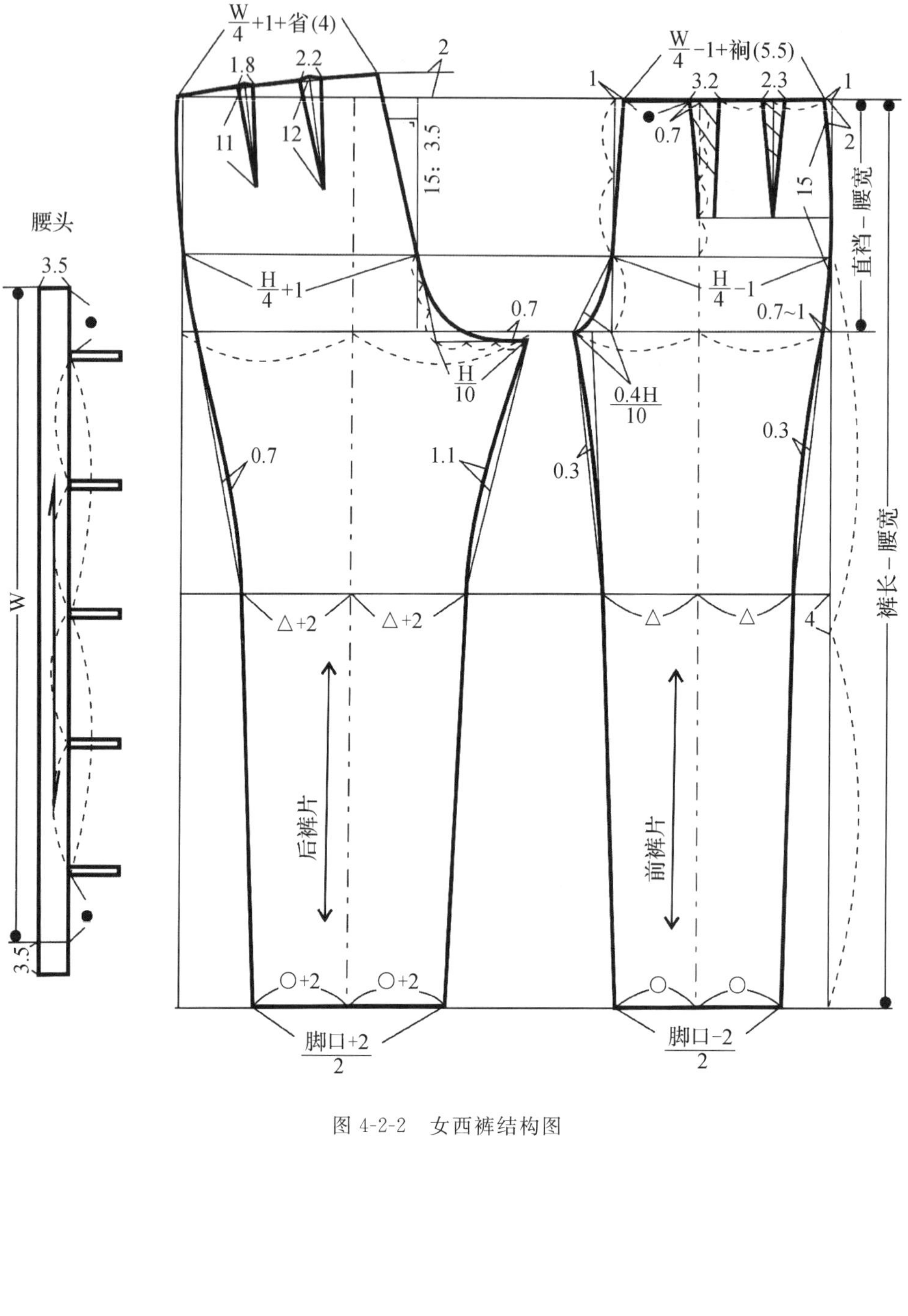

图 4-2-2　女西裤结构图

四、放缝、排料

1. 零部件毛样图（见图 4-2-3）

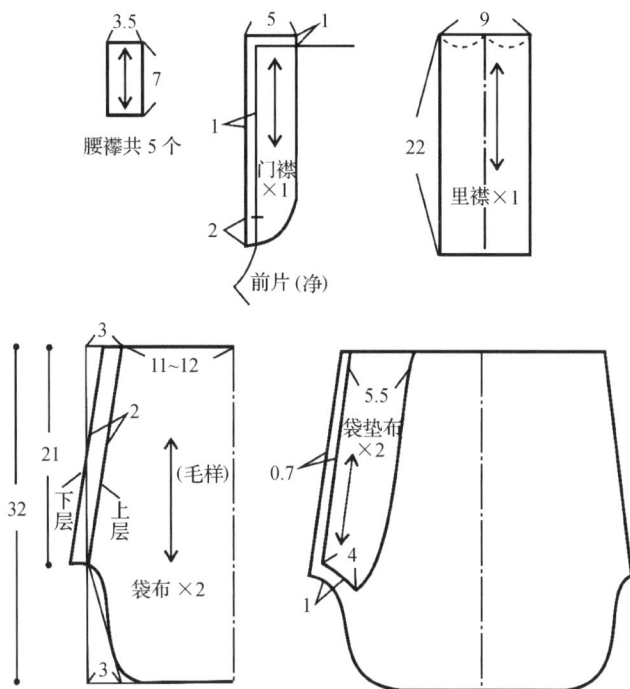

图 4-2-3　女西裤零部件毛样图

2. 放缝、排料图（见图 4-2-4）

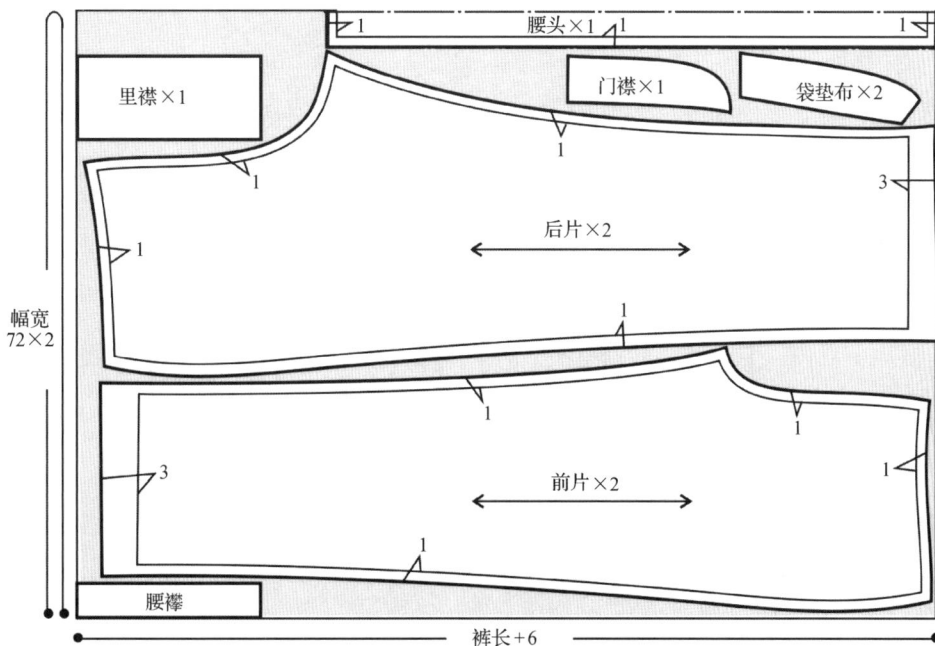

图 4-2-4　女西裤放缝、排料参考图

五、样板名称与裁片数量

女西裤的样板名称与裁片数量见表 4-6。

表 4-6

序 号	种 类	样板名称	裁片数量(单位:片)	备 注
1	主部件	前裤片	2	左右各一片
2		后裤片	2	左右各一片
3	面料零部件	裤腰	1	面里连裁
4		门襟	1	左侧一片
5		里襟	1	右侧一片
6		前袋垫	4	左右面、里各一片
7		腰襻	5	
8	袋布	侧缝袋布	2	左右各一片

六、缝制工艺流程、缝制前准备

1. 女西裤缝制工艺流程

女西裤的缝制工艺流程如下:

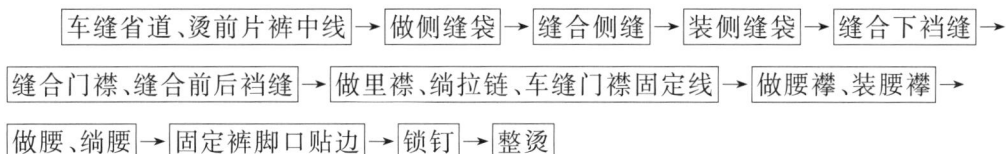

车缝省道、烫前片裤中线 → 做侧缝袋 → 缝合侧缝 → 装侧缝袋 → 缝合下裆缝 →

缝合门襟、缝合前后裆缝 → 做里襟、缲拉链、车缝门襟固定线 → 做腰襻、装腰襻 →

做腰、缲腰 → 固定裤脚口贴边 → 锁钉 → 整烫

2. 缝制前准备

(1)针号和针距

针号选择 80/12～90/14 号;针距为 14～16 针/3cm;底、面线均用配色涤纶线。

(2)粘衬部位(见图 4-2-5)

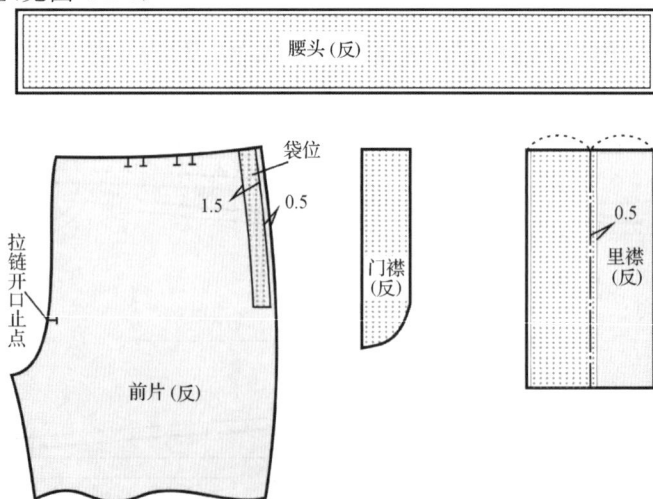

图 4-2-5 粘衬部位

（3）做标记

按样板在前片褶裥位、后片省位等处剪口作记号，要求：剪口宽不超过 0.3cm，深不超过 0.5cm。在前片拉链开口止点、侧缝袋位置、中裆线、脚口净线等处划上粉印，作为标记。

（4）三线包缝部位（见图 4-2-6）

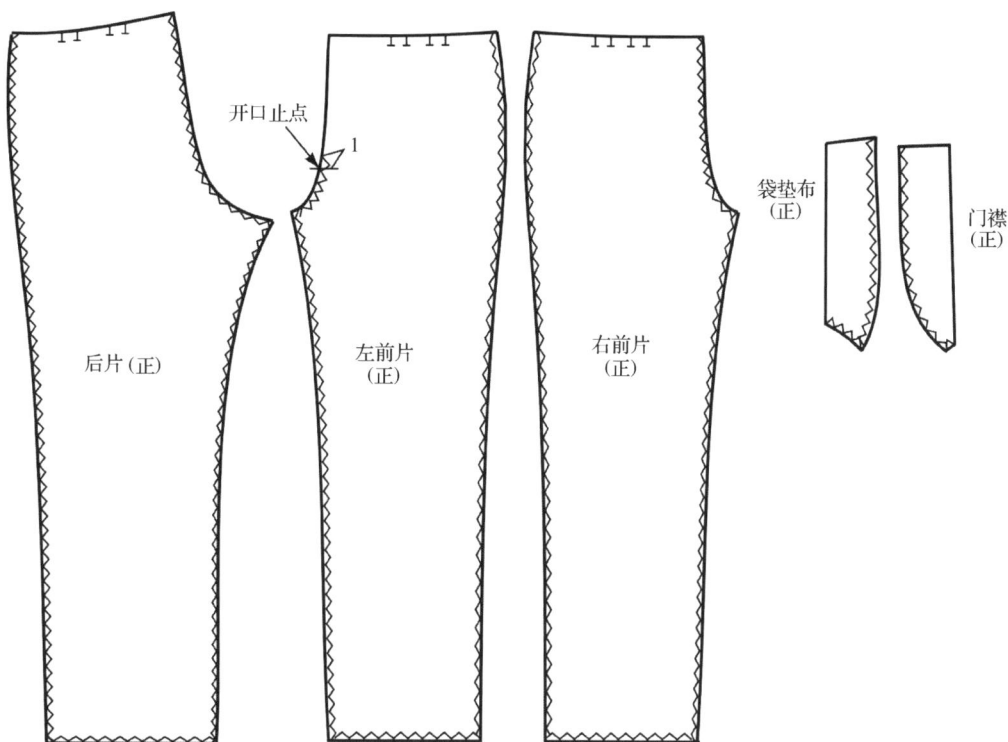

图 4-2-6　三线包缝部位

七、具体缝制工艺步骤及要求

1. 车缝省道、烫省道

（1）车缝省道、烫省道

如图 4-2-7 所示，按后裤片上的省位剪口和省尖位置，在裤片的反面划出省道中线和省

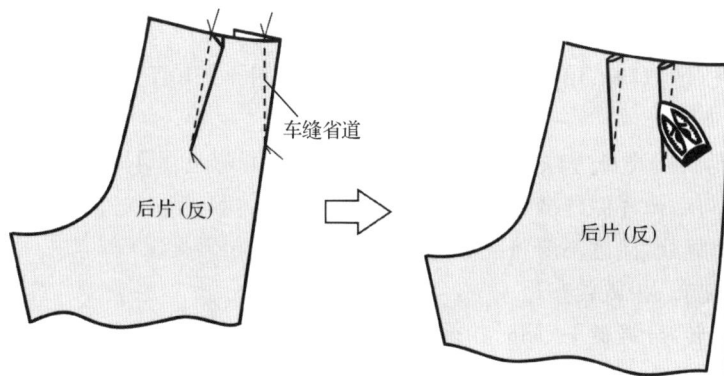

图 4-2-7　车缝省道、烫省道

大,按省中线折转裤片,沿省道车缝。然后将省道往后裆缝一侧烫倒。

(2)烫前片裤中线烫前片裤中线

将前片裤中线烫出来,防止烫出极光。

2.做侧缝袋

(1)车缝袋垫布

在袋布下层多出 2cm 的一侧(即下侧袋布)放上袋垫布,要求袋垫布离袋布边 0.7cm,然后沿袋垫布三线包缝的一侧,将袋垫布与袋布车缝固定(见图 4-2-8(a))。

(2)缝合袋底并翻烫:

将袋布正面相对,沿袋底车缝,缝份为 0.3cm,缝至离上层袋布 1.5cm 处止。然后把袋布翻出,烫平待用(见图 4-2-8(b))。

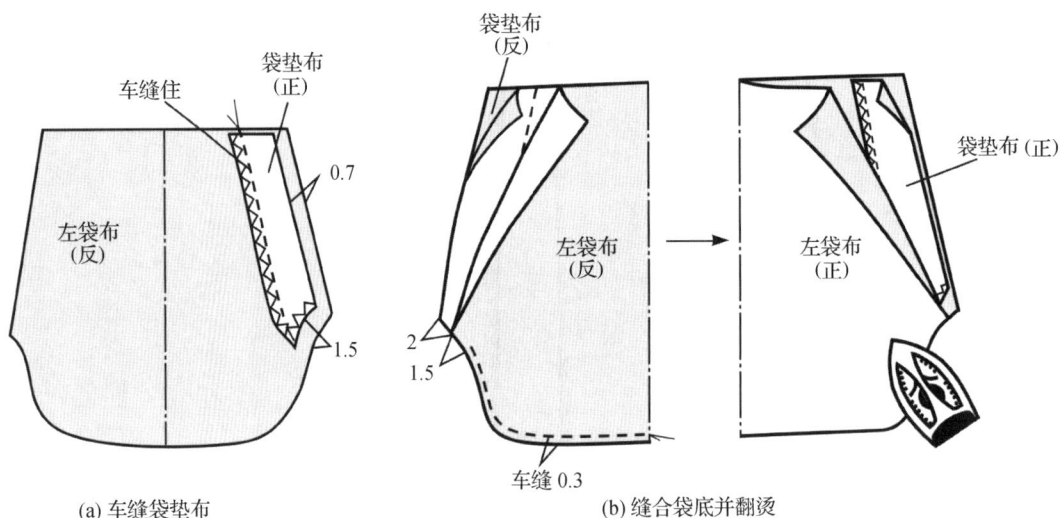

(a) 车缝袋垫布　　　　　　　　　　　(b)缝合袋底并翻烫

图 4-2-8　做侧缝袋

3.缝合侧缝

先将前后裤片正面相对、侧缝对齐,从口袋下部开口至点开始缝止脚口,然后缝份烫开(见图 4-2-9)。

4.装侧缝袋

(1)车缝袋布

将袋布与袋口线对齐,用搭缝的方法进行缝合(见图 4-2-10①)。

(2)车袋口明线

按 1cm 缝份折烫袋口边,沿袋口边车 0.8cm 的双明线(见图 4-2-10②)。

(3)袋垫布与后裤片侧缝缝合

缝线接近侧缝处,注意不要将袋布缝住(见图 4-2-10③)。

(4)分缝袋垫布、扣烫袋布边

将袋垫布翻转,分缝烫平,同时扣烫袋布边 0.5cm(见图 4-2-10④)。

(5)车缝固定袋布

将袋布摆平服,沿扣烫线与后片侧缝车缝固定,然后将袋底用来去缝压 0.5cm(见

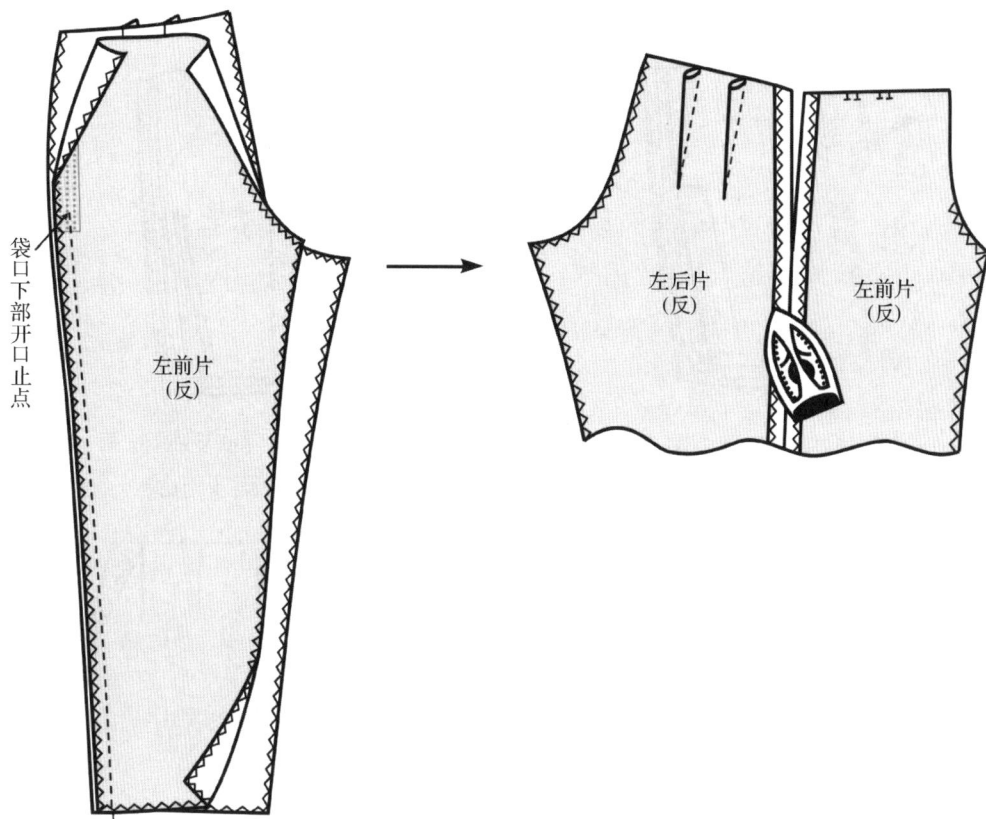

袋口下部开口止点

左前片
（反）

左后片
（反）

左前片
（反）

图 4-2-9　缝合侧缝

图 4-2-10⑤）。

（6）封袋口

后片稍归拢，前片盖住侧缝线 0.1cm，在袋口处打倒回针封袋口，然后将前片两褶裥往侧缝折倒，并将前片褶裥部位整平，距边 0.5cm 车缝固定（见图 4-2-10⑥）。

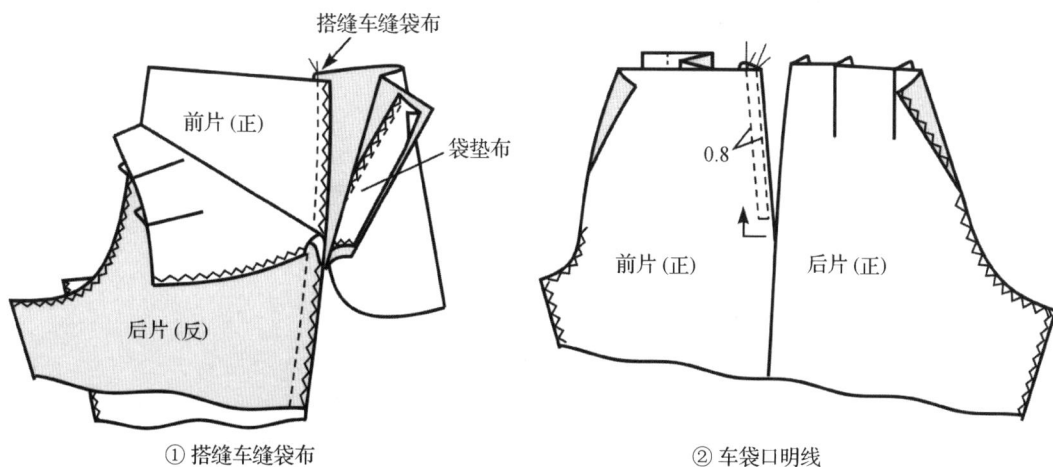

搭缝车缝袋布

前片（正）

袋垫布

后片（反）

0.8

前片（正）

后片（正）

① 搭缝车缝袋布

② 车袋口明线

图 4-2-10(1)　装侧缝袋

③ 袋垫布与后裤片侧缝缝合

④ 分烫袋垫布、扣烫袋布缝份

⑤ 车缝固定袋布

⑥ 封袋口

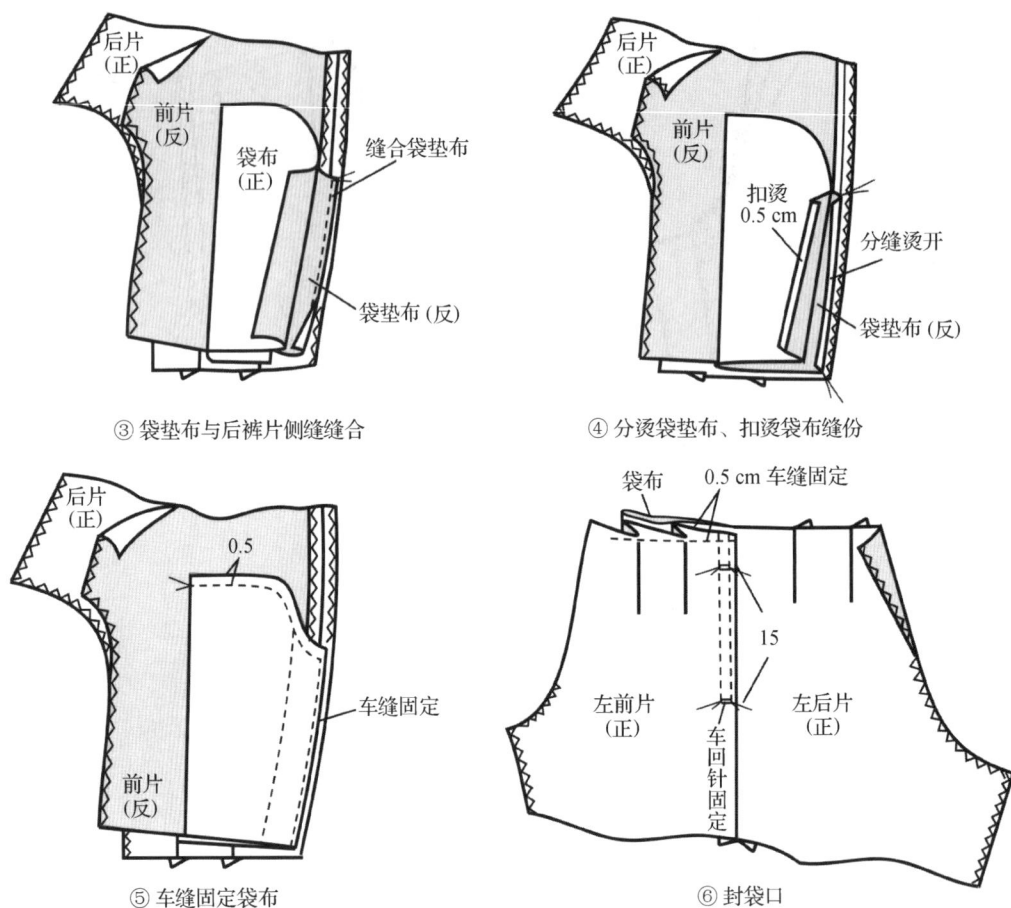

图 4-2-10（2） 装侧缝袋

5. 缝合下裆缝

前片放上，后片放下，后片横裆下 10cm 处略有吃势，中裆以下前后片松紧一致，沿边 1cm 缝份车缝，注意两层车缝要平直，不能有长短差异，然后将其分缝烫平（见图 4-2-11）。

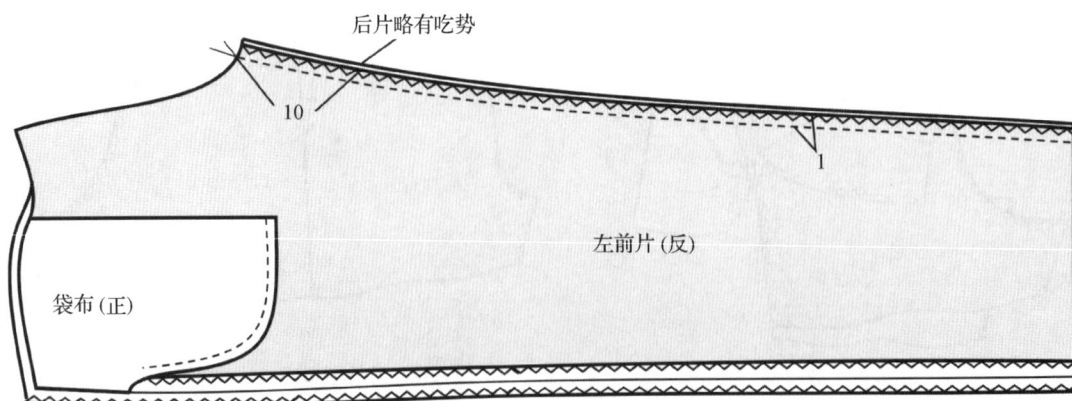

图 4-2-11 缝合下裆缝

6.缝合门襟、前后裆缝

（1）缝合门襟

门襟与左前片裆缝缝合到开口至点为止,缝份0.8cm（见图4-2-12①）。

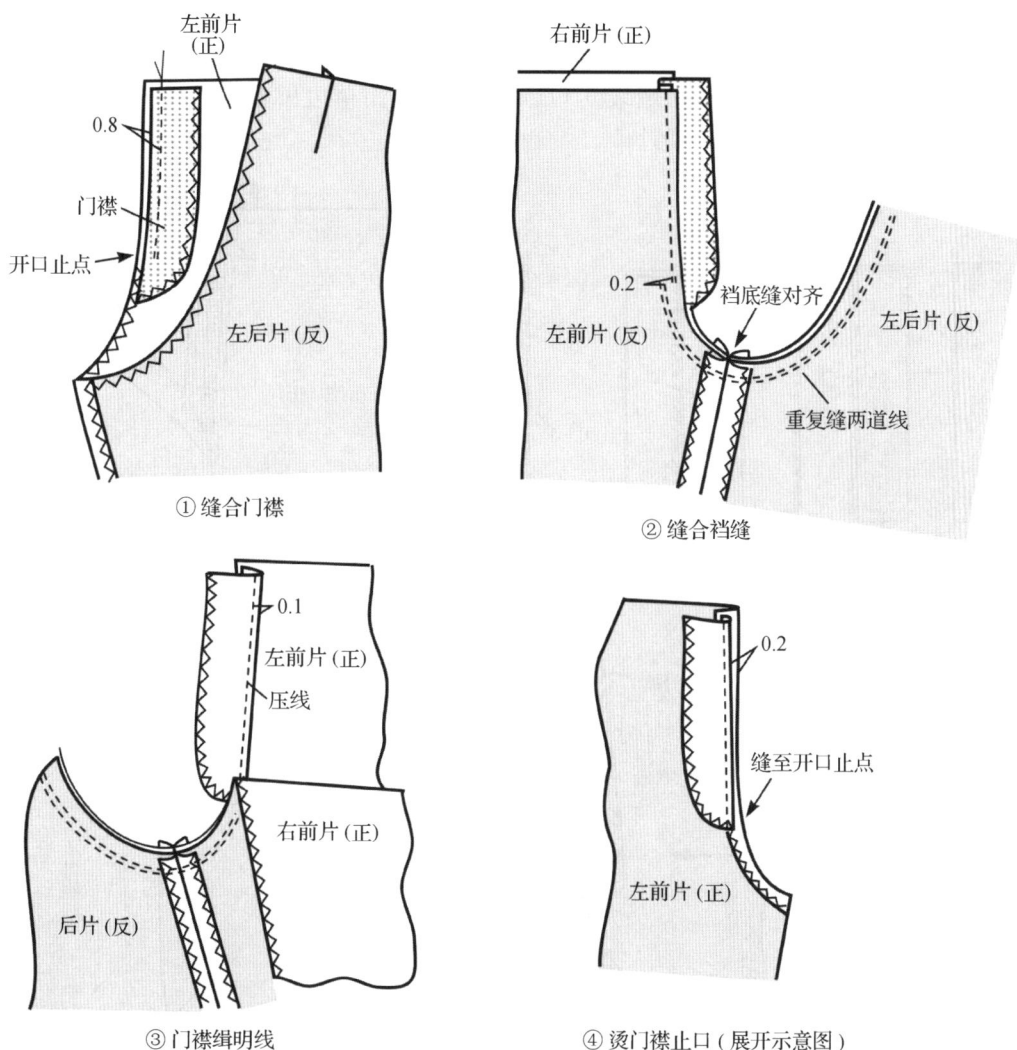

① 缝合门襟

② 缝合裆缝

③ 门襟缉明线

④ 烫门襟止口（展开示意图）

图4-2-12　缝合门襟、前后裆缝

（2）缝合裆缝

将左右裤片正面相对,裆底缝对齐,从前裆缝开口止点开始缝止后裆缝腰口处。由于该处是用力部位,要求重复车双线,不能出现双轨现象（见图4-2-12②）。

（3）门襟压线

在门襟缝口处,沿边0.1cm压线（见图4-2-12③）。

（4）烫门襟止口

将前裆门襟止口烫出0.2cm（见图4-2-12④）。

7. 做里襟、绱拉链、车缝门襟固定线

（1）做里襟

里襟居中正面相对折后，在下部车缝 1cm 的缝份，缝份修剪成 0.5cm，翻到正面烫平。最后将里襟里侧的毛边三线包缝（见图 4-2-13①）。

（2）里襟与拉链固定

将拉链的左边距里襟三线包缝线 0.6cm 处放平，换用单边压脚，在距拉链齿边 0.6cm 处与里襟车缝固定（见图 4-2-13②）。

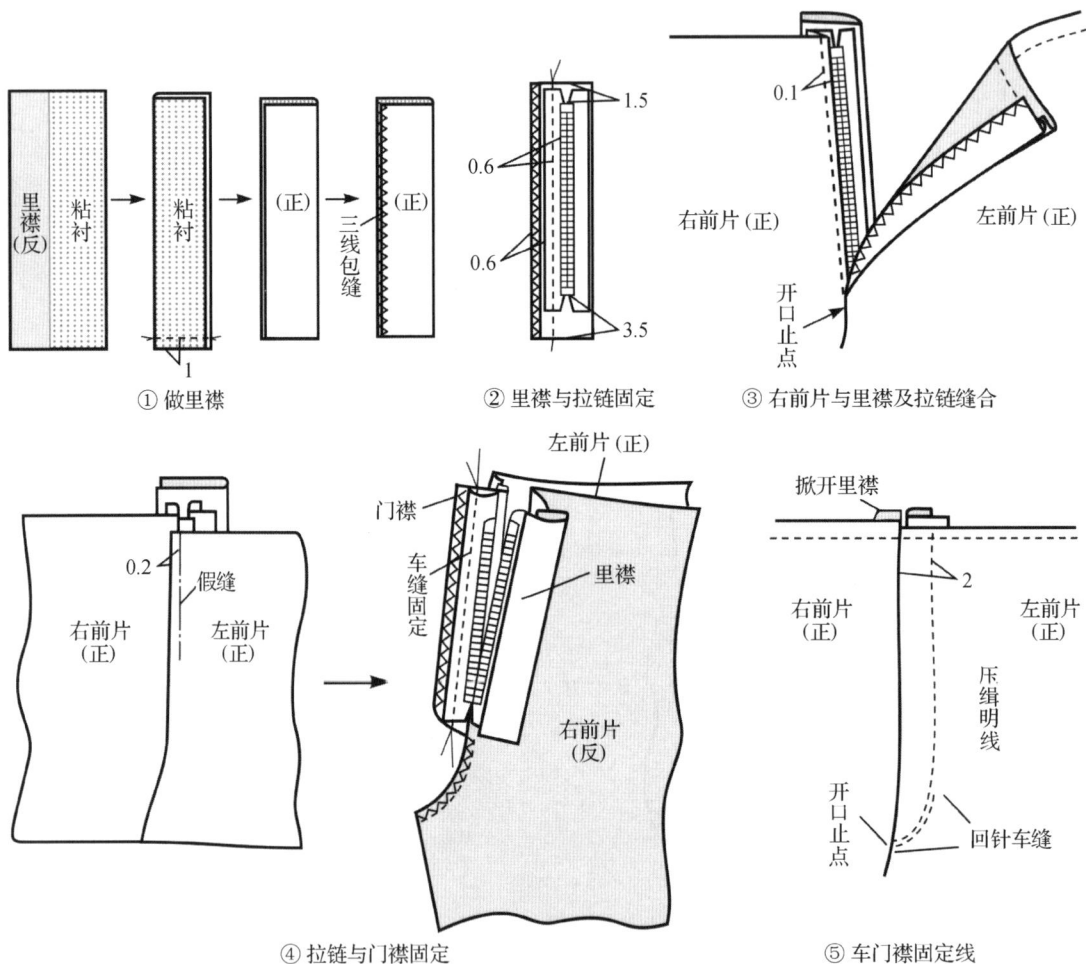

① 做里襟　　② 里襟与拉链固定　　③ 右前片与里襟及拉链缝合

④ 拉链与门襟固定　　⑤ 车门襟固定线

图 4-2-13　做里襟、绱拉链、车缝门襟固定线

（3）右前片与里襟及拉链缝合

右前片反面朝上，里襟放下层并伸出 0.3cm 与右前片的前裆缝对齐，车 0.7cm 的缝份至开口止点。然后将右前片折转，沿边压 0.1cm 的线（见图 4-2-13③）。

（4）拉链与门襟固定

将左前片裆缝止口盖住右前片 0.2cm，初学者可先用假缝线将其固定，然后翻到反面，将拉链放在门襟上车缝固定（见图 4-2-13④）。

（5）车缝门襟固定线

将假缝线拆除，掀开里襟，在左边开口处车明线固定门襟。最后将里襟放回原处，在裤片的反面将门里襟底部固定车缝住（见图4-2-13⑤）。

8. 做腰襻、装腰襻

（1）做腰襻

先将腰襻反面对折，车缝腰襻宽1.2cm，然后修剪缝份留0.3cm，分缝烫平，再将腰襻翻至正面，熨烫平整。腰襻共5条，长7.5cm，宽1.2cm（见图4-2-14①）。

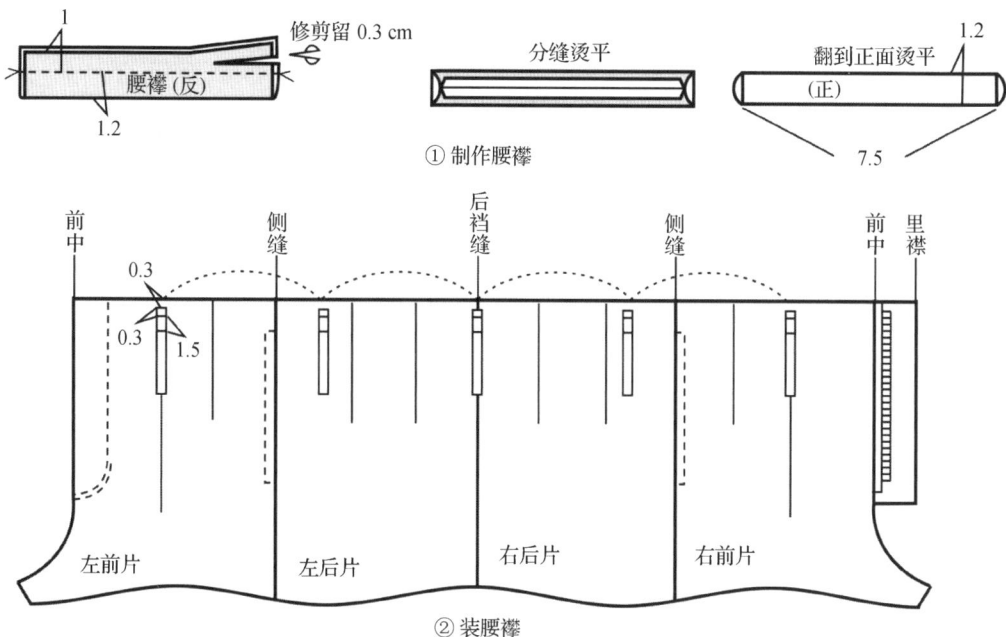

① 制作腰襻

② 装腰襻

图4-2-14　制作腰襻、装腰襻

（2）装腰襻

前腰襻对准前片第一褶裥，后腰襻对准后裆缝，中间腰襻在前后腰襻之间。将腰襻与裤片正面相对，距腰口0.3cm处摆正，按0.3cm的缝份缝合固定。在距第一缝线1.5cm处再缝一道线（见图4-2-14②）。

9. 制作腰头

将腰面一侧按1cm缝份扣烫，然后沿中间对折烫平后，再折转腰里包住腰面扣烫0.9cm。将腰头翻到反面，两端按1cm缝份车缝。最后将扣烫好的腰头翻转、烫平，同时在腰头上作出绱腰的对位记号（见图4-2-15）。

10. 绱腰、固定腰襻

（1）绱腰面

将腰面与裤子正面相对，两端与裤子门襟和里襟分别对齐，中间部位的对位记号分别对好，按1cm缝份缝合一周（见图4-2-16①）。

（2）绱腰里

翻转腰头，将腰里与腰口线用漏落缝进行固定，注意腰里一定要车缝住（见图4-2-16②）。

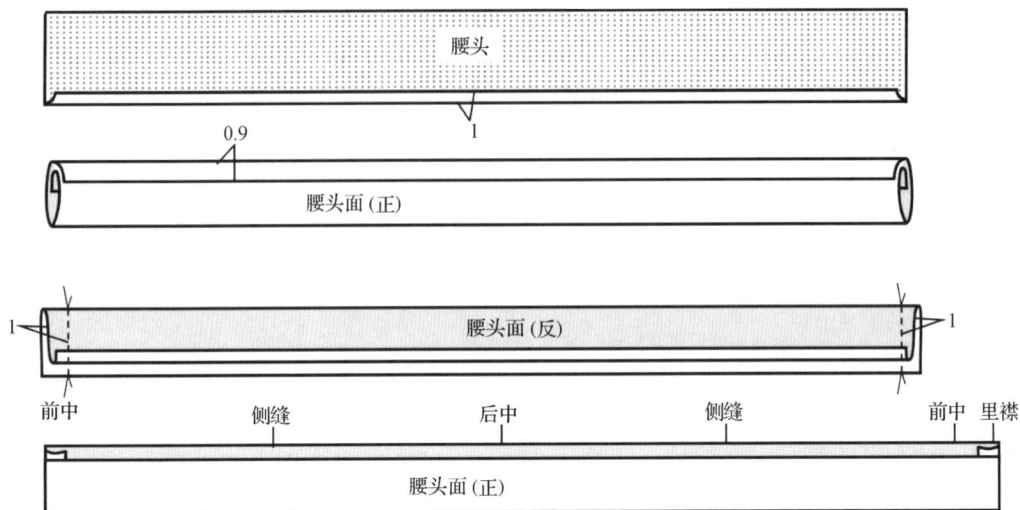

腰头

0.9   1

腰头面（正）

1   腰头面（反）   1

前中   侧缝   后中   侧缝   前中 里襟

腰头面（正）

图 4-2-15 制作腰头

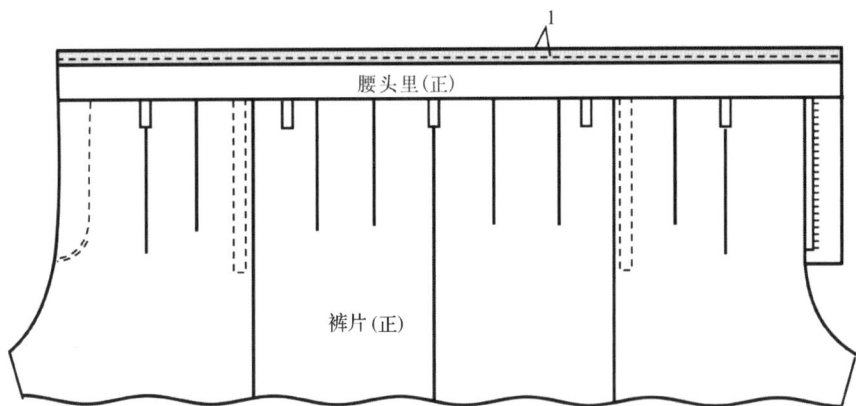

1

腰头里（正）

裤片（正）

① 绱腰面

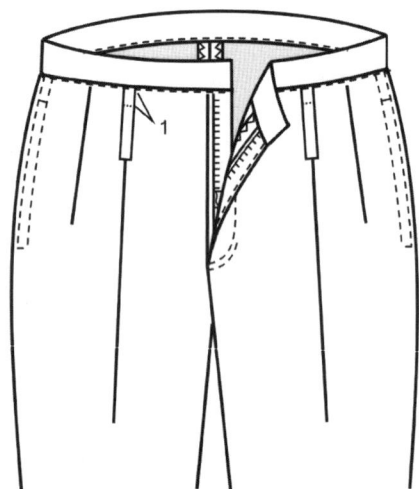

1

② 绱腰里

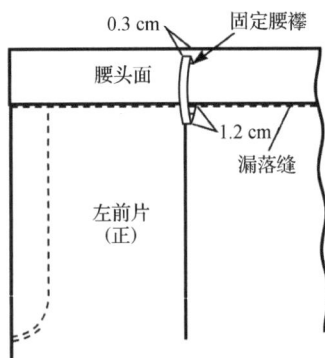

0.3 cm   固定腰襻

腰头面

1.2 cm
漏落缝

左前片
（正）

③ 固定腰襻

图 4-2-16 绱腰、固定腰襻

(3)固定腰襻

将腰襻翻上,上端按 1cm 的缝份扣烫,摆正后,在距腰口 0.3cm 处将腰襻缝份在里侧用明回针固定,最后将腰襻缝份修剪留 0.5cm(见图 4-2-16③)。

11. 固定裤脚折边

先将裤脚折边按标记折转烫平,并用三角针沿三线包缝线手缲一周。要求用本色单根线,缝线不能穿透到正面,并要松紧适宜。

12. 锁眼、钉扣

在离前中 1.2cm 的腰头左端锁眼一个,腰头右端的相应位置钉纽扣一粒(见图 4-2-17)。

图 4-2-17　锁眼、钉扣

13. 整烫

(1)反面整烫

将前后裆缝、侧缝、下裆缝分别用蒸汽熨斗熨平。

(2)正面整烫

如图 4-2-18 所示,在正面整烫,要垫上烫布,以免出现极光现象。具体步骤如下:

①烫前挺缝线:先将腰口的褶裥、侧缝袋烫好,然后将一只裤脚摊平,下裆缝与侧缝对

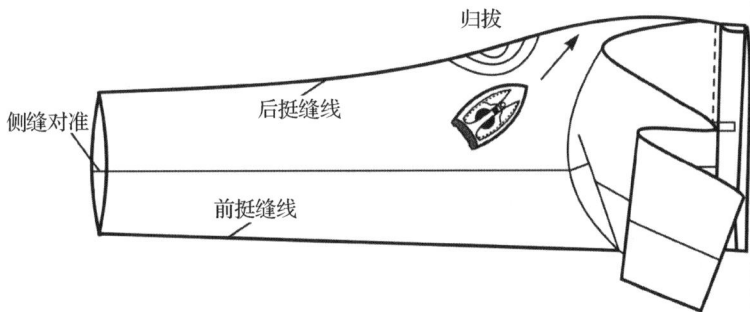

图 4-2-18　整烫

准,烫平前挺缝线。

②烫后挺缝线:后挺缝线烫至臀围线处,在横裆线稍下处需归拢,横裆线以上部位按图示箭头方向逐段拉拔和烫出臀围胖势。最后将裤线全部烫平。

③烫平腰头。

八、缝制工艺质量要求及评分参考标准(总分 100)

(1)规格尺寸符合标准与要求。(5分)

(2)外形美观,整条裤子无线头。(5分)

(3)左右袋口平服,高低一致。(15分)

(4)腰头宽窄一致,缉明线宽窄一致;腰头面、里顺直,无起涟现象。(20分)

(5)裤腰襻左右对称,高低一致。(10分)

(6)前门襟装拉链平服,拉链不能外露;前后裆缝无双轨。(30分)

(7)裤脚边平服不起吊;锁眼位置正确,钉扣符合要求。(10分)

(8)整烫,裤子面料上不能有水迹,不能烫焦、烫黄;前后挺缝线要烫煞,后臀围按归拔原理烫出胖势,裤子摆平时,能符合人体要求。(5分)

思考与训练

1. 实际训练女西裤侧缝袋的缝制。

2. 实际训练女西裤门、里襟、拉链的组合缝制。

3. 实际训练女西裤腰头的缝制。

第三节 女式低腰牛仔裤

一、外形概述、用料要求

这是一款略低腰、合体、脚口微喇叭的女裤样式,弧形腰头,两个后贴袋,两个前插袋,一个小贴袋,五个腰襻,前门襟缂拉链,是女式牛仔裤的基本款之一。图 4-3-1 所示为牛仔裤外形,图 4-3-2 为款式正面、背面组合图。

面料:可以选用各种棉质牛仔布、斜纹布等。袋布可以选用薄棉布或棉涤面料。

二、成品规格

1. 成品号型规格(见表 4-9)

表 4-9   (单位:cm)

名称	号/型	腰围(W)	臀围(H)	裤长	直裆	脚口	中裆
规格	160/68	68+4	90+4 (放松量)=94	98	24	22	20.5

图 4-3-1　牛仔裤外形

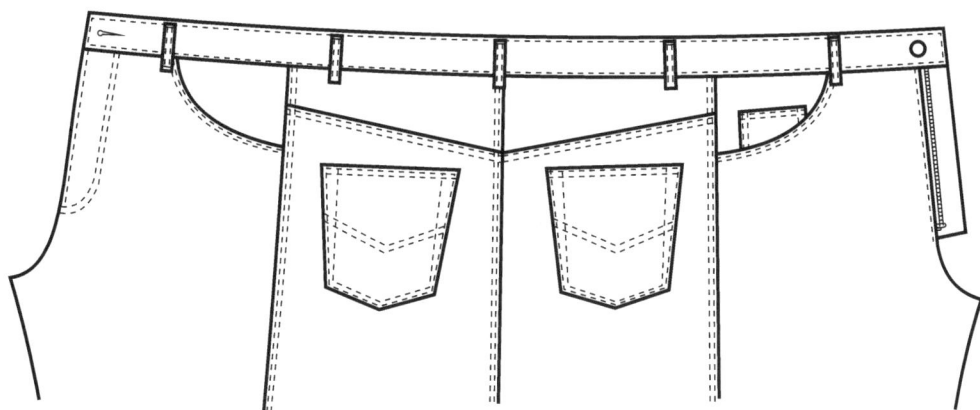

正面组合图

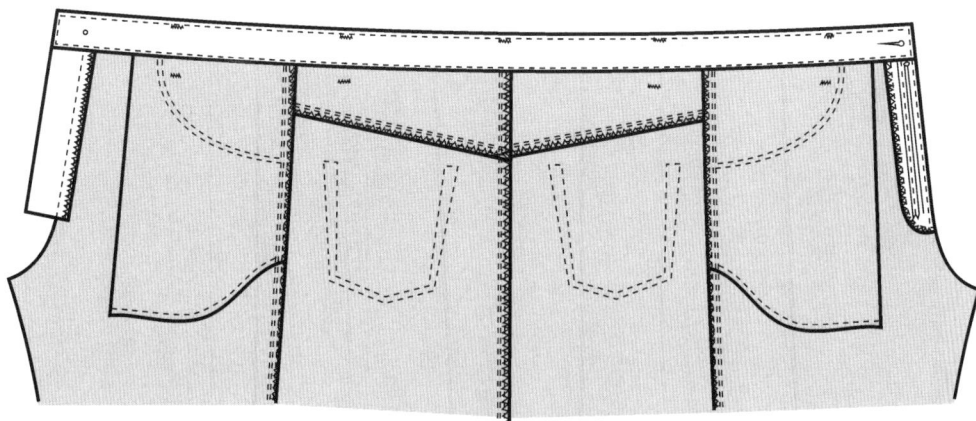

反面组合图

图 4-3-2　款式组合图

2. 细部或小部位规格(见表 4-10)

表 4-10 (单位:cm)

名称	腰宽	后贴袋口大	腰带叠门量	门襟辑线宽	小口袋大
规格	3.5	13	3	2.5	6

三、款式结构图

图 4-3-3 为款式结构图。

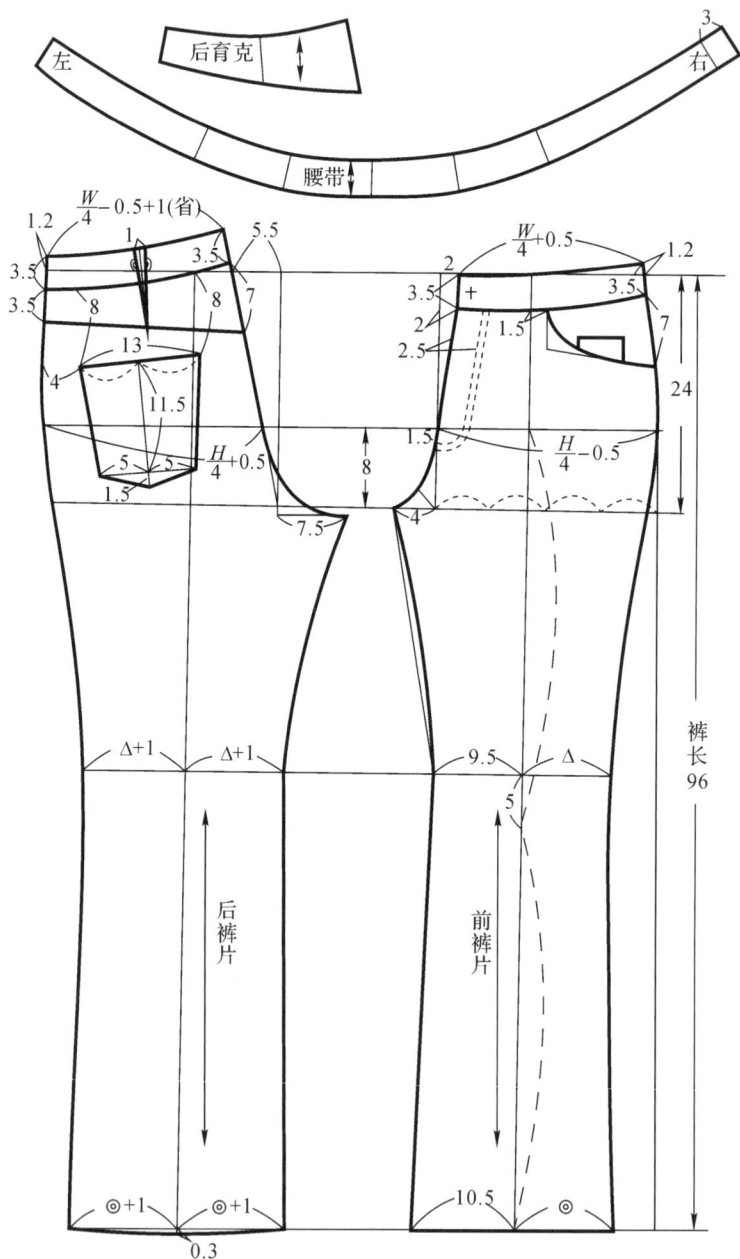

图 4-3-3 款式结构图

四、裁片数量及辅料要求

1. 面料裁片数量（见表 4-11）

表 4-11　　　　　　　　　　　　　　　　（单位：片）

名称	前裤片	后裤片	后育克	腰带	袋垫布	后贴袋布	小口袋布	门襟	里襟	裤襻
数量	2	2	2	2	2	2	1	1	1	5

2. 里料裁片数量（见表 4-12）

3. 粘衬部位

采用无纺粘衬,部位为腰带面、门襟、后贴袋袋口、前插袋袋口。

表 4-12　　（单位：片）

名称	前挖袋袋布
数量	2

4. 其他辅料

铜拉链（净长 13cm）1 条；牛仔扣 1 副,牛仔线 1 个,涤纶线 1 个。

五、放缝图、排料图

1. 放缝图（见图 4-3-4）

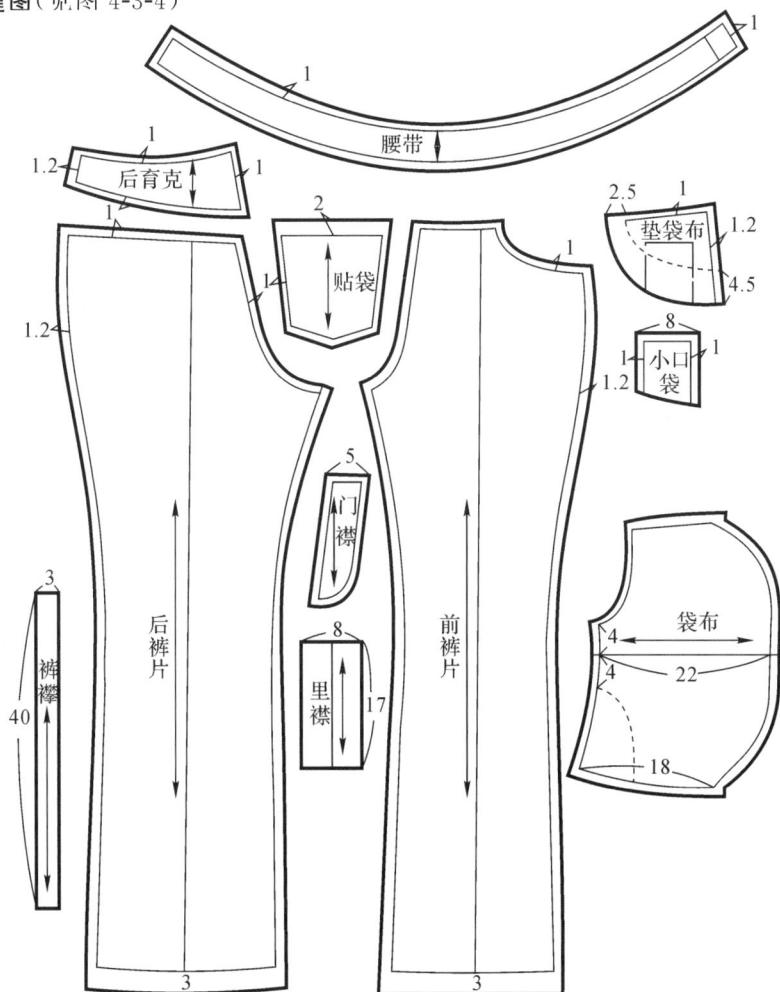

图 4-3-4　面料、袋布放缝图

2. 排料图

面料排料图见 4-3-5,面料使用量为幅宽 144cm,需 119cm ,估料算式为裤长+20cm。

袋布排料图见 4-3-6,使用量为幅宽 90cm,需 30cm,估料算式为挖袋长+5cm。

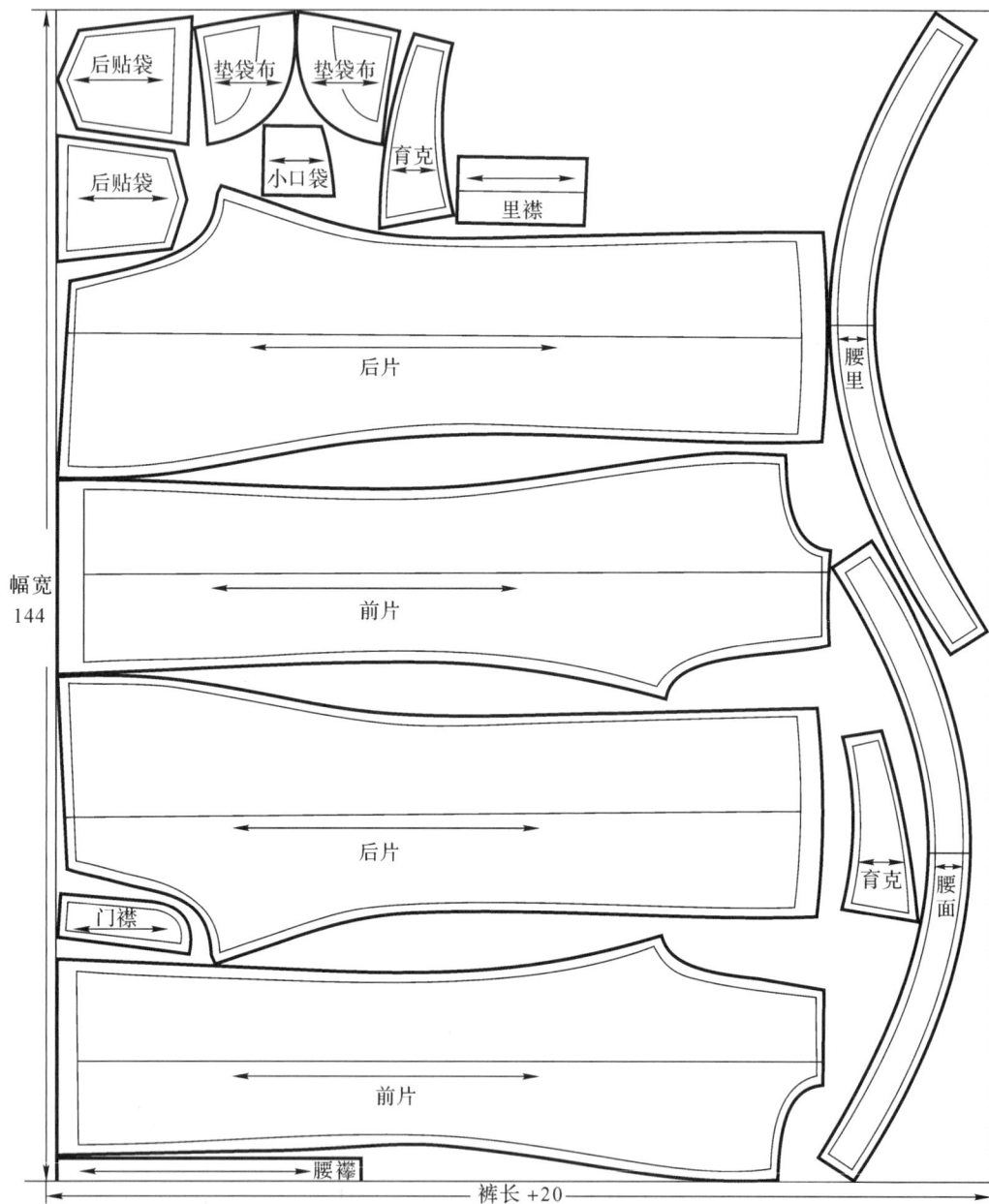

图 4-3-5　面料排料图

六、缝制工艺流程

女式低腰牛仔裤的缝制工艺流程如下：

缝制后贴袋——拼接后育克——缝合后裆缝——缝制前挖袋——绱拉链——分别缝合外侧缝和内侧缝——做腰襻、绱腰——缝制裤口——锁钉、整烫。

七、具体缝制工艺步骤及要求

在正式缝制前需选用相应的针号和线,调整好底、面线的松紧度及线迹密度。

针号:90/14 号或 100/16 号。

用线与线迹密度:明线 10～12 针/3cm,面线用牛仔线,底线用配色的涤纶线。暗线 14～16 针/3cm,面、底线均用配色涤纶线。

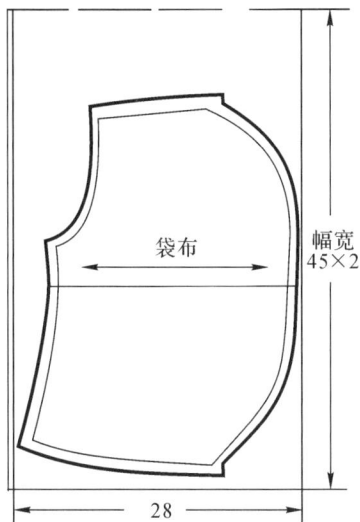

图 4-3-6　袋布排料图

1. 缝制后贴袋

如图 4-3-7 所示,先在袋布上车缝图案(图 4-3-7①);再在袋布上口三线包缝、按袋布净样扣烫,然后在袋口车两道明线 0.1cm 和 0.6cm(图 4-3-7②);最后在后裤片上,按袋位将袋布车缝固定,具体车缝见图 4-3-7③。

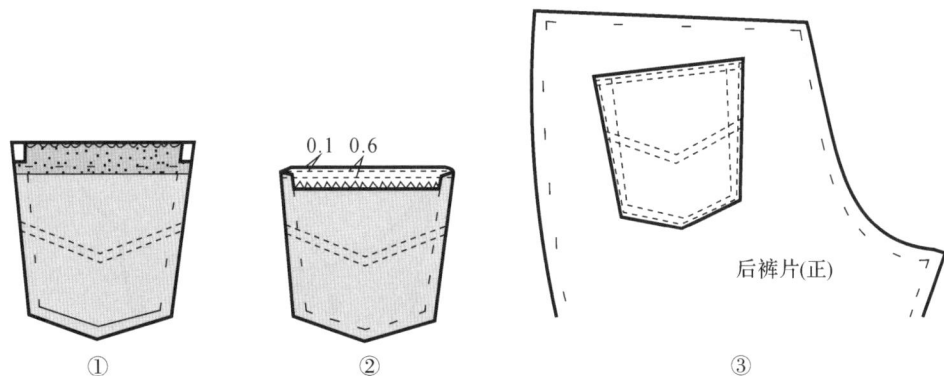

图 4-3-7　后贴袋的缝制

2. 拼接后育克

将后育克与后裤片正面相对,车缝 1cm,三线包缝后缝份烫倒向上,然后在正面车明线 0.1cm,0.6cm。

3. 缝合后裆缝

将两片后裤片正面相对,缝合后裆缝,缝份 1cm,要注意左右育克分割线的对位,再将右裤片朝上三线包缝,然后在左裤片正面车明线 0.1cm,0.6cm。

4. 缝制前插袋

缝制前插袋的步骤如图 4-3-8 所示:

①固定小口袋。先在袋布上口三线包缝、扣烫小口袋、在袋口车明线 0.1cm、0.6cm 后,再在右垫袋布上按点位将小口袋车缝固定,然后三线包缝垫袋布的下口。

②固定垫袋布。将垫袋布放在袋布的相应位置,车固定明线 0.2cm、0.6cm。

③缝合前裤片与袋布。先将袋布与裤片袋口对齐,车缝 0.8cm,缝份修剪到 0.5cm,在弧线处打斜向剪口后翻转到正面,烫出里外匀,然后在裤片正面车明线 0.2cm、0.6cm。

④缝合袋布。先将前裤片袋口与垫袋布的刀眼对位,核对两层袋布大小后将袋布下口用来去缝(两层袋布按连裁线反面相对车 0.5cm,缝份修剪到 0.3cm 后翻转熨烫,袋布正面相对,车缝 0.6cm 明线)进行缝制。

⑤固定袋布与腰口、侧缝。用 0.5cm 左右车缝固定。

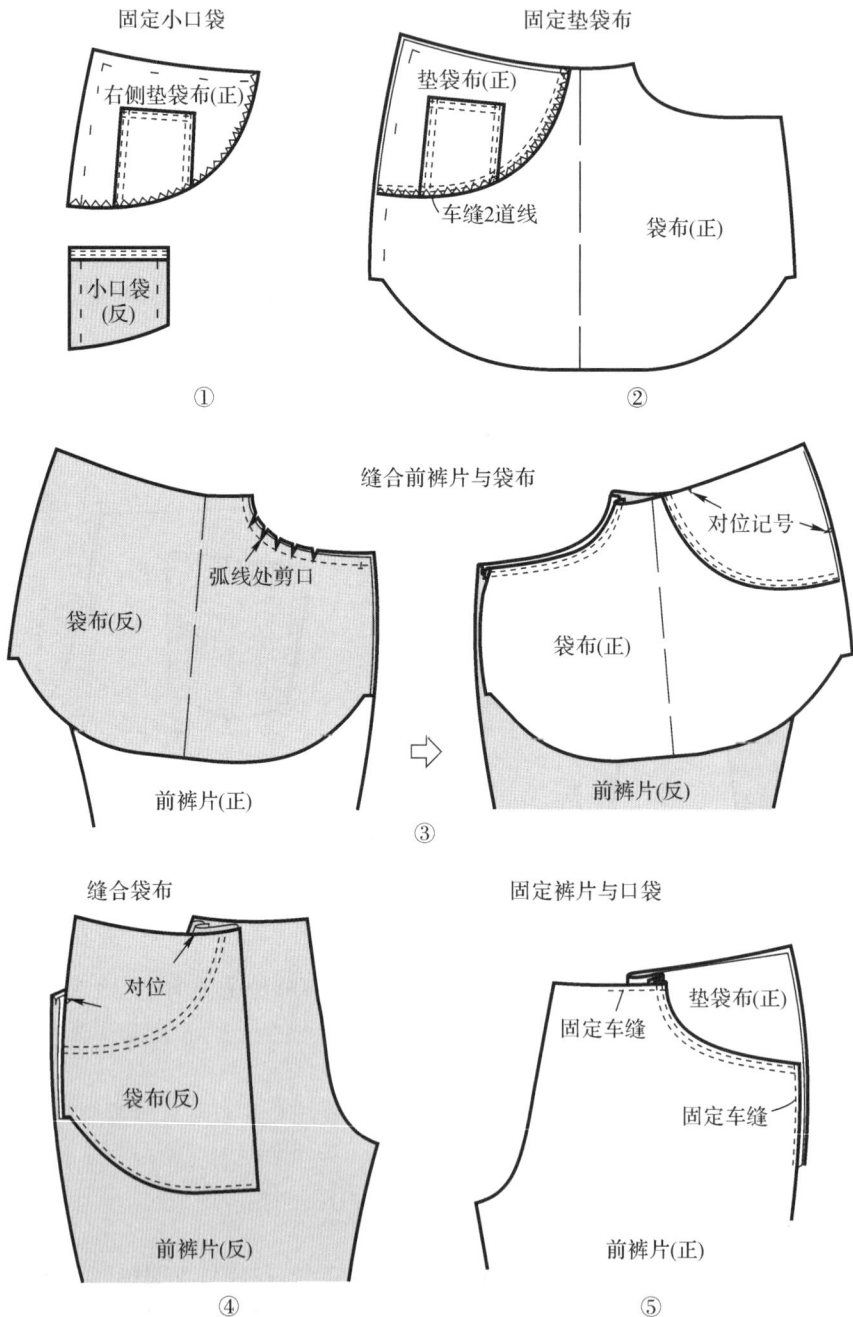

固定小口袋

右侧垫袋布(正)

小口袋
(反)

①

固定垫袋布

垫袋布(正)

车缝2道线

袋布(正)

②

缝合前裤片与袋布

弧线处剪口

袋布(反)

前裤片(正)

③

对位记号

袋布(正)

前裤片(反)

缝合袋布

对位

袋布(反)

前裤片(反)

④

固定裤片与口袋

垫袋布(正)

固定车缝

固定车缝

前裤片(正)

⑤

图 4-3-8　前插袋的缝制

5. 绱拉链

裤子前门襟拉链的方法主要有两种,其中一种在前面第二节"女西裤缝制工艺"中已介绍,另一种常用于牛仔裤,现介绍如下。

如图 4-3-9 所示:

①门、里襟处理。门襟反面烫粘衬,在正面弧线一侧三线包缝。里襟沿折线对折,下口正面相对车缝后翻转烫平,然后在侧缝三线包缝(见图 4-3-9①)。

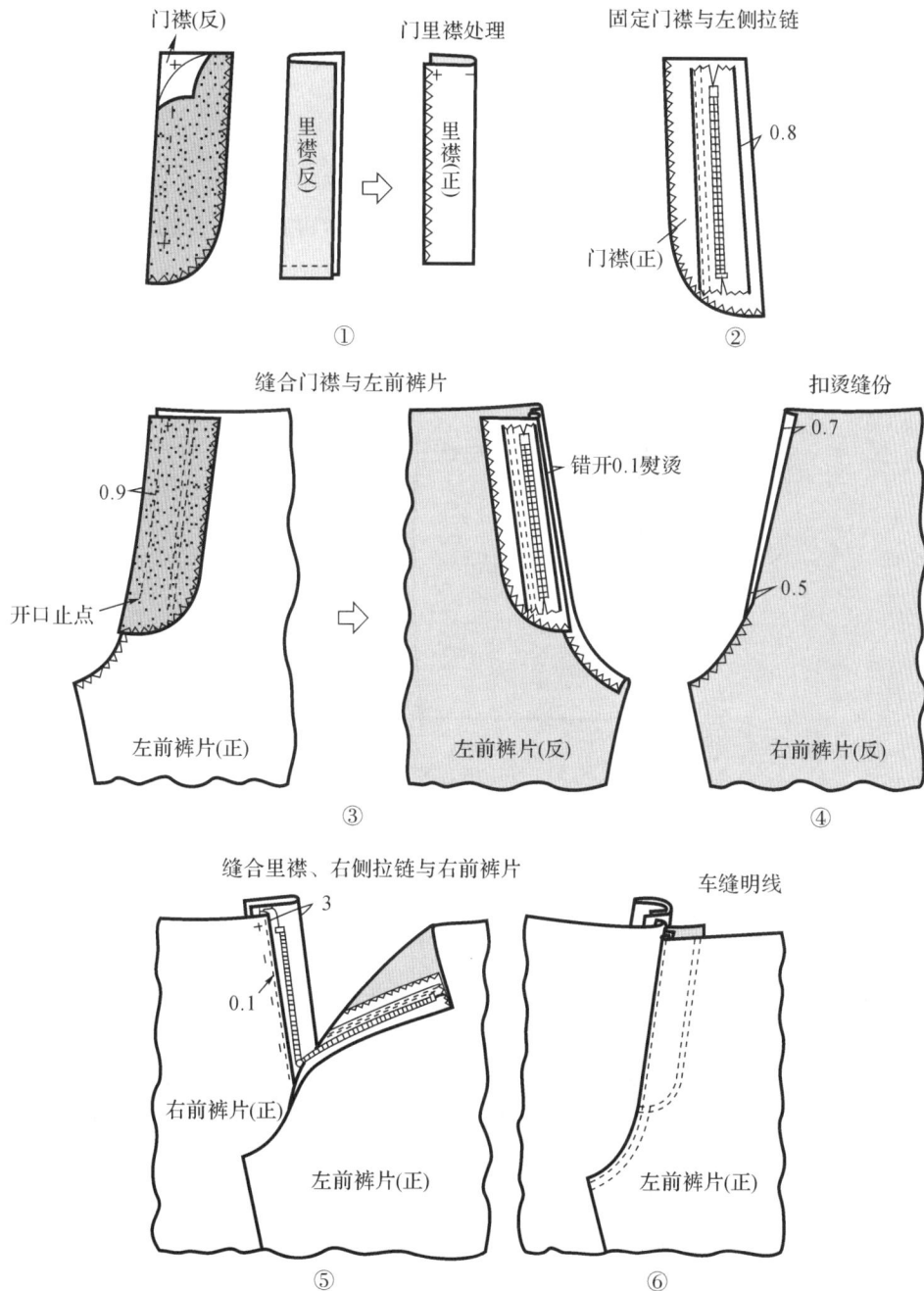

图 4-3-9　绱裤子拉链

②固定门襟与左侧拉链。将铜拉链与门襟正面相对,拉链右侧边缘与门襟前口留0.8cm,车缝两道线固定门襟与左侧拉链(见图4-3-9②)。

③缝合门襟与左前裤片。门襟与左前裤片正面相对,车缝0.9cm至拉链开口止点,然后如图翻烫,开口止点以下部分的档线按1cm扣烫(见图4-3-9③)。

④、⑤缝合里襟、右侧拉链与右前裤片。先扣烫右前裤片的档缝缝份(见图4-3-9④),从腰口处0.7cm到拉链开口处渐小到0.5cm,然后与里襟夹住右侧拉链边,压缝0.1cm的明线(见图4-3-9⑤)。

⑥车缝明线。先在左前裤片上车门襟明线;再在拉链开口止点以下将左前档缝线压住右前档缝线,车缝两道明线0.1cm,0.6cm。

6. 分别缝合外侧缝和内侧缝

可选择在内侧缝或外侧缝上车明线,现以在外侧缝上车明线为例说明。

(1)先将前后裤片正面相对,车缝外侧缝,缝份1.2cm,再将前裤片朝上三线包缝,翻到正面在后裤片上压缝两道明线0.1cm,0.6cm(见图4-3-10)。

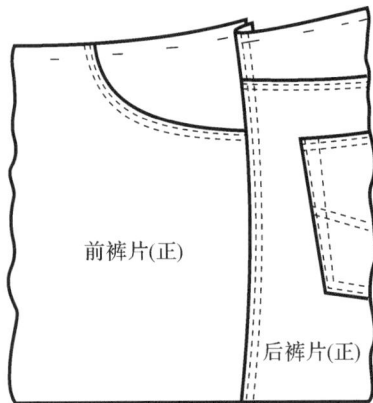

图4-3-10 缝合裤外侧缝

(2)对齐前后档缝和裤口线,沿内侧缝线车缝1.2cm的缝份,然后将前裤片朝上三线包缝,缝份烫倒向后裤片。

7. 缝制腰襻、做腰、绱腰

如图4-3-11所示:

①缝制腰襻。在腰襻一侧三线包缝,如图折烫后在两侧各车两道明线0.2cm,然后剪出五个腰襻,每个长8cm,宽1~1.2cm,在裤片的腰口线上固定腰襻(见图4-3-11①)。

②做腰。先在腰面上烫粘衬、向里侧折烫腰面下口缝份1cm,再将腰面与腰里正面相对(如图4-3-11②),车缝1cm,然后修剪缝份到0.5cm,在弧线处打刀眼,翻到正面烫平,最后在腰带上作上装腰对位记号。

③、④绱腰。先核对腰带的对位记号与裤片腰口线的相应位置是否对齐,再用大头针固定腰里与裤片,按0.9cm的缝份车缝,然后翻到正面整理装腰缝份,将缝份塞入腰带后(见图4-3-11③④)车缝固定腰面与裤片,同时车缝固定腰襻。

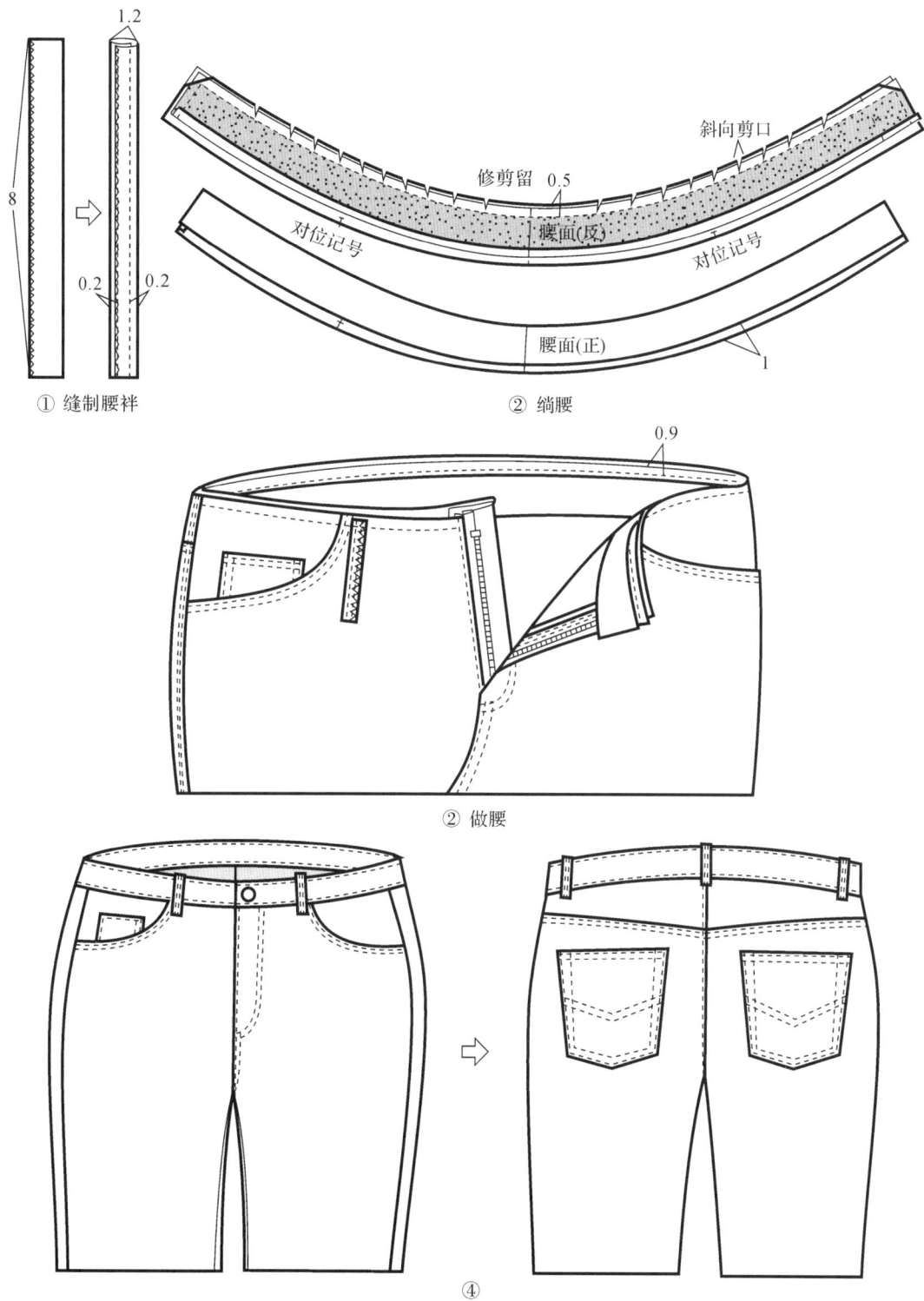

1.2

8

0.2　0.2

① 缝制腰袢

斜向剪口

修剪留 0.5

腰面(反)

对位记号　　　　　　　对位记号

腰面(正)

1

② 绱腰

0.9

② 做腰

④

图 4-3-11　绱腰袢、做腰、绱腰

8. 缝制裤口

先折烫裤口 1cm,再折烫 2cm,在反面沿折边车缝 0.1cm 止口线。要求正面明线宽窄一致,接线在内侧缝后侧。

9. 锁钉、整烫

锁钉、整烫如图 4-3-11④所示:

(1)锁钉。腰头门襟处锁一颗圆头扣眼,距边 1cm,扣子钉在里襟的相应位置。

(2)整烫。使用大烫将各条缝份、裤腰及裤口烫平整。

八、缝制质量要求及评分参考标准(总分 100)

(1)后贴袋大小一致,袋位高低一致,左右对称,育克线左右对称。(15 分)

(2)前插袋松紧适宜,大小左右一致,袋位高低一致,左右对称。(15 分)

(3)内外侧缝顺直,臀部圆顺,两裤腿长短一致。(10 分)

(4)腰襻位置正确,腰头左右对称,宽窄一致,腰里腰面平服,止口不反吐。(20 分)

(5)门、里襟长短一致,拉链平顺。(20 分)

(6)缉线顺直,无跳线、断线现象,符合尺寸。(10 分)

(7)各部位熨烫平整。(10 分)

思考与训练

1. 此款女裤的缝制工艺流程是什么?

2. 小口袋的袋位在哪一侧? 前插袋的缝制步骤是什么?

3. 绱裤子拉链的缝制步骤及要点是什么?

4. 腰襻需要几个? 其分布位置是怎样的?

5. 请说出弧形腰头的缝制方法。

第四节　合体女衬衫

一、女衬衫外形概述、用料要求

1. 外形特征

图 4-4-1 所示为一款经典的合体型女衬衫。其特点为:男式衬衫领、右侧装翻门襟、左侧门襟贴边内折车缝固定,前中设 6 粒纽;前后衣身收通底腰省、前衣片收腋下省,省道压 0.1 装饰单线;长袖、圆角袖克夫、大小袖衩、圆弧下摆。

2. 适用面料

该款女衬衫较适合采用素色或碎花的全棉织物或棉混纺织物。

3. 面辅料参考用量

(1)面料:门幅 144cm,用量约 130cm(包括缩水率)。估算式为衣长＋袖长＋10cm。

(2)辅料:粘合衬约 65cm,扣子 10 颗。

图 4-4-1 女衬衫款式图

二、制图参考规格

表 4-13 所示为该款女衬衫制图参考规格,表内数据不含缩率。

表 4-13 制图参考规格　　　　　　　　　　　　　　　　　　　（单位:cm）

号/型	后中长	肩宽(S)	胸围(B)	背长	腰围(W)	袖长	领围(N)	袖克夫大/宽
160/84A	61	38	84+8（放松量）=92	37	76	58	35	20/6

三、款式结构图

款式结构图见图 4-4-2。

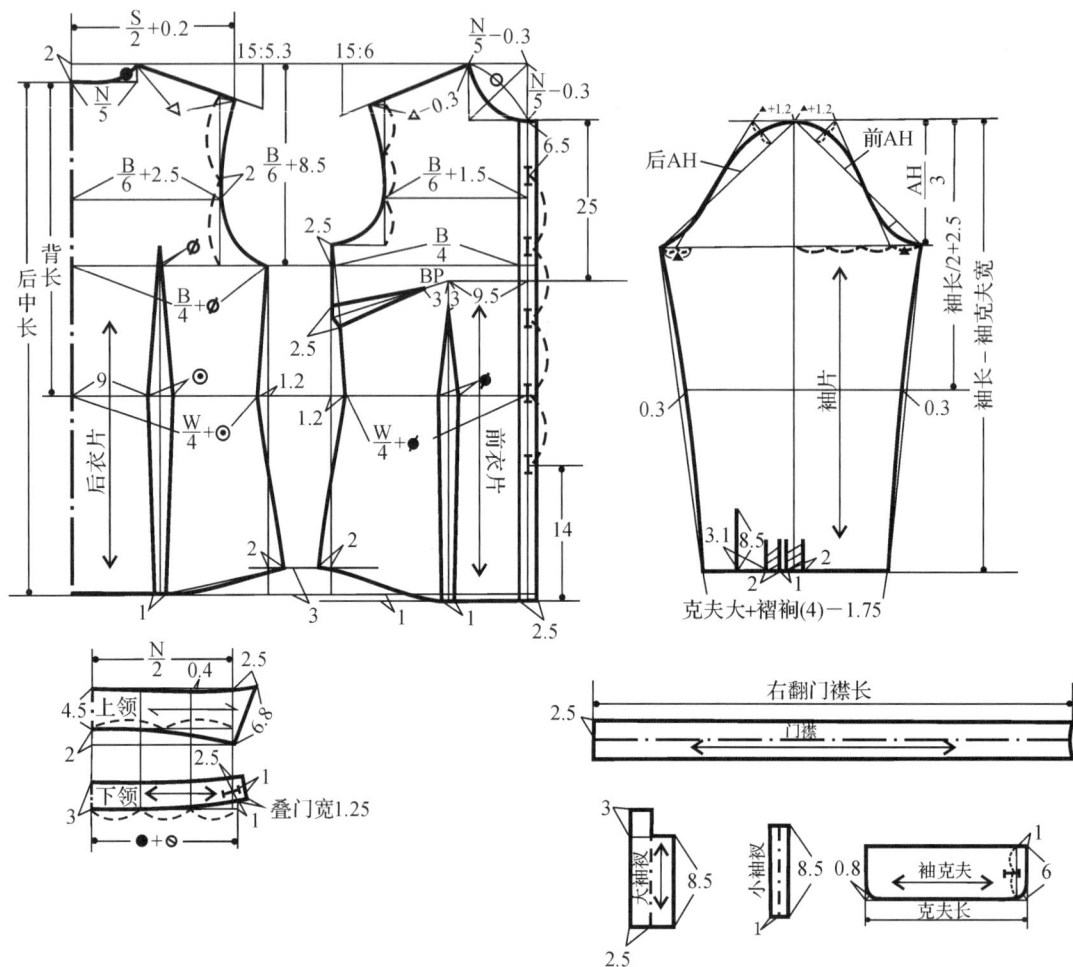

图 4-4-2　女衬衫结构图

四、放缝、排料图

1. 放缝

图 4-4-3 所示为女衬衫放缝图。

2. 排料

(1)女衬衫排料参考图见图 4-4-4。

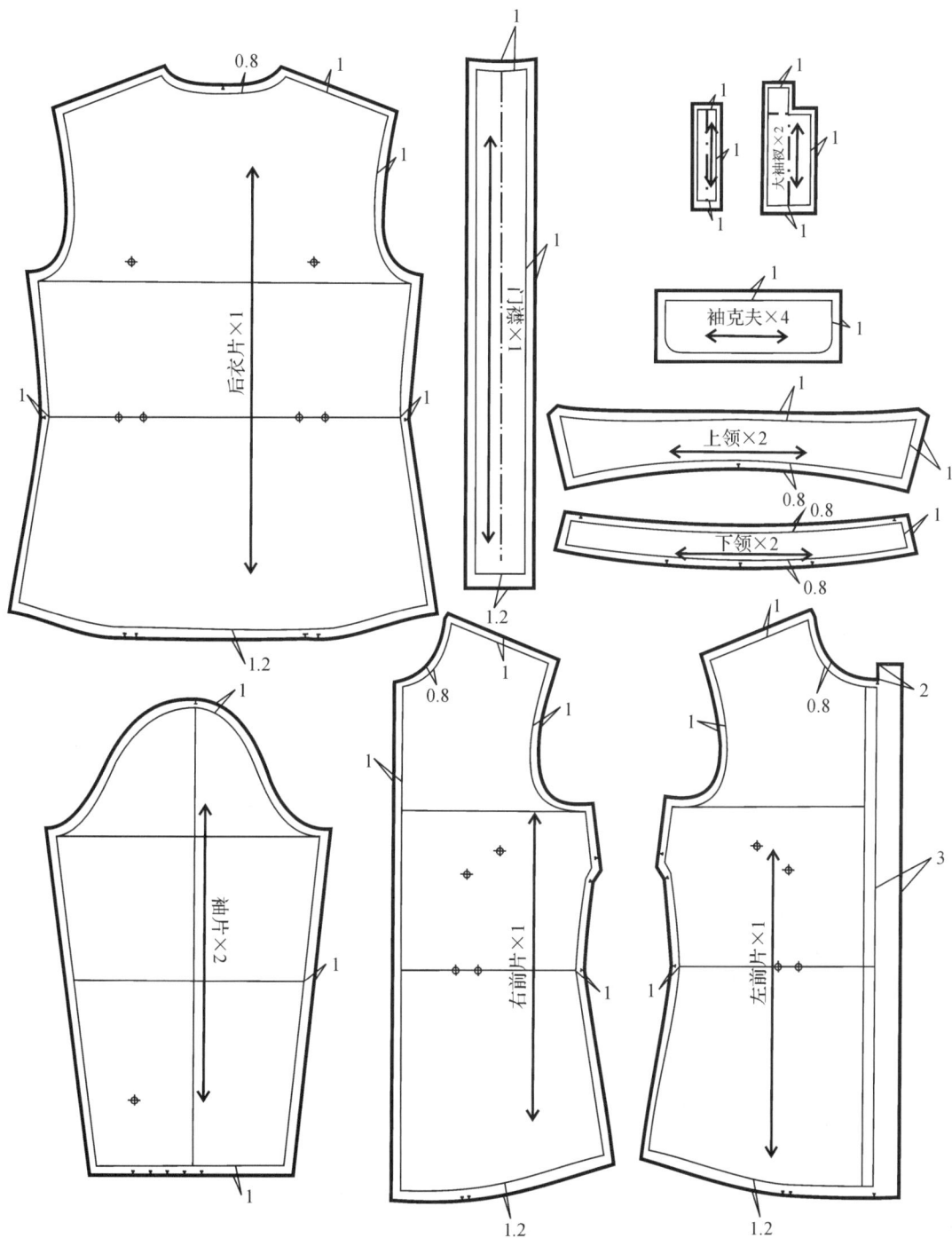

图 4-4-3　女衬衫放缝图

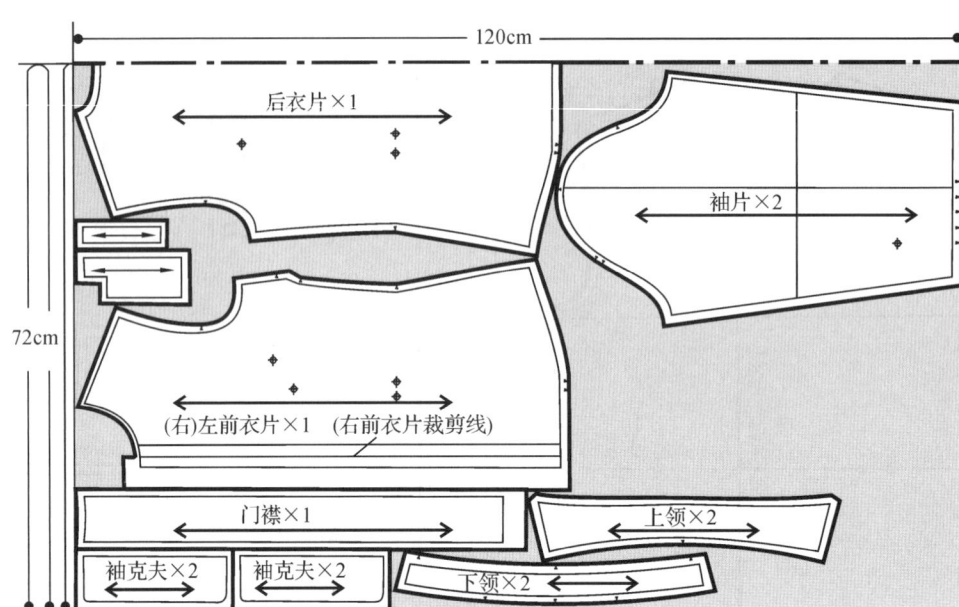

图 4-4-4　女衬衫排料参考图

（2）粘衬排料图见图 4-4-5。

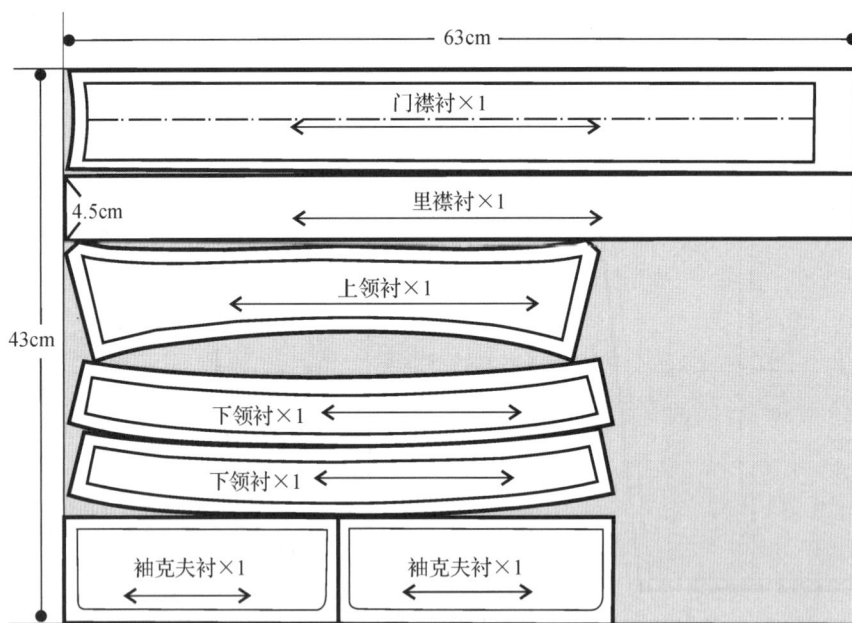

图 4-4-5　粘衬排料参考图

五、样板名称与裁片数量

表 4-14 所列为女衬衫样板名称及裁片数量。

表 4-14 女衬衫样板名称及裁片数量

序 号	种 类	样板名称	裁片数量(单位:片)	备 注
1	面料毛样板	右前衣片	1	
2		左前衣片	1	
3		后衣片	1	后中不分开
4		袖片	2	左、右各一片
5		上领	2	面、里各一片
6		下领	2	面、里各一片
7		门襟	1	左侧一片
8		袖克夫	4	左、右、面、里各一片
9		大袖衩	2	左、右各一
10		小袖衩	2	左、右各一
11	净样板	上领	1	
12		下领	1	
13		袖克夫	1	
14		大袖衩	1	
15		门襟	1	
16	粘衬样板	门襟	1	
17		里襟	1	烫右前衣片
18		上领	1	烫面领
19		下领	2	面、里各一
20		袖克夫	2	烫左、右袖克夫面

六、女衬衫缝制工艺流程及缝制前准备

1. 缝制工艺流程

女衬衫缝制工艺流程如下:

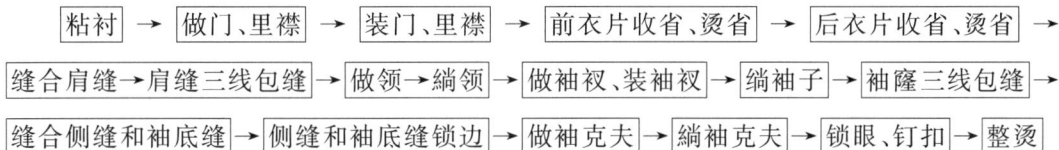

粘衬 → 做门、里襟 → 装门、里襟 → 前衣片收省、烫省 → 后衣片收省、烫省 →

缝合肩缝 → 肩缝三线包缝 → 做领 → 绱领 → 做袖衩、装袖衩 → 绱袖子 → 袖窿三线包缝 →

缝合侧缝和袖底缝 → 侧缝和袖底缝锁边 → 做袖克夫 → 绱袖克夫 → 锁眼、钉扣 → 整烫

2. 缝制前准备

(1)针号和针距:14 号针,针距为 14～16 针/3cm;调节底面线松紧度。

(2)粘衬部位见图 4-4-6。

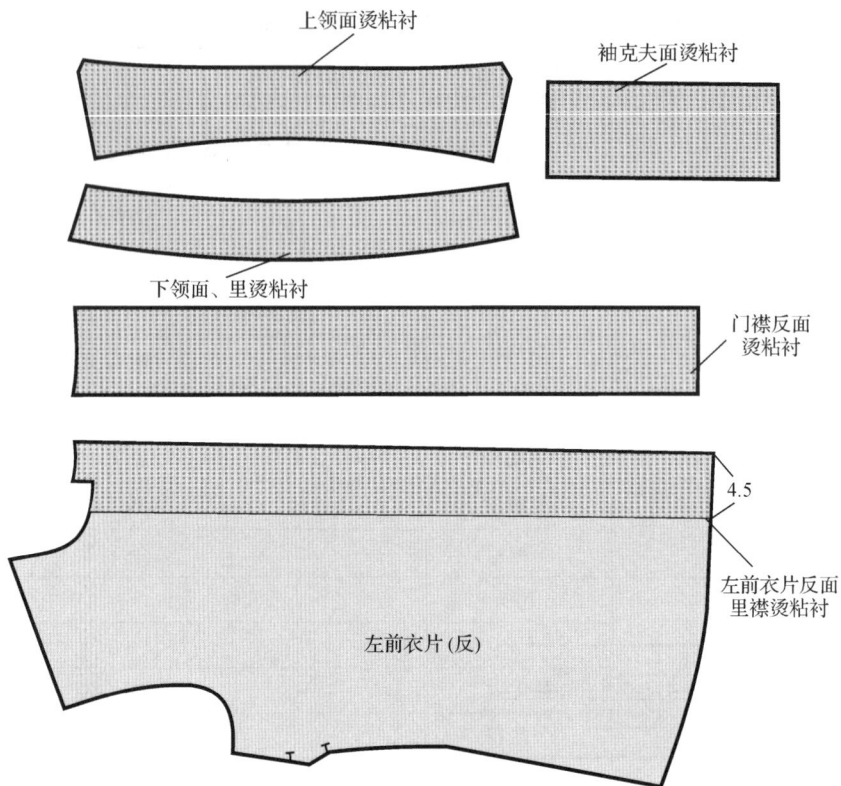

上领面烫粘衬

袖克夫面烫粘衬

下领面、里烫粘衬

门襟反面
烫粘衬

4.5

左前衣片反面
里襟烫粘衬

左前衣片(反)

图 4-4-6　烫粘衬部位

七、女衬衫缝制工艺步骤及要求

1. 划省道

在前、后衣片的反面按样板点位划出省道(如图 4-4-7 所示)。

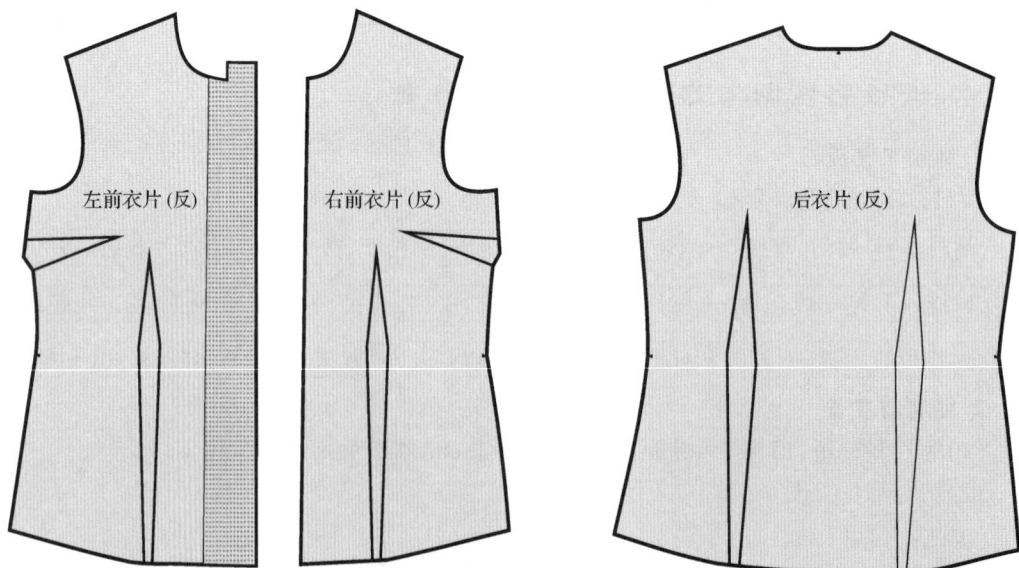

左前衣片(反)　　　右前衣片(反)　　　后衣片(反)

图 4-4-7　划省道

2.缝制门、里襟

（1）做里襟

如图 4-4-8 所示，做里襟时左前衣片反面朝上，在里襟处扣烫 1cm 后，按剪口位置折烫里襟贴边 2cm，然后车缝固定。最后将里襟领口处多出的量按领口线修剪。

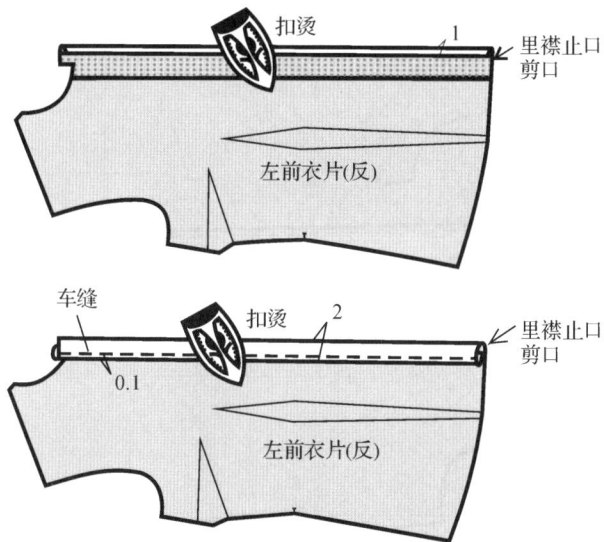

图 4-4-8　做里襟

（2）做门襟

如图 4-4-9 所示，做门襟分两个步骤。

①扣烫门襟：门襟反面朝上，先扣烫 1cm，再折烫 2.5cm，最后包转门襟里的缝份，将门襟烫成里外匀。

②装门襟：右前衣片朝上，将门襟夹住衣片 1cm，上下对齐后，再闷缝固定。最后在门襟止口处车缝 0.1cm 的明线。

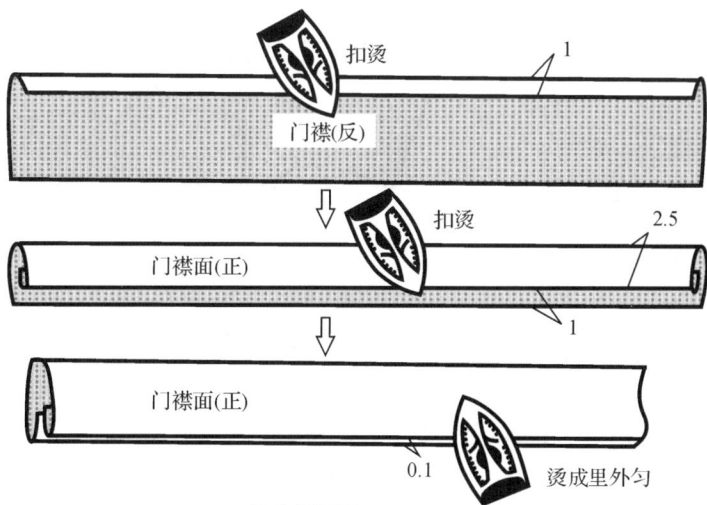

①扣烫门襟

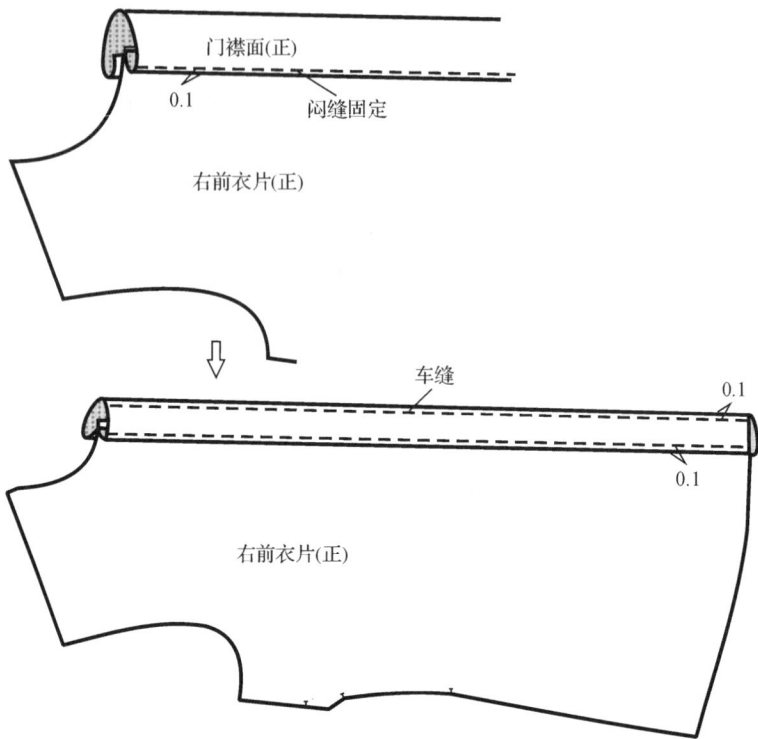

门襟面(正)

0.1

闷缝固定

右前衣片(正)

车缝

0.1

0.1

右前衣片(正)

② 装门襟

图 4-4-9　做门襟

3. 缝合前衣片省道

缝合前衣片省道的步骤如图 4-4-10 所示。

(1)缝合腋下省:按腋下省的剪口缝合腋下省,要求缝至省尖时缝线留 10cm 左右,将缝线打结后再剪断。

(2)缝合腰省:按省道的点位和下摆的剪口缝合腰省,省尖处理同腋下省。

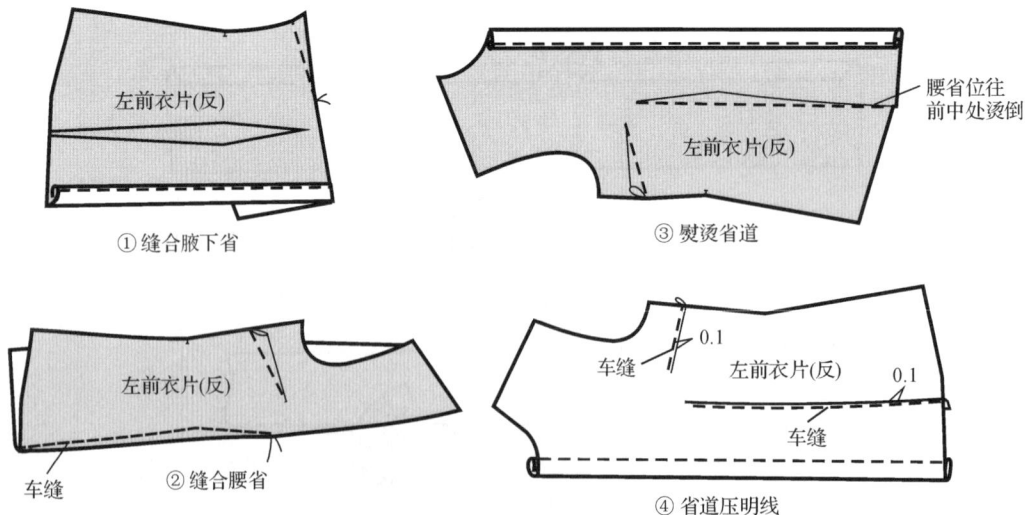

左前衣片(反)

① 缝合腋下省

腰省位往
前中处烫倒

左前衣片(反)

③ 熨烫省道

左前衣片(反)

车缝

② 缝合腰省

0.1

车缝

左前衣片(反)

0.1

车缝

④ 省道压明线

图 4-4-10　缝合前衣片省道

（3）熨烫省道：腋下省往袖窿处烫倒，腰省往前中烫倒。

（4）省道缉明线：在衣片的正面，沿省缝缉 0.1cm 的装饰明线。

4. 缝合后衣片省道

如图 4-4-11 所示，先按衣片的省位缝合腰省，再将腰省往后中烫倒，在衣片的正面沿省缝压 0.1cm 的装饰明线。

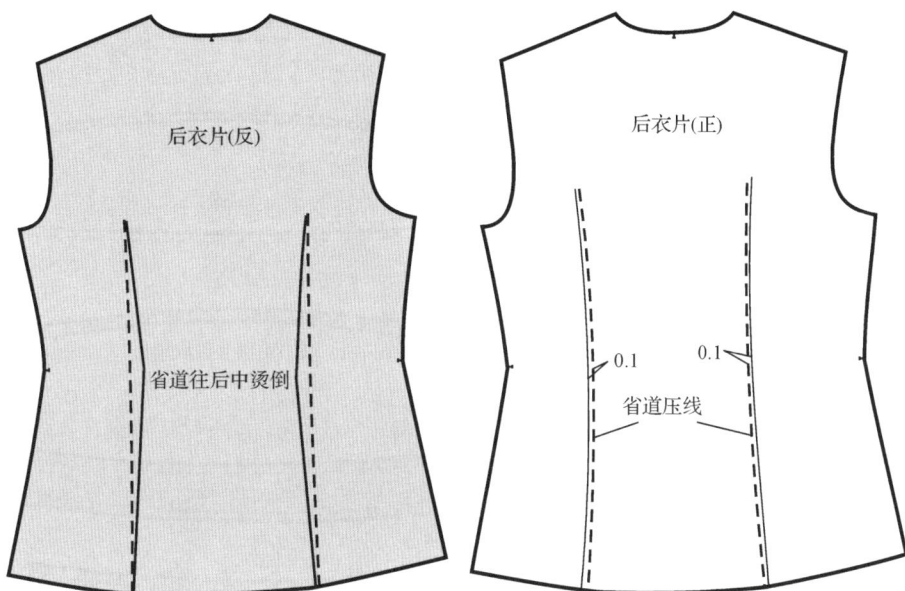

后衣片(反)

省道往后中烫倒

后衣片(正)

0.1　0.1

省道压线

图 4-4-11　缝合后衣片省道

5. 缝合肩缝并三线包缝

如图 4-4-12 所示，将前、后衣片正面相对，对准前后肩缝，按 1cm 的缝份缝合，然后将前衣片朝上，三线包缝肩线，最后把缝份往后片烫倒。

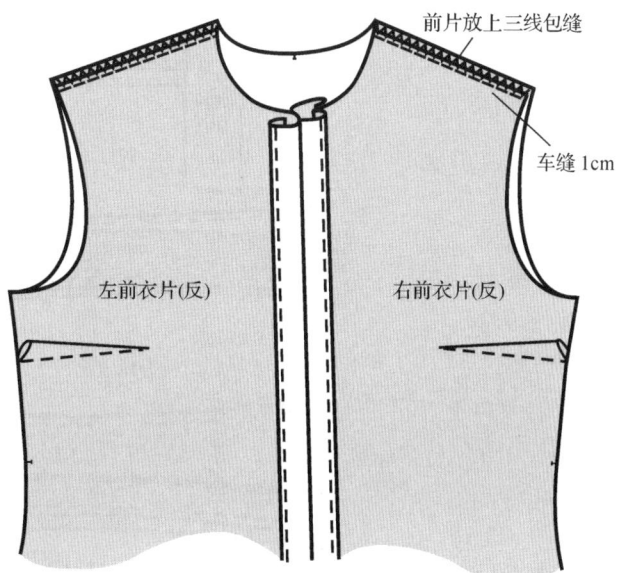

前片放上三线包缝

车缝1cm

左前衣片(反)　　右前衣片(反)

图 4-4-12　缝合肩缝并三线包缝

6. 做上领

做上领的步骤如图 4-4-13 所示。

(1)净样板划线：在上领里的反面按净样板划线。

(2)缝合上领：将上领的面里正面相对，领里放上，沿净样划线缝合上领。要求在领角处领面稍松，领里稍紧，使领角形成窝势。

(3)修剪、扣烫缝份：先把领角的缝份修剪留 0.2，将领面朝上，沿缝线扣烫后，翻到正面，在领里将领止口烫成里外匀。注意：左右领角长度一致并对称。

(4)领止口缉明线：将领面朝上，沿领止口缉 0.2cm 的明线。

7. 上下领缝合

上下领缝合的步骤如图 4-4-14 所示。

(1)净样板划线：在下领面的反面按净样板划线，然后按净线扣烫领底线 0.8cm，再缉线 0.7cm 固定。

(2)合缝固定上下领：将上领夹在下领的中间，上领面与下领面、上领里与下领里正面相对，并准确对齐三者的左右装领点、后中点，再按净线缝合，缝份为 0.8cm。

(3)修剪、翻烫领子：修剪下领的领角留 0.2cm，再将领子翻到正面，注意下领角须翻倒到位，并检查领子左右对称后，将领角烫成平止口。最后在距上领左右装领点 2cm 间缉 0.1cm 的明线固定，起针和止针不必回针。

8. 绱领

绱领的步骤如图 4-4-15 所示。

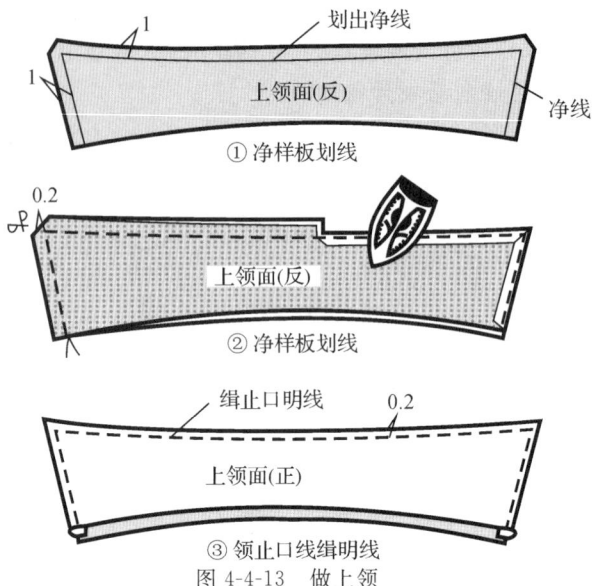

① 净样板划线

② 净样板划线

③ 领止口线缉明线

图 4-4-13　做上领

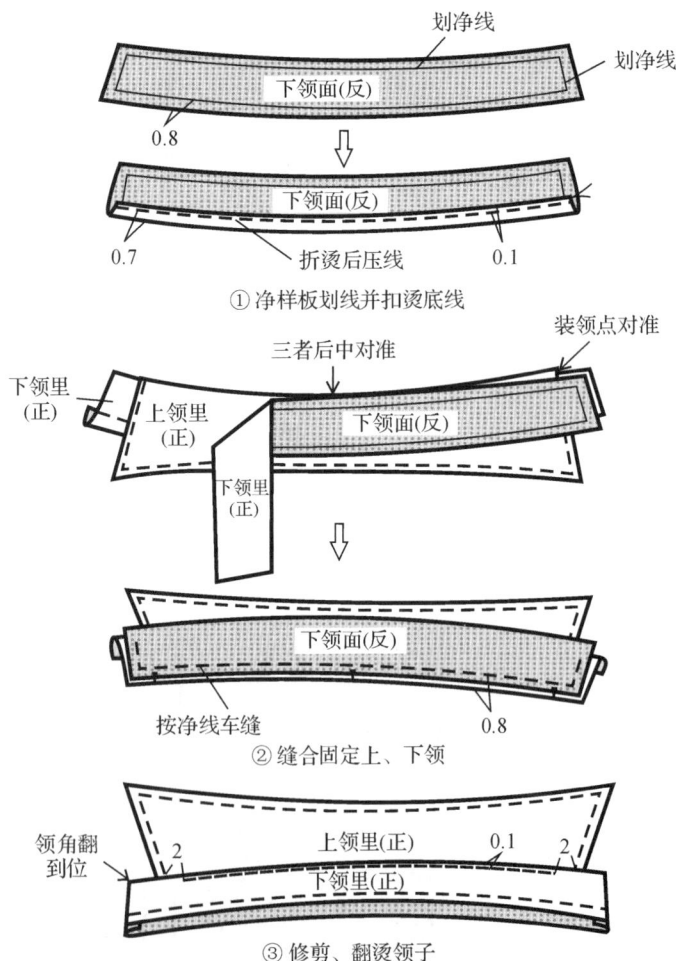

① 净样板划线并扣烫底线

② 缝合固定上、下领

③ 修剪、翻烫领子

图 4-4-14　上下领缝合

（1）装领：下领面在上，下领里与衣片正面相对，在衣片领圈处将后中点、左右肩点对准领里的后中点、左右肩点，按净线 0.8cm 的缝份缝合。要求：装领起止点必须与衣片的门里襟上口对齐，领圈弧线不可拉还口或抽紧。

（2）闷领：将上领面盖住领里缝线，接住上下领缝合线明线的一侧连续车缝 0.1cm 至下领面的领底线到另一侧为止。要求：两侧接线处缝线不双轨，领里处的领底缝线不超过 0.3cm。

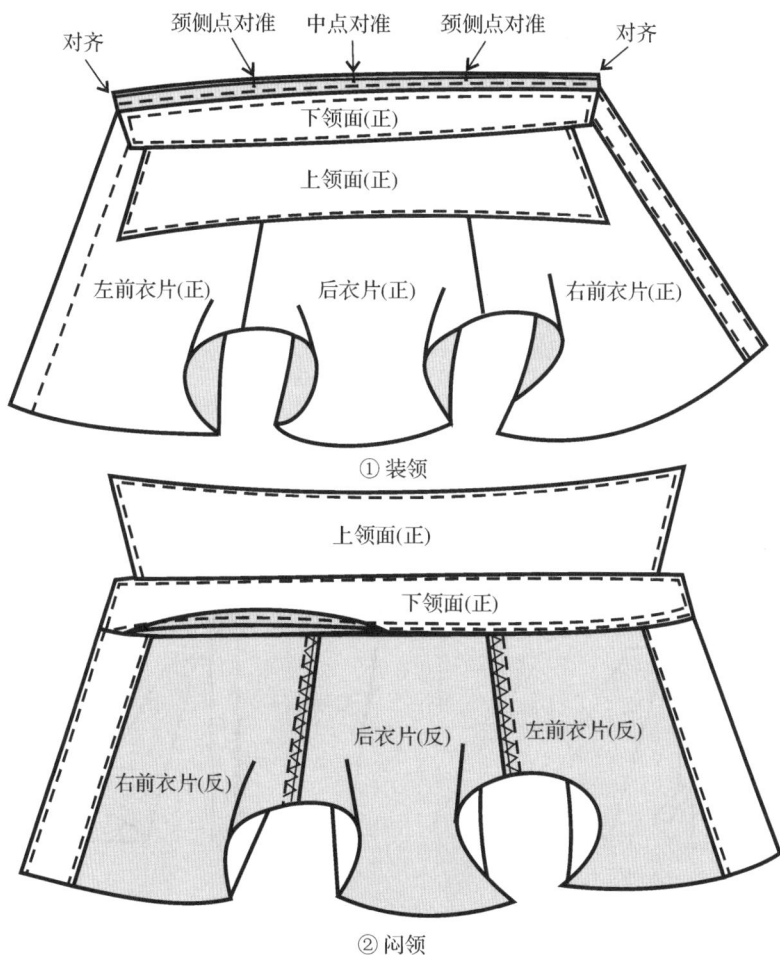

① 装领

② 闷领

图 4-4-15　绱领

9. 烫袖衩、装袖衩

（1）划袖衩、褶裥位（见图 4-4-16）：如图 4-4-16 所示，在袖片的反面按样板画出袖衩位置和褶裥位置，将两片袖片正面相对对齐后，把袖衩位置的 Y 形剪开，褶裥位置打剪口。

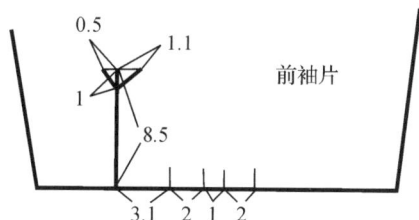

图 4-4-16　划袖衩、褶裥位

（2）扣烫大小袖衩（见图4-4-17）：

①小袖衩扣烫成1cm宽，面里烫成里外匀。

②大袖衩扣烫成2.5cm宽，注意角部的方正，面里烫成里外匀。

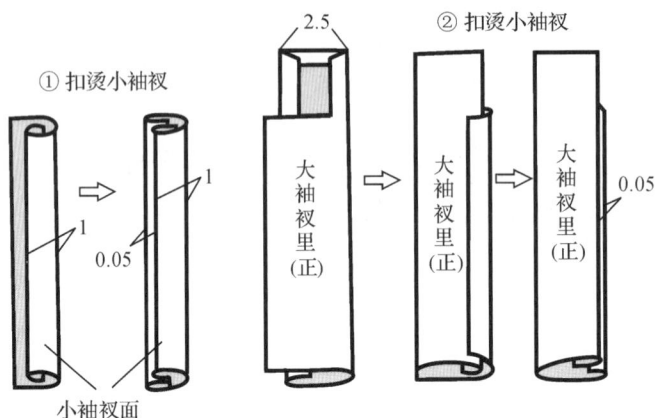

图4-4-17　扣烫大小袖衩

（3）装袖衩（见图4-4-18）：

①袖片正面朝上，如图将小袖衩夹住Y形剪口的一侧，下层比上层多出0.05cm。

②沿小袖衩面的边缘闷缝0.1cm固定。

③如图把大袖衩展开，正面朝上，距大袖衩里上口1cm处划一条直线。

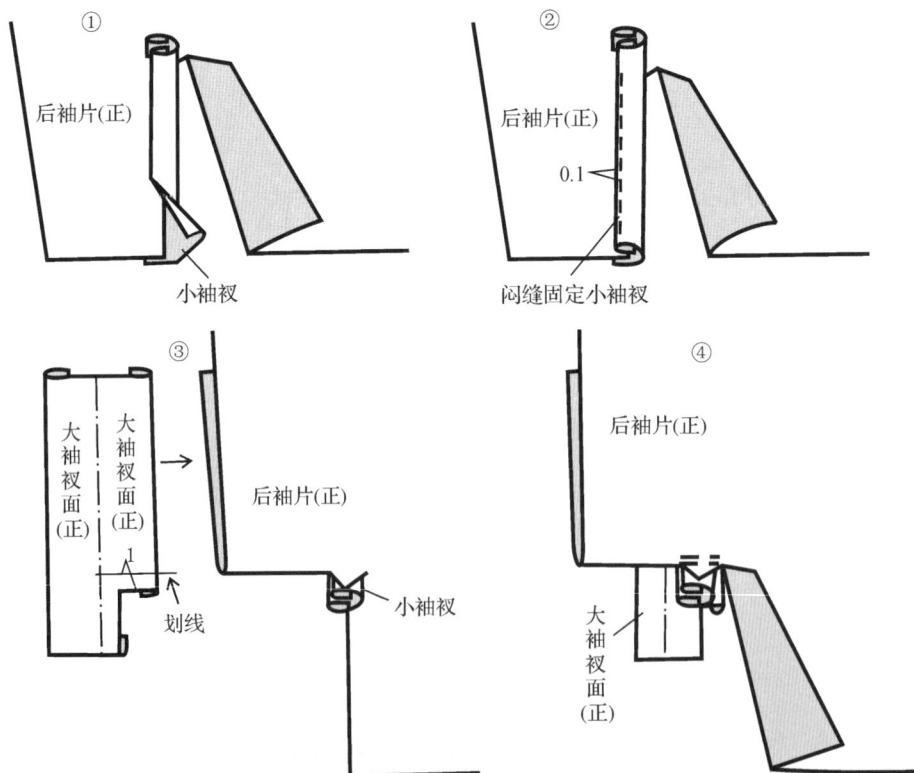

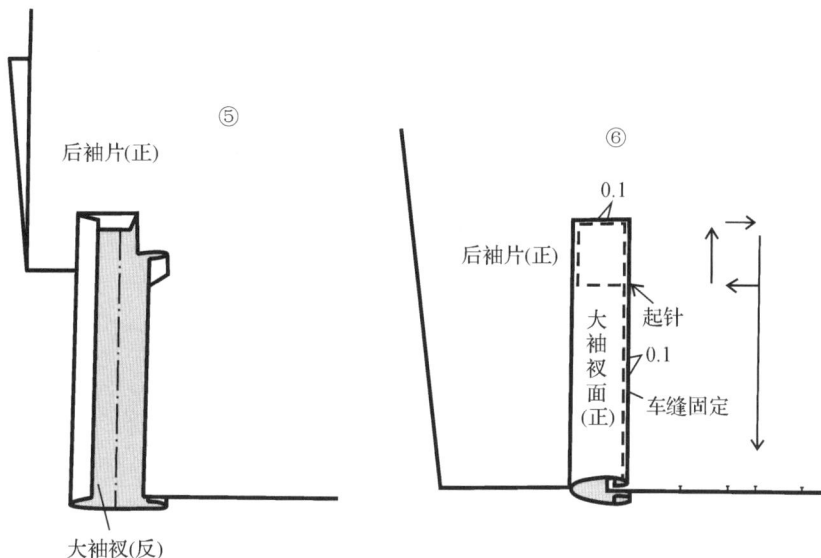

图 4-4-18 装袖衩

④将大袖衩放在小袖衩下方,上口的画线对准袖片 Y 形剪口,沿 Y 形剪口的三角车缝三道固定,不要出现双轨。

⑤将大袖衩翻出,整理平整。

⑥车缝固定大袖衩,从 Y 形剪口的对应位置起针,车缝方向见图示。

10. 固定袖口褶裥

如图 4-4-19 所示,在袖口,按褶裥剪口折叠褶裥,并往袖衩方向折倒,然后距袖口边 0.8cm 车缝固定褶裥。

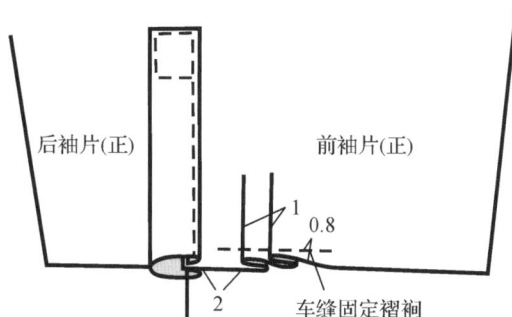

图 4-4-19 固定袖口褶裥

11. 绱袖子

绱袖子的步骤如图 4-4-20 所示。

(1)长针距车缝袖山线:将针距放长,距袖山线 0.7cm 车缝,要求距袖底点 6～7cm 不缝。

(2)抽缩袖山吃势:将袖山的一根缝线稍抽紧,并整理成窝状;袖中点对准衣片的肩点,调整抽缩后的袖山线与衣片的袖窿线等长。

(3)装袖子:袖中点与衣片的肩点对齐准、袖底点与衣片的袖窿底点对准,对齐衣片的袖窿线和袖子的袖山线,车缝 1cm 固定。

(4)三线包缝:将衣片放上层,三线包缝缝合线。

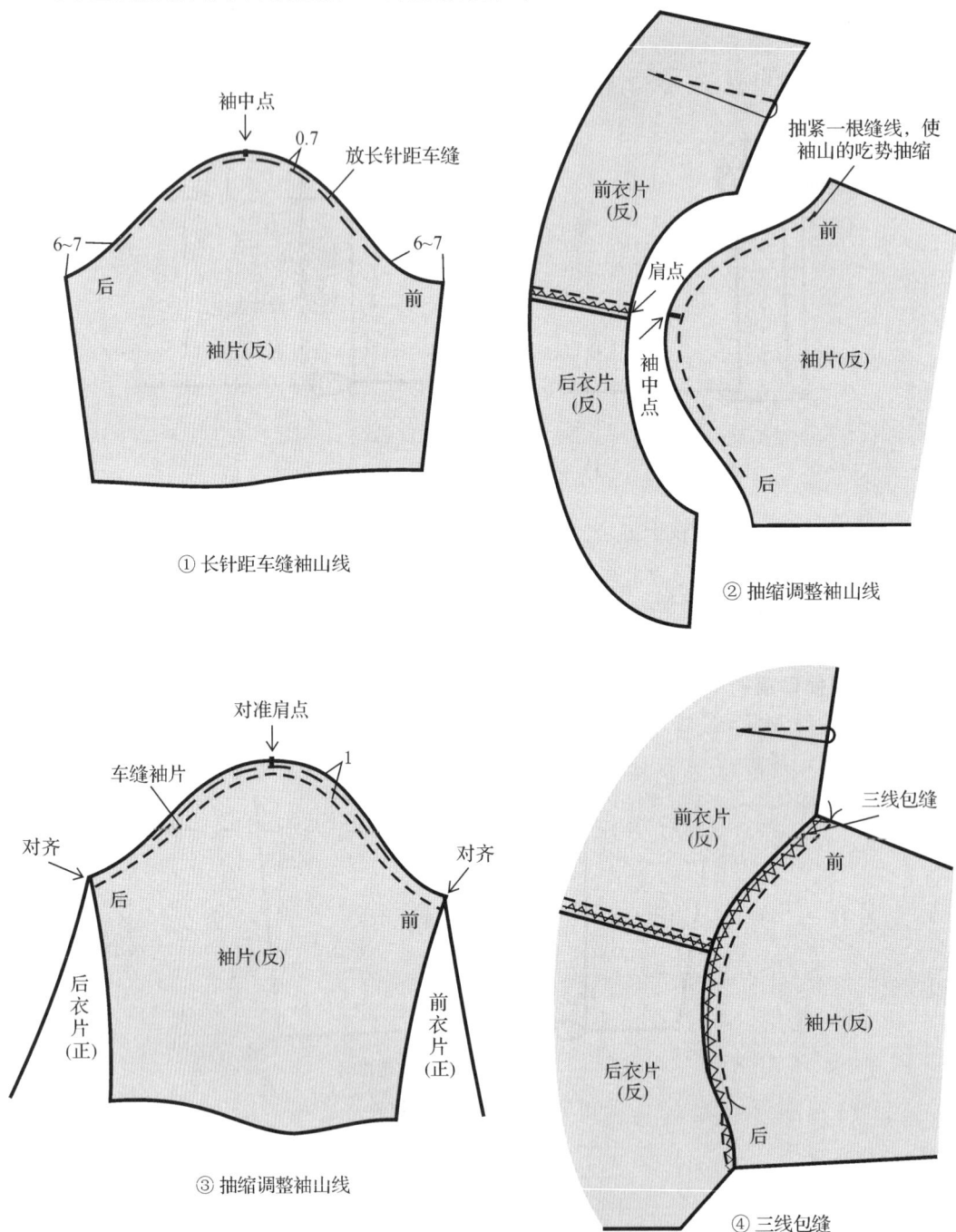

① 长针距车缝袖山线

② 抽缩调整袖山线

③ 抽缩调整袖山线

④ 三线包缝

图 4-4-20　绱袖子

12.缝合袖底缝、侧缝并三线包缝

　　如图 4-4-21 所示,将袖底缝、前后衣片的侧缝对齐,袖窿底点对准,从底摆处开始连续车缝衣片的侧缝和袖底缝,注意袖隆的缝份倒向袖子。然后将衣片正面朝上,三线包缝衣片侧缝和袖底缝。

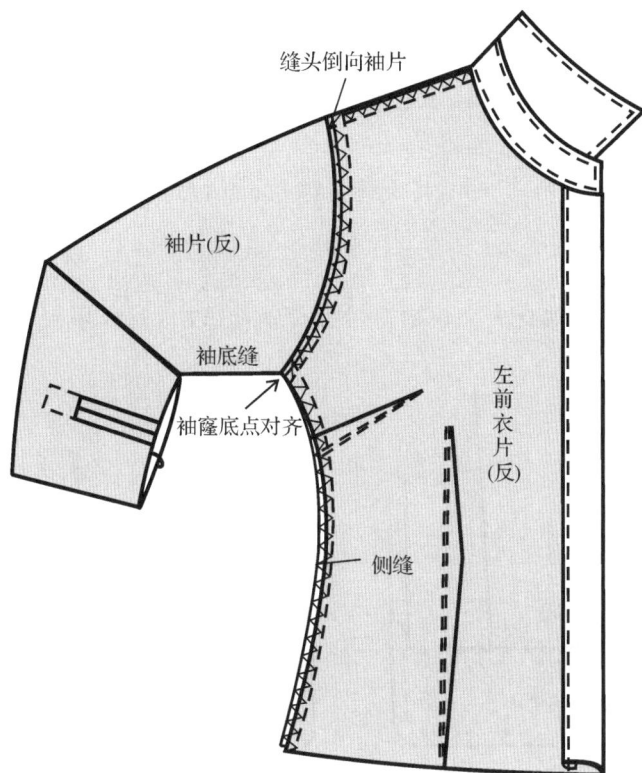

图 4-4-21　缝合袖底缝、侧缝并三线包缝

13. 做袖克夫

做袖克夫的步骤如图 4-4-22 所示。

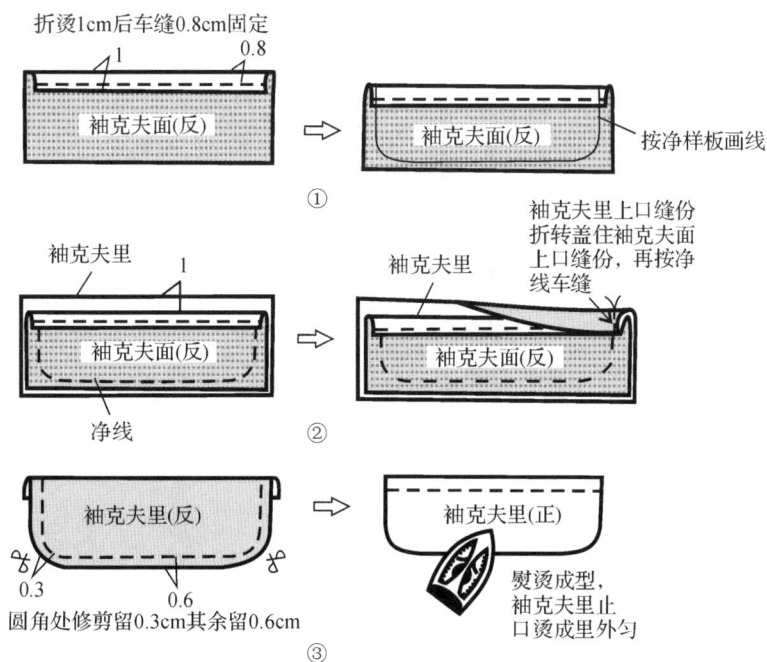

图 4-4-22　做袖克夫

(1)将袖克夫面的反面朝上,上口折烫 1cm 后按 0.8cm 车缝。然后再在上面按净样板画线。

(2)将袖克夫面里正面相对,袖克夫面放上层,将袖克夫里多出的 1cm 缝份折转盖住袖克夫面上口的缝份,最后沿净线车缝三周。

(3)修剪缝份,圆角处留 0.3cm,其余缝份留 0.6cm,然后把袖克夫翻到正面,整理成型后,烫成平止口。

14. 装袖克夫

如图 4-4-23 所示,将袖克夫夹住袖口缝份 1cm,沿边 0.1cm 用闷缝固定,其余三边车 0.6cm 的明线。

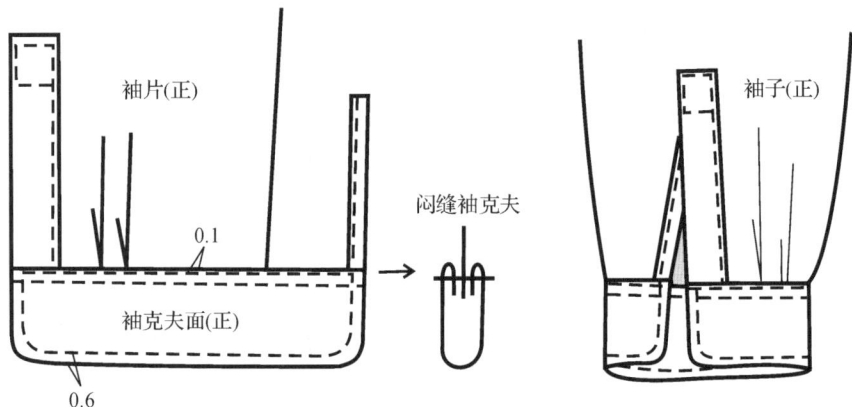

图 4-4-23　装袖克夫

15. 卷底边

如图 4-4-24 所示,先检查衣片门里襟是否左右长度一致;然后把底边两折,第一次折 0.5cm,第二次折 0.7cm;再沿第一次折边车缝 0.1cm 固定。

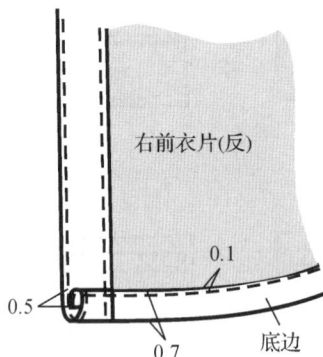

图 4-4-24　卷底边

16. 锁眼、钉扣

锁眼、钉扣的步骤如图 4-4-25 所示。

(1)袖克夫锁、钉:左右袖的大袖衩各锁眼一个,小袖衩各钉扣子一颗。

(2)门里襟锁、钉:门襟锁扣眼五个、下领角锁扣眼一个;对应的里襟钉五颗、下领角钉扣子一颗。

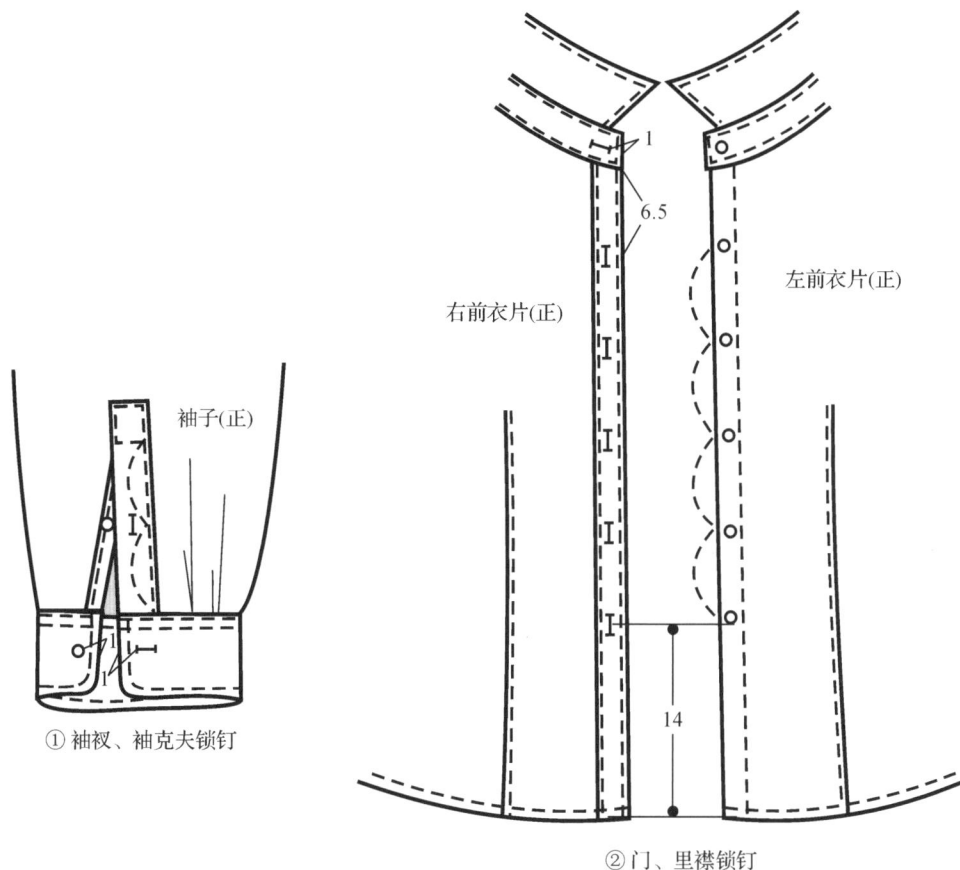

① 袖衩、袖克夫锁钉

② 门、里襟锁钉

图 4-4-25　锁眼、钉扣

八、女衬衫缝制质量要求及评分参考标准（总分 100）

（1）领子平服，两领角长短一致，领角不反翘，缉线圆顺对称，装领平整、左右对称。（25分）

（2）门里襟平服且长短一致、缉线顺直。（10分）

（3）省位左右对称，正面压线顺直。（10分）

（4）缩袖吃势均匀，袖长左右对称，左右袖克夫长短、宽窄一致。（20分）

（5）袖衩平整不露毛、袖克夫高低一致，左右对称。（20分）

（6）锁眼、钉扣位置准确。（10分）

（7）成衣无线头，整洁、美观。（5分）

思考与训练

1.思考并实际训练衣片肋省、通腰省的缝制，注意省尖处的平顺。

2.思考并实际训练男式衬衫领的缝制和装领，注意装领时各处的对位。

3.思考并实际训练方头袖衩的缝制，并思考和练习圆头袖衩的缝制。

4.思考并实际训练圆头两片式袖克夫的缝制，并能加以熟练运用。

第五节　女西装

一、外形概述、用料要求

1. 外形概述

图 4-5-1 所示是一款四粒扣合体女西装,其特点为平驳领、衣片结构为四开身公主线分割、两片合体袖(袖口开衩并钉两粒扣子)、贴袋设计,其款式表里组合见图 4-5-2。

图 4-5-1　女西装款式图

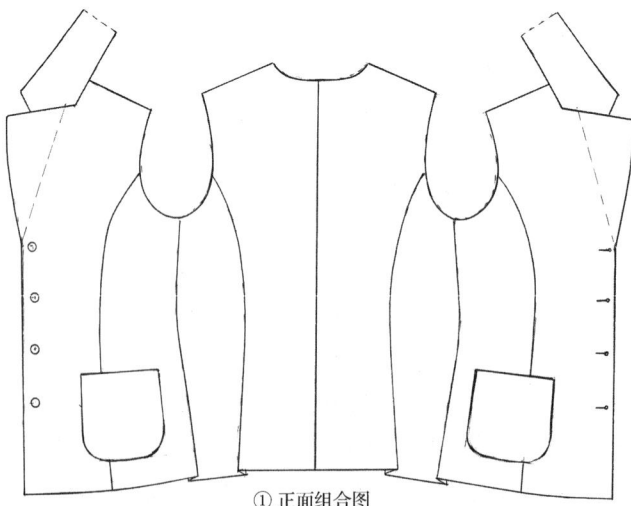

① 正面组合图
图 4-5-2(1)　女西装表里组合图

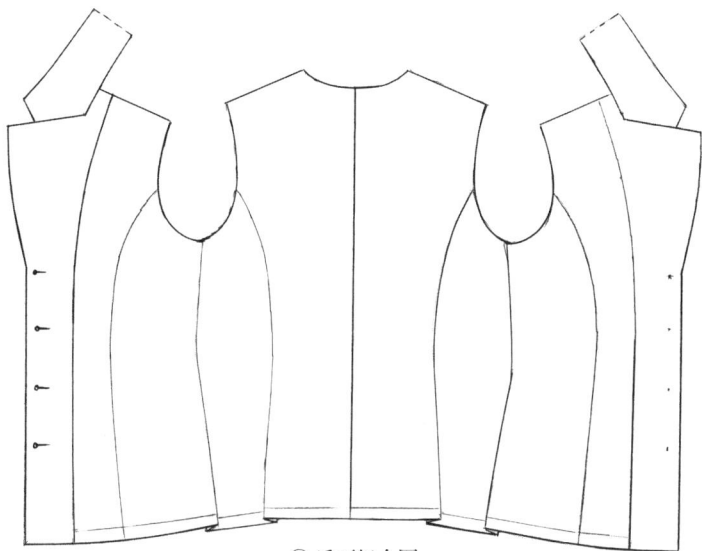

② 反面组合图

图 4-5-2(2)　女西装表里组合图

2.用料要求

面料可选用全毛、毛涤混纺或化纤面料,里布可选用呢丝纺或羽纱。

二、制图参考规格

(1)主要部位规格见表 4-15。

表 4-15　　　　　　　　　　　　　　　　　　(单位:cm)

名称	号/型	胸围(B)	肩宽(S)	前衣长	后衣长	背长	袖长	袖口大
规格	160/84	84+12(放松量)=96	39	66	62	38	57	25

(2)细部规格见表 4-16。

表 4-16　　　　　　　　　　　　　　　　　　(单位:cm)

名　称	领后中宽	袋口深	袋口大	袖衩长	门襟叠门宽
规格	6.5	14	13	8	2.3

三、款式结构图

1.款式结构图(见图 4-5-3)

2.领面纸样制作方法

领面纸样制作方法如图 4-5-4 所示,其步骤如下:

(1)复制领里(款式结构图中的领子为领里的样板),画展开图。颈侧点(N.P)左右各 3~3.5cm 处作记号,通过该点作垂直于翻折线的展开线(见图 4-5-4①),同时在领外围线做出对位记号。

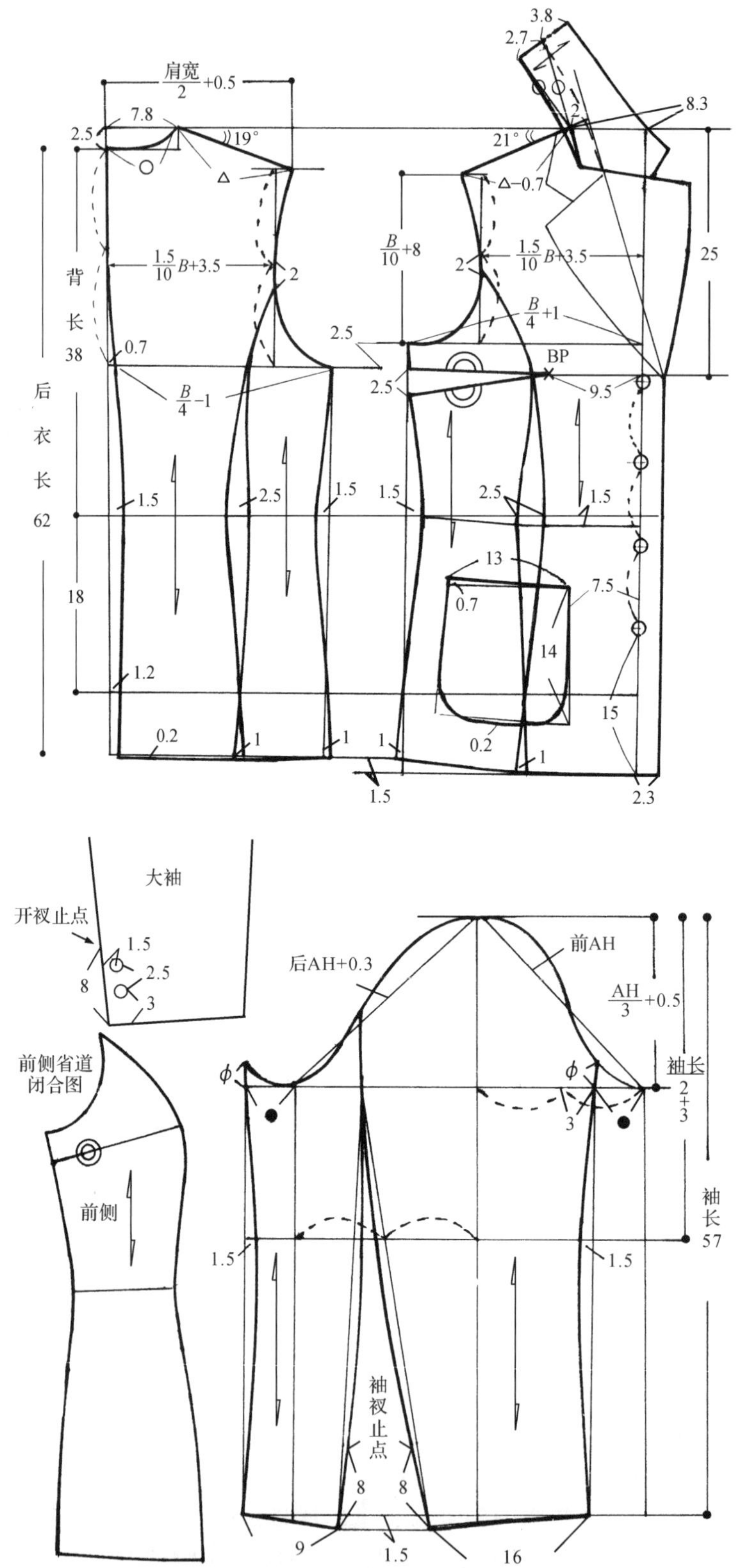

图 4-5-3　款式结构图

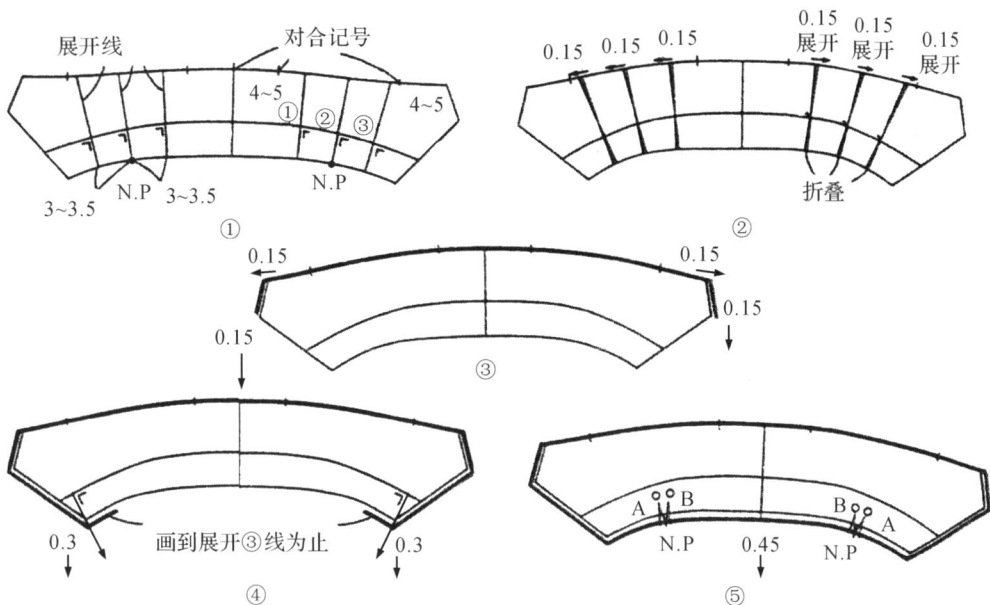

图 4-5-4　领面纸样制作方法

（2）以翻折线为基点，将各条展开线在领外围线上展开 0.15cm（视面料厚薄适当增减），同时在领底线的相应位置会有折叠的量产生（见图 4-5-4②）。

（3）修正领外围线和领底线，领外围线在领角处放出 0.15cm（视面料厚薄适当增减）作为领里的退进量（即领止口的里外匀量），并平行放至装领点再延长 0.15cm（见图 4-5-4③）。

（4）过装领转角点作翻折线的垂线，在垂线上量取 0.3cm 的翻折量（视面料厚薄适当增减），与装领点连接，然后平行原装领线画至展开线③，见图 4-5-4④。

（5）后中心下降 0.45cm（其中翻折量 0.3cm，领里退进量 0.15cm）。由于领面的宽度比领里增加了 0.45cm，原领底线上的颈侧点（N.P）发生了变化，故需重新确定领面的颈侧点（N.P），见图 4-5-4⑤。

3. 挂面纸样制作方法

挂面纸样制作方法如图 4-5-5 所示，步骤如下：

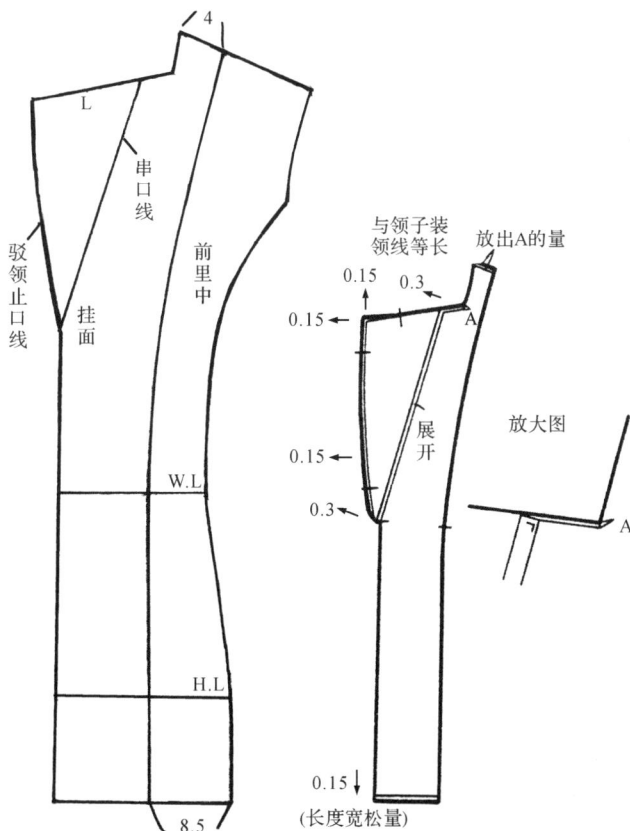

图 4-5-5　挂面纸样制作方法

（1）以串口线（装领线）和翻折线的交点为基点，在翻折线的垂线上取 0.3cm 的翻折量，平行放入。

（2）展开后将串口线延长至装领线（因展开后在串口线上有一段空隙量 A），在肩线处平行放入 A 量。

（3）在驳领止口上，从装领止点和翻折点往外放出前衣片的退进量 0.15cm。

（4）长度方向在下摆处放出 0.15cm 的宽松量。

四、裁片数量及辅料要求

1. 面料裁片名称及数量（见表 4-17）

表 4-17 （单位：片）

名　称	前中片	前侧片	后中片	后侧片	挂面	大袖片	小袖片	领面	领里	袋布面
数　量	2	2	2	2	2	2	2	1	2	2

2. 里料裁片数量（见表 4-18）

表 4-18 （单位：片）

名　称	前中里	前侧里	后中里	后侧里	大袖里	小袖里	袋布里
数　量	2	2	2	2	2	2	2

3. 粘衬部位

粘衬部位如图 4-5-6 所示。

（1）有纺粘衬：前中片、前侧片、领里。

（2）无纺粘衬：挂面、领面、后中片上部、后侧上部、袋布面、后衣片底摆、袖衩及袖口。

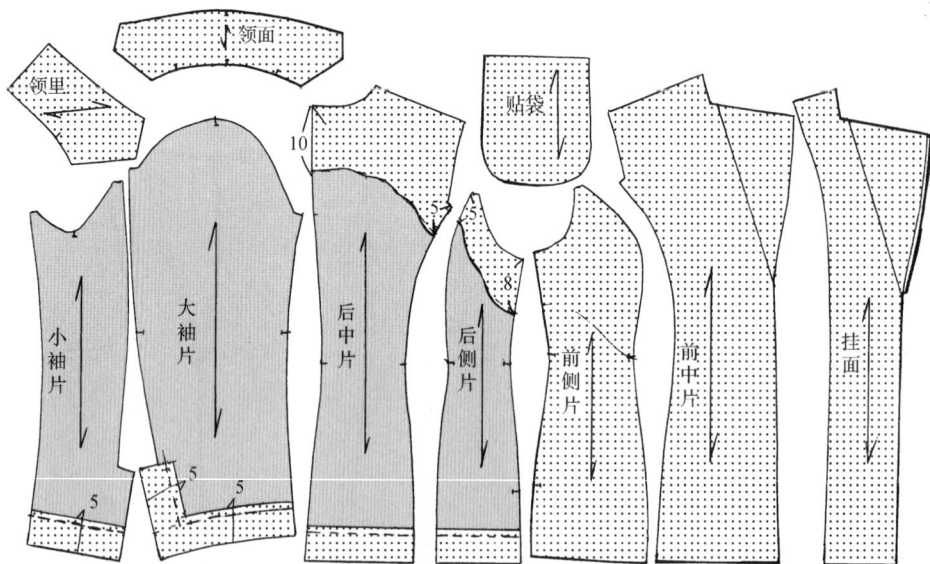

图 4-5-6　粘衬部位

4. 其他辅料

其他辅料包括：直丝牵条 3 米，斜丝牵条 1 米，大纽扣 4 颗，小纽扣 4 颗，垫肩 1 副，大配色线 1 个或小配色线 3 个。

五、放缝图、排料图

1.放缝图

(1)面料放缝见图 4-5-7。

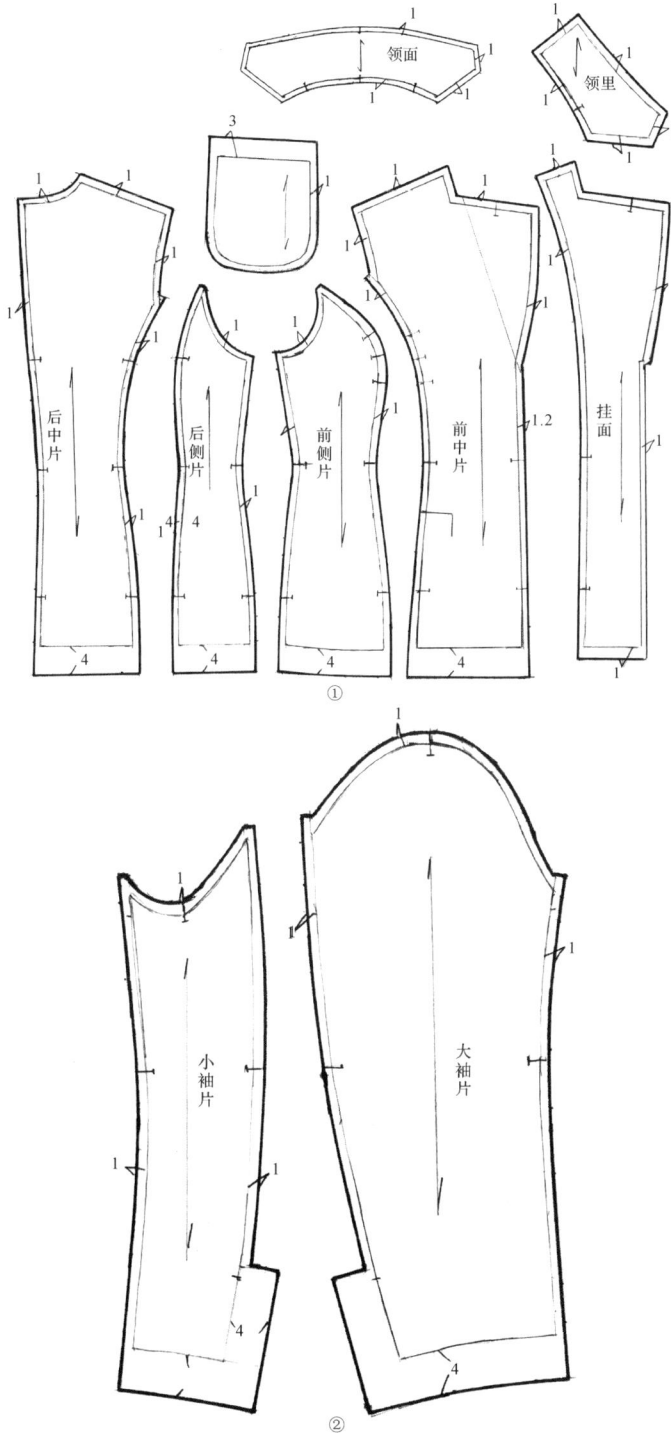

①

②

图 4-5-7　面料放缝图

（2）里料放缝见图4-5-8。

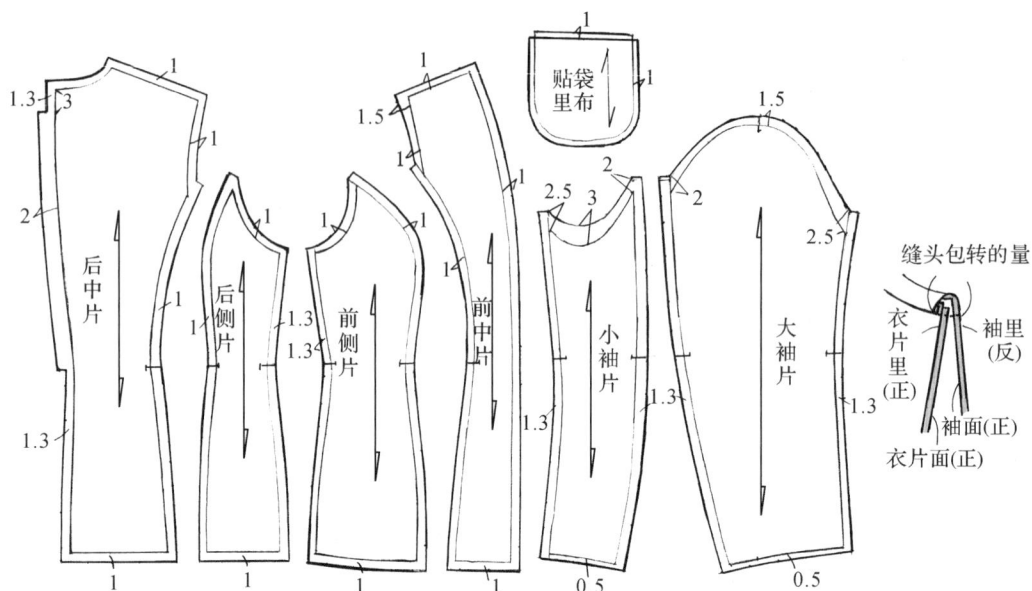

图 4-5-8　里料放缝图

2. 排料

（1）面料排料图见图4-5-9。面料使用量为：144cm 幅宽，用料 140cm。

单件估料算式：衣长＋袖长＋15～25（cm）。

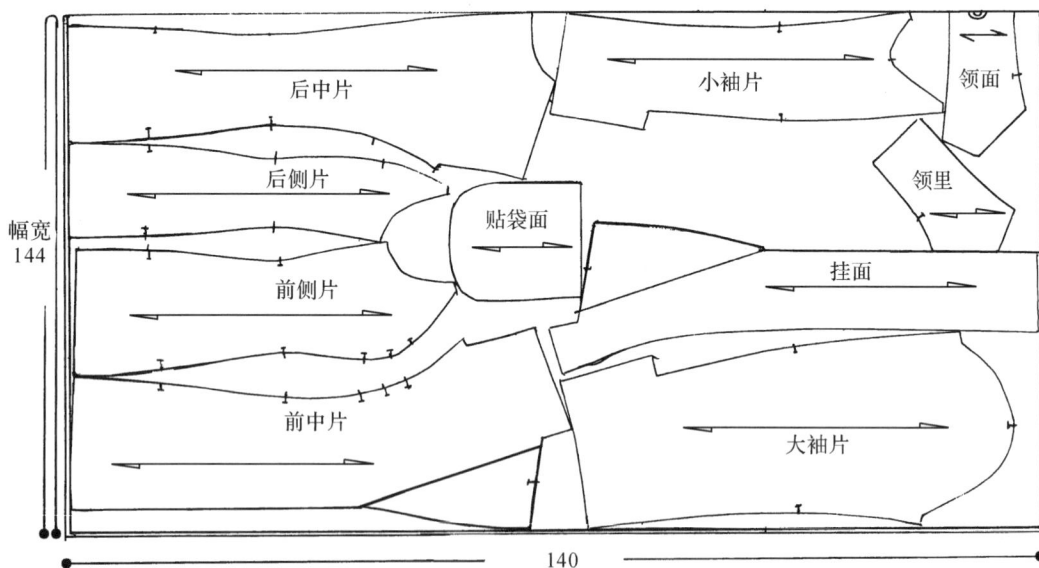

图 4-5-9　面料排料图

注意：某些面料在过粘合机后可能会产生热缩，故在裁剪衣片面料时可适当放些缩率，过粘合机后将裁片按裁剪样板进行修片。

（2）里料排料图见图4-5-10）。里料使用量为：144cm 幅宽，用料约 125cm。

单件估料算式:衣长＋袖长

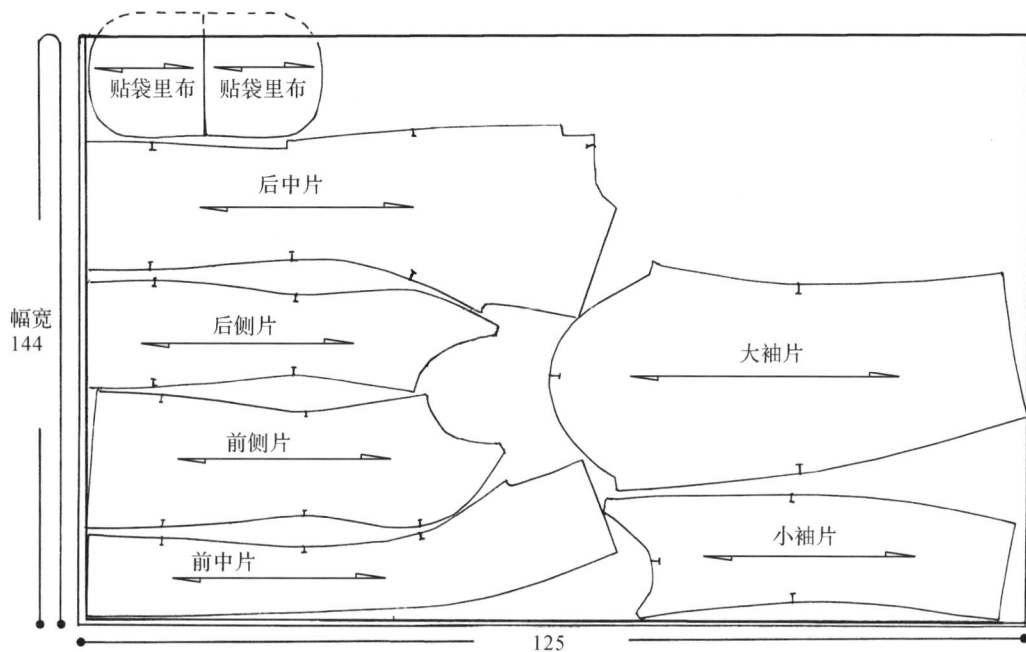

图 4-5-10　里料排料图

（3）有纺粘衬排料图

1）有纺粘衬排料图见图 4-5-11。有纺粘衬使用量为:幅宽 90cm,用料约 75cm。

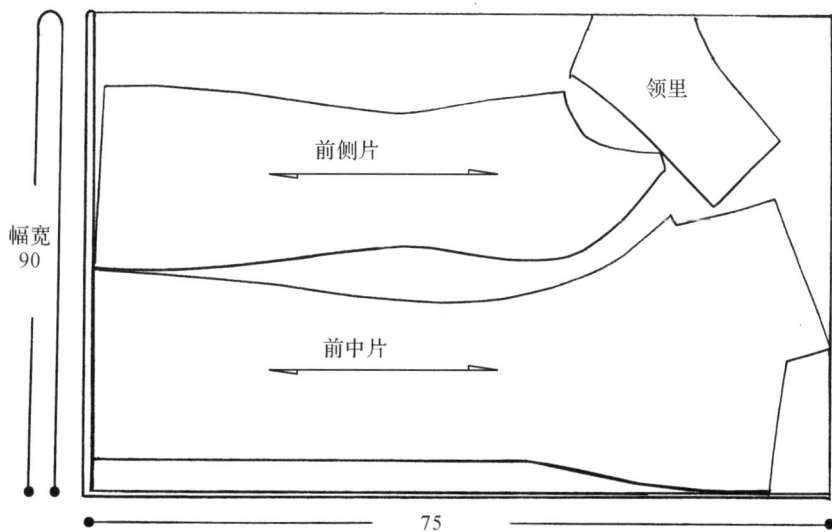

图 4-5-11　有纺粘衬排料图

2）无纺粘合衬排料图见图 4-5-12。无纺粘合衬使用量:幅宽 90cm,用料约 72cm。

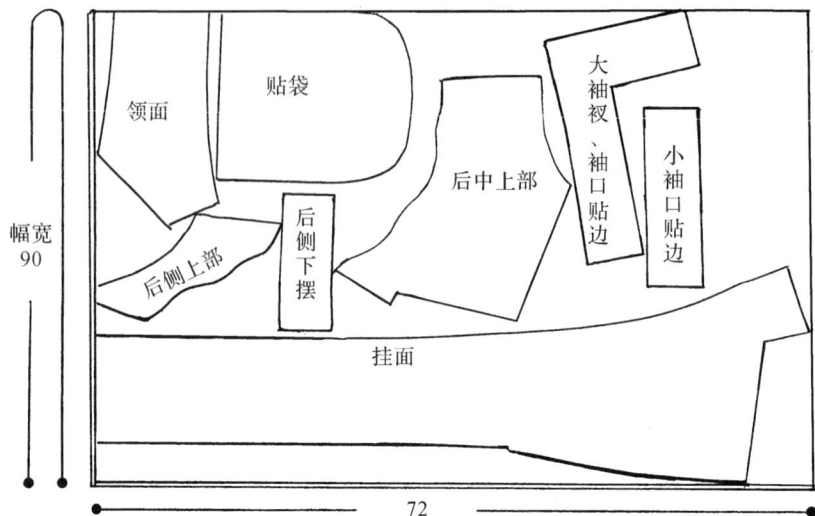

图 4-5-12　无纺粘合衬排料图

六、缝制工艺流程

女西装的缝制工艺流程如下：

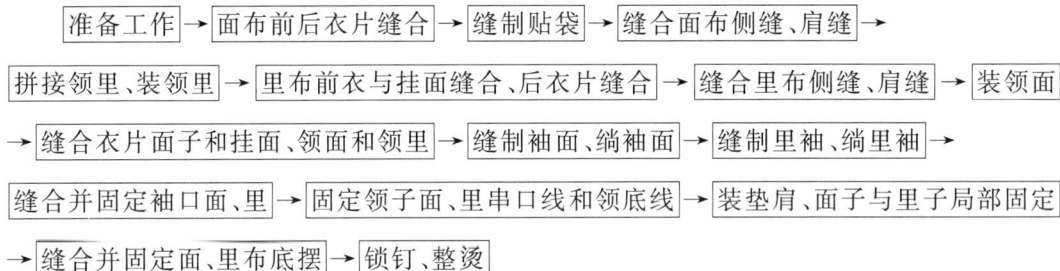

准备工作 → 面布前后衣片缝合 → 缝制贴袋 → 缝合面布侧缝、肩缝 →

拼接领里、装领里 → 里布前衣与挂面缝合、后衣片缝合 → 缝合里布侧缝、肩缝 → 装领面

→ 缝合衣片面子和挂面、领面和领里 → 缝制袖面、绱袖面 → 缝制里袖、绱里袖 →

缝合并固定袖口面、里 → 固定领子面、里串口线和领底线 → 装垫肩、面子与里子局部固定 →

→ 缝合并固定面、里布底摆 → 锁钉、整烫

七、具体缝制工艺步骤及要求

1.准备工作

(1)在正式缝制前需选用相应的针号和线,调整好线迹密度。

针号:75/11 号或 90/14 号。

用线与线迹密度:明线 14～15 针/3cm,面、底线均用配色涤纶线。暗线 13～14 针/3cm,面、底线均用配色涤纶线。

(2)粘衬及修片

1)先将衣片与粘衬用熨斗固定。注意粘衬比裁片要略小 0.2cm 左右,固定时不能改变布料的经纬向丝缕。

2)衣片过粘合机后,需将其摊平冷却后再重新按裁剪样板修剪裁片。

3)烫牵条:为防止领圈、袖窿等部位伸长,在净线内 0.2cm 处和离开翻折线 1cm 处烫上粘合牵条,领圈和袖窿处为斜牵条,其余部位为直牵条,翻折线处牵条离翻驳点约 3cm(见图 4-5-13)。

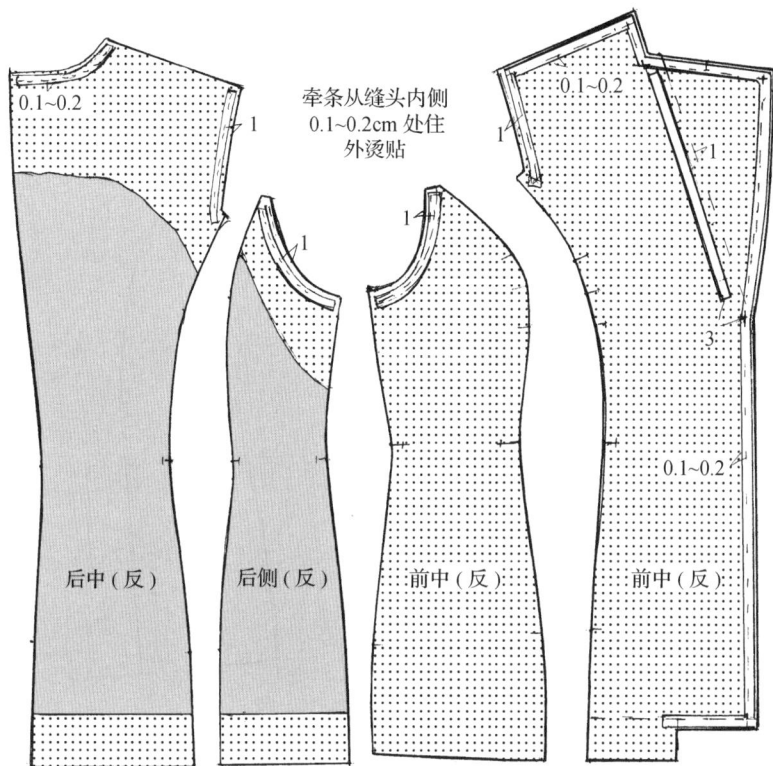

牵条从缝头内侧
0.1~0.2cm 处住
外烫贴

0.1~0.2

0.1~0.2

0.1~0.2

0.1~0.2

后中（反）　　后侧（反）　　前中（反）　　前中（反）

图 4-5-13　烫牵条

2. 面布前、后衣片缝合

（1）缝合面布前衣片

如图 4-5-14 所示，将前衣片与前侧片正面相对缝合公主线，要求对准刀眼；然后将弧形处和腰节线的缝份剪口，分缝烫平。

（2）缝合面布后衣片中线和公主线

如图 4-5-15 所示，先将后衣片正面相对缝合后中线，再将后侧片与后中片正面相对缝合公主线，要求对准刀眼；然后将弧形处和腰节线的缝份剪口，分缝烫平。

3. 缝制贴袋

（1）划袋位

如图 4-5-16 所示，在前衣片正面用划粉划出袋位，左右袋位需对称。

（2）扣烫面、里袋布

如图 4-5-17 所示，将袋布面、里的圆角处放长针距车缝后抽缩，然后分别用袋布面、里的净样扣烫（袋布里扣烫样板要比面扣烫样板小 0.3cm）。

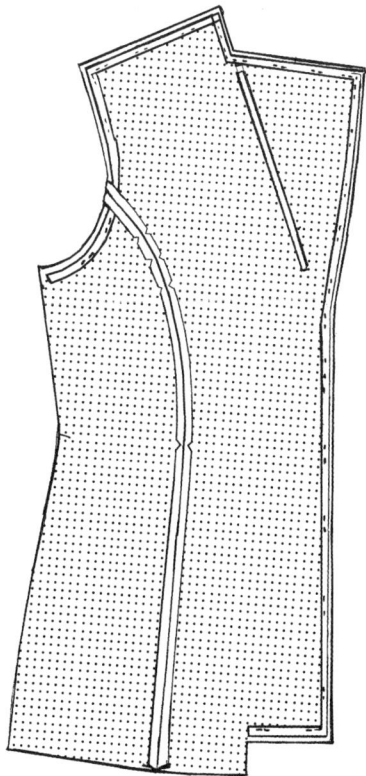

图 4-5-14　缝合面布前衣片

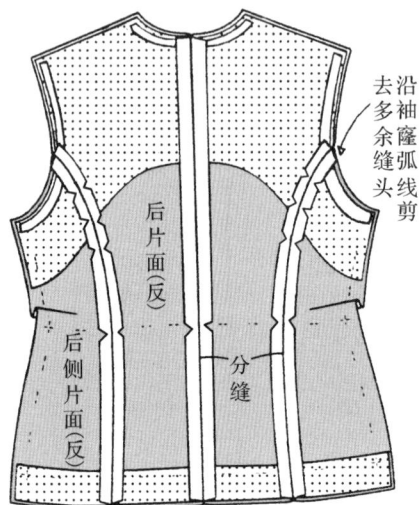

图 4-5-15　缝合面布后衣片中线和公主线

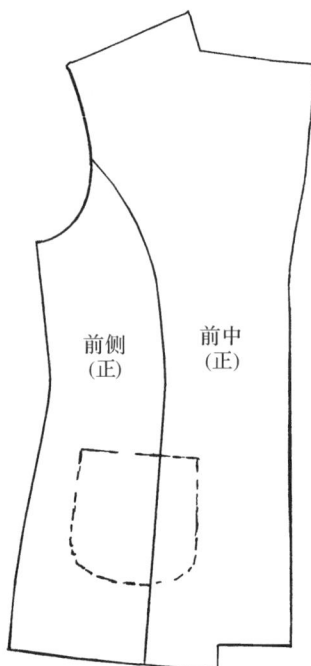

图 4-5-16　划袋位

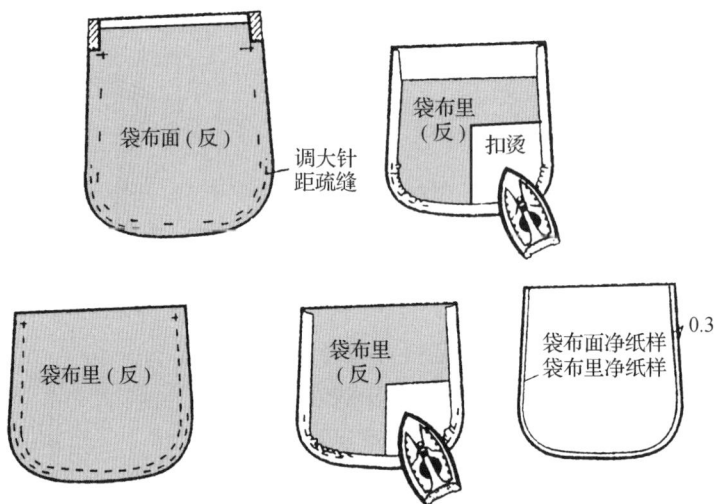

图 4-5-17　扣烫面、里袋布

(3)固定面、里袋布

固定面、里袋布的步骤如图 4-5-18 所示。

(1)车缝固定袋布里。在离袋位净线 0.2～03cm 处,车缝 0.1cm、0.5cm 两道线固定袋布里(见图 4-5-18①)。

(2)放长针距固定袋布面。将袋布面按袋位放好,注意袋口要稍留空隙,然后如图翻开袋贴,距边 0.1cm 长针距固定袋布面(见图 4-5-18②)。

(3)车缝固定袋布面。如图翻开袋布面,沿长针距线边缘车缝固定袋布面,然后拆除长针距线迹(见图 4-5-18③)。

(4)手缝固定面、里袋口。将袋布面与袋布里的袋口处用暗针缲缝(见图 4-5-18④)。

(5)熨烫贴袋。袋口稍留空隙,以是得人体穿着后的口袋自然贴体。要求完成的贴袋平整,丝绺顺直,圆角处圆顺,饱满(见图 4-5-18⑤)。

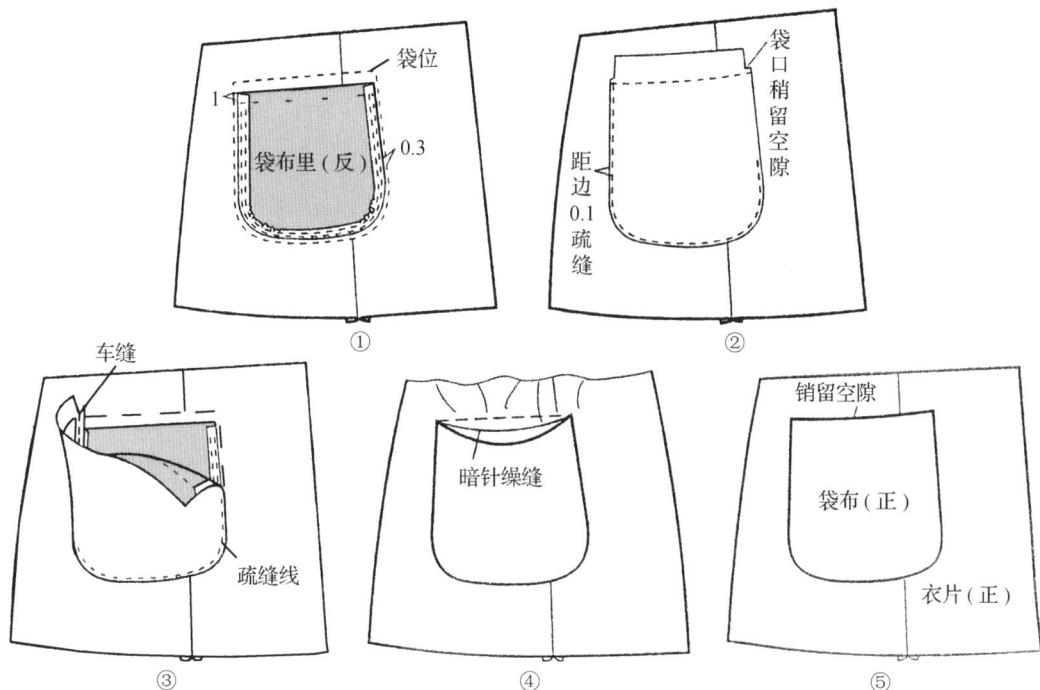

图 4-5-18　固定面、里袋布

4. 缝合面布侧缝、肩缝

缝合面布侧缝、肩缝工艺如图 4-5-19 所示,肩线的缝合要求后肩中部缩缝,侧缝缝合要求腰节线的刀眼对齐,然后分别将缝份分开烫平。

5. 拼接领里、装领里

(1)拼接领里

如图 4-5-20 所示,左右领里正面相对,缝合后中线;然后修剪缝份至 0.5cm,分烫缝份后,在领翻折线上缲缝一条线。

(2)装领里

如图 4-5-21 所示,装领里的步骤如下:

1)衣片面子与领里正面相对后,从装领至点开始缝至装领转角处(见图 4-5-21①)。

2)机针落下,抬起压脚,在衣片转角处打剪口(见图 4-5-21②)。

3)衣片转角剪口后,将领里与衣片面子沿领圈缝合

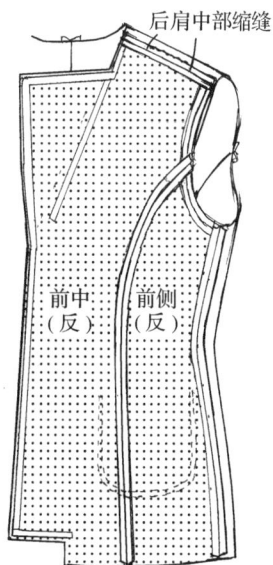

图 4-5-19　缝合面布侧缝、肩缝

至另一侧装领转角处,注意后中线与肩线的剪口要对齐;然后机针落下,抬起压脚,在衣片转角处打剪口(见图 4-5-21③)。

4)再从衣片装领转角处缝至装领至止点(见图 4-5-21④)。

5)在装领转角处将领里剪口,然后缝份烫平(见图 4-5-21⑤)。

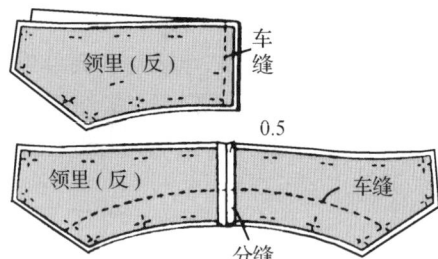

图 4-5-20 拼接领里

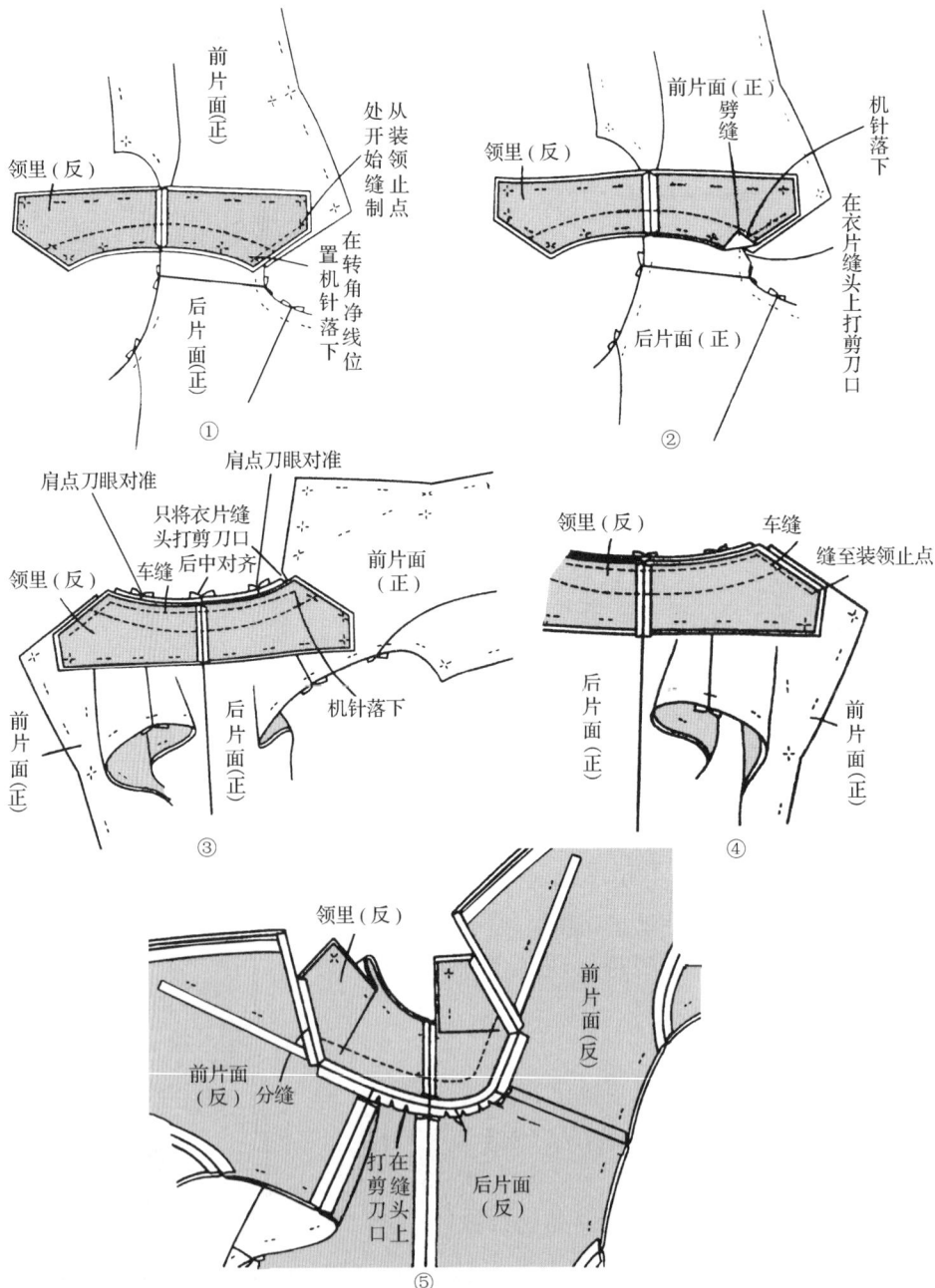

图 4-5-21 装领里

6. 里布前衣片与挂面缝合、后衣片缝合

里布前衣片与挂面缝合、后衣片缝合的步骤如图 4-5-22 所示。

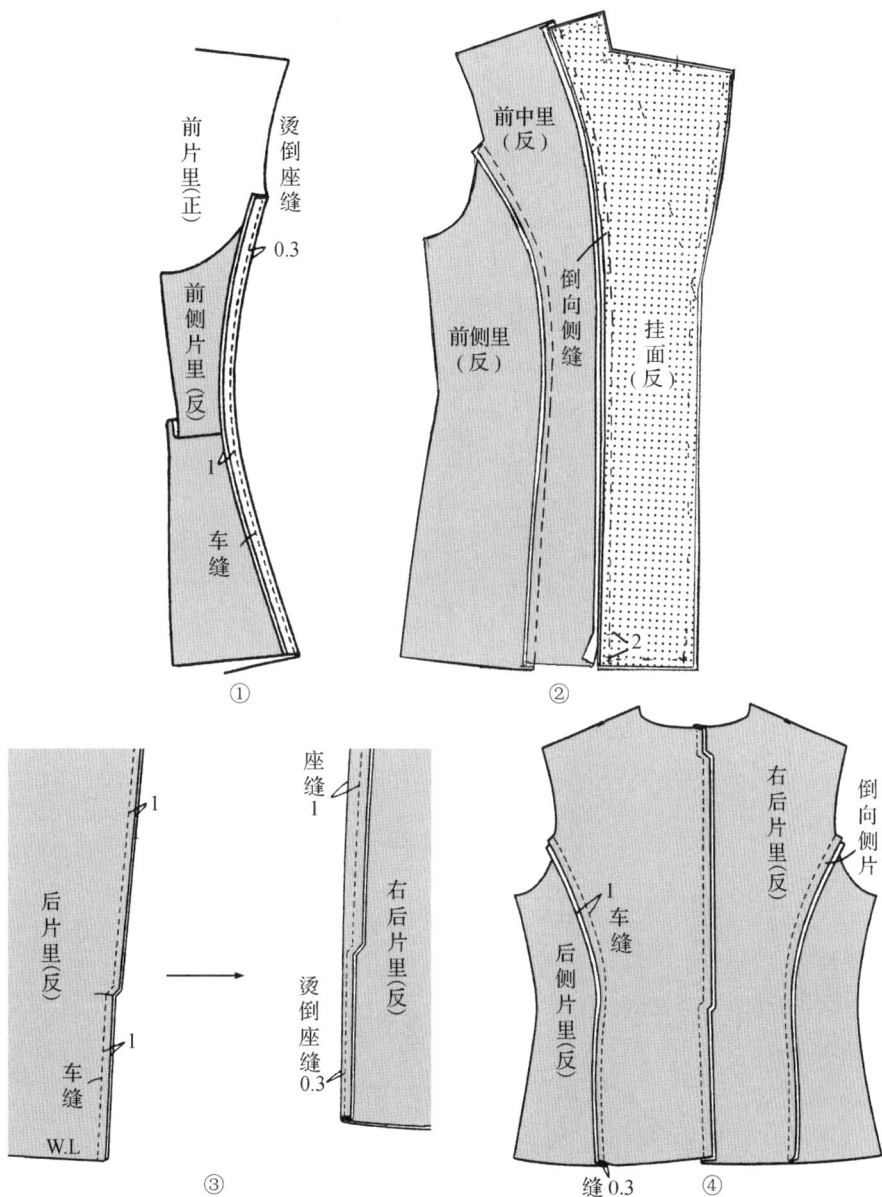

前片里(正)

烫倒座缝

0.3

前侧片里(反)

1

车缝

①

前中里(反)

前侧片里(反)

倒向侧缝

挂面(反)

2

②

后片里(反)

车缝

1

1

W.L

③

座缝

1

右后片里(反)

烫倒座缝

0.3

右后片里(反)

倒向侧片

后侧片里(反)

1

车缝

缝 0.3

④

图 4-5-22　里布前衣片与挂面缝合、后衣片缝合

（1）缝合里布前片公主线。将里布前片与侧片缝合，缝份 1cm，然后将缝份往里布前片烫倒，要求座缝 0.3cm（见图 4-5-22①）。

（2）里布前片与挂面缝合。将里布前片与挂面缝合至离下摆净线 2cm 处，缝份往侧缝烫倒（见图 4-5-22②）。

（3）缝合里布后衣片中心线。将左右里布后片正面相对，缝合后中线，缝份 1cm，然后将缝份往右后片直线烫倒，要求上下两端烫倒座缝 0.3cm，中间烫倒座缝 1cm（见图 4-5-22③）。

(4)缝合里面布后片公主线。将后侧片与后中片的公主线对齐,缝合,然后将缝份往侧缝烫倒,座缝为 0.3cm(见图 4-5-22④)。

7. 缝合里布肩缝、侧缝

如图 4-5-23 所示,里布的肩缝按 1cm 缝份缝合,然后将缝份往后片烫倒;再缝合前后片侧缝,缝份 1cm,最后将缝份往后侧片烫倒,要求座缝 0.3cm。

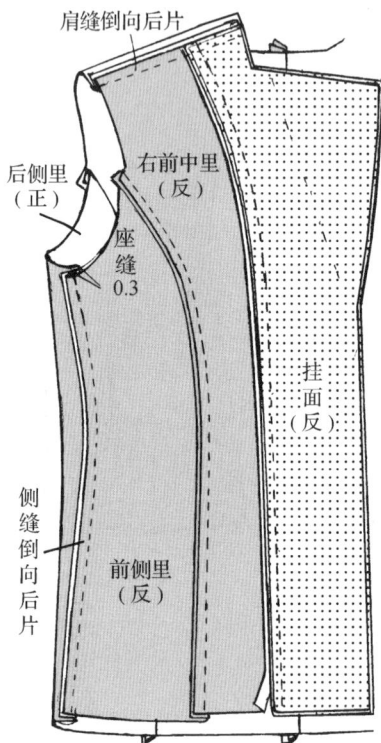

图 4-5-23 缝合里布肩缝、侧缝

8. 装领面

如图 4-5-24 所示,将领面与挂面及衣片里子缝合,装领面的方法同装领里,参见图 4-5-21。

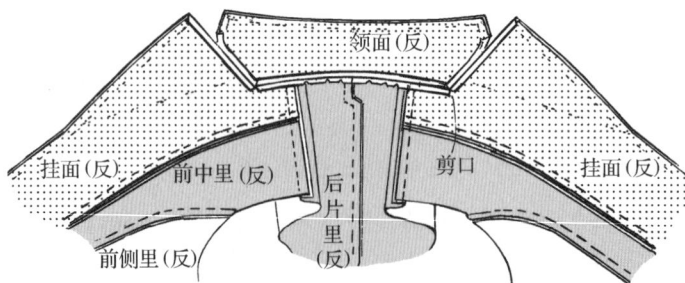

图 4-5-24 装领面

9. 缝合衣片面子和挂面、领面和领里

缝合衣片面子和挂面、领面和领里的步骤如图 4-5-25 所示。

(1)衣片面布和挂面、领面和领里正面相对,在装领止点的缝道上穿一根线,打结固定住四片(见图 4-5-25①)。

(2)将衣片放在上面,沿净线按以下顺序缝制:1)翻折点到装领止点;2)装领止点到领子外围线;3)翻折点到下摆的(见图 4-5-25②)。在装领止点处,注意不要将装领缝份缝进去(见图 4-5-25②放大图)。

(3)从下摆到驳领翻折线位置的挂面缝头修剪至 0.5cm,下摆底角缝份离开缝线 0.2～0.3cm 处斜向修剪(见图 4-5-25③)。

(4)从翻折点到装领止点的驳领翻折位置处衣片的缝份修剪至 0.5cm,领里缝份同样修剪。领角缝份离开缝线 0.2～0.3cm 处斜向修剪(见图 4-5-25④)。

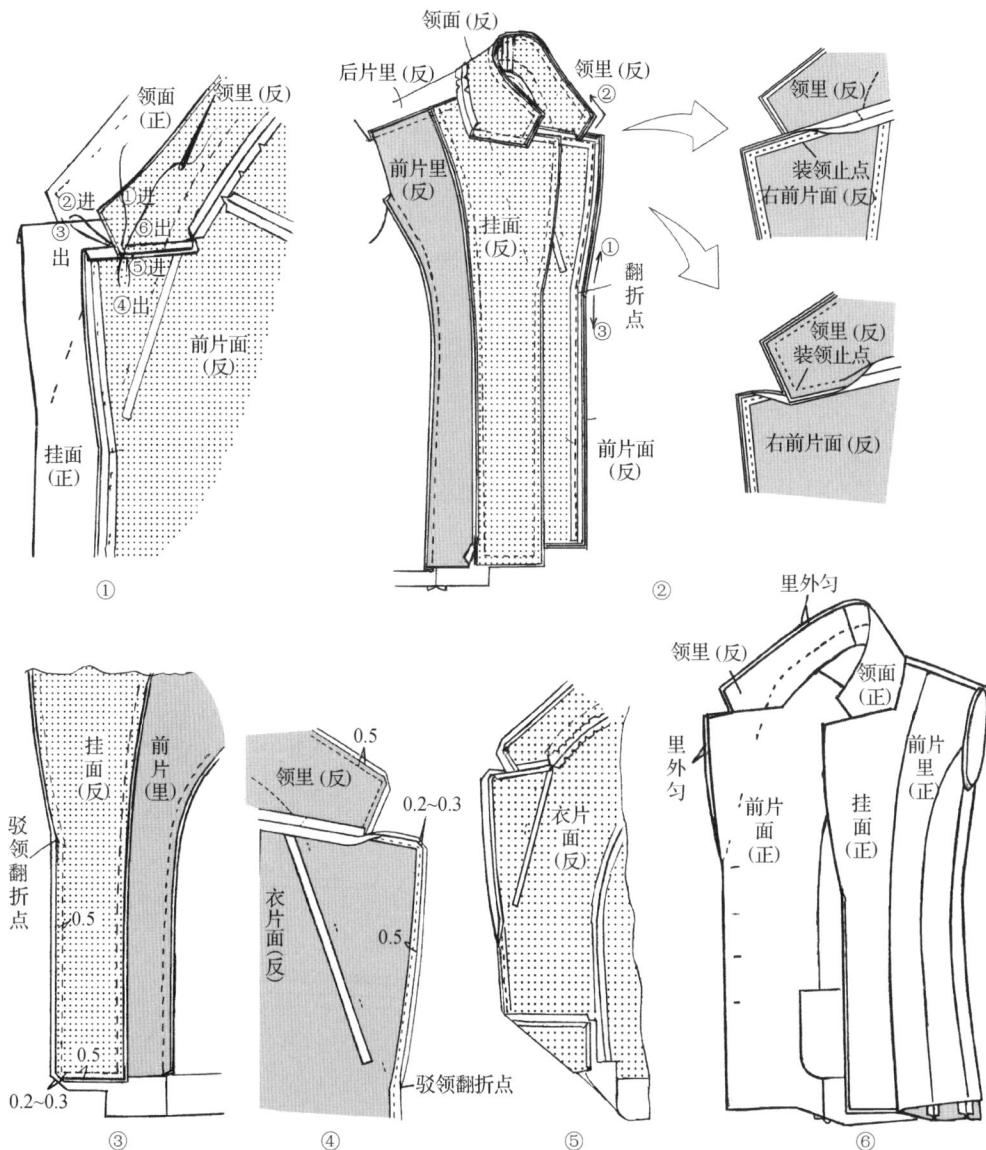

图 4-5-25　缝合衣片面子和挂面、领面和领里

(5)将挂面下摆、挂面门襟止口、衣片驳领、领里的缝份分烫(见图 4-5-25⑤)。

(6)将面布的下摆按净线烫平。

（7）将挂面和领里翻至正面，在领里、驳领、门襟止口处车缝暗线 0.1cm。注意翻折止点两侧 2cm 左右不车暗线。

（8）在门襟止口处挂面退进 0.1～0.2cm、在驳领处衣片退进 0.1～0.2cm、翻领处领里退进 0.1～0.2cm，熨烫后使之形成里外匀（见图 4-5-25⑥）。

10. 缝制面袖、绱面袖

缝制面袖、绱面袖的步骤如图 4-5-26 所示。

（1）归拔大袖片。将两片大袖片正面相对，反面朝上，在肘线位置用熨斗拔开（见图 4-5-26①）。

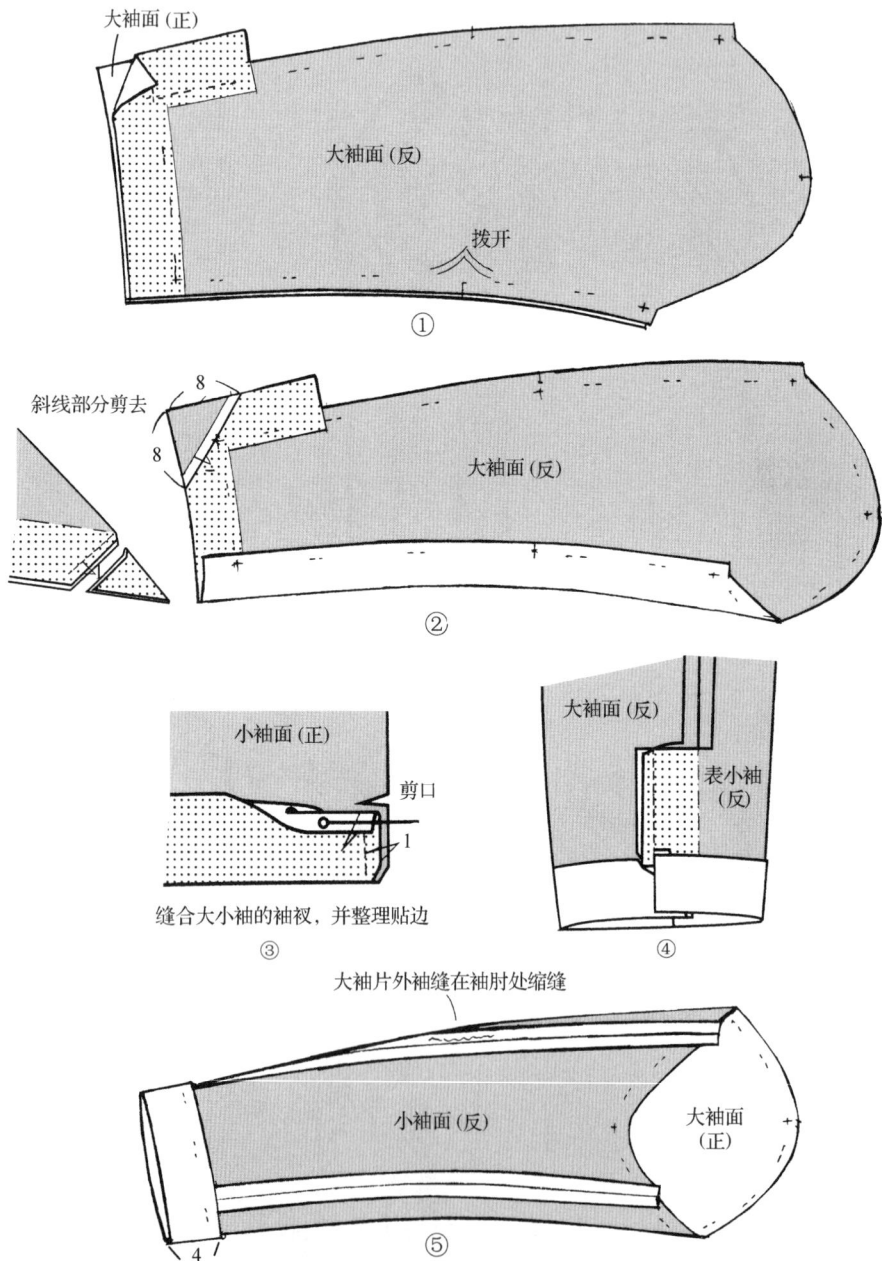

图 4-5-26　面袖缝制

（2）袖开衩的缝制。先将大袖片的袖衩剪去一角,再缝合大袖衩的三角到距净线 1cm（见图 4-5-26②）处;小袖衩按净线位置反折距边 1cm 车缝（见图 4-5-26③）,然后把袖口贴边翻到正面,按净线扣烫（见图④）。

（3）缝合面子的外袖缝和内袖缝。缝合外袖缝至袖衩头,在小袖片打剪口,开衩止口以上分缝烫开。注意:大袖片的外袖缝在袖肘处要稍加缩缝。最后缝合内袖缝,分缝烫平缝份后,将袖口贴边按净线折烫。（见图 4-5-26⑤）。

（4）缩缝袖山面布吃势

方法一:斜裁 2 条本料布,长 25cm 左右,宽 3cm,缩缝时距袖山净线 0.2cm,调长针距车缝,开始时斜布条放平,然后逐渐拉紧斜条,袖山顶点拉力最大,然后逐渐减少拉力直全放松平缝（见图 4-5-27①）。此方法适合较熟练的操作者。

方法二:用手缝针在距袖山净线 0.2cm 外侧绗缝 2 道线,然后抽紧缝线并整理袖山的缩缝量,（见图 4-5-27②）。此方法适合初学者。

（5）熨烫缩缝量。把缩缝好的袖山头放在铁凳上,将缩缝熨烫均匀,要求平滑无褶皱,袖山饱满（见图 4-5-27③）。

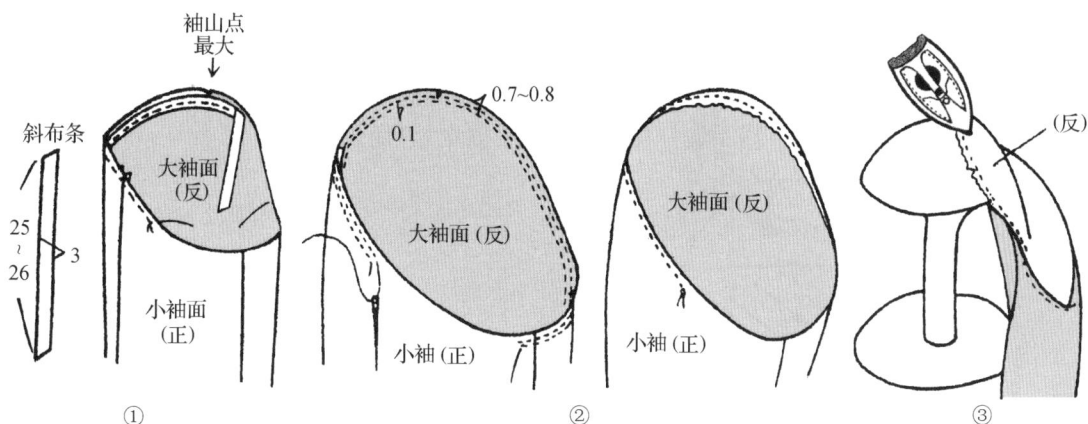

图 4-5-27　缩缝袖山面布吃势

11. 缝制里袖、绱里袖

（1）如图 4-5-28 所示,大小袖片的内、外袖按 1cm 缝份缝合,要求左袖的内袖缝以袖肘点为中心,留出 15cm 不缝合,以备用于翻膛。里袖的袖缝均往大修片烫倒,要求烫出座缝 0.3cm。

（2）将里袖的袖山顶点与衣片的肩线对齐进行车缝。

12. 缝合并固定袖口面、里

（1）将袖口面、里的内袖缝对齐,车缝一周。注意:外袖缝面子由于有袖衩的原因,袖衩缝份与里子的外袖缝是不会对齐的。

（2）按面袖上袖口贴边扣烫的折痕整理袖口,然后在内袖缝和袖衩缝上与袖口缝份车缝几针固定。

13. 固定领子面、里的串口线、领底线

对准领里、领面的串口线、领底线上的后领中点,将缝份车缝固定。

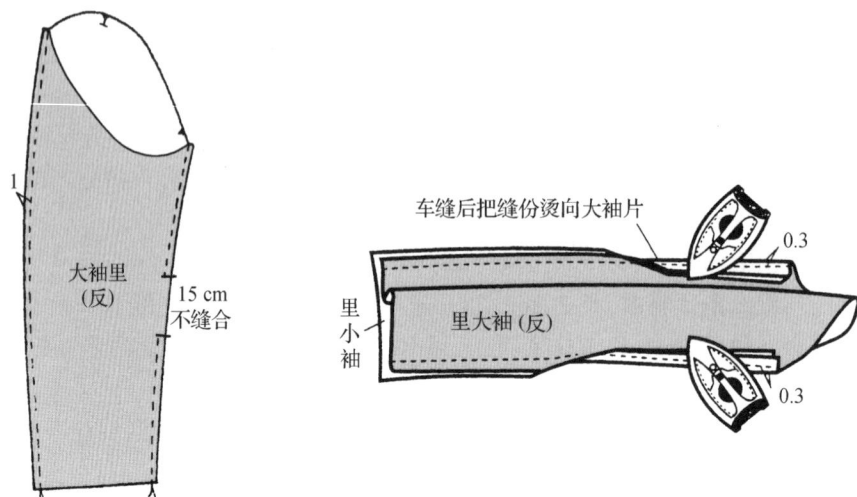

图 4-5-28　缝制里袖

14. 装垫肩、面子与里子局部固定

（1）如图 4-5-29 所示，将垫肩外口与袖窿缝边（毛边）对齐，用手缝针回针固定垫肩和袖窿缝份，注意缝线不宜拉紧；再将垫肩的圆口与肩缝手缝固定几针。

（2）在肩点处、腋下处，用手缝针将面子与里子固定，缝线要松。

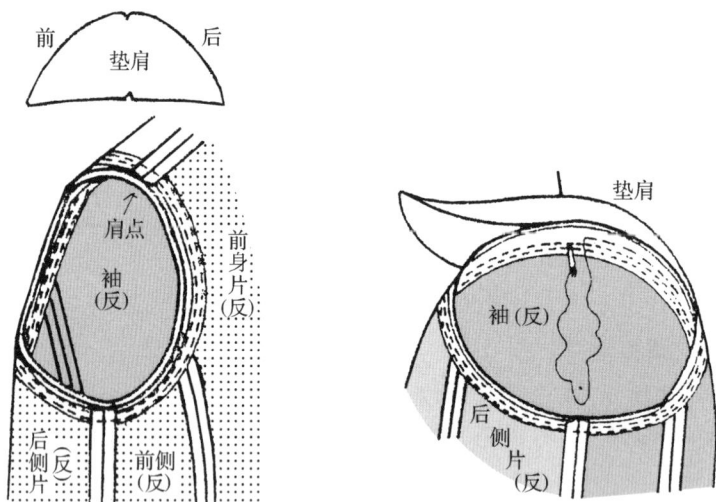

图 4-5-29　装垫肩

15. 缝合并固定面、里布底摆

缝合并固定面、里布底摆工艺如图 4-5-30 所示。

（1）将衣片面、里底摆上对应拼接线对齐后车缝，注意在靠近挂面处留出 0.5 cm 不缝合（见图 4-5-30①）。

（2）按面布底摆贴边扣烫的折痕整理底摆，然后将所有拼接线的缝份与底摆缝份车缝几针固定（见图 4-5-30②）。

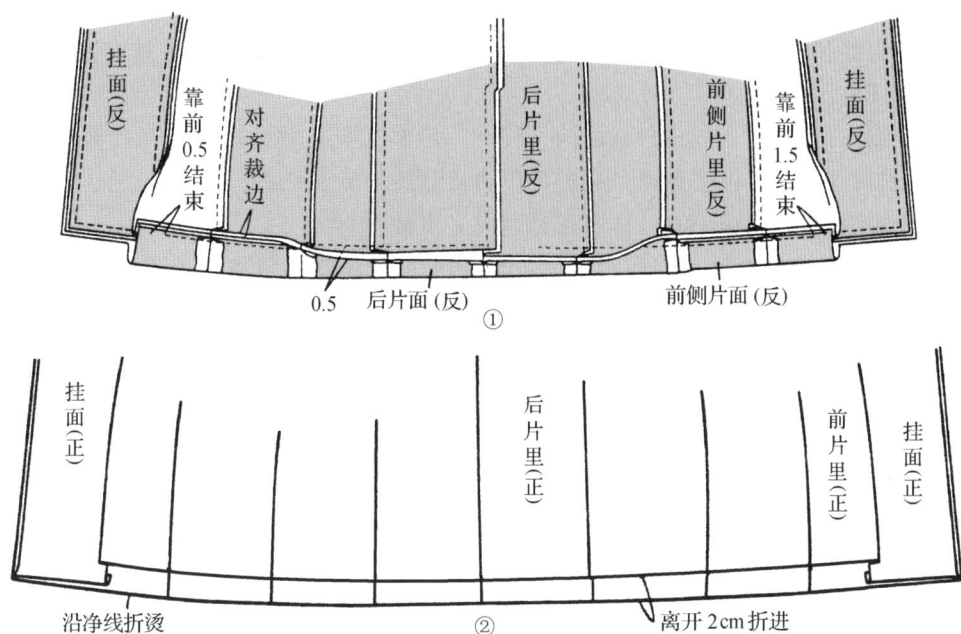

图 4-5-30　缝合并固定面、里布底摆

16. 翻膛、车缝袖里留口

(1) 从左里袖的翻膛口处伸手进入袖子的面里之间,将整件衣服翻到正面。

(2) 熨烫整理左里袖的翻膛口,然后车缝 0.1cm 将其封口固定。

17. 锁钉

锁钉工艺如图 4-5-31 所示。

(1) 锁扣眼。采用圆头锁眼机用配色线在右衣片扣眼位置锁扣眼四个。

(2) 钉扣子。采用钉扣机,用配色线在左衣片的相应位置钉扣子四颗。在左右袖衩扣位上各钉 2 颗扣子,扣位见图 4-5-31。

18. 整烫

先清除线头,去除污迹,然后用大烫机将整件衣服进行整烫。步骤如下:

(1) 烫衣摆。将衣服的里子朝上,衣摆放平整,用蒸汽熨斗先将贴边烫平服,再将里子底边的坐势烫平,然后顺势将衣服的里子轻轻烫平。

(2) 烫驳头及门里襟止口。将驳头门襟止口正面朝上靠操作者方一侧放平,归整丝缕后进行压烫,将止口压薄、压挺。用同样方法烫反面的驳头和门里襟止口。

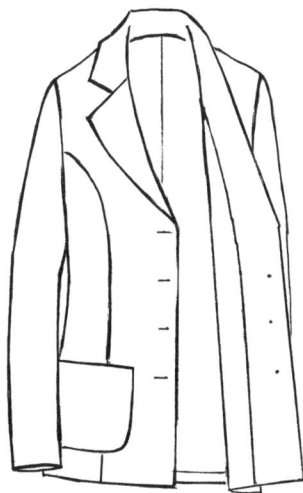

图 4-5-31

(3) 烫驳头和领子。先将挂面、领面正面朝上放平,用蒸汽熨斗将串口线、驳角烫顺直;再将驳头向外翻出放在布馒头上,按驳头的宽度进行熨烫,注意:驳口线以上 2/3 用熨斗烫平服,1/3 以下不能烫烫服,以展示驳头的自然形态。最后将领子按领面的宽度向外翻出,

放在布馒头上烫顺领子的翻折线,注意:驳头的翻折线与领子的翻折线要自然连顺。

(4)烫肩缝和领圈。将肩部放在烫凳上,归正前肩丝缕,用蒸汽熨斗将其熨烫,并顺势将领圈熨烫平服。

(5)烫胸部和口袋。将前衣片放在布馒头上,用蒸汽熨斗熨烫拼接缝和胸部,使其饱满并符合人体胸部造型。再顺势将口袋进行熨烫,注意:袋口要平直。

(6)烫侧缝。将侧缝放平直,从衣摆开始向上熨烫。

(7)烫后背。将后衣片放在布馒头上,用蒸汽熨斗熨烫拼接缝和后中缝。

八、女西装缝制工艺质量要求及评分参考标准(总分 100)

(1)规格尺寸符合要求。(10)

(2)领角型、驳头、串口均要求对称,并且平服、顺直,领翘适宜,领口不倒吐。(20分)

(3)两袖山圆顺,吃势均匀,前后适宜。两袖长短一致,袖口大小一致,袖开衩倒向正确、大小一致,袖口扣位左右一致。(20分)

(4)各条省缝、省尖、侧缝、袖缝、背缝、肩缝直顺、平服。(10分)

(5)左右门襟长短一致,下摆圆角左右对称、圆顺,扣位高低对齐。(10分)

(6)胸部丰满、挺括,袋位正确,袋上口稍留空隙,不绷紧,左右袋位一致(10分)

(7)里子、挂面及各部位松紧适宜平顺(10分)。

(8)各部位熨烫平服,无亮光、水花、烫迹、折痕,无油污、水渍,表里无线钉、线头。锁眼位置准确,钮扣与眼位相对,大小适宜,整齐牢固。(10)。

思考与训练

1.简述女西装单件制作的工艺流程。

2.西装领的缝制工艺质量要求有哪些?

3.合体西装两片袖的缝制步骤及要点是什么?

4.简述女西装的整烫步骤及要点。

第六节 女大衣

一、外形概述、用料要求

1.外形特征

该款女大衣为连帽式,三开身结构,两片合体袖,整体造型略微合体,总体风格休闲而活泼,较适合年轻女士穿着。衣片为暗门襟设计,并有三副牛角扣装饰;前、后肩设有风雪挡布,前衣身挖袋设计,袖口有装饰襻。款式见图4-6-1。

2.适用面料

(1)面料:大衣呢、麦尔登、学生呢等均可。

(2)里料:涤丝纺、尼丝纺、人丝软缎、美丽绸均可。

图 4-6-1　连帽女大衣款式图

3. 面辅料参考用量

(1)面料:门幅 144cm,用量约 200cm。估算式:衣长＋袖长＋70cm。

(2)里料:门幅 144cm,用量约 130cm。估算式:衣长＋袖长。

(3)辅料:

1)薄型有纺粘合衬:门幅 90cm,用量约 130cm。

2)牛角扣:3 副。

3)暗门襟扣:4 颗。

4)袖口、袋位扣:4 颗。

二、制图参考规格

制图参考规格见表 4-19,表中数据不含缩率。

表 4-19 (单位:cm)

号/型	前衣长	胸围(B)	肩宽(S)	袖长	腰围	衣摆围	袖口大	袖襻长/宽	暗门襟宽
160/84A	78	84＋12(放松量)＝96	38	60	92	116	29	15/3.5	4

三、款式结构制图

1. 衣身和帽子结构图（见图 4-6-2）。

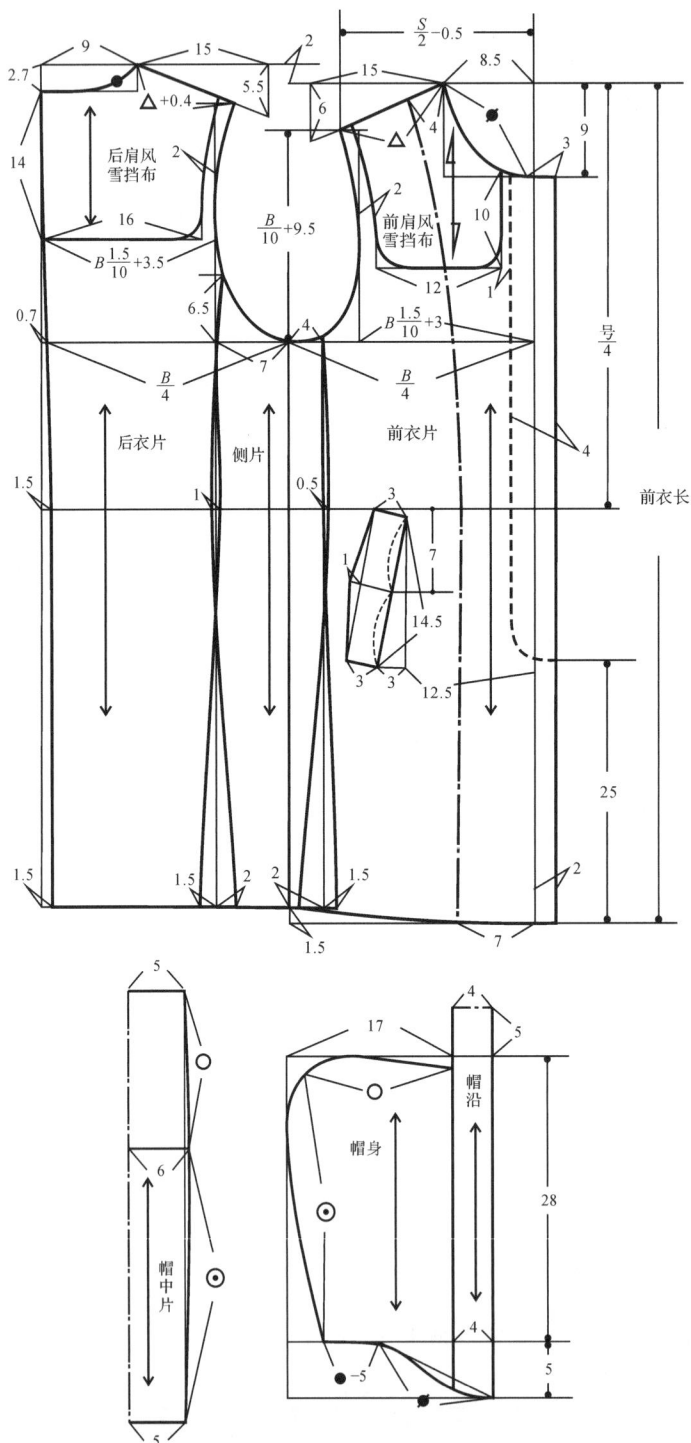

图 4-6-2　衣身和帽子结构图

2. 袖子结构图（见图 4-6-3）

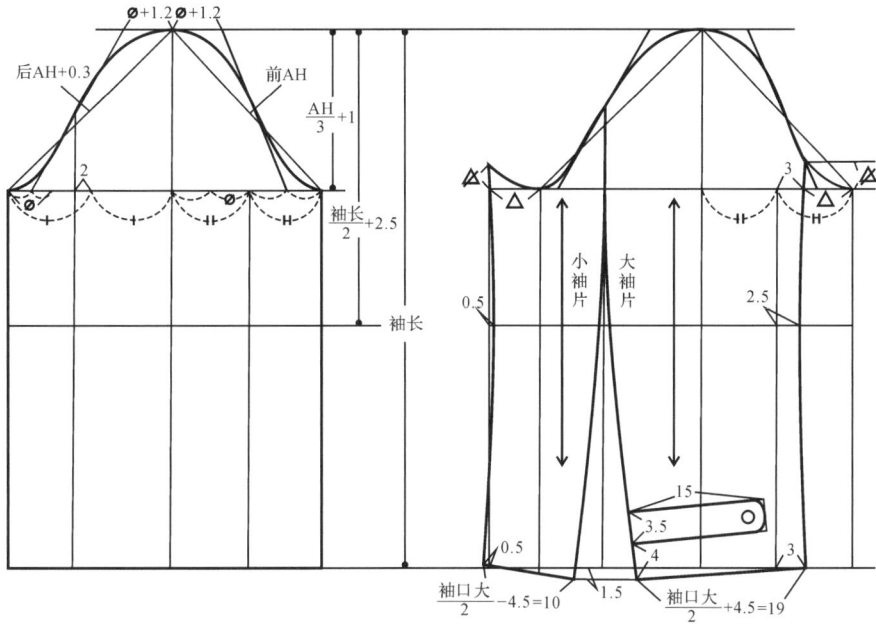

图 4-6-3 袖子结构图

3. 袋布、扣位图（见图 4-6-4）

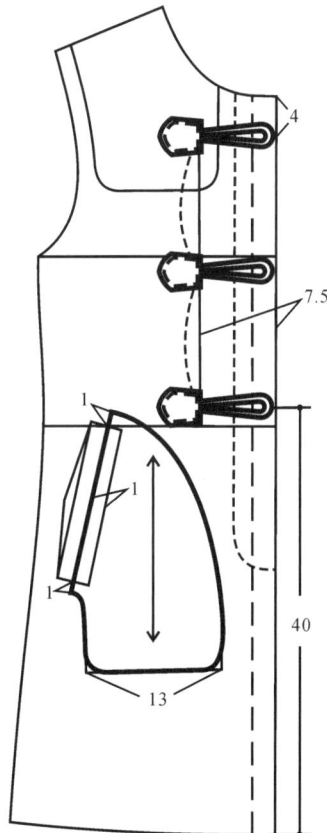

图 4-6-4　袋布、扣位图

四、放缝、排料和裁剪

1. 放缝图

（1）面料放缝见图 4-6-5。

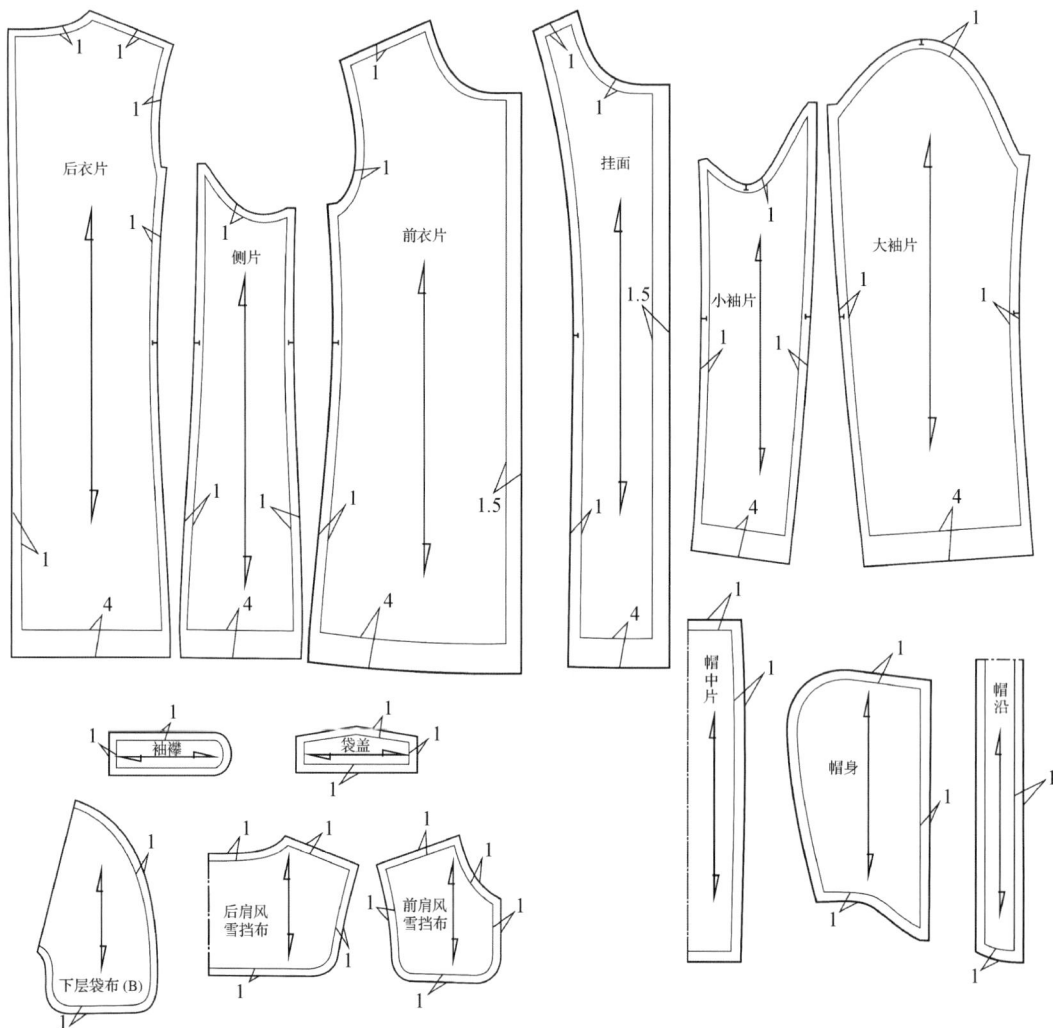

图 4-6-5　面料放缝图

（2）里料放缝见图 4-6-6。

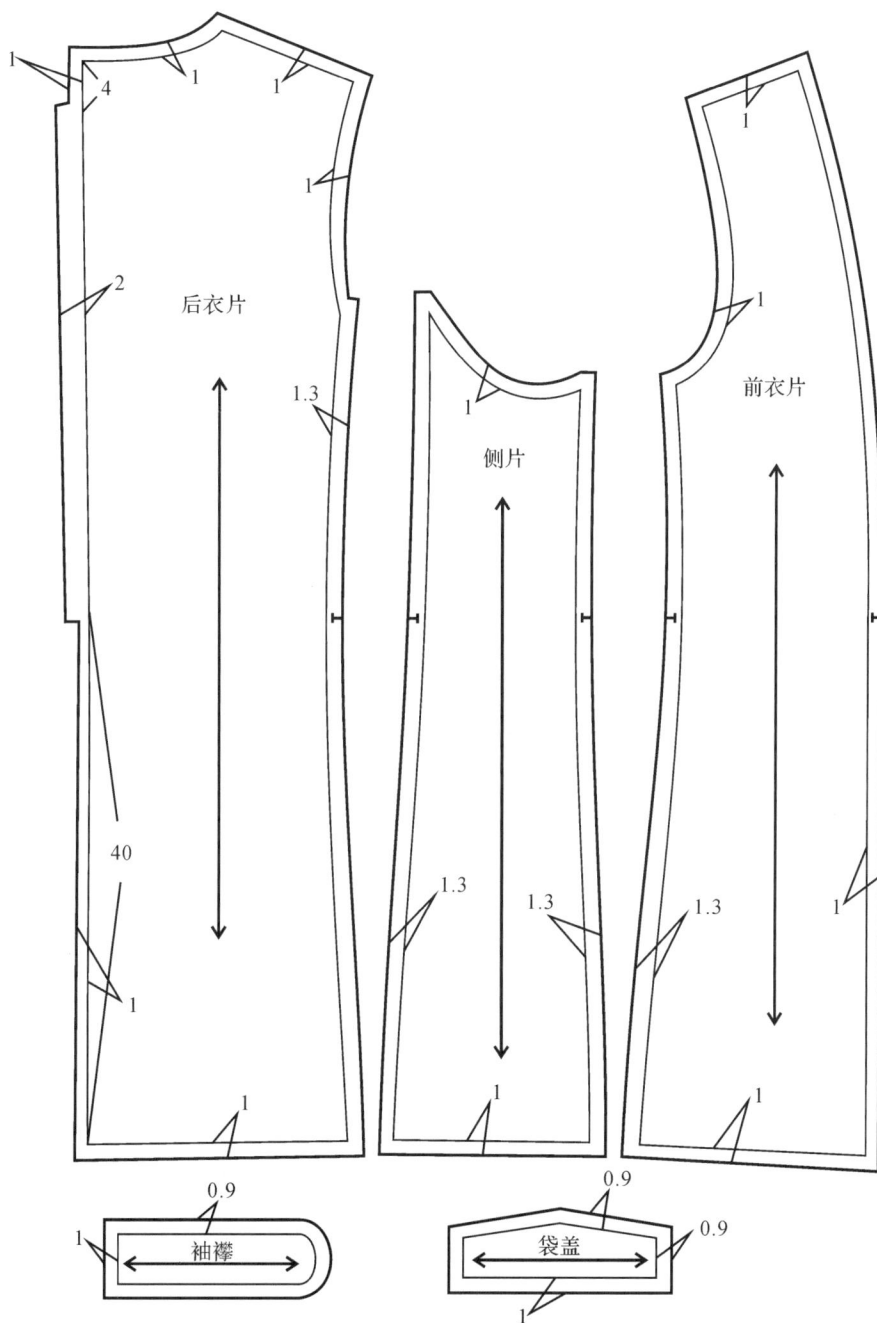

后衣片

侧片

前衣片

袖襻

袋盖

图 4-6-6(1) 里料放缝图

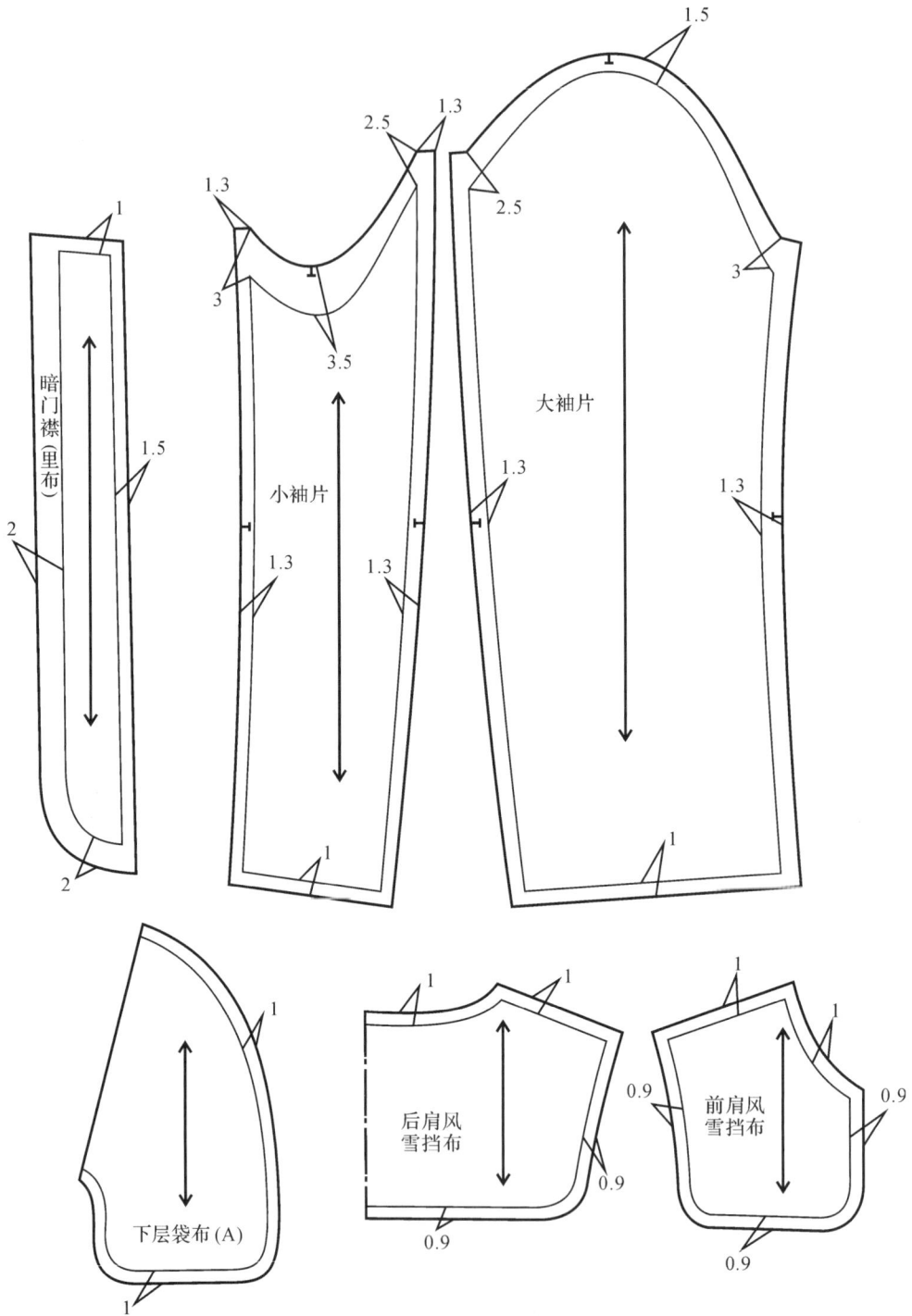

图 4-6-6(2)　里料放缝图

（3）粘合衬部位见图 4-6-7。

10　粘合衬　后衣片上部

前衣片　挂面

粘合衬　6

6　侧片上部

6　粘合衬　6

后衣片　侧片

净线　净线

净线　1　净线　1

5　粘合衬　粘合衬　5

粘合衬　粘合衬

后衣片下摆贴边　侧片下摆贴边

暗门襟里布　袋盖

粘合衬

粘合衬

袖襻

小袖片　大袖片

粘合衬

净线　净线

净线　1　净线　1

粘合衬　5　5　粘合衬

小袖口贴边　大袖口贴边

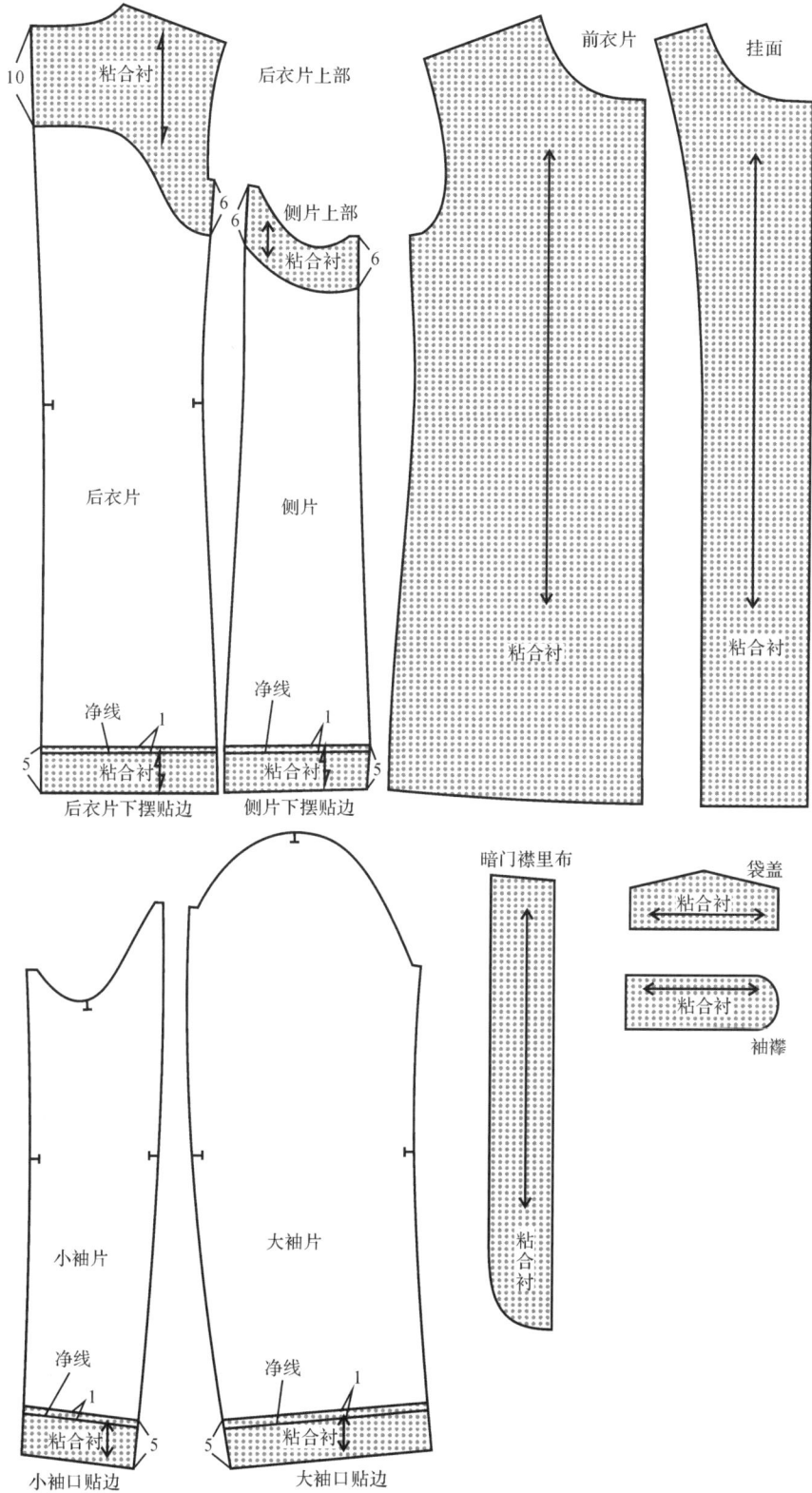

图 4-6-7　粘合衬部位图

2. 排料图

（1）面料排料参考图见图 4-6-8。

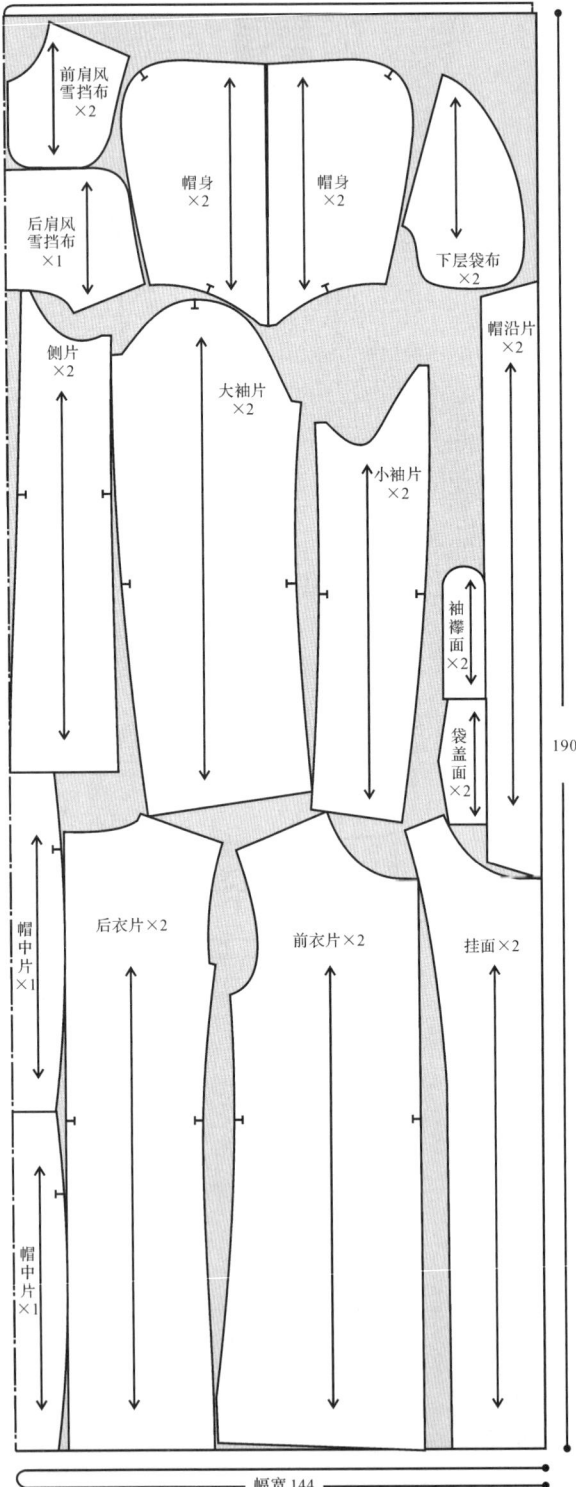

图中标注：

- 前肩风雪挡布 ×2
- 后肩风雪挡布 ×1
- 帽身 ×2
- 帽身 ×2
- 下层袋布 ×2
- 帽沿片 ×2
- 侧片 ×2
- 大袖片 ×2
- 小袖片 ×2
- 袖襻面 ×2
- 袋盖面 ×2
- 帽中片 ×1
- 后衣片 ×2
- 前衣片 ×2
- 挂面 ×2
- 帽中片 ×1
- 190
- 幅宽 144

注：需烫粘合衬的裁片，在裁剪时需在四周多放些余量，以防裁片在粘合过程中产生热缩。

图 4-6-8　面料排料参考图

（2）里料排料参考图见图 4-6-9。

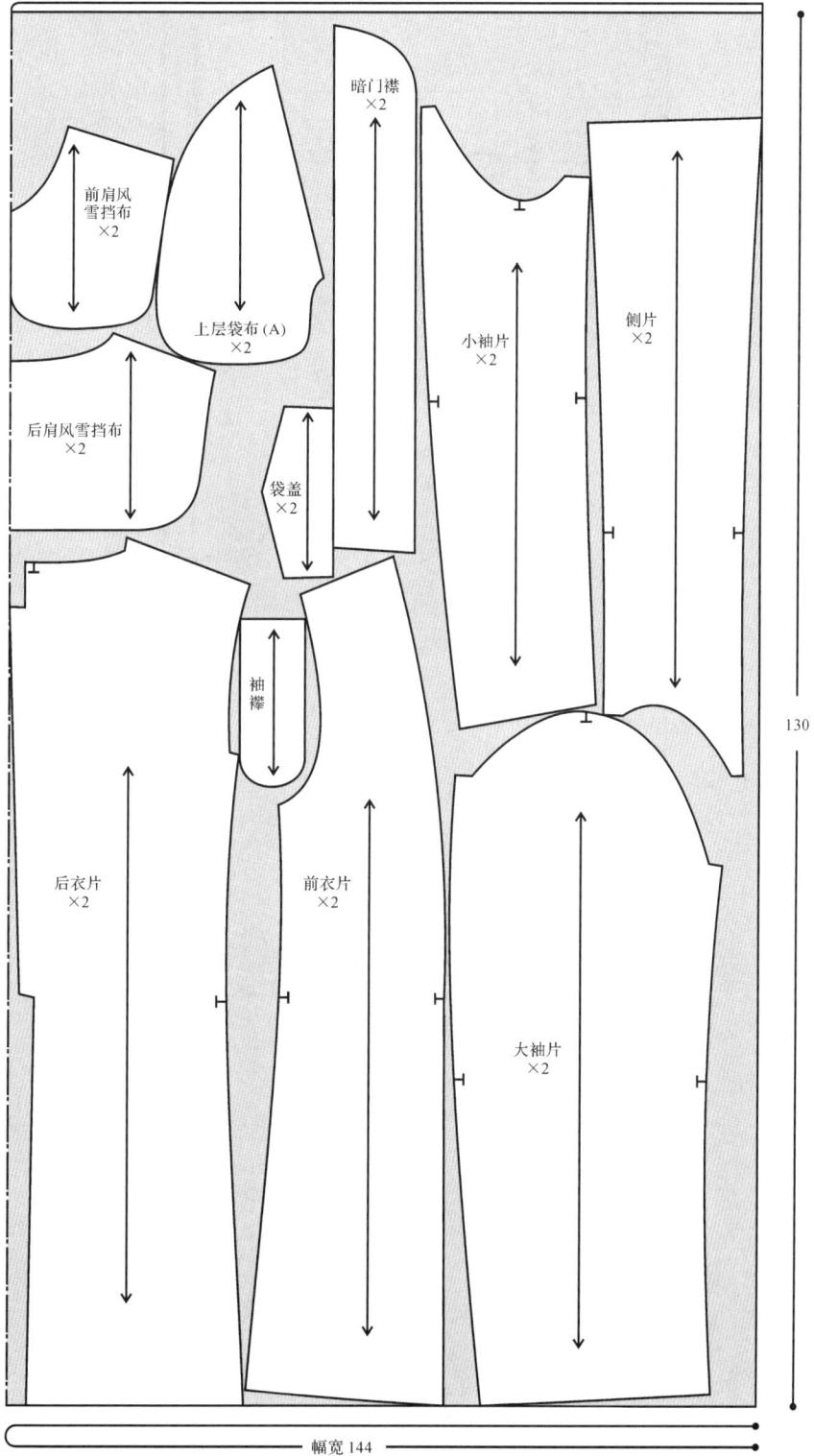

图 4-6-9　里料排料参考图

(3)粘合衬排料参考图见图 4-6-10。

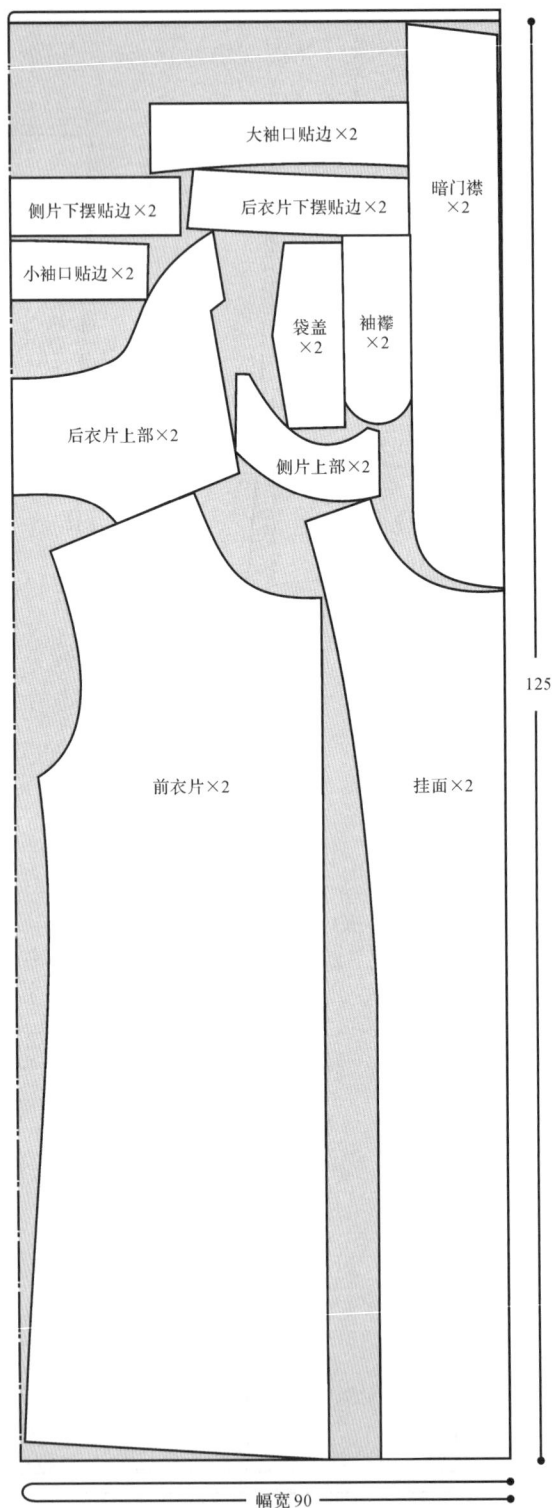

图 4-6-10　粘合衬排料参考图

3. 划样裁剪要求

对于需通过粘合机进行粘合的裁片,在排料时应放出裁片的余量,划样时在裁片的四周放出 1cm 左右的预缩量,再按划样线进行裁剪。

五、样板名称与裁片数量

女大衣的样板名称与裁片数量见表 4-20。

表 4-20

序　号	种　类	样板名称	裁片数量(单位:片)	备　注
1	面料主部件	前衣片	2	左右各一
2		后衣片	2	左右各一
3		侧片	2	左右各一
4		大袖片	2	左右各一
5		小袖片	2	左右各一
6	面料零部件	帽身	4	左右、面里各一片
7		帽中片	2	面里各一片
8		帽前片	2	面里各一片
9		挂面	2	左右各一
10		前肩风雪挡布面	2	左右各一片
11		后肩风雪挡布面	1	
12		袋盖面	2	左右各一
13		袖襻面	2	左右各一
14		下层袋布	2	左右各一
15	里料主部件	前衣片	2	左右各一
16		后衣片	2	左右各一
17		侧片	2	左右各一
18		大袖片	2	左右各一
19		小袖片	2	左右各一
20	里料零部件	前肩风雪挡布里	2	左右各一片
21		后肩风雪挡布里	1	
22		袋盖里	2	左右各一
23		袖襻里	2	左右各一
24		下层袋布	2	左右各一
25		暗门襟	2	左右各一

续表

序　号	种　类	样板名称	裁片数量（单位：片）	备　注
26		前衣片	2	左右各一
27		挂面	2	左右各一
28		暗门襟	2	左右各一
29		后衣片上部	1	
30		侧片上部	2	左右各一
31	粘衬	后衣片贴边	2	左右各一
32		侧片贴边	2	左右各一
33		大袖片贴边	2	左右各一
34		小袖片贴边	2	左右各一
35		袋盖	2	左右各一
36		袖襻	2	左右各一

六、缝制工艺流程、缝制前准备

1. 女大衣缝制工艺流程

烫前衣片袖窿牵条 → 做袋盖 → 挖口袋 → 缝合后衣片中缝 →

缝合并车缝固定前后肩风雪挡布 → 做右前衣片暗门襟 → 做右挂面暗门襟面 →

做左前衣片止口 → 缝合侧片面布 → 缝合衣片面布的肩缝 →

缝合里布的后中缝和侧缝里布侧片与里布前片缝合 → 缝合里布肩线 → 缝合帽子 → 绱帽子 →

车缝固定右衣片的暗门襟 → 缝制袖襻和面袖 → 缩缝袖山吃势 → 绱面袖 → 缝制里袖 →

绱里袖 → 缝合并固定袖口面、里 → 缝合底摆 → 车缝固定牛角扣、钉缝里襟扣和袖襻扣 →

整烫

2. 缝制前的准备

（1）针号和针距：针号为 90/14 号，针距为 13～15 针/3cm。

（2）粘衬部位（见图 4-6-7）：前衣片、挂面、暗门襟（里布）、后衣片上部、侧片上部、后衣片贴边、侧片贴边、袋盖、袖襻、大袖口贴边、小袖片贴边。

裁片需用粘合机进行粘合。在裁片进行粘合之前，需对所粘合的面料进行小面积测试，以获取该面料粘合时的温度、压力、时间。

（3）修片：对粘合后的裁片，按修片样板进行修片

七、具体缝制步骤及要求

1. 烫前衣片袖窿牵条

如图 4-6-11 所示,在前衣片的袖窿处烫上粘合牵条。

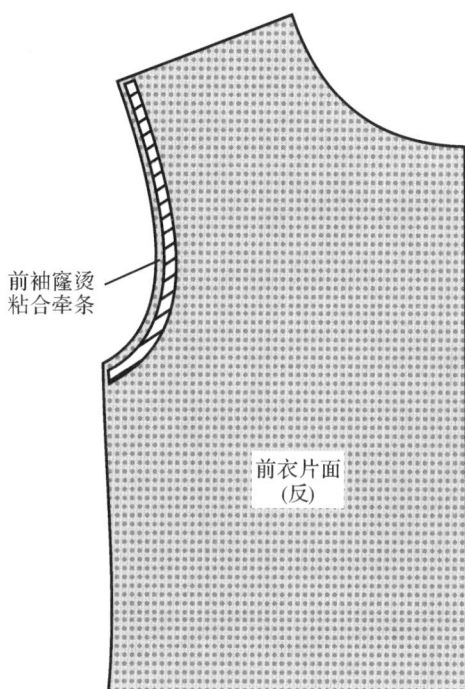

前袖窿烫
粘合牵条

前衣片面
(反)

图 4-6-11　烫前衣片袖窿牵条

2. 做袋盖

如图 4-6-12 所示,做袋盖步骤如下:

(1)在袋盖里布上画出净线,将袋盖面、里布正面相对,对齐上口后按净线缝合,要求两袋角面布略松、里布略紧。

(2)修剪缝份留 0.3cm,剪去两袋角,并在袋盖中间尖角处剪口,然后扣烫缝份。

(3)翻烫袋盖,注意尖角处要翻到位,止口烫成里外匀;然后再袋盖的外沿车 0.6cm 装饰明线。此时袋盖左右边暂时不压线。

3. 挖口袋

如图 4-6-13 所示,挖口袋步骤如下:

(1)划袋位。在前衣片正面画出袋位,如图按袋位将袋盖放上,袋盖口的净线与袋位对齐。

(2)车缝袋布 A(里布)。将袋布 A(里布)的直边净线与袋盖口的净线对齐,并距上口 2cm,按袋位线车缝固定。

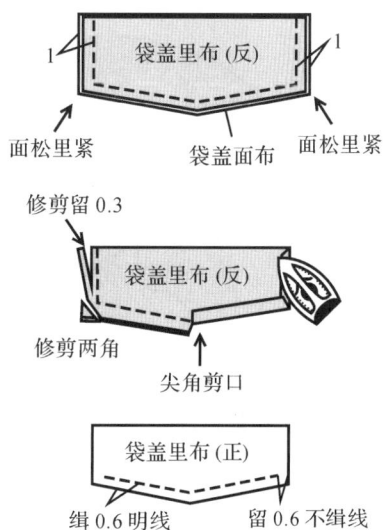

袋盖里布(反)

面松里紧　袋盖面布　面松里紧

修剪留 0.3

袋盖里布(反)

修剪两角　尖角剪口

袋盖里布(正)

缉 0.6 明线　留 0.6 不缉线

图 4-6-12　做袋盖

（3）车缝袋布 B（面布）。将袋布 B（面布）的直边与袋布 A 的直边车缝线对齐,距直边 1cm 处与衣片缝合,上下各距袋位 0.8cm 不缝合。

（4）袋位剪口。将袋布 A、B 的缝份分开后,在衣片的袋位上,距两条缝合线的中间剪口。

（5）翻出袋布 A（里布）。将袋布 A（里布）从剪口处翻到衣片的反面,如图把袋布上下的缝合止点处剪口,再车缝固定缝份。

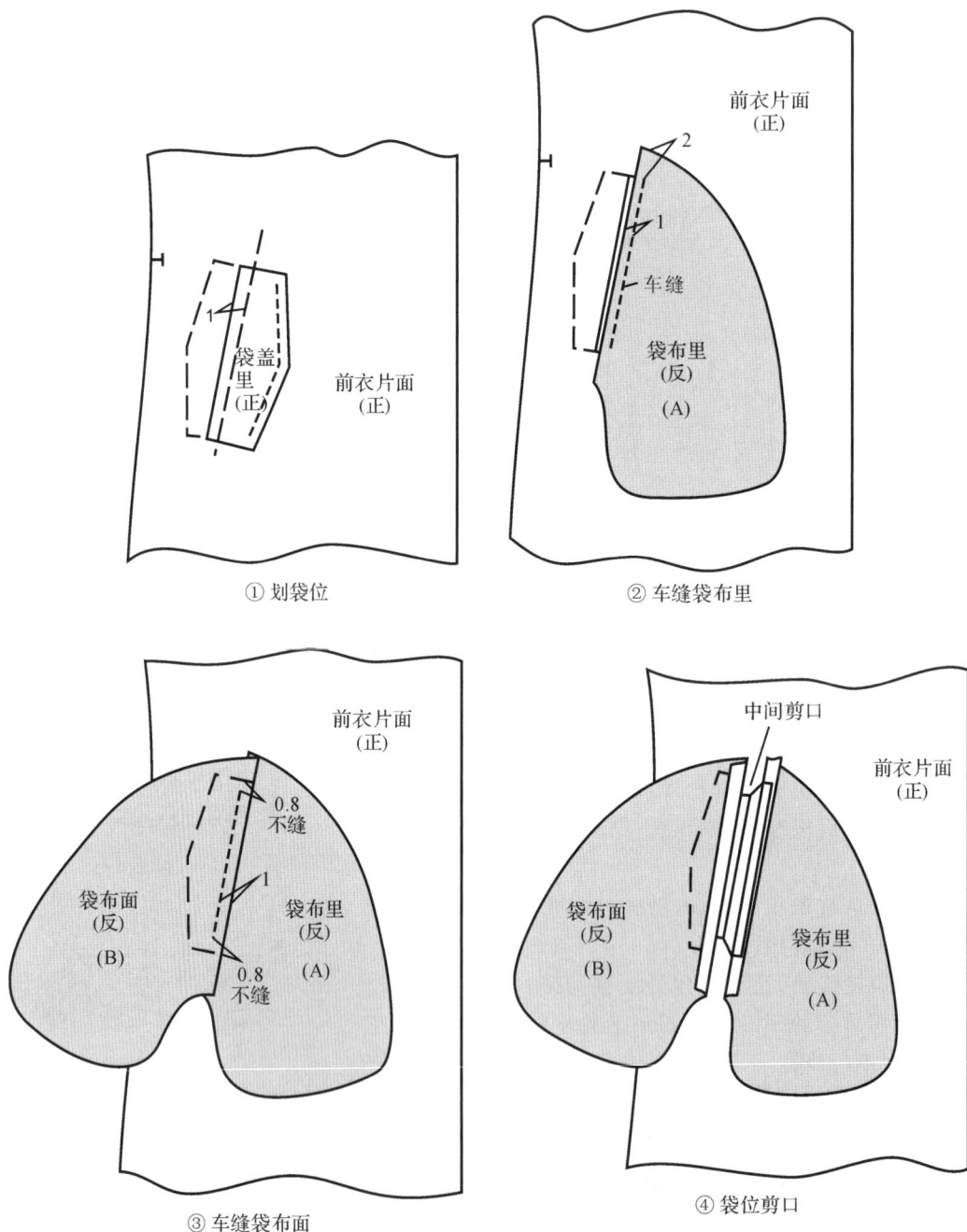

① 划袋位

② 车缝袋布里

③ 车缝袋布面

④ 袋位剪口

图 4-6-13（1）　挖口袋

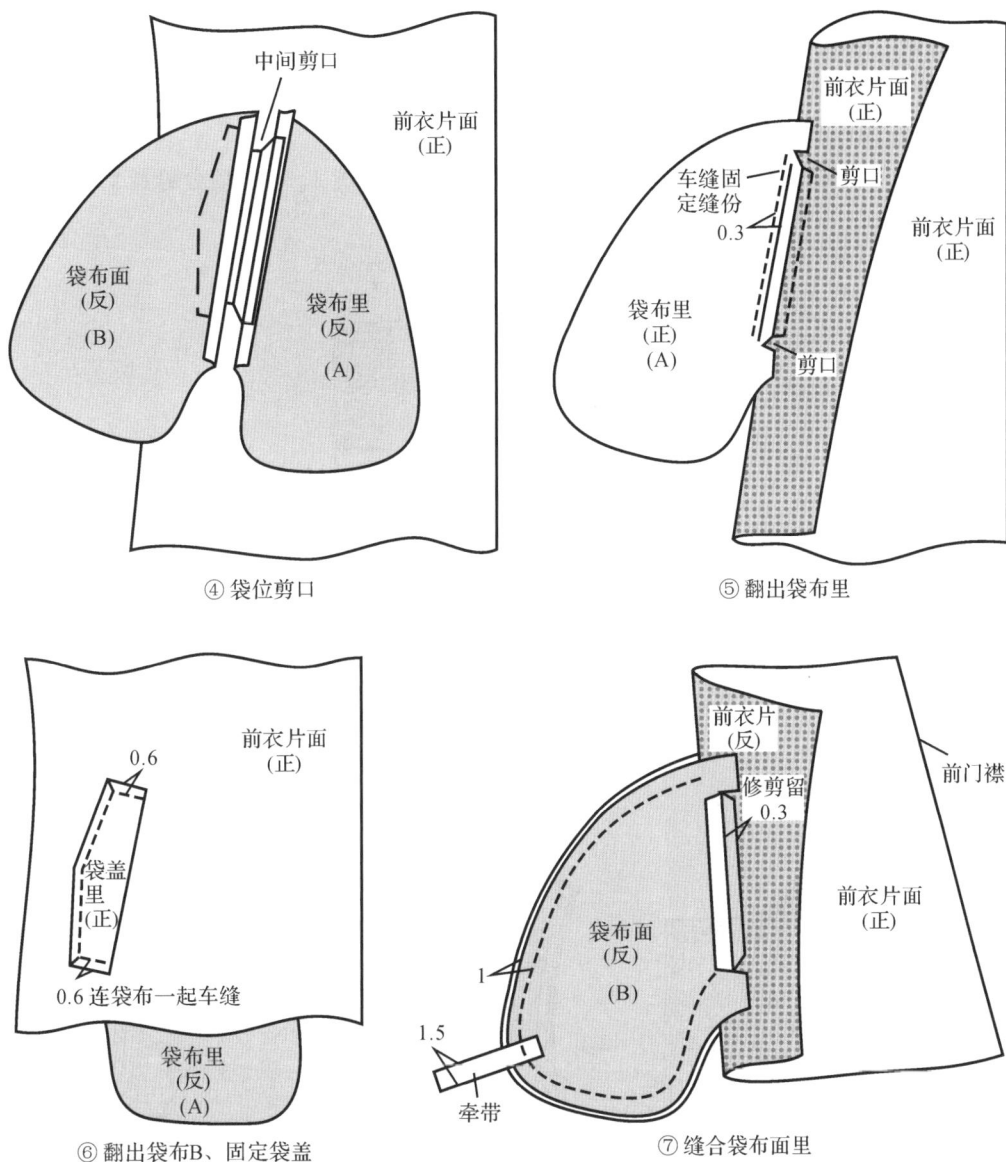

④ 袋位剪口

⑤ 翻出袋布里

0.6

0.6 连袋布一起车缝

⑥ 翻出袋布B、固定袋盖

⑦ 缝合袋布面里

图 4-6-13(2)　挖口袋

　　(6)翻出袋布 B(面布)、固定袋盖。将袋布 B(面布)也从剪口处翻到衣片的反面,在衣片的正面将袋盖放平整后,车缝明线 0.6cm 固定袋盖的上下两端,要求袋盖将衣片下的袋布也一起缝住。

　　(7)缝合袋布 A(里布)和袋布 B(面布)。将两片袋布放平整后,沿边车缝 1cm 的缝份。注意:在袋角处要缝上一条宽约 1cm 的牵带(可用里布直丝裁剪),其作用是与门襟止口一起缝住,固定袋盖。

4. 缝合面布后衣片中缝

如图 4-6-14 所示,缝合面布后衣片中缝步骤如下:

(1)烫粘合牵条。在距后衣片领圈和袖窿的边缘 0.5cm 处烫上粘合牵条,袖窿处烫直牵条,领圈处烫斜牵条。

(2)缝合后中缝。将后衣片正面相对,对齐后中缝后车缝 1cm,然后分缝烫平。

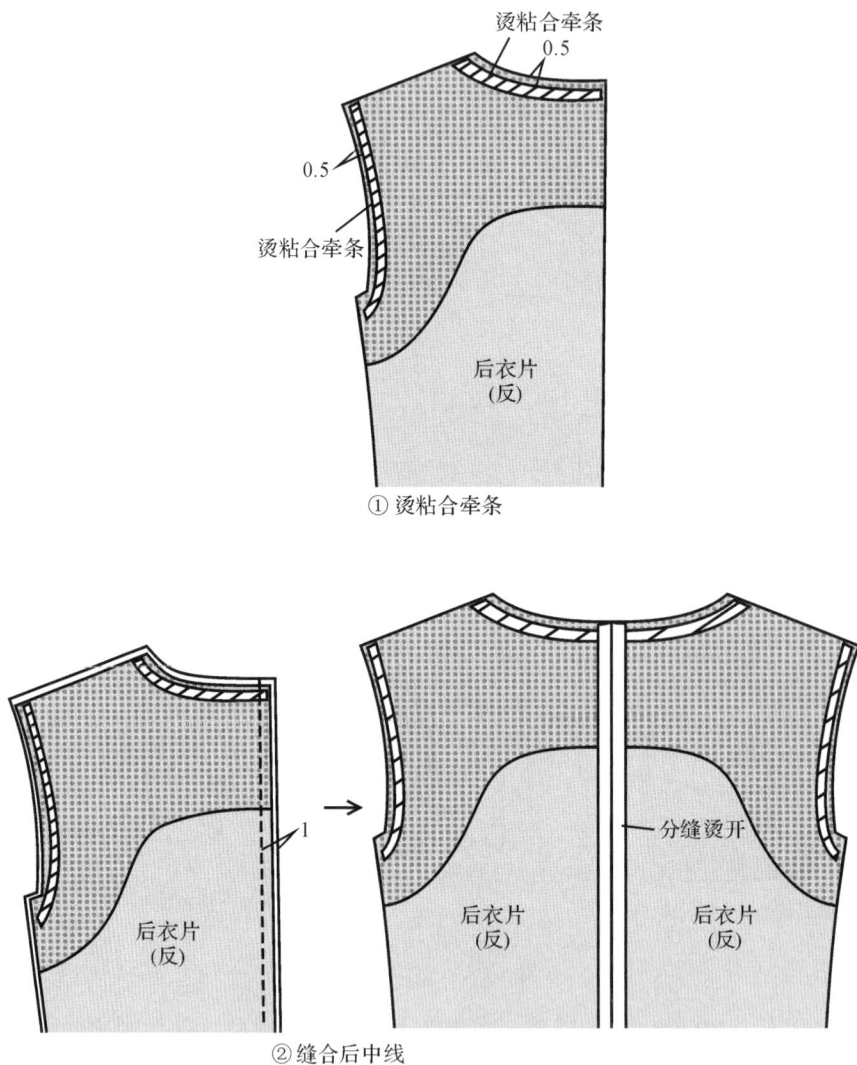

① 烫粘合牵条

② 缝合后中线

图 4-6-14   缝合面布后衣片中缝

5. 缝合并车缝固定前、后肩风雪挡布

如图 4-6-15 所示,缝合并车缝固定前、后肩风雪挡布步骤如下:

(1)前肩部风雪挡布的缝制。将挡布的面布与里布正面相对,四周对齐,除肩部与领圈外缝合,然后修剪缝份留 0.5cm,将其翻到正面,烫成里外匀。

(2)后肩部风雪挡布的缝制。方法同上。

（3）分别车缝固定前后肩风雪挡布于衣片上。分别将前、后肩风雪挡布放在前、后衣片的对应位置上，车缝 0.6cm 的明线固定前、后肩部风雪挡布，要求肩颈点、领圈、肩线对齐。

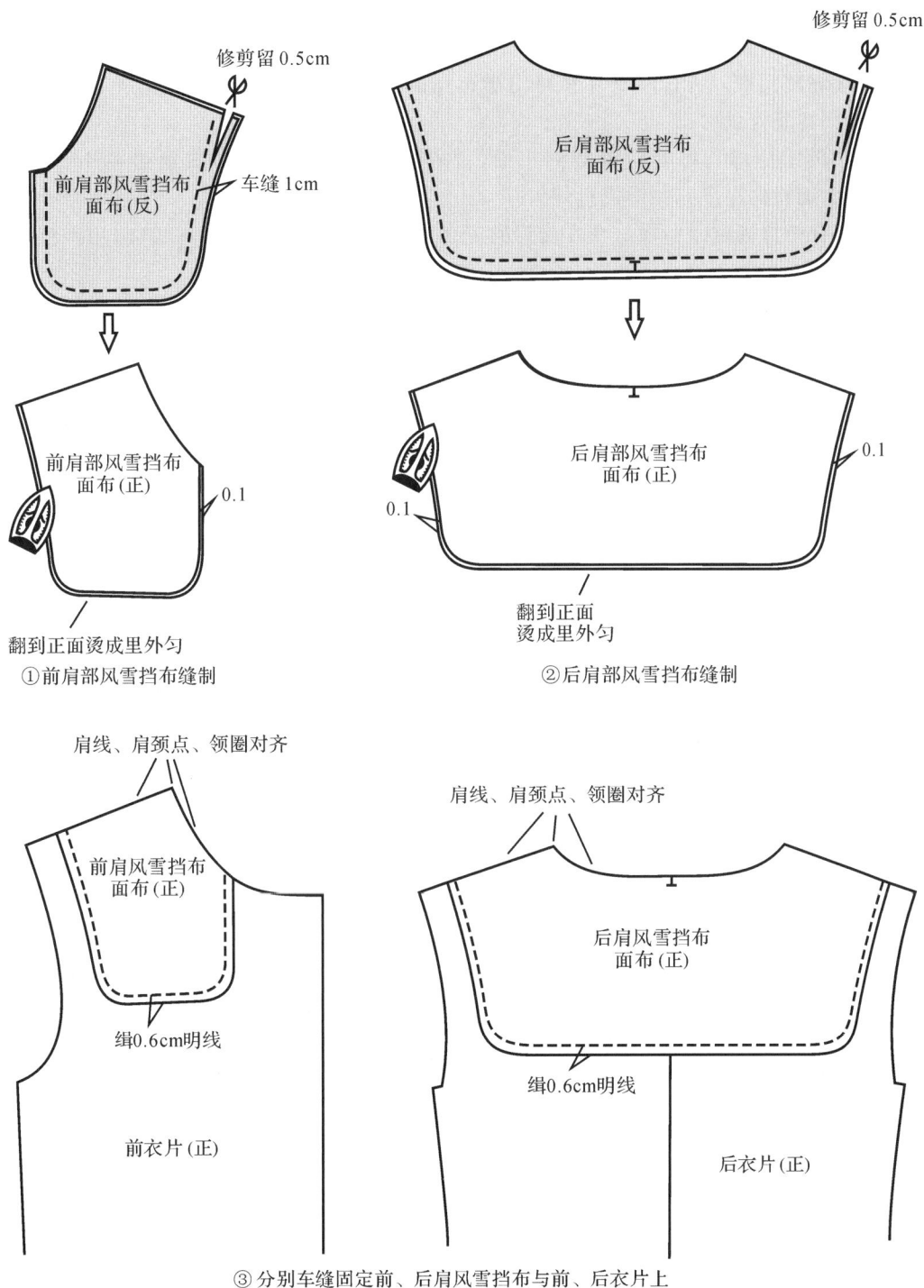

修剪留0.5cm

修剪留0.5cm

前肩部风雪挡布
面布(反)

车缝 1cm

后肩部风雪挡布
面布(反)

前肩部风雪挡布
面布 (正)

0.1

后肩部风雪挡布
面布 (正)

0.1

0.1

翻到正面烫成里外匀

①前肩部风雪挡布缝制

翻到正面
烫成里外匀

②后肩部风雪挡布缝制

肩线、肩颈点、领圈对齐

前肩风雪挡布
面布(正)

缉0.6cm明线

前衣片(正)

肩线、肩颈点、领圈对齐

后肩风雪挡布
面布(正)

缉0.6cm明线

后衣片(正)

③分别车缝固定前、后肩风雪挡布与前、后衣片上

图 4-6-15　缝合并车缝固定前、后肩风雪挡布

6. 做右前衣片暗门襟

如图 4-6-16 所示,做右前衣片暗门襟步骤如下:

(1)确定暗门襟位置。将右前衣片与右挂面的门襟对齐,上口留 2.2cm,确定暗门襟的位置,下口暗门襟止点按照样板。

(2)车缝暗门襟。将右前衣片和暗门襟布正面相对,按门襟开口位置车缝,缝份 1cm。然后在暗门襟止点处剪口。

(3)扣烫暗门襟。将暗门襟翻到正面,把右前片门襟止口的净线退进 0.4cm(还有 0.1cm 作为面料的厚度),扣烫成里外匀。

(4)手针假缝固定暗门襟。在右前片的正面,沿止口净线 4.5cm 划一直线,用手针绗缝固定暗门襟。

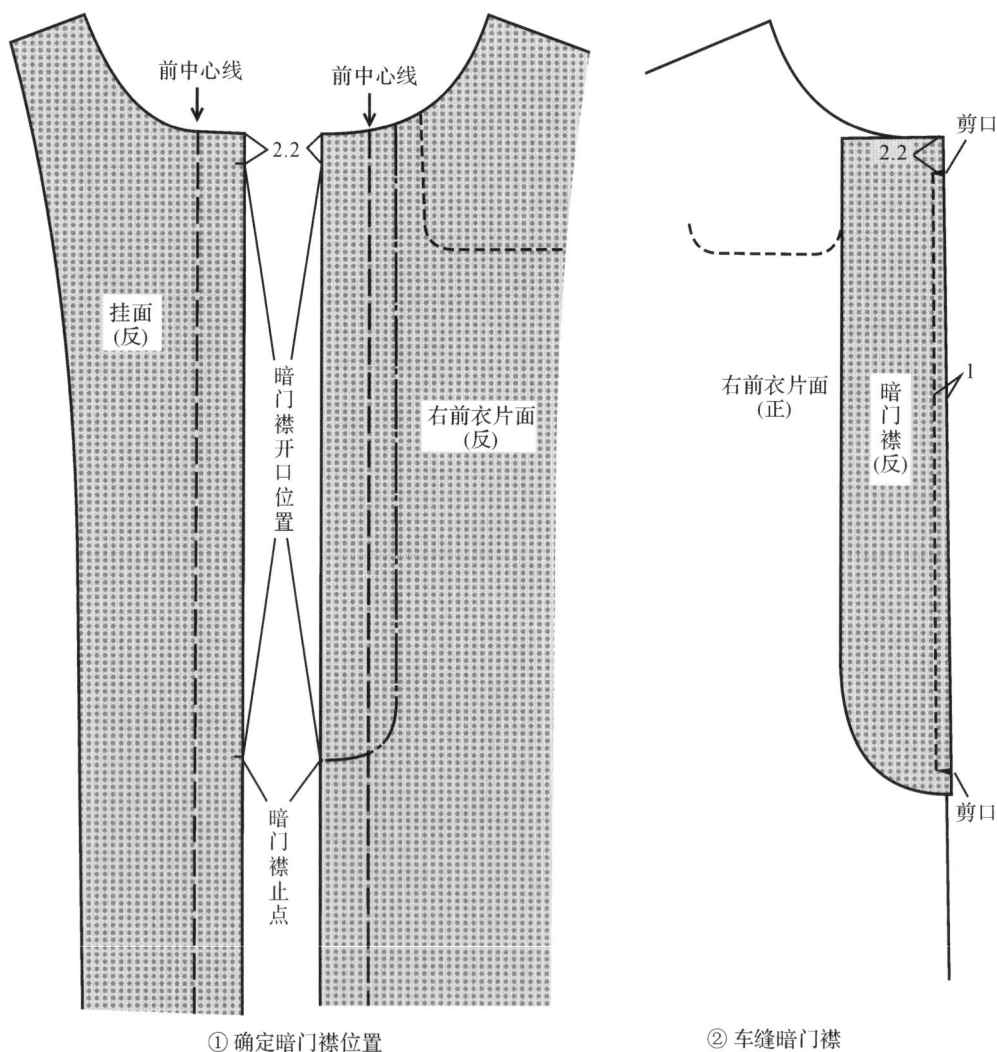

① 确定暗门襟位置   ② 车缝暗门襟

图 4-6-16(1)　做右前衣片暗门襟

0.4

烫成里外匀

暗门襟
（正）

右前衣片面
（反）

③ 扣烫暗门襟

暗门襟布

右前衣片面
（正）

4.5

手针绗缝
固定暗门
襟

暗门襟布

④ 手针假缝固定暗门襟

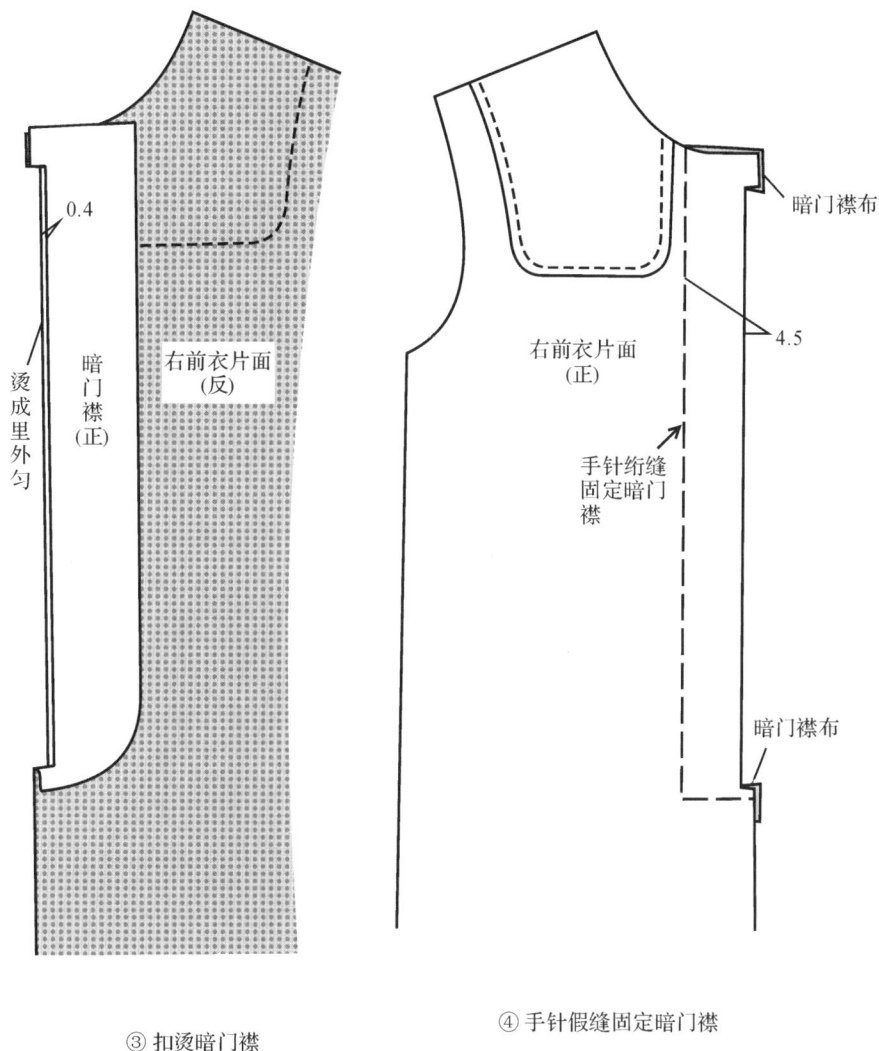

图 4-6-16（2） 做右前衣片暗门襟

7. 做右挂面暗门襟

如图 4-6-17 所示,做右挂面暗门襟步骤如下:

（1）暗门襟布与右挂面缝合。将右挂面与暗门襟正面相对缝合,上下缝合止点同右前衣片;然后在上下缝合止点剪口。

（2）扣烫暗门襟、锁扣眼。暗门襟翻到正面,把右挂面门襟止口的净线退进 0.4cm（还有 0.1cm 作为面料的厚度）,扣烫成里外匀。再在右挂面的正面,沿止口净线 4.5cm 划一直线,用手针绗缝固定暗门襟。最后按门襟上的扣位用圆头锁眼机锁扣眼。

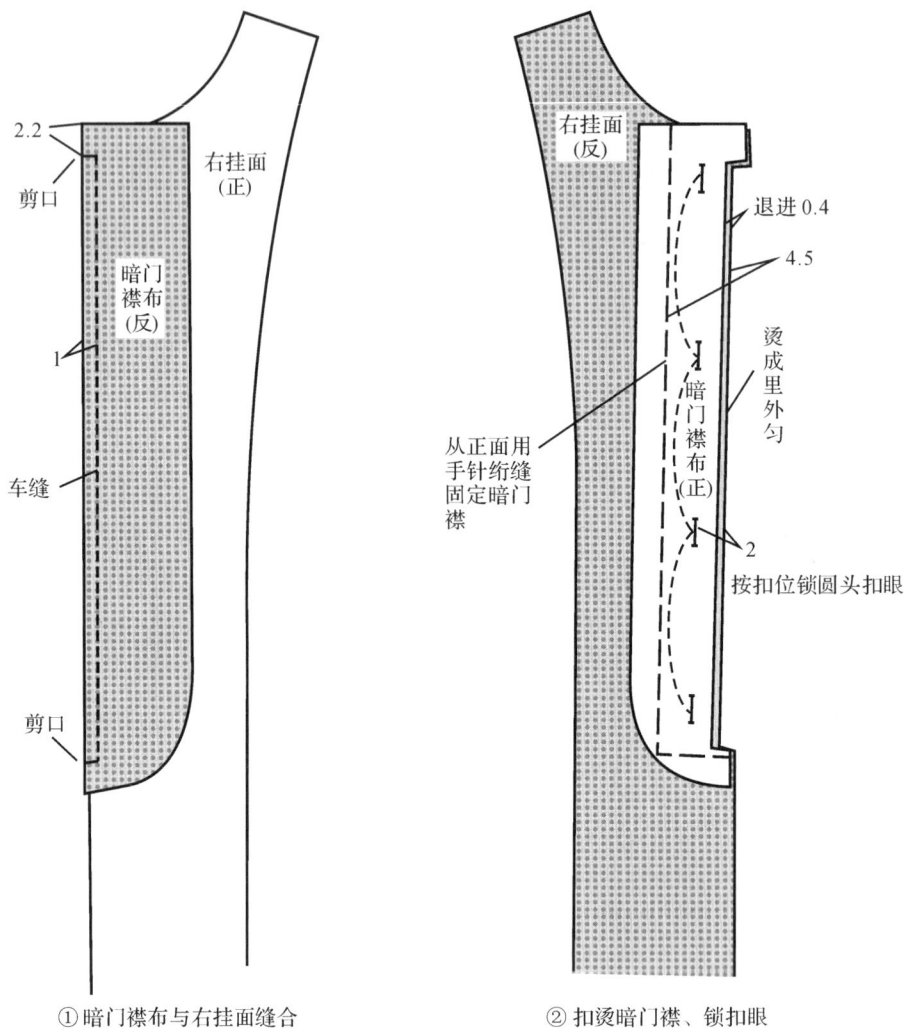

2.2
剪口
暗门襟布（反）
1
右挂面（正）
车缝
剪口

①暗门襟布与右挂面缝合

右挂面（反）
退进0.4
4.5
烫成里外匀
从正面用手针绗缝固定暗门襟
暗门襟布（正）
2
按扣位锁圆头扣眼

②扣烫暗门襟、锁扣眼

图 4-6-17　做右挂面暗门襟

8. 做右前片止口

如图 4-6-18 所示，做右前片止口步骤如下：

（1）右前衣片与挂面缝合。先将右前里布和右挂面正面相对，从肩部缝合至距挂面底摆 4cm 处（右前片底摆与挂面底摆相差 3cm），然后将缝份往里布处烫倒。

（2）缝合右前衣片门襟上、下止口。将右前衣片与右挂面正面相对，对齐上下止口。上部从装领处净线起针，缝合 3cm 到门襟净线转弯继续缝合至暗门襟上口为止，缝份为 1.5cm；再从暗门襟下口起针以 1.5cm 的缝份缝合至挂面和衣片的底摆处，再转弯按 4cm 的缝份缝合至挂面与衣片的拼接处，要求袋布加一条 1cm 宽的布条与门襟止口一道缝住，用以固定袋布。然后将门襟上端和下端的方角修剪掉，再剪去挂面下摆的余量（与衣片里布下摆平齐）。最后修剪衣身门襟的缝份留 0.6cm，在装领点剪口。

（3）扣烫右前门襟上、下止口和底摆。将衣片翻到正面，整理上下角部，然后将门襟止口的缝份在挂面处以 0.1cm 车缝固定（此线只在挂面处能看到，衣片正面看不到缝线，见后面

相关图片）。最后用熨斗烫出领嘴的方角和衣片底摆处的方角,同时将衣片底摆折上 4cm
烫平。

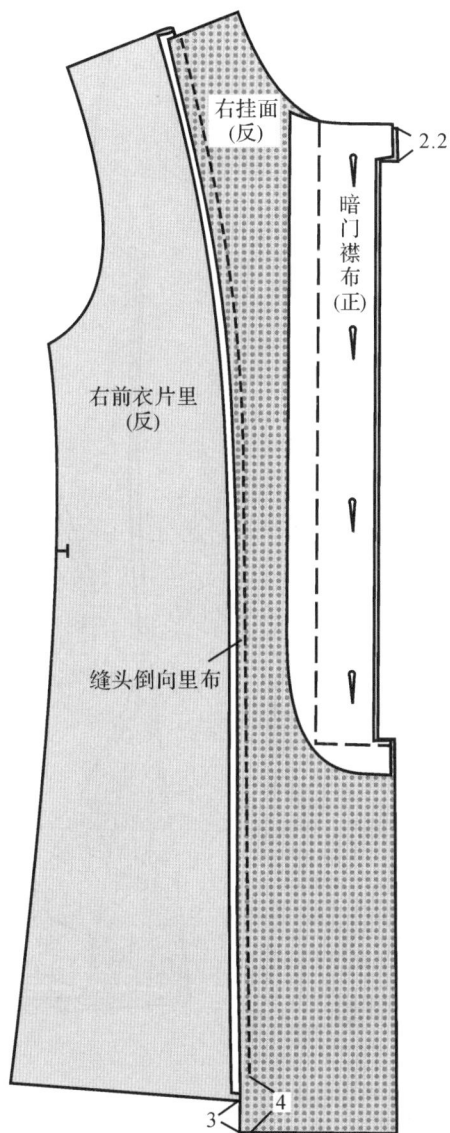

右挂面
(反)

2.2

暗
门
襟
布
(正)

右前衣片里
(反)

缝头倒向里布

3　4

① 右前衣片与挂面缝合

图 4-6-18(1)　做右前片止口

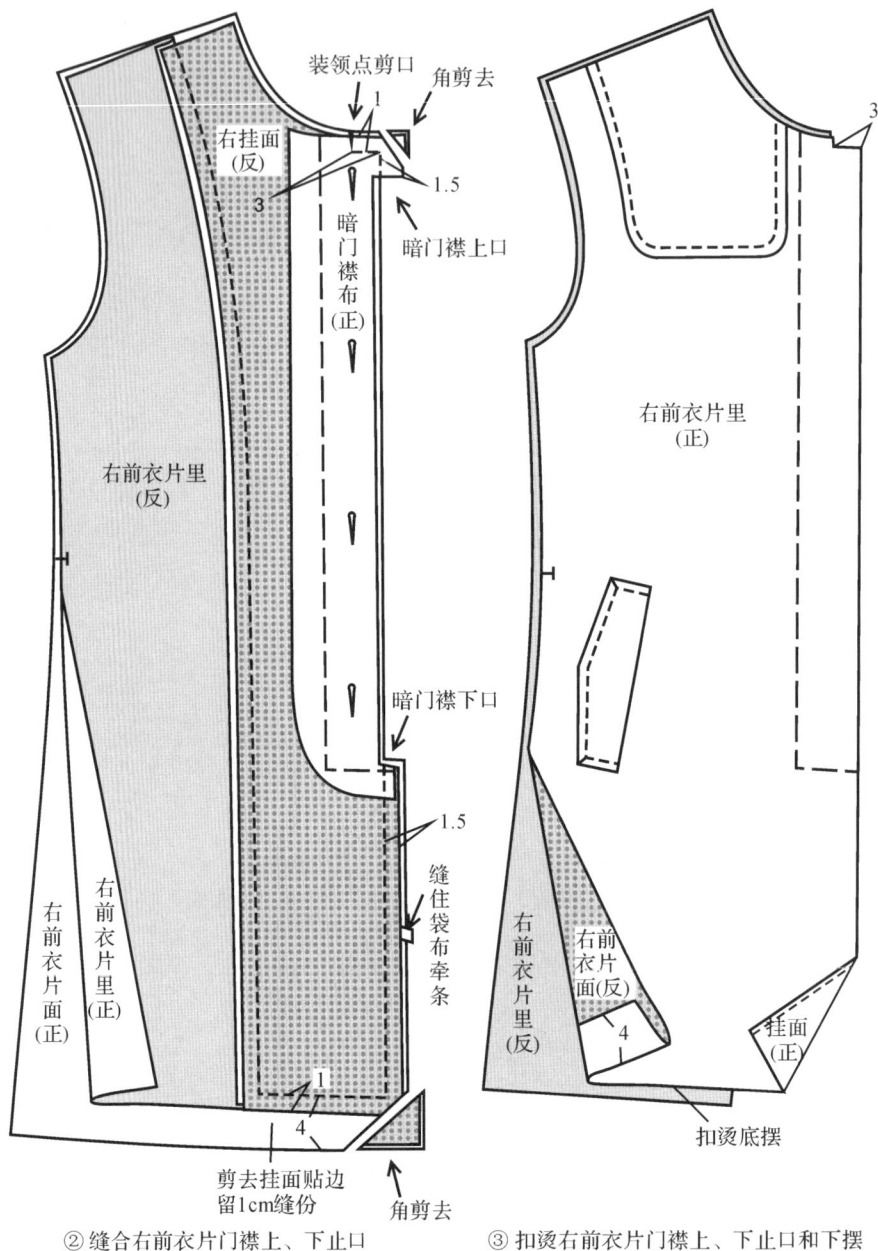

装领点剪口　角剪去

右挂面
(反)

暗门襟布
(正)

右前衣片里
(反)

右前衣片里
(正)

暗门襟上口

暗门襟下口

1.5

缝住袋布牵条

右前衣片面(正)

右前衣片里(正)

右前衣片里
(反)

右前衣片面(反)

挂面(正)

扣烫底摆

1

4

剪去挂面贴边
留1cm缝份

角剪去

②缝合右前衣片门襟上、下止口　③扣烫右前衣片门襟上、下止口和下摆

图 4-6-18(2)　做右前片止口

9. 做左前片止口

如图 4-6-19 所示,做左前片止口步骤如下:

(1)缝合左前衣片与挂面。先将左前里布和左挂面正面相对,从肩部缝合至距挂面底摆 4cm 处(左前片底摆与挂面底摆相差 3cm),然后将缝份往里布处烫倒。

(2)缝合左前衣片门襟止口。将左前衣片与左挂面正面相对,领圈、门襟处放平齐后,从装领处净线起针缝合 3cm 到门襟净线转弯继续缝合至挂面底部,缝份为 1.4cm;再转弯按 4cm 的缝份缝合至挂面与衣片的拼接处,要求袋布加一条 1cm 宽的布条与门襟止口一道缝住,用以固定袋布。然后将门襟上端和下端的方角修剪掉,再剪去挂面下摆的余量(与衣片里布下摆平齐)。最后修剪衣身门襟的缝份留 0.6cm,在装领点剪口。

　　(3)扣烫左前衣片门襟止口和底摆。将衣片翻到正面,整理上下角部,然后将门襟止口的缝份在挂面处以 0.1cm 车缝固定(此线只在挂面处能看到,衣片正面看不到缝线,见后面相关图片)。最后用熨斗烫出领嘴的方角和衣片底摆处的方角,同时将衣片底摆折上 4cm 烫平。

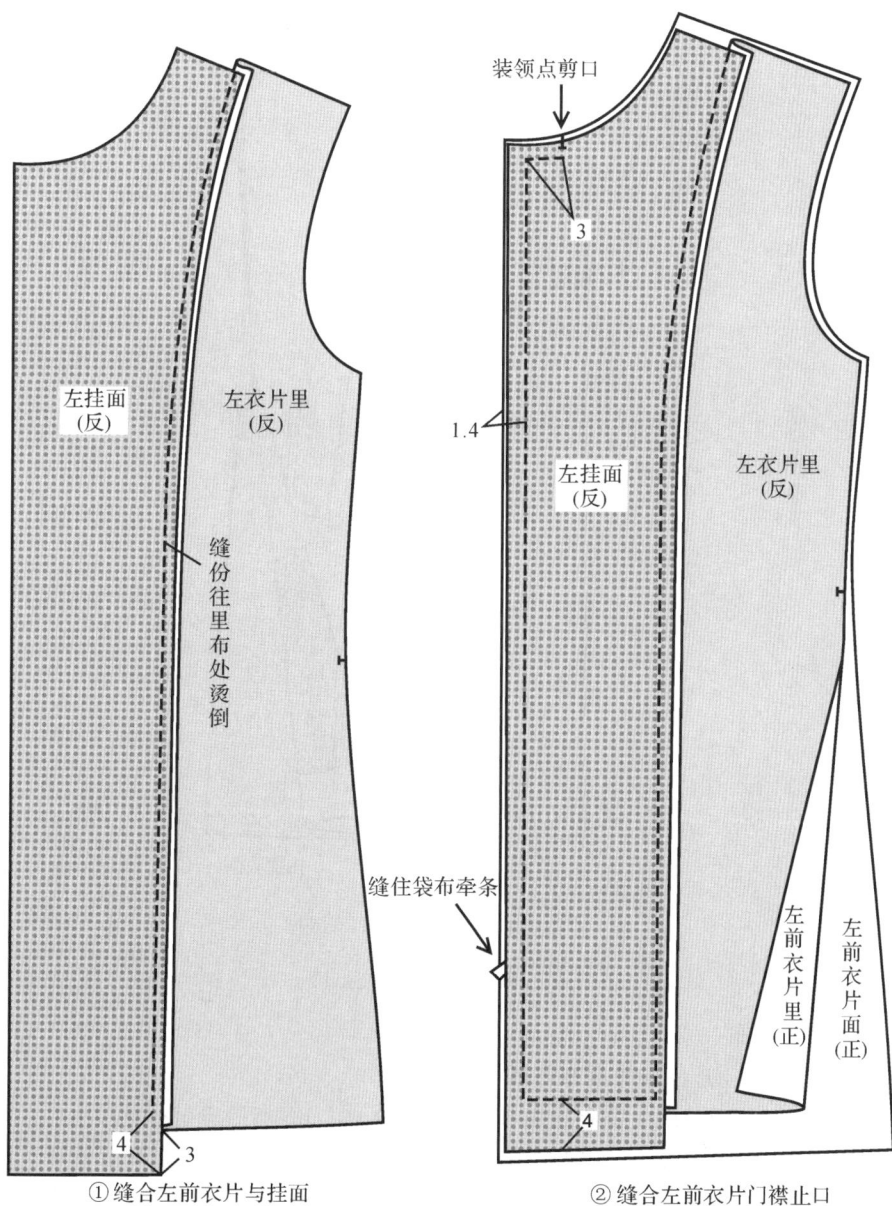

①缝合左前衣片与挂面　　　　　　　②缝合左前衣片门襟止口

图 4-6-19(1)　做左前片止口

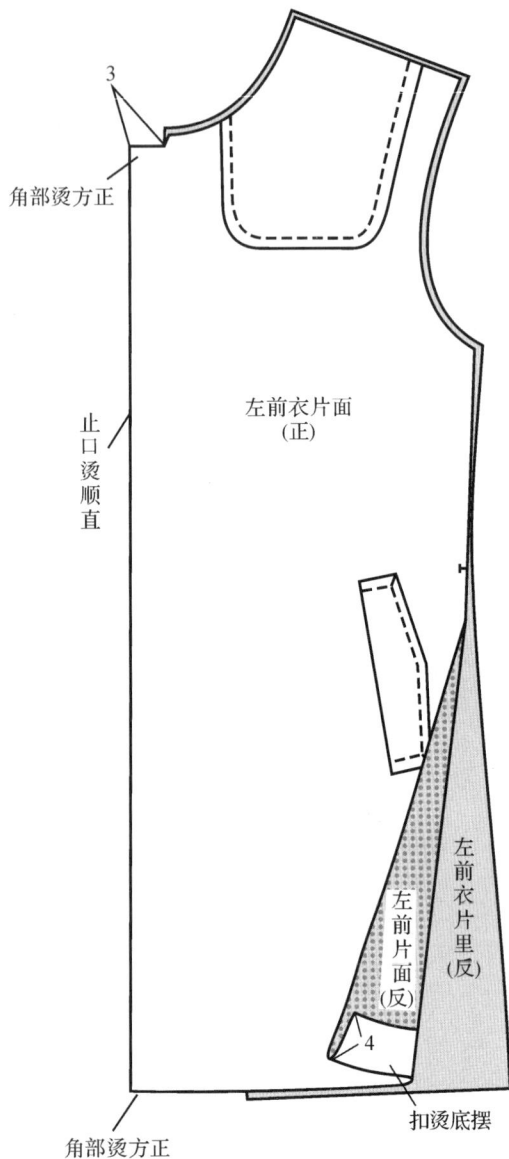

3
角部烫方正

止口烫顺直

左前衣片面
(正)

左前衣片里
(反)

左前片面
(反)

4
扣烫底摆

角部烫方正

③扣烫左前衣片门襟止口和底摆

图 4-6-19(2)　做左前片止口

10. 缝合侧片面布

如图 4-6-20 所示,缝合侧片面布步骤如下:

(1)将侧片面布分别与前、后衣片面布缝合,缝份为 1cm,然后分缝烫平。

(2)将底摆处贴边的缝份修剪留 0.3~0.4cm,然后将底摆贴边折上 4cm 烫平。

11. 缝合衣片面布的肩缝

如图 4-6-21 所示,将前后面布的肩缝对齐以 1cm 的缝份车缝,要求后肩线中部缩缝 0.3~0.4cm,然后分缝烫平。

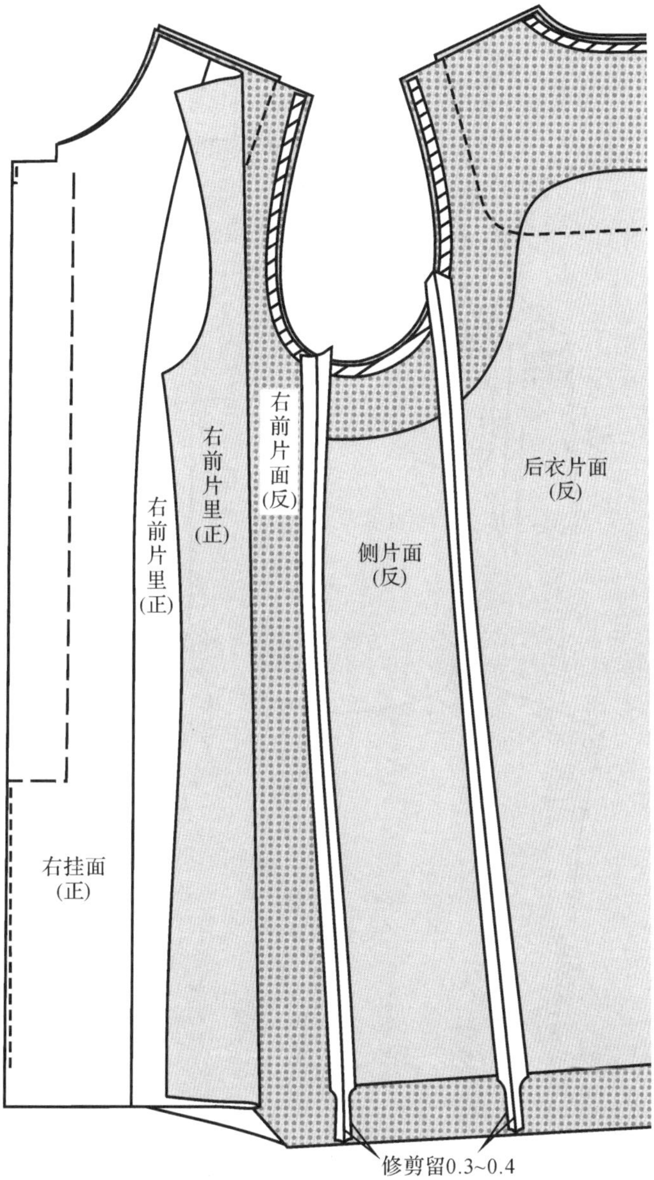
右前片里(正)
右前片面(反)
右前片里(正)
后衣片面(反)
侧片面(反)
右挂面(正)
修剪留0.3~0.4

图 4-6-20 缝合侧片面布

12. 缝合里布的后中线和侧缝线

如图 4-6-22 所示，缝合里布的后中线和侧缝线的步骤如下：

(1)先将后片里布左右片正面相对，沿后中线按 1cm 缝份缝合；再将侧片与后片缝合，缝份为 1cm。

(2)熨烫缝份。后中缝倒向右侧按净线扣烫，正面的中上部有 1cm 的座缝；侧缝的缝份往后片烫倒 1.3cm，正面有 0.3cm 的座缝。

13. 里布侧片与里布前片缝合

将里布侧片与里布前片正面相对，沿侧缝线车缝 1cm，然后将缝份往前片烫到 1.3cm，正面有 0.3cm 的座缝。

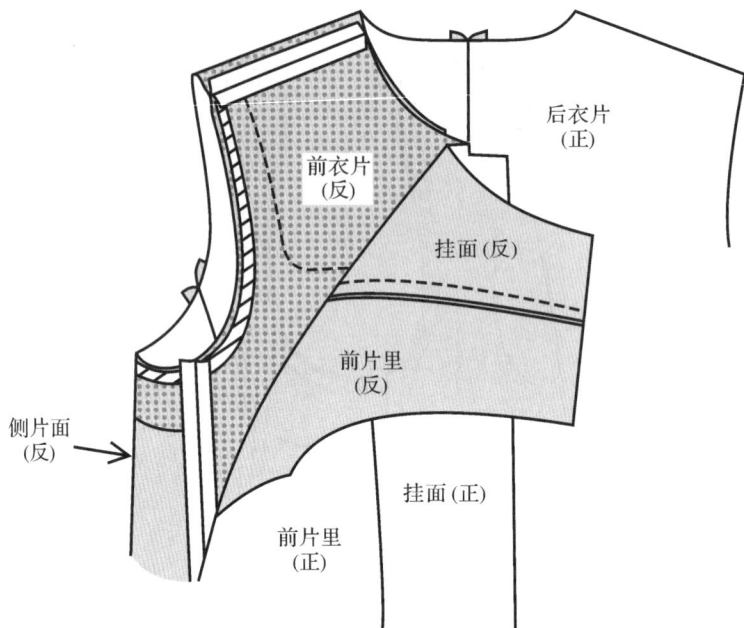

后衣片
（正）

前衣片
（反）

挂面（反）

前片里
（反）

侧片面
（反）

挂面（正）

前片里
（正）

图 4-6-21　缝合衣片面布肩缝

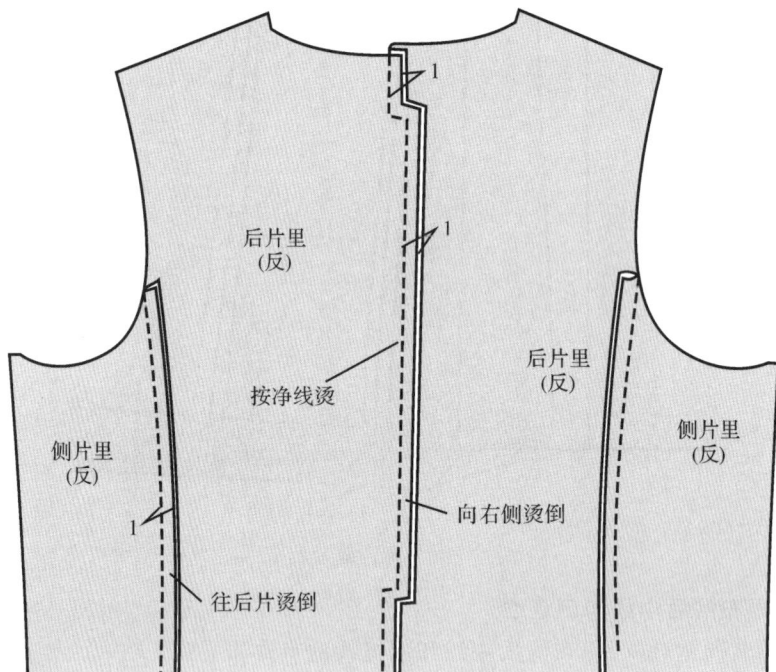

后片里
（反）

按净线烫

向右侧烫倒

后片里
（反）

侧片里
（反）

侧片里
（反）

往后片烫倒

图 4-6-22　缝合里布的后中线和侧缝线

14. 缝合里布前后肩线

对齐里布的前后肩线，车缝 1cm，要求后肩线中部缩缝 0.3cm 左右，然后将肩缝往后片烫倒。

15. 缝合帽子

如图 4-6-23 所示，缝合帽子步骤如下：

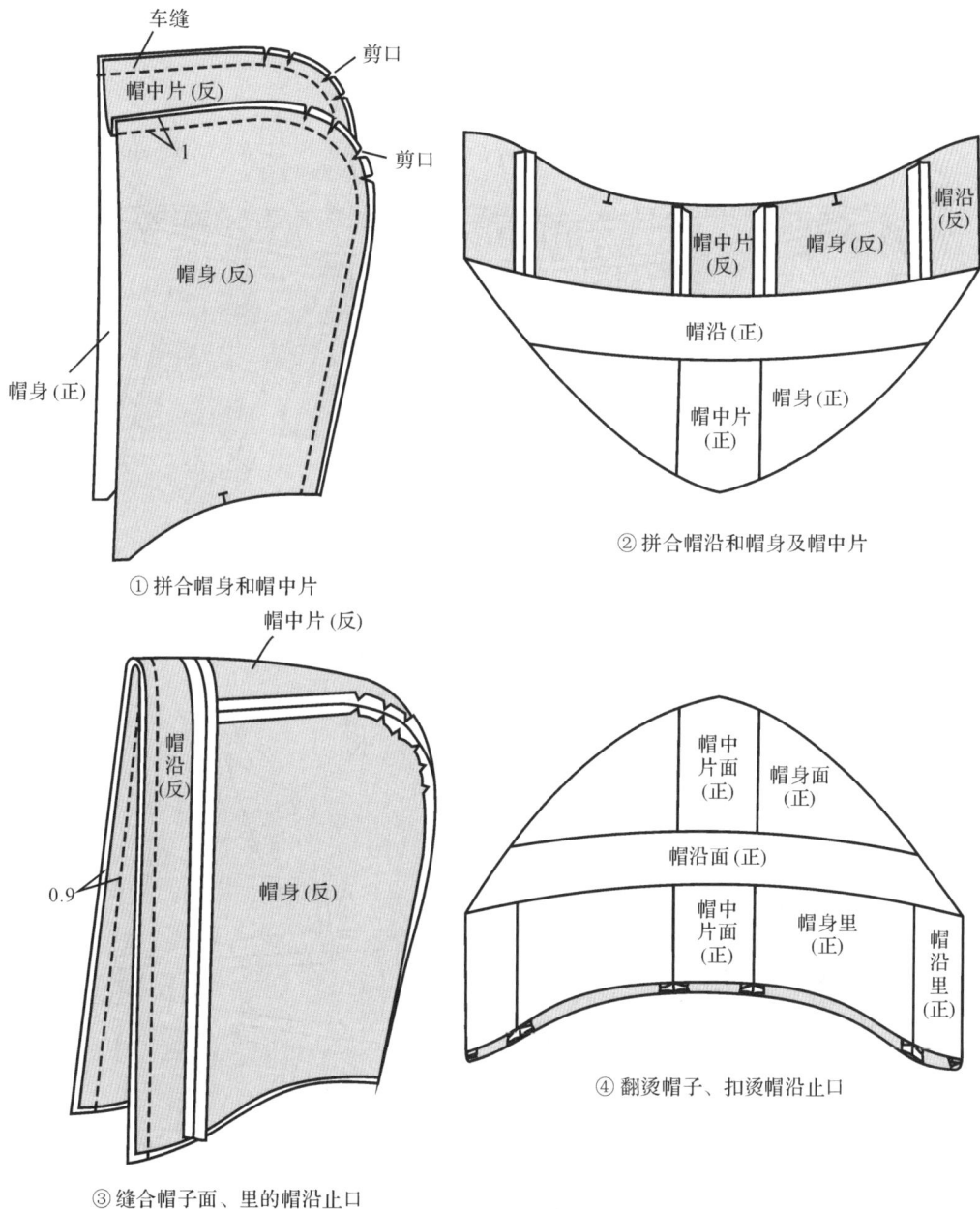

① 拼合帽身和帽中片

② 拼合帽沿和帽身及帽中片

③ 缝合帽子面、里的帽沿止口

④ 翻烫帽子、扣烫帽沿止口

图 4-6-23　缝合帽子

（1）拼合帽身和帽中片。将帽身与帽中片正面相对,对齐刀眼后车缝,缝份为 1cm,然后在帽顶的圆弧处剪口,将缝份分开烫平。

（2）拼合帽沿和帽身及帽中片。将帽沿与帽身缝合,缝份为 1cm,然后分开烫平。注意:由于帽里与帽面均由本色布,故缝制的方法相同。

（3）缝合帽子面里的帽沿止口。将帽子的面里正面相对,对齐帽沿边,以 0.9cm 的缝份缝合。

（4）翻烫帽子、扣烫帽沿止口。将帽里的止口缝份修剪留 0.5cm,把帽子翻到正面,烫平帽沿止口。然后在帽顶圆弧拼接处,用手缝针拉线襻固定面、里。

16. 绱帽子

如图 4-6-24 所示,绱帽子的步骤如下:

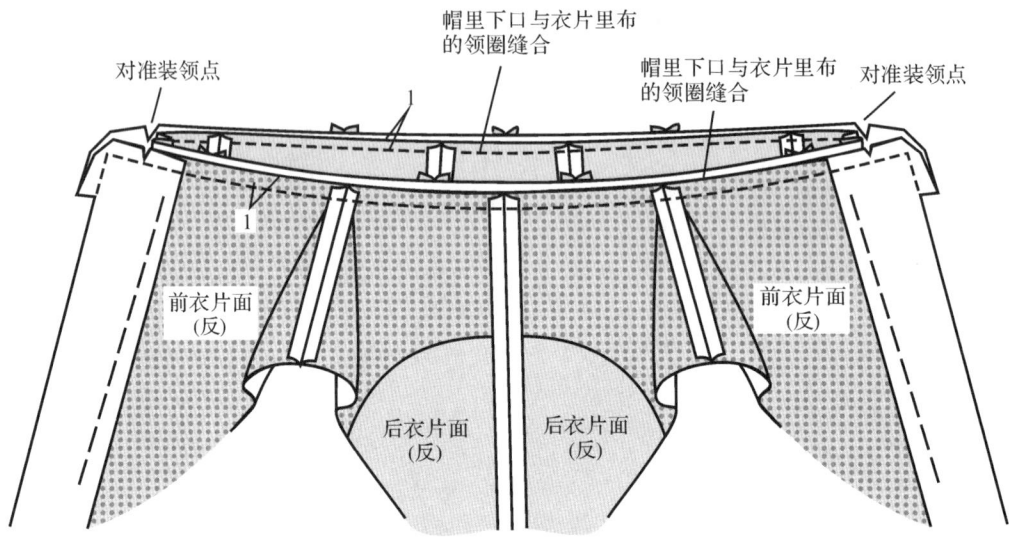

① 绱帽子

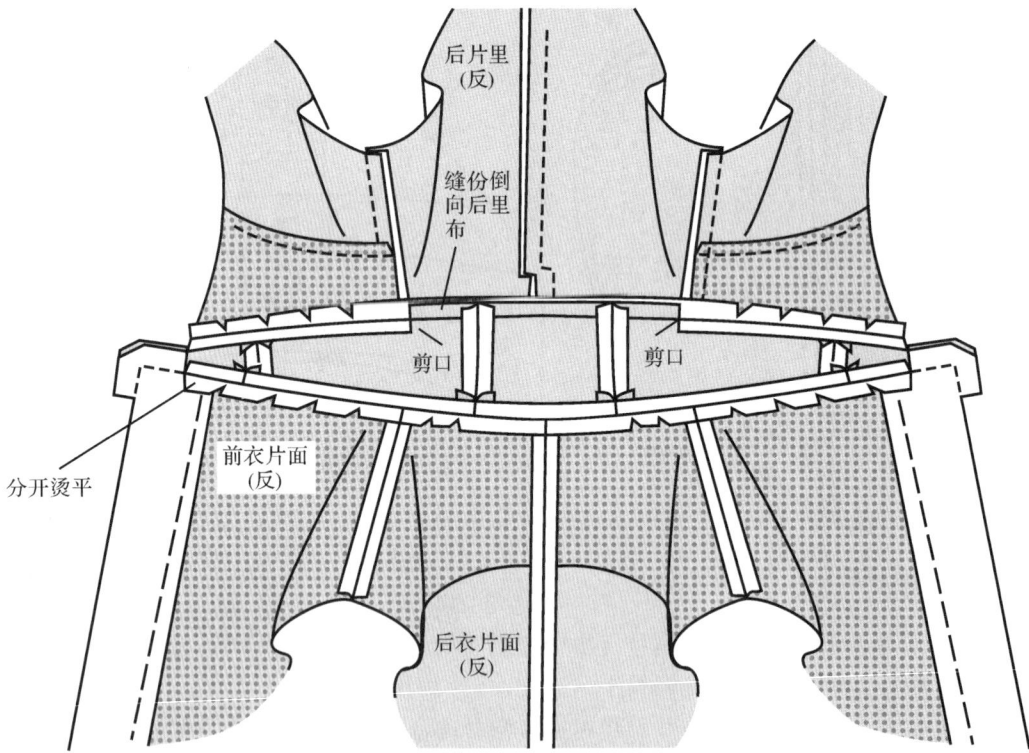

② 分烫缝份

图 4-6-24　绱帽子

(1)绱帽子。将衣片翻到反面,在领圈处分别与帽子面、里的下口缝合,缝份为 1cm。要求:从衣片一侧的装领点起针车缝到另一侧的装领点为止,帽里下口与衣片里布的领圈各对位点对准,帽面的下口与衣片面布的领圈各对位点对准。缝合后,在前、后衣片领圈的圆弧处剪口。

（2）分烫缝份。将面布领圈的缝份烫开；把衣片里布领圈处的肩缝剪口，前领圈处的缝份分缝烫开，后领圈的缝份往里布处烫倒。最后将面布与里布的领圈缝份用手缝或车缝固定。

17. 车缝固定右衣片的暗门襟

如图 4-6-25 所示，在右前衣片上，距止口 4cm、底摆 25cm 处，车缝固定暗门襟。

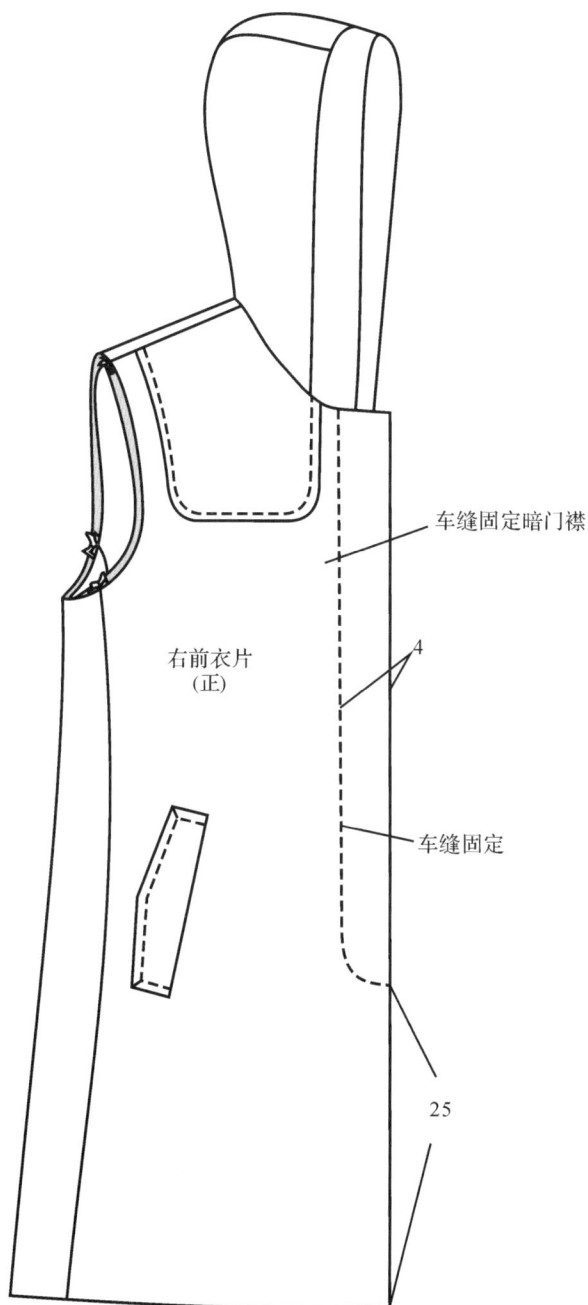

图 4-6-25　车缝固定右衣片的暗门襟

18.缝制袖襻、面袖

如图 4-6-26 所示,缝制袖襻、面袖的步骤如下:

(1)缝制袖襻。先在袖襻面的反面烫粘衬,再将袖襻的面里布正面相对,按净线车缝。然后修剪缝份留 0.5cm,圆角处剪口;再将袖襻翻到正面,熨烫后,正面朝上缉 0.8cm 明线;最后在圆头处锁圆头扣眼。

(2)缝合外袖缝。将大小袖片正面相对,把袖襻夹装到外袖缝上距袖口贴边毛缝 8cm 处,按 1cm 缝份缝合;在距袖襻夹装处 1cm 位置,把大袖片缝份剪口,然后分烫缝份。

(3)缝合内袖缝后,分烫缝份;再扣烫袖口贴边 4cm。

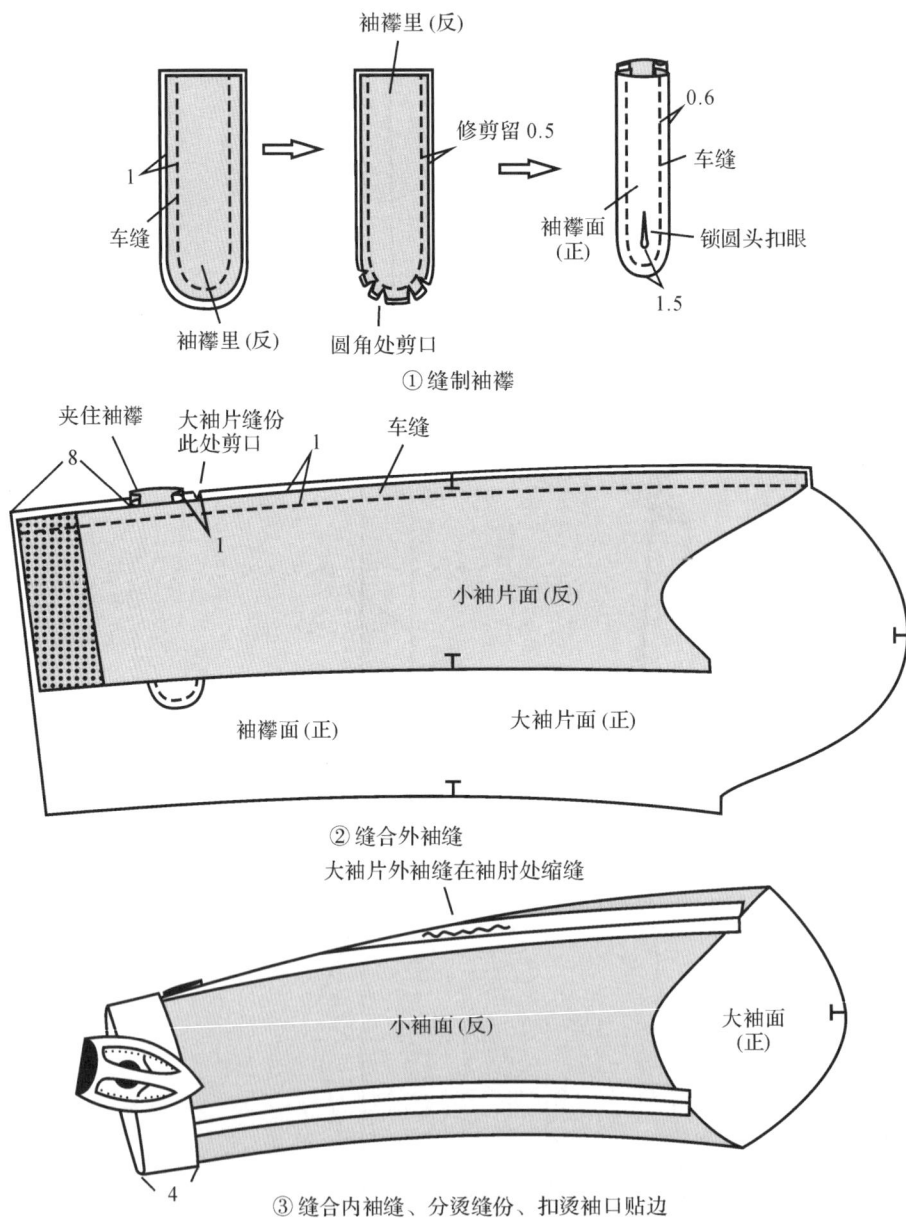

① 缝制袖襻

② 缝合外袖缝

③ 缝合内袖缝、分烫缝份、扣烫袖口贴边

图 4-6-26　缝制袖襻、面袖

19. 缩缝袖山吃势

(1)缩缝袖山吃势如图 4-6-27 所示。

方法一：斜裁 2 条本料布,长 25cm 左右,宽 3cm,缩缝时距袖山净线 0.2cm,调长针距车缝,开始时斜布条放平,然后逐渐拉紧斜条,袖山顶点拉力最大,然后逐渐减少拉力直至放松平缝(见图 4-6-27①)。此方法适合较熟练的操作者。

方法二：用手缝针在距袖山净线 0.2cm 外侧绗缝 2 道线,然后抽紧缝线并整理袖山的缩缝量(见图 4-6-27②).此方法适合初学者。

(2)熨烫缩缝量。把缩缝好的袖山头放在铁凳上,将缩缝熨烫均匀,要求平滑无褶皱,袖山饱满(见图 4-6-27③)。

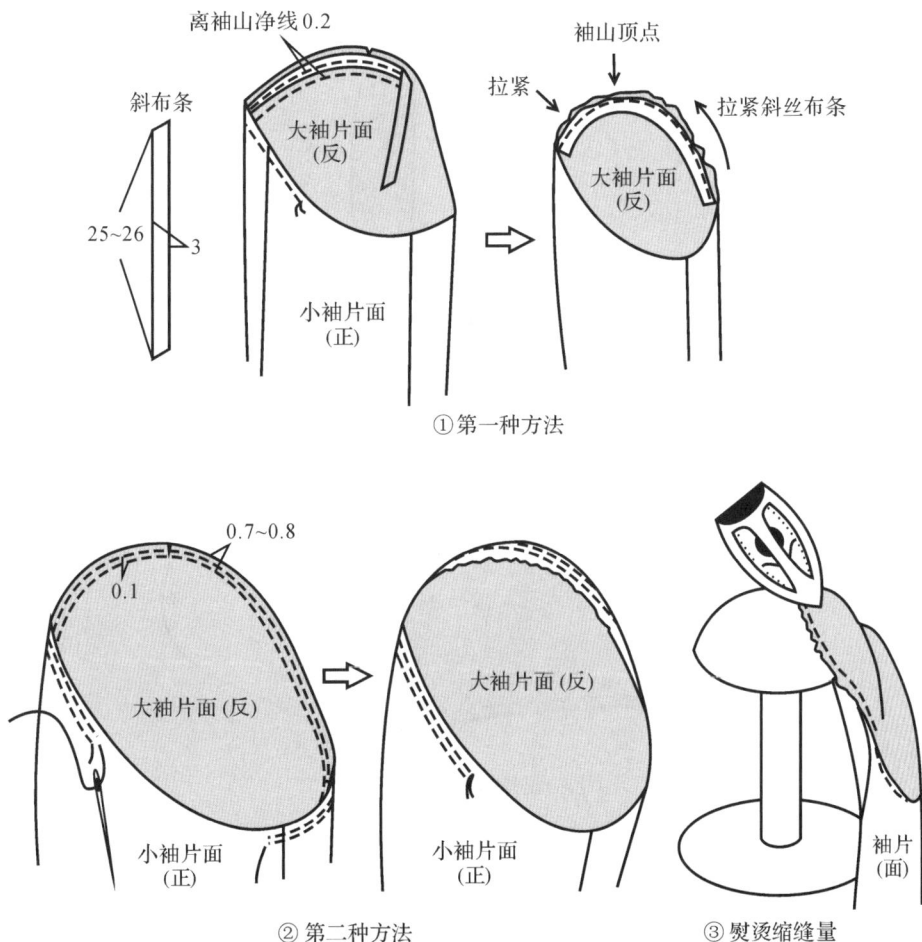

① 第一种方法

② 第二种方法　　　　　③ 熨烫缩缝量

图 4-6-27　缩缝袖山吃势

20. 绱面布袖子、检查装袖后的外形

如图 4-6-28 所示,步骤如下：

(1)手缝固定袖子与袖窿。对准袖中点、袖底点或对位记号,假缝袖子与袖窿,缝份 0.8～0.9cm,缝迹密度 0.3cm/针。

(2)试穿调整。将假缝好的衣服套在人台上试穿,观察袖子的定位与吃势,要求两个袖子定位左右对称、吃势匀称。然后进行车缝。

（3）车缝缩袖。沿袖窿车缝一周，缝份为 1cm，缝份自然倒向袖片。注意：袖山处的装袖缝份不能烫倒，以保持自然的袖子吃势。

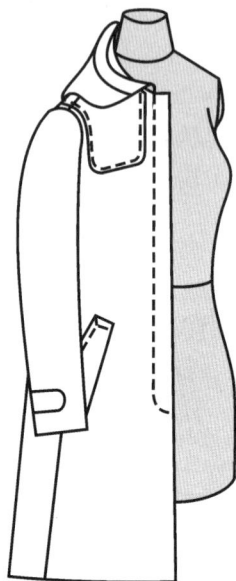

图 4-6-28　检查装袖后的外形

21. 缝制里袖、绱里袖

如图 4-6-29 所示，缝制里袖、绱里袖步骤如下：

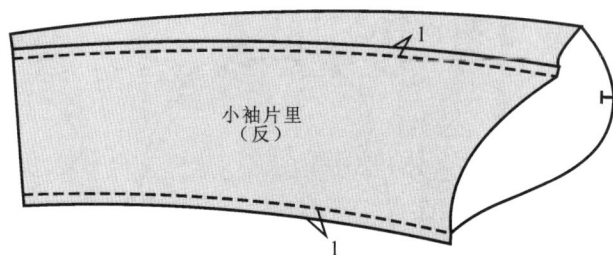

小袖片里
（反）

1

1

① 缝合里袖的内、外袖缝

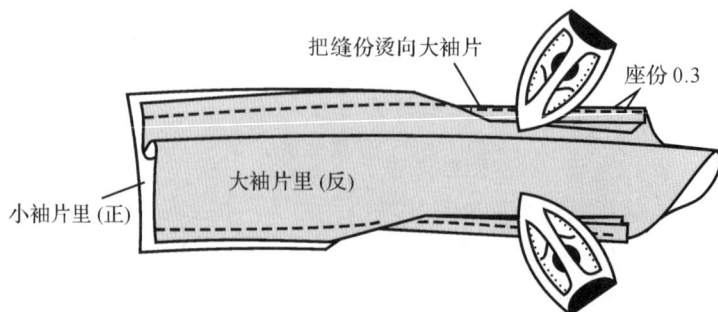

把缝份烫向大袖片

座份 0.3

大袖片里(反)

小袖片里(正)

② 熨烫内、外袖缝

图 4-6-29　缝制里袖

（1）缝合袖片的内、外袖缝并熨烫：大小袖片的内、外袖按 1cm 缝份缝合，里袖的袖缝均往大修片烫倒，要求烫出座缝 0.3cm。

（2）绱里袖：将里袖的袖山顶点与衣片的肩线对齐进行车缝。

22. 缝合并固定袖口面、里

（1）将袖口面、里的内、外袖缝对齐，车缝一周。

（2）按面袖上袖口贴边扣烫的折痕整理袖口，然后在内袖缝和袖衩缝上与袖口缝份车缝几针固定。

23. 缝制底摆

如图 4-6-30 所示，缝制底摆步骤如下：

（1）车缝底摆。将衣片面、里底摆上对应的拼接线对齐后车缝，注意在后中线处留出 15cm 不缝合，以作为翻膛用（从此处将衣片从反面翻到正面）。

（2）翻膛衣片、扣烫里布底摆。从翻膛口，将衣片从反面翻到正面，按面子底摆贴边扣烫的折痕整理底摆，然后将所有拼接线的缝份与底摆缝份车缝几针固定。翻膛口用手针固定。

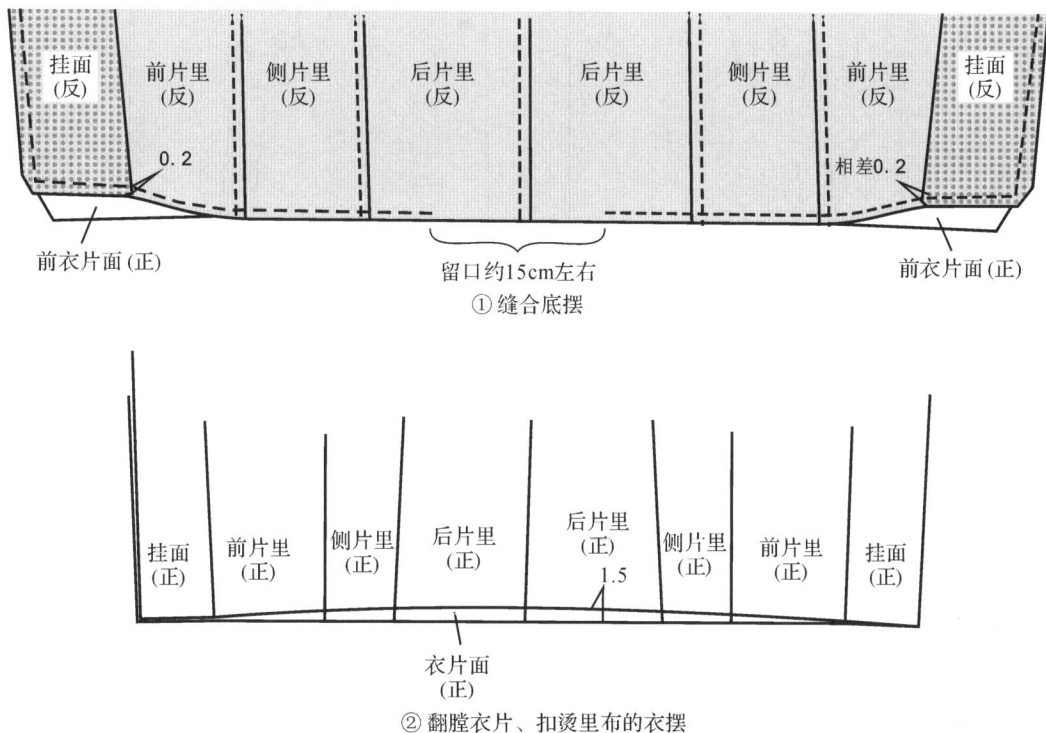

① 缝合底摆

② 翻膛衣片、扣烫里布的衣摆

图 4-6-30　缝制底摆

24. 车缝固定牛角扣、钉缝里襟扣和袖襻扣

如图 4-6-31 所示，步骤如下：

（1）固定牛角扣。先在左、右前衣片上画出扣位，再在左前衣片上车缝固定牛角扣，右前衣片上车缝固定牛角扣襻。

（2）钉扣子。在左前片上暗门襟的扣位，手缝钉上扣子。

25. 整烫

整烫的顺序和要点参照本章第五节女西装。

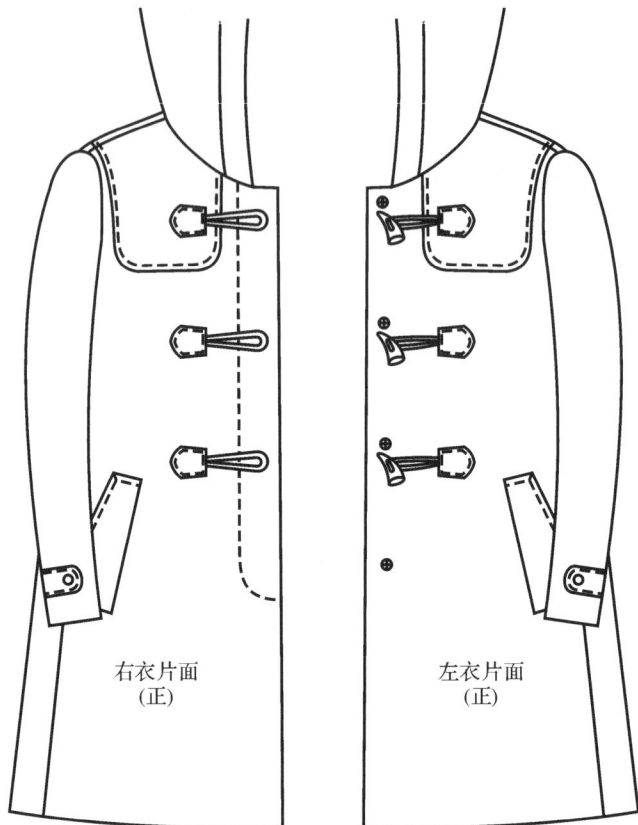

右衣片面
（正）

左衣片面
（正）

图 4-6-31　车缝固定牛角扣、钉缝里襟扣和袖襻扣

八、缝制工艺质量要求及评分参考标准（总分 100）

（1）挖袋平整,袋盖里外匀恰当,左右袋对称一致。（10 分）

（2）前、后肩风雪挡布缝制、熨烫里外匀恰当,与衣片缝合平整,位置准确。（10 分）

（3）暗门襟缝制正确,表面平整。（10 分）

（4）门里襟左右长度一致,平服无牵扯。（10 分）

（5）帽子缝制正确,面里配合平整。（15 分）

（6）装帽位置正确,成型后左右对称、平服。（10 分）

（7）装袖圆顺、饱满,袖子前倾合适,左右对称一致。（15 分）

（8）各条拼合线平服,缉线顺直,无跳线、断线现象。（10 分）

（9）规格符合尺寸要求,各部位熨烫平整。（10 分）

思考与训练

1. 实际训练斜向挖袋,能加以熟练运用。

2. 实际训练暗门襟的缝制,注意缝制的步骤和要点。

3. 实际训练帽子的缝制和装帽子,注意各对位点的正确对位。

4. 实际训练合体两片袖的缝制和绱袖,掌握两种袖山吃势的抽缩方法。

第七节 旗 袍

一、外形概述、用料要求

1. 外形概述

旗袍具有浓郁的民族特色,体现着中华民族的传统艺术,为国际上独树一帜的中国妇女代表服装。图 4-7-1 所示款式的旗袍的特点为立领、半装袖、右偏装饰开襟、后背装隐形拉链;前片收腋下省、腰省,后片收腰省;两侧开衩;领上口弧线、装饰开襟弧线;开衩、底摆、袖口处均采用镶色嵌线加滚边;领口、装饰偏襟钉镶色葡萄钮3 副。

2. 适用面料

真丝、织锦缎、纯棉类等天然纤维面料均可选用,也可选择混纺及化纤面料。

3. 面辅料参考用量

(1)面料:门幅 110cm,用量约 110cm。估算式为衣长+10cm。

(2)辅料(见表 4-21)

表 4-21

名称	无纺粘合衬	隐形拉链	葡萄钮	嵌线斜条	嵌线	揿扣	配色线
数量	50cm	1 条	3 付	4 米	4 米	2 付	2 个

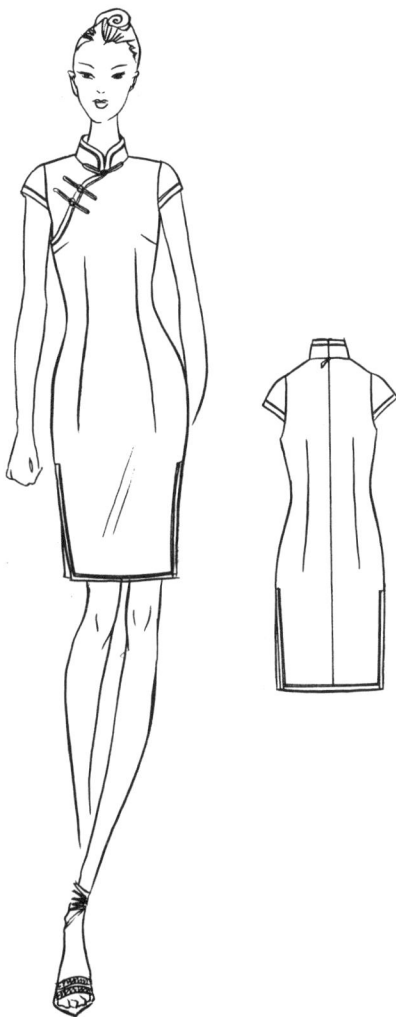

图 4-7-1 旗袍款式图

二、制图参考规格

表 4-22 为该款旗袍制图参考规格,表内数据不含缩率。

表 4-22 (单位:cm)

号/型	前衣长	胸围(B)	腰围(W)	臀围(H)	领大(N)	肩宽(S)	背长	袖长	袖口
160/84A	100	84+6 (放松量)=90	72	94	37	37	38	8.5	20

三、款式结构制图

这款旗袍款式结构制图见图 4-7-2。

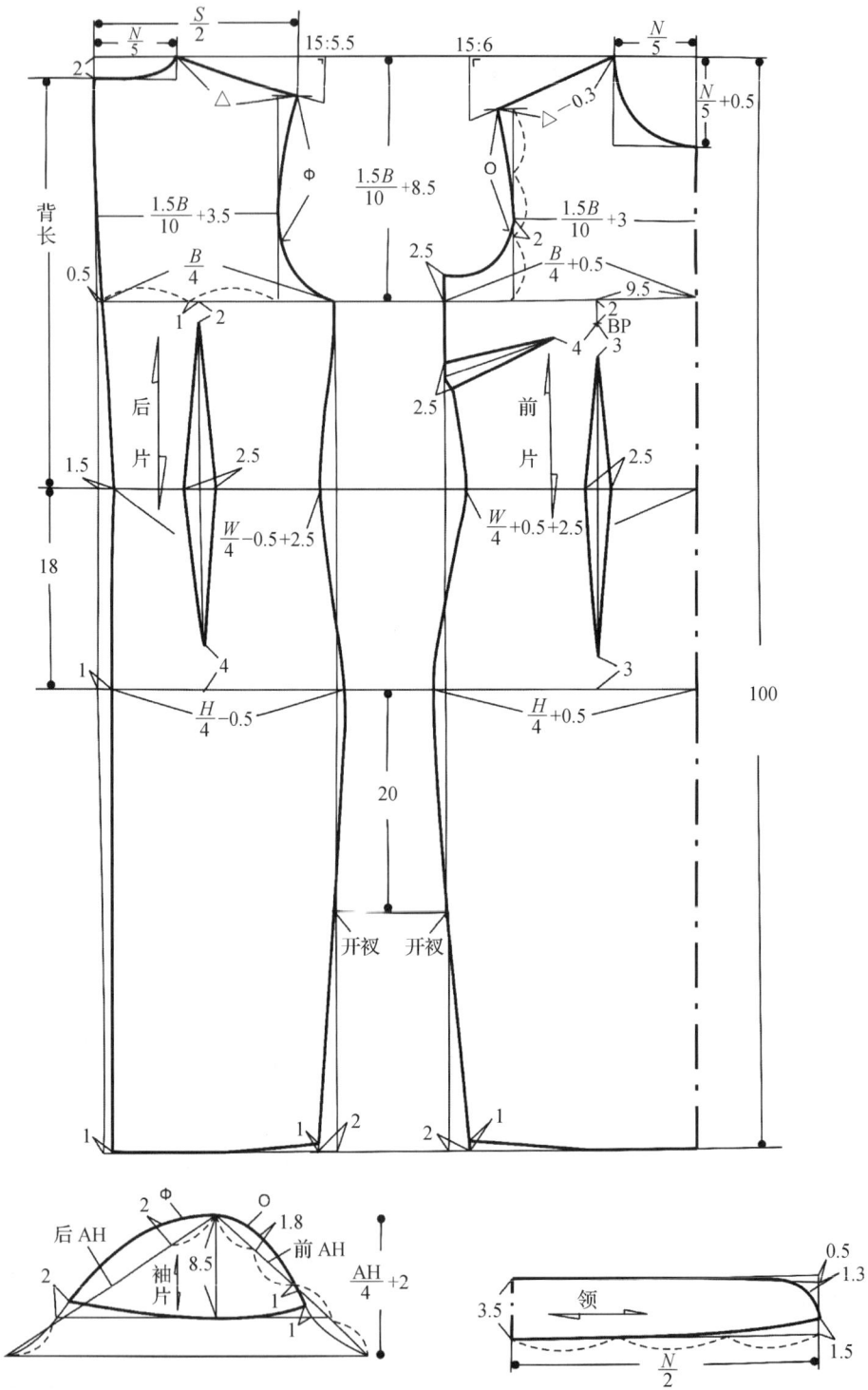

图 4-7-2　旗袍结构制图

四、放缝、排料图

放缝、排料图见图 4-7-3。

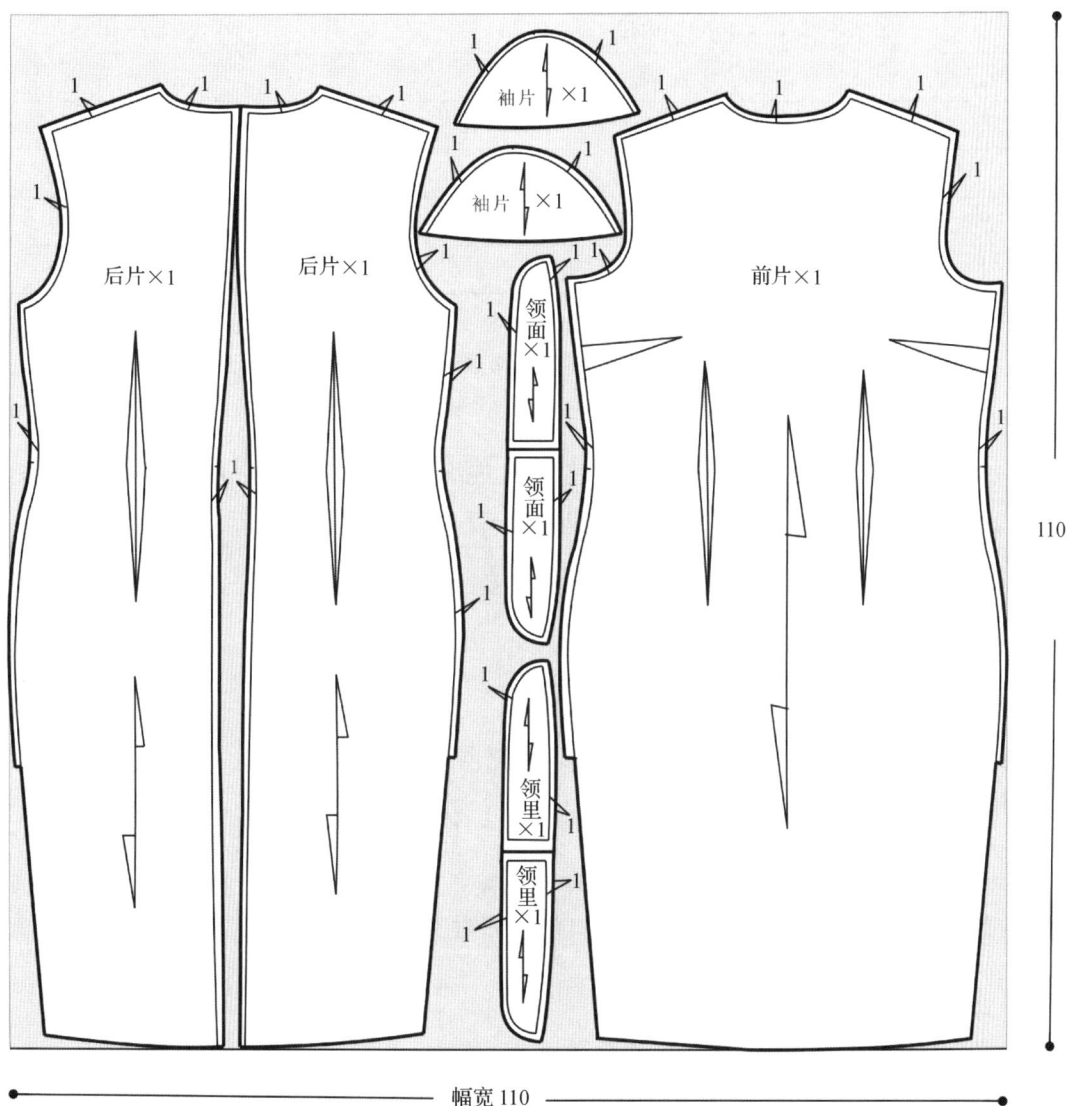

图 4-7-3　旗袍放缝、排料图

五、样板名称与裁片数量

表 4-23 所列为旗袍样板名称及裁片数量。

表 4-23

序 号	种 类	名 称	数 量	备 注
1	面料主部件	前片	1	前中不分开
2		后片	2	左右各一片
3		袖片	2	左右各一片
4	面料零部件	领面	2	左右各一片
5		领里	2	左右各一片
6	粘衬	领面	2	左右各一片
7		领里	2	左右各一片

六、旗袍缝制工艺流程及缝制前准备

1. 缝制工艺流程

收省、烫省 → 归拔衣片 → 滚边布、纽条布、嵌线布的裁剪与制作 → 车缝门襟装饰条 → 烫粘牵条、三线包缝 → 缝合背缝并分烫 → 装拉链 → 开衩、下摆滚边 → 缝合肩缝、侧缝 → 开衩、下摆缉漏落缝 → 做领、绱领 → 做袖、绱袖 → 做纽条、制作葡萄纽 → 手工 → 整烫

2. 缝制前准备

(1)针号与针距

针号：75/11 号或 80/1。

针距：明线为 14～16 针/3cm，底、面线均用配色涤纶线；暗线为 13～15 针/3cm，底、面线均用配色涤纶线。

(2)做标记

按样板在前、后片省位、臀围线、腰节线、开衩止点、腋下、绱领点、后领中缝、袖山顶点、前后绱袖点等处剪口作记号，要求剪口深不超过 0.3cm，并注意上下两层衣片要完全吻合。

(3)粘衬部位

在领面、领里的反面分别烫上无纺粘合衬(见图 4-7-4)

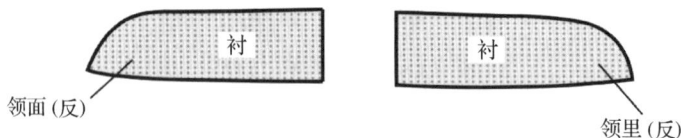

图 4-7-4　领面、领里烫无纺粘合衬

七、旗袍缝制工艺步骤及要求

1. 收省、烫省

如图 4-7-5 所示，收省、烫省步骤如下：

(1)收省。按省道剪口及省道线车缝腋下省、前腰省、后腰省。要求：缝线顺直，省尖要

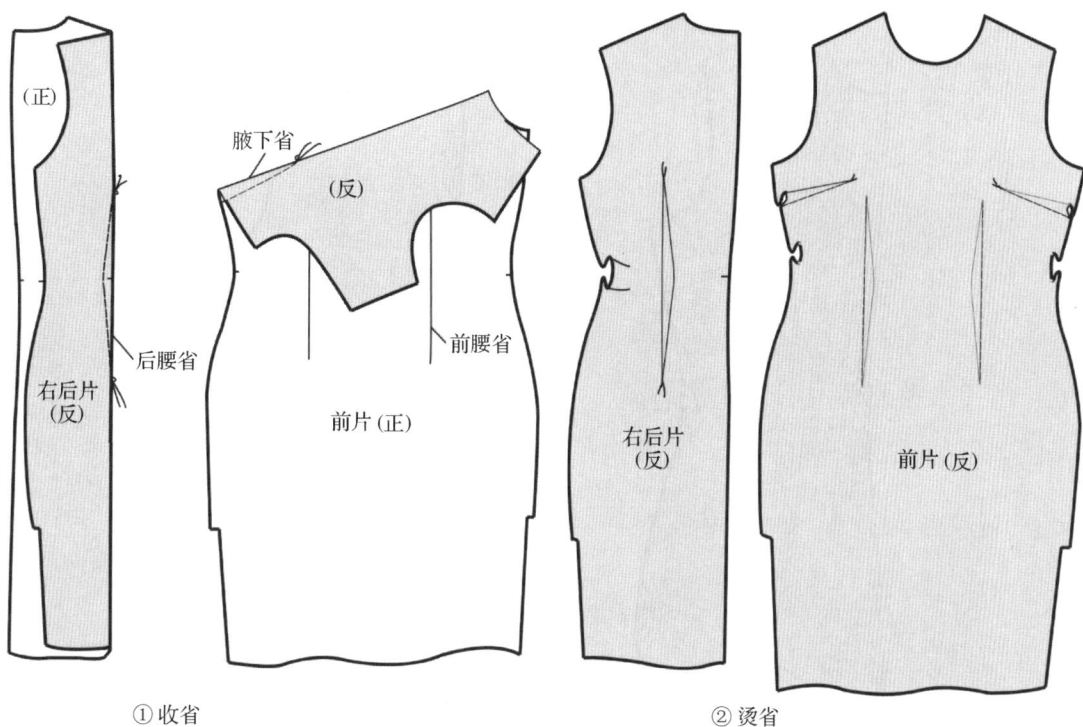

①收省　　　　　　　　　　　　　　　　　②烫省

图 4-7-5　收省、烫省

缝尖,不打回针,留 10cm 左右线头,打结处理。

(2)烫省。前片腋下省向上烫倒。前、后腰省分别向前、后衣片的中心线方向烫倒。熨烫时在腰节线部位要拔开,使省缝平服,不起吊。要求:省尖部位的胖形要烫散,不可有细褶的现象出现。

2. 归拔衣片

如图 4-7-6 所示,归拔衣片步骤如下:

(1)归拔前衣片。

①将前衣片按前中心线正面相对折叠,用熨斗在侧缝腰节部位处拔开熨烫,同时在侧缝臀围处归拢,使衣片符合人体。

②胸部在烫省后的基础上垫上布馒头进行熨烫,以烫出胸部胖势。

③对于腹部突出的体型,需在腹部区域拔出一定的弧度。

(2)归拔后衣片

①两后片正面相对,用熨斗在侧缝腰节部位处拔开熨烫,同时在侧缝臀围处归拢,使衣片符合人体。

②在背中线侧缝腰节部位的拔开熨烫,并配合体型的要求,拔出臀部曲线。

3. 滚边布、纽条布、嵌线布的裁剪与制作

(1)准备滚边布、纽条布

如图 4-7-7 所示,滚边布、纽条布选用较柔软、轻薄、富有光泽的单色面料。一般采用镶色料,取 45°斜丝,裁剪前在其反面通常进行刮浆或粘衬处理,以防变形。滚边布宽度

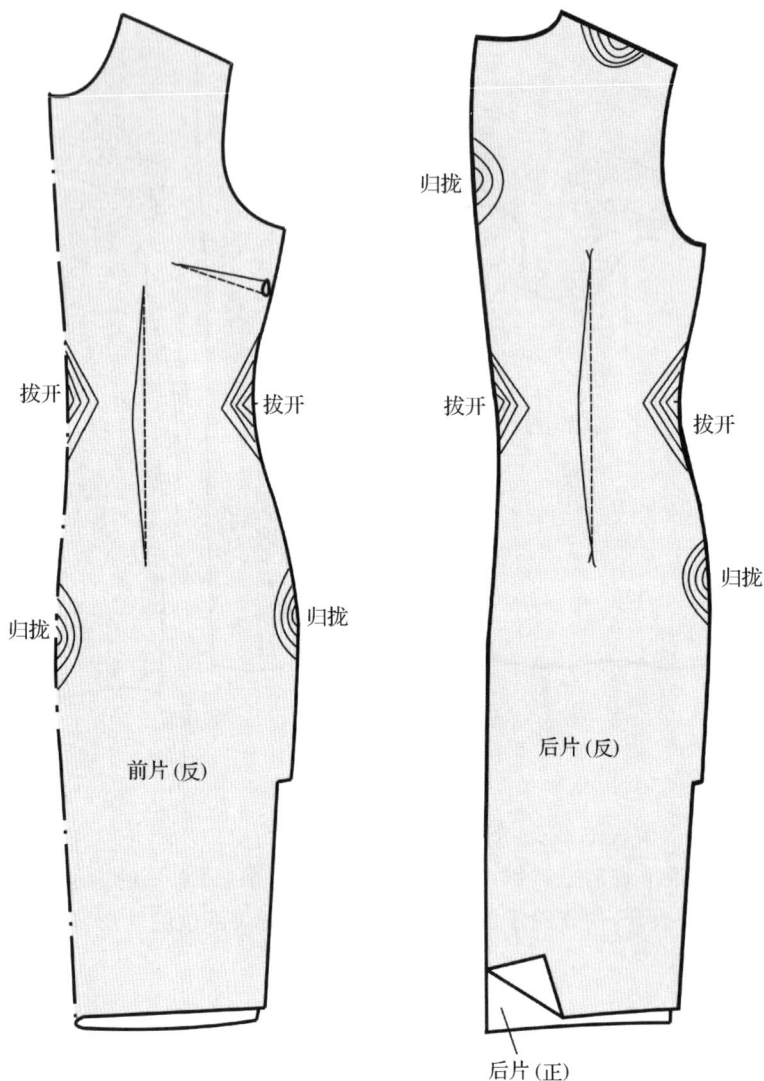

图 4-7-6　归拔衣片

3cm 左右。纽条布宽度 2cm 左右。一件普通的旗袍大约需要滚边布、纽条布约 2m。另外还需要准备嵌线布、嵌线，长度各 4m 左右。一般不允许拼接，如无法避免，应以直丝拼接。

（2）做嵌线、滚边布

如图 4-7-8 所示，将嵌线布正面朝外对折熨烫，居中夹入一根嵌线，然后与滚边布正面相对，并相互平叠，用单边压脚将嵌线布、滚边布一起以 0.8cm 的缝份车缝固定，再将嵌线条、滚边布熨烫平整。要求嵌线条净宽 0.2cm。

4. 车缝门襟装饰条

如图 4-7-9 所示，车缝门襟装饰条步骤如下：

（1）在前衣片上沿假门襟装饰线位置，将做好的嵌线、滚边布与衣片正面相对车缝。

（2）修剪缝份，翻转嵌线、滚边，在嵌线正面、滚边的中间车漏落缝固定门襟装饰条。要求：嵌线条净宽为 0.2cm，滚边条正面净宽 0.6cm。

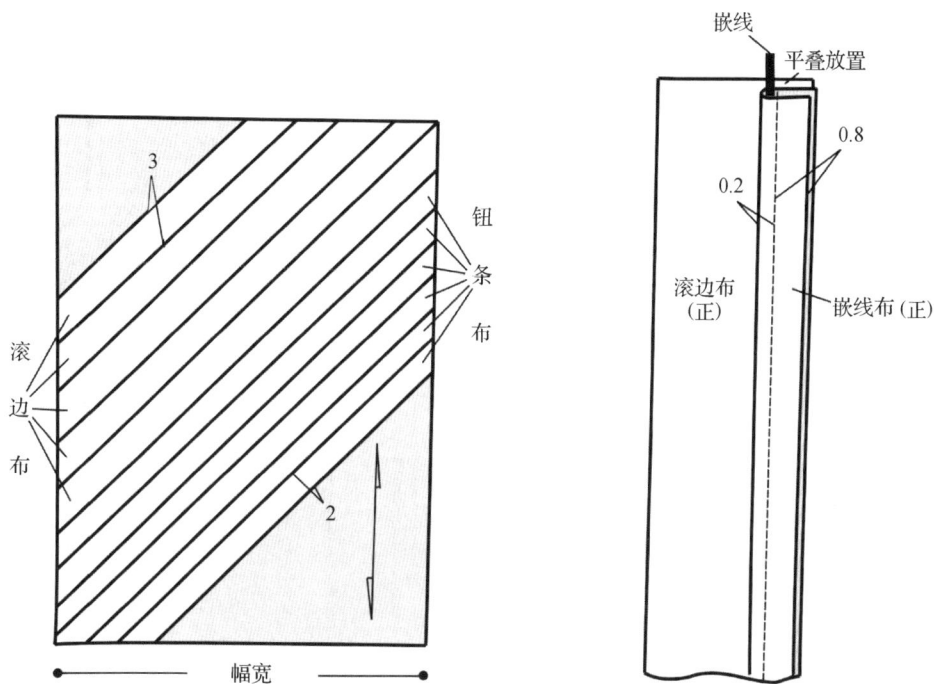

图 4-7-7　准备滚边布、纽条布

图 4-7-8　做嵌线、滚边

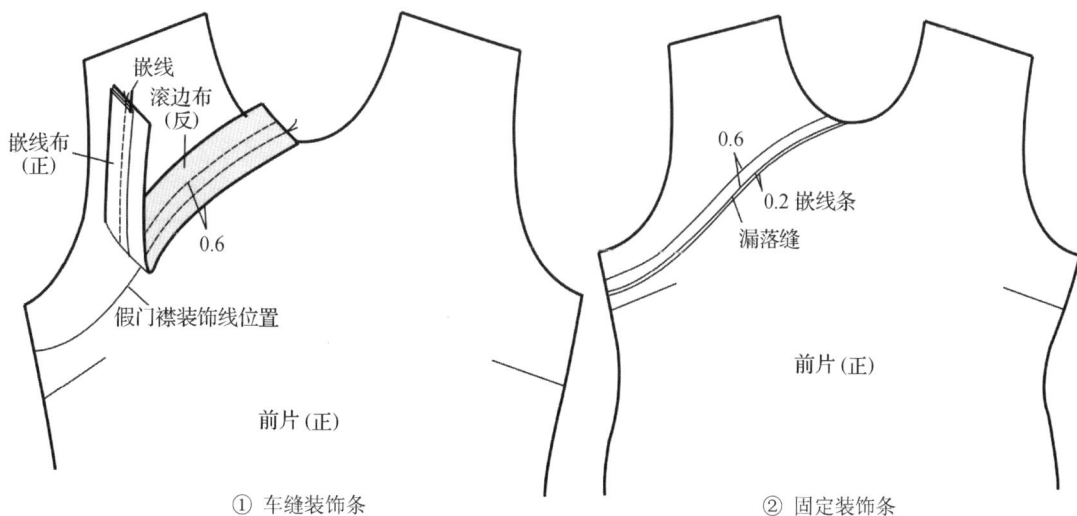

① 车缝装饰条

② 固定装饰条

图 4-7-9　门襟装饰条

5.烫粘合牵条、三线包缝

如图 4-7-10 所示，将旗袍小肩缝、侧缝、背缝的缝份处分别烫上 1.5cm 宽的无纺粘合牵条，然后用配色线三线包缝。

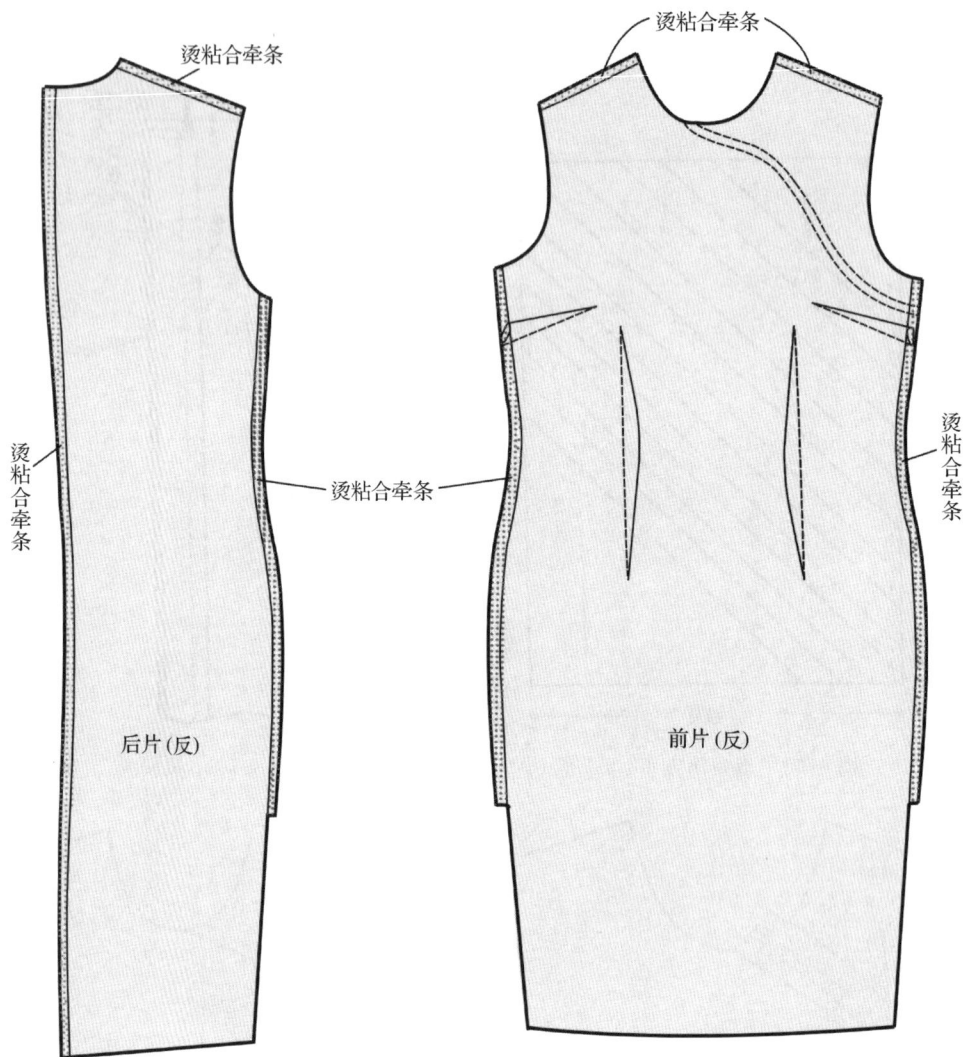

图 4-7-10　烫粘合牵条

6. 缝合背缝并分烫

如图 4-7-11 所示，将两后片正面相对，对齐后中从拉链止点起按缝份 1cm 车缝至下摆，然后将缝份分开烫平，并延伸烫至后领口。

7. 装拉链

如图 4-7-12 所示，打开隐形拉链，拉链在上，后衣片在下，正面相对，用隐形拉链压脚或单边压脚，沿背缝净线和拉链齿边车缝固定。要求：合上拉链，拉链不外露，衣片平服，高低一致。再将拉链布边和缝份用 0.5cm 车缝固定。

8. 开衩、下摆滚边

如图 4-7-13 所示，将做好的嵌线、滚边布和前衣片正面相对，从前侧缝开衩点开始起针，按衣片净线进 0.6cm 缝合，经下摆至另一侧缝开衩上止。在下摆转角处需如图折叠。后衣片做法同前衣片。

右后片（反）

拉链止点

右后片
（反）

1

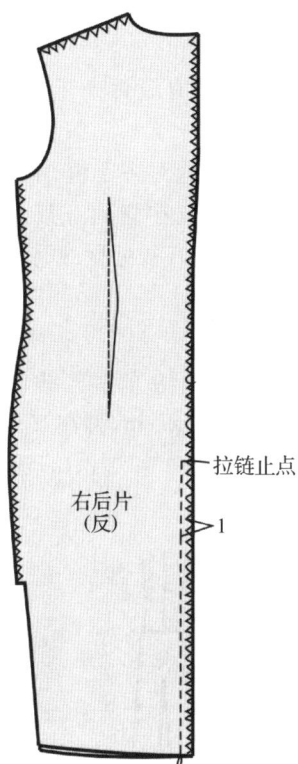

图 4-7-11　缝合背缝

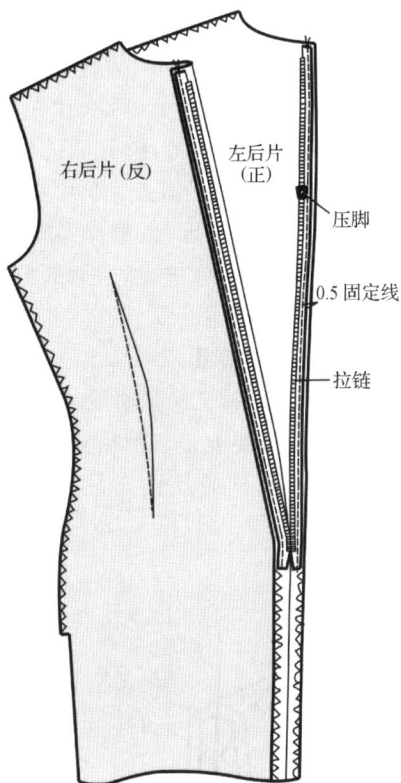

右后片（反）

左后片
（正）

压脚

0.5 固定线

拉链

图 4-7-12　装拉链

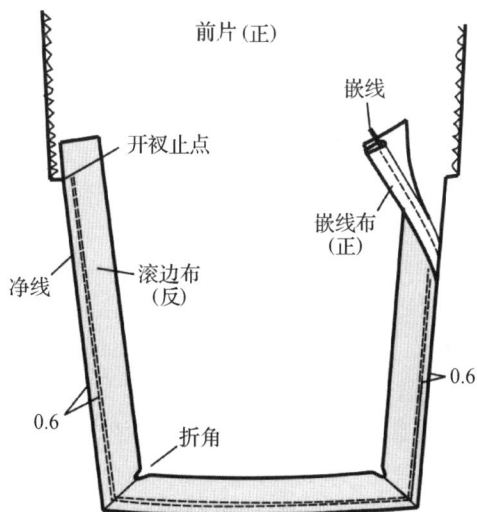

前片（正）

嵌线

开衩止点

嵌线布
（正）

净线

滚边布
（反）

0.6

0.6

折角

0.6

图 4-7-13　开衩、下摆滚边

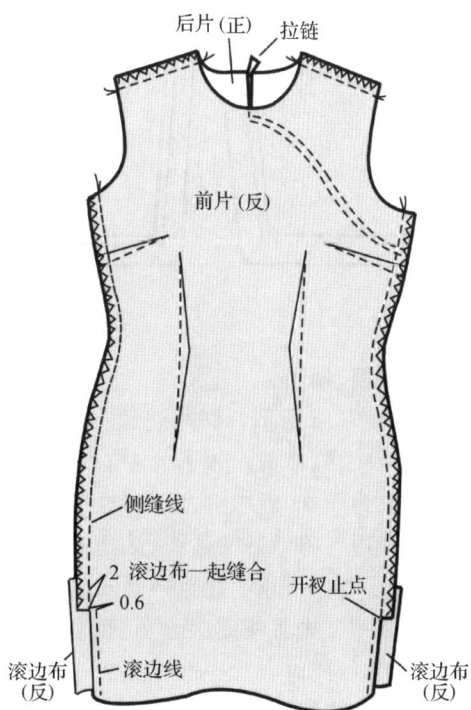

后片（正）　拉链

前片（反）

侧缝线

2 滚边布一起缝合

0.6

滚边布
（反）

滚边线

开衩止点

滚边布
（反）

图 4-7-14　缝合肩缝、侧缝

9. 缝合肩缝、侧缝

如图 4-7-14 所示,缝合肩缝、侧缝步骤如下:

(1)缝合肩缝。前衣片在上,后衣片在下,正面相对,前、后小肩缝对齐车缝 1cm 缝份。缝合时要求后小肩缝略有吃势,缝合后缝份分开烫平。

(2)缝合侧缝。前衣片在上,后衣片在下,正面相对,前、后侧缝对齐车缝 1cm 缝份。缝合时对准前后衣片各对位点,即腰节线、臀围线、开衩止点。注意在缝到开衩止点上 2cm 处,需把嵌线、滚边布一起缝进,然后侧缝分开烫平。要求:两侧缝开衩处嵌线、滚条对称,高低一致。

10. 开衩、下摆缉漏落缝

如图 4-7-15 所示,将车缝在前后衣片开衩、下摆处的嵌线、滚边布修剪缝份,翻转、翻足,特别是下摆转角处要方正。然后在衣片反面扣烫滚边布净宽 0.7cm,再在衣片正面嵌线与滚边之间缉漏落缝,同时反面车住滚边布 0.1cm。要求:嵌线净宽 0.2cm,滚边正面净宽 0.6cm。

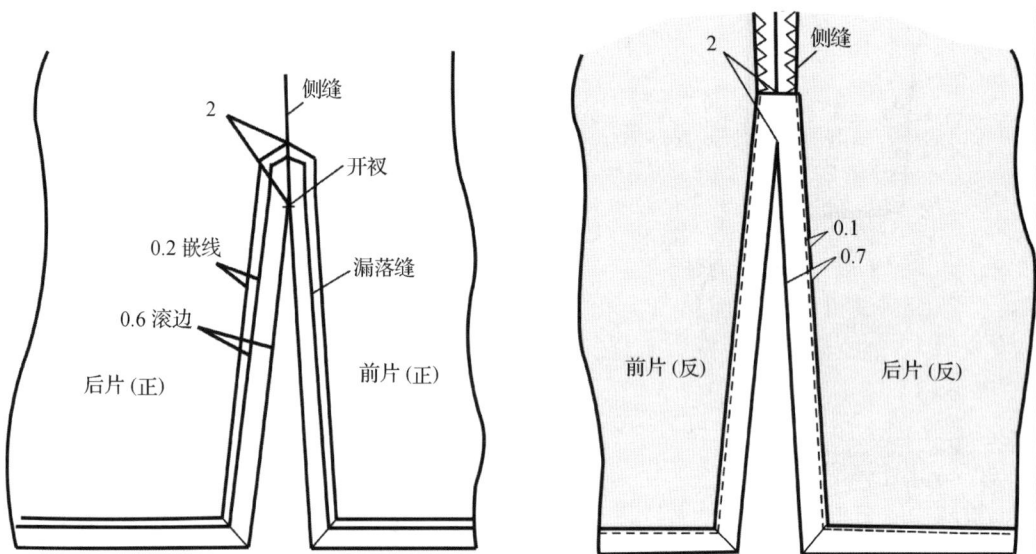

图 4-7-15 开衩、下摆缉漏落缝

11. 做领、绱领

如图 4-7-16 所示,做领、绱领步骤如下:

(1)画净样、修剪。领子分左右两片。先将烫上无纺粘合衬的领面画出净样,然后修剪缝份,上口为净样,后中缝及下口放 1cm 缝份,同时定出绱领对位标记。

(2)滚边。将做好的嵌线、滚边布和领面正面相对,按领上口净样线进 0.6cm 处车缝,缝至后领中缝净线止。注意两圆头处嵌线、滚边布松紧适宜,左右对称。

(3)绱领。先将领面、领里正面相对,按净线缝合领后中缝。绱领时领面在上,领里在下,正面相对,同时衣片正面在上置于其中间,按 1cm 缝份(净线)并对准绱领对位标记三层合一车缝。注意领子前端要绱足,领子后中与背中线要并齐,领弯处直丝缕略拉伸,使领子大小吻合。要求:左右领对称,衣身平服。

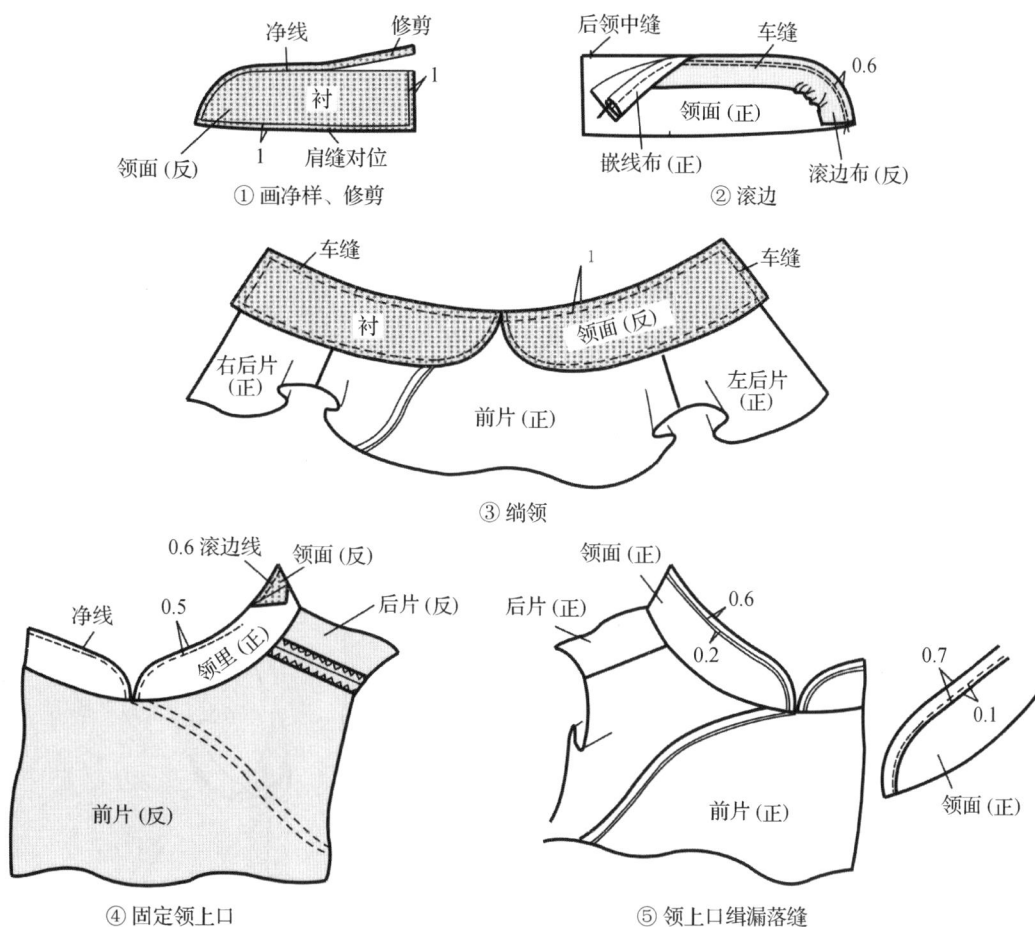

① 画净样、修剪

② 滚边

③ 绱领

④ 固定领上口

⑤ 领上口缉漏落缝

图 4-7-16 做领、绱领

（4）固定领上口。把领里、领面翻到正面并烫平，领上口按领面净样校对并修准领里，然后沿领上口净样线进 0.5cm 车缝固定领上口。

（5）领上口缉漏落缝。修剪领上口嵌线、滚边布缝份，翻转、翻足，领子前后两端要折叠方正。要求嵌线净宽 0.2cm，滚边正面净宽 0.6cm，背面折光扣烫净宽 0.7cm，然后在领面正面的嵌线与滚边中间车漏落缝，同时背面车住滚边布 0.cm。

12. 做袖、绱袖

如图 4-7-17 所示，做袖、绱袖步骤如下：

（1）袖口滚边。将做好的嵌线、滚边布和袖口正面相对，沿袖口净样线进 0.6cm 缝合。修剪嵌线、滚边布缝份，翻转、翻足，要求嵌线净宽 0.2cm，滚边正面净宽 0.6cm，背面折光净宽 0.7cm，然后在正面嵌线与滚边中间车漏落缝，同时背面车住滚边布 0.1cm。要求：两袖口嵌线、滚边布松紧适宜，左右对称。

（2）抽吃势。用较长针距沿袖山弧线进 0.8cm 车缝抽吃势，起止点留线头，无需打回针。然后抽缩袖山弧线，并核对袖山弧线与衣片袖窿弧线的长度，要求山头斜丝部位吃势稍多一些，山头中间横丝部位可少一些，做到两者基本等长。

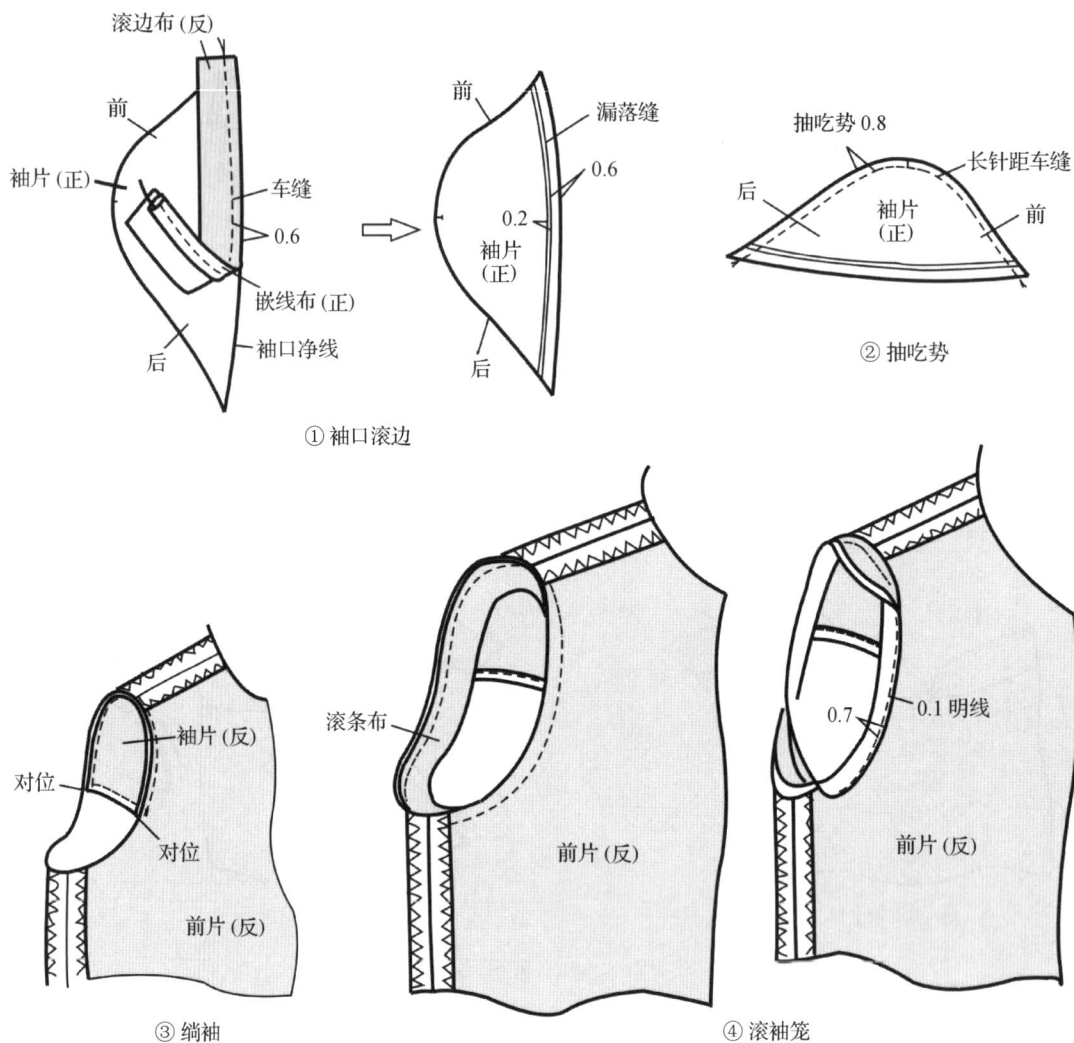

① 袖口滚边

② 抽吃势

③ 绱袖

④ 滚袖笼

图 4-7-17 做袖、绱袖

(3)绱袖。袖片在上,衣片在下,正面相对,对准前后绱袖点、袖山顶点,按 1cm 缝份车缝。要求:袖山圆顺,左右对称。

(4)滚袖笼。袖笼缝份采用滚袖笼条的方法包光袖笼,具体做法是:先根据袖笼弧长尺寸拼接滚条布。滚条布反面在上,并置于衣片正面袖笼缝份上,从腋下侧缝处起针,沿绱袖线车缝一周,要求滚条布拼接处对准腋下侧缝,然后修缝留 0.5cm,翻折袖笼条,包住缝份,正面净宽 0.6cm,背面折光净宽 0.7cm,最后沿袖笼条边车缝 0.1cm 于衣片,同时背面车住滚条布 0.1cm。此方法袖笼缝份干净,袖山头饱满自然圆顺。要求:滚条的车线圆顺,宽窄一致,两袖对称。

13. 做纽条、制作葡萄纽

(1)本款旗袍的纽条采用两种镶色面料组成,即与门襟装饰条相一致。纽条布裁剪(见图 4-7-7)需用 45°正斜料,宽约 2cm,长约 30cm,即一对直脚葡萄纽的长度。注意:纽条的长度、宽度可以根据面料的厚薄程度略有增减。

（2）纽条的缝制方法。首先采用与图4-7-8方法相同，做纽条布、嵌线（见图4-7-18①）。然后扣烫纽条，正面净宽0.4cm，背面折光净宽0.5cm，并在背面用缲针固定。要求：纽条结实而又粗细均匀。最后按步骤把纽襻条盘成扭结。

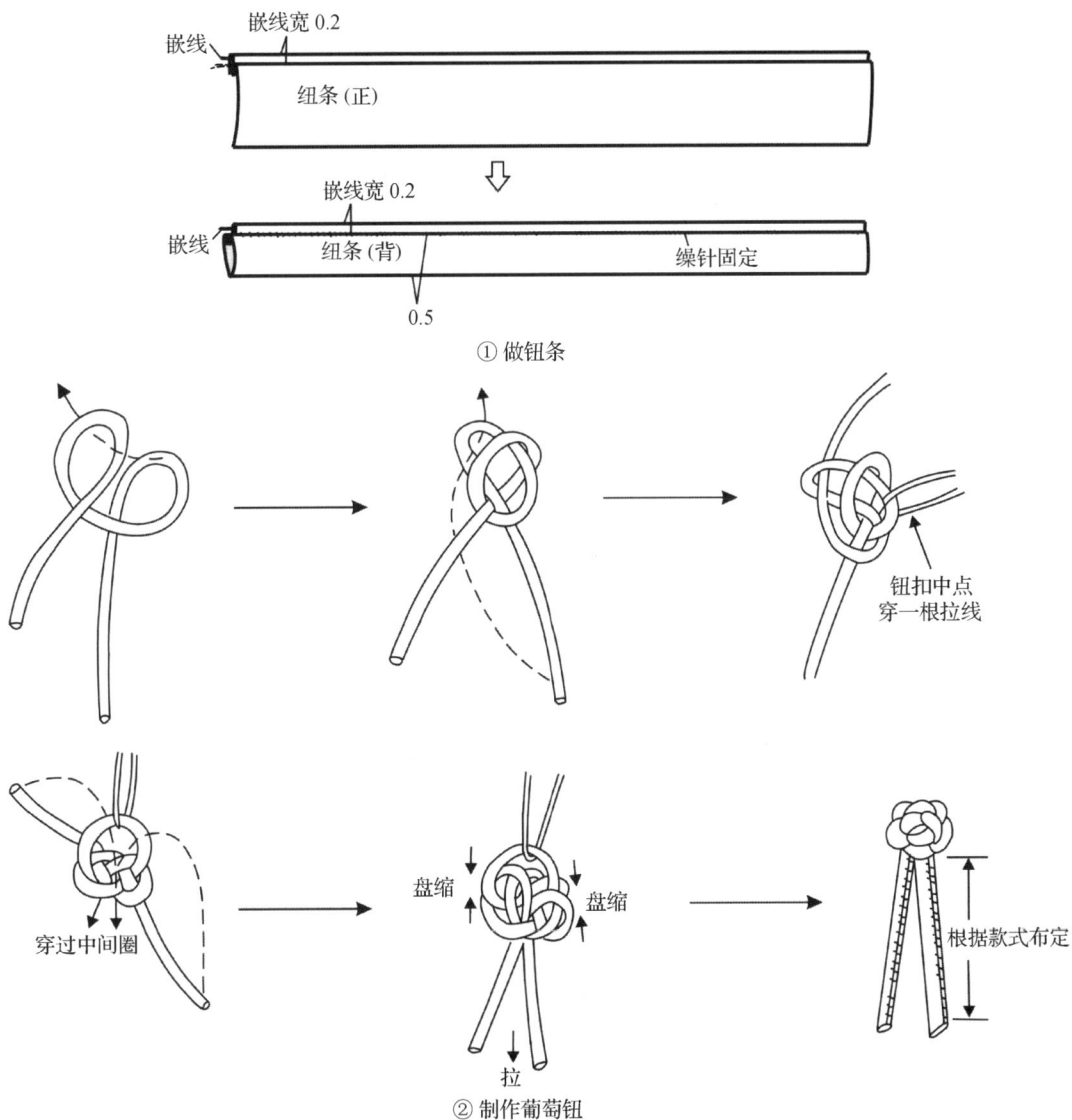

① 做钮条

钮扣中点穿一根拉线

穿过中间圈

盘缩　盘缩

拉

② 制作葡萄钮

根据款式布定

图 4-7-18　做纽条、制作葡萄纽

（3）制作葡萄纽。如图4-7-18所示，在距纽条一端10cm左右为起点开始盘制，盘制过程中，在纽条中间位置穿一根细绳，以确定纽头中心位置，以作为成型后纽头鼓出的中心点。为使纽头盘得坚硬、均匀，可用镊子帮助逐步盘紧。

14. 手工

如图4-7-19所示，手工部分步骤如下：

（1）钉纽头、钮襻。把盘好的钮头、纽襻的两脚修齐，扭脚的长短可按个人喜爱而定，纽

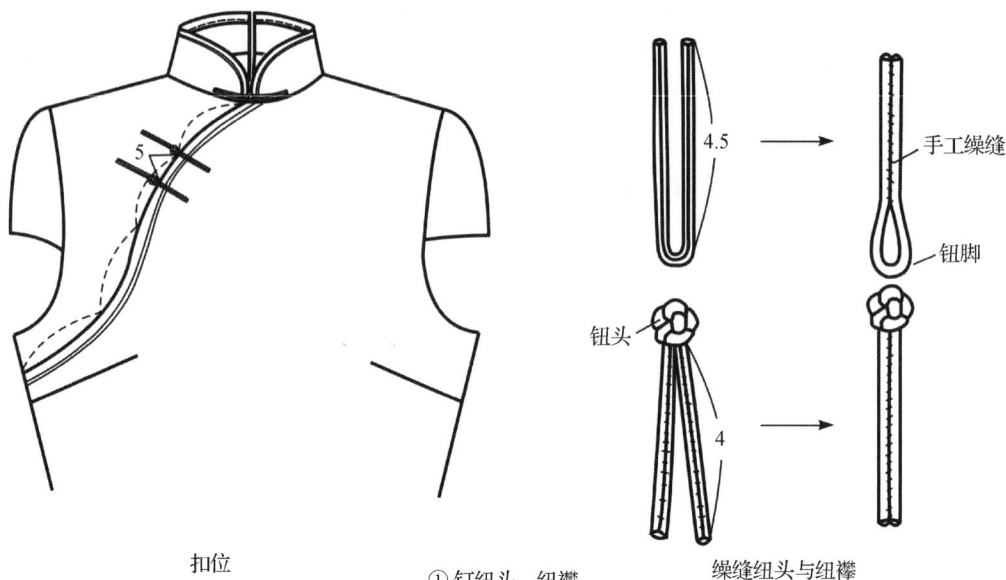

扣位　　　　　　　　　① 钉纽头、纽襻　　　　　　　缲缝纽头与纽襻

手工缲缝

钮脚

钮头

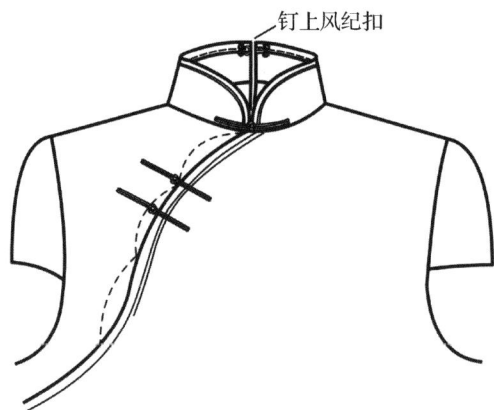

② 钉风纪扣

钉上风纪扣

图 4-7-19　手工

头一般约长 4cm 左右,纽襻一般长约 4.5cm 左右。根据图示把两根扭脚合拢缝一下,再把扭脚的尾部反钉在衣襟上,然后折转扭脚,用手针细密缝牢。按照习惯,钮头一端是钉在大襟上的,纽襻一端是钉在小襟上的。

(2)套结。两侧缝开衩处。

(3)风纪扣。后领钉 2 副按扣。

15. 整烫

整件旗袍缝制完毕,先修剪线头、清除污渍,再用蒸汽熨斗进行熨烫。步骤如下:

(1)烫领。领里在上,沿领止口将领熨烫平服。要求领面、里有窝势,不反翘。

(2)烫袖子。将袖子放在铁凳上,沿袖口边将袖口嵌线、滚边及袖子熨烫平整,然后沿袖笼一周烫平滚袖笼条。

(3)烫大身。衣片反面在上,从左后片起,经前衣片至右后片,自上而下即肩部、侧缝、开衩、底边,将衣身熨烫平整,然后扣上钮扣,挂装成型。

注意:熨烫时应根据面料性能合理选择温度、湿度、时间、压力等。特别是表面起绒或有光泽的面料,不能直接在正面熨烫,只能干烫,以免产生倒毛或极光。

八、旗袍缝制质量要求及评分参考标准(总分 100)

(1)规格尺寸符合要求。(10 分)

(2)各部位缝制线路整齐、牢固、平服,针距密度一致。(10 分)

(3)上下线松紧适宜、、平整、无跳线、断线,起落针处应有回针。(10 分)

(4)立领造型美观,左右圆角对称,圆顺平服。(15 分)

(5)滚边饱满,宽窄一致,无链形。(10 分)

(6)袖子左右、前后一致,吃势均匀、圆顺。(10 分)

(7)穿着时开衩平服,左右对称。(10 分)

(8)背缝隐形拉链不露牙,缉线顺着无链形。(10 分)

(9)成衣整洁,各部位整烫平服,无水迹、烫黄、烫焦、极光等现象。(15 分)

思考与训练

1.实际操作前、后衣片的归拔。

2.实际训练做嵌线、滚边,注意使其达到宽窄一致。

3.实际训练旗袍绱领子有几种方法。

第五章 男装制作工艺

第一节 精制男西裤

一、外形概述、用料要求

男西裤的式样比较固定,是裤子中最具有典型性的品种。图 5-1-1 所示的这款为装腰、前门襟装拉链。斜插袋,前裤片左右各打反裥两个,后裤片左右各收省两个、挖袋各一只。腰装皮带襻六只,门里襟腰头处装四件扣一副,纽扣一颗。脚口贴边内翻。它不分年龄和职业,均可穿着。款式组合图见图 5-1-2。

男西裤的面料可使用毛料、棉、麻、化纤等织物。里料一般选用涤丝纺、尼丝纺等织物。袋布选用全棉或涤棉布。

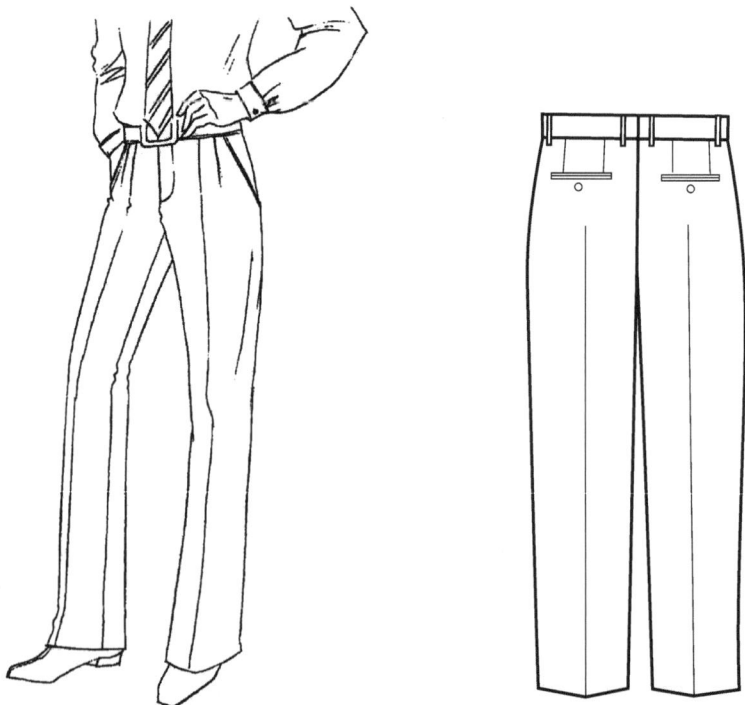

图 5-1-1 男西裤外形

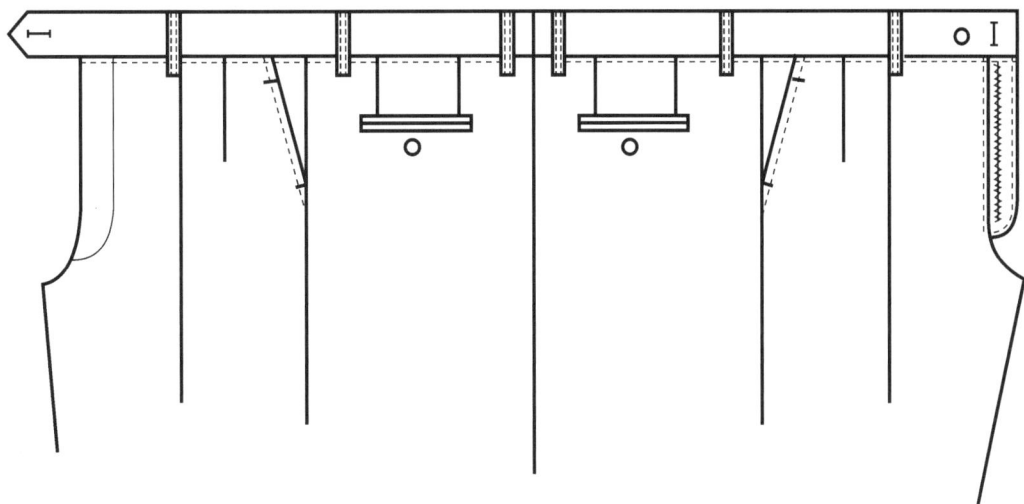

① 表面组合图

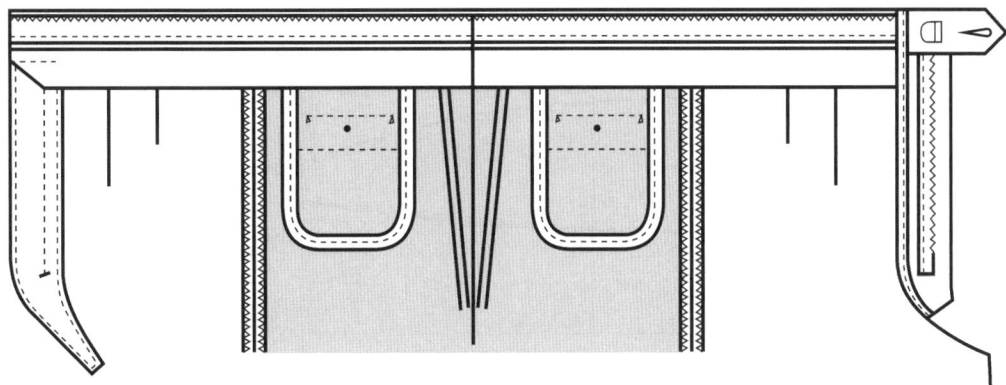

② 里面组合图

图 5-1-2 男西裤款式组合图

二、成品规格

1. 成品号型规格（见表 5-1）

表 5-1 （单位：cm）

名称	号/型	裤长	臀围（H）	腰围（W）	直裆	脚口
规格	175/78	103	98（净）＋12（放松量）	78（净）＋2（放松量）	28	22

2. 细部规格（见表 5-2）

表 5-2 （单位：cm）

名称	斜袋口大	后袋口大	后袋口嵌线	门襟缉线	里襟宽	腰宽	皮带襻长/宽
规格	16	13.5	0.5×2	3.3	4	4	5/1

三、款式结构图

款式结构图见图 5-1-3。

其中表布：

①前、后裤片；

②部件净样：门襟腰、里襟腰、门襟、里襟、斜袋垫；

③部件毛样：门襟腰里、裤口贴边、后袋垫、后袋嵌线、皮带襻。

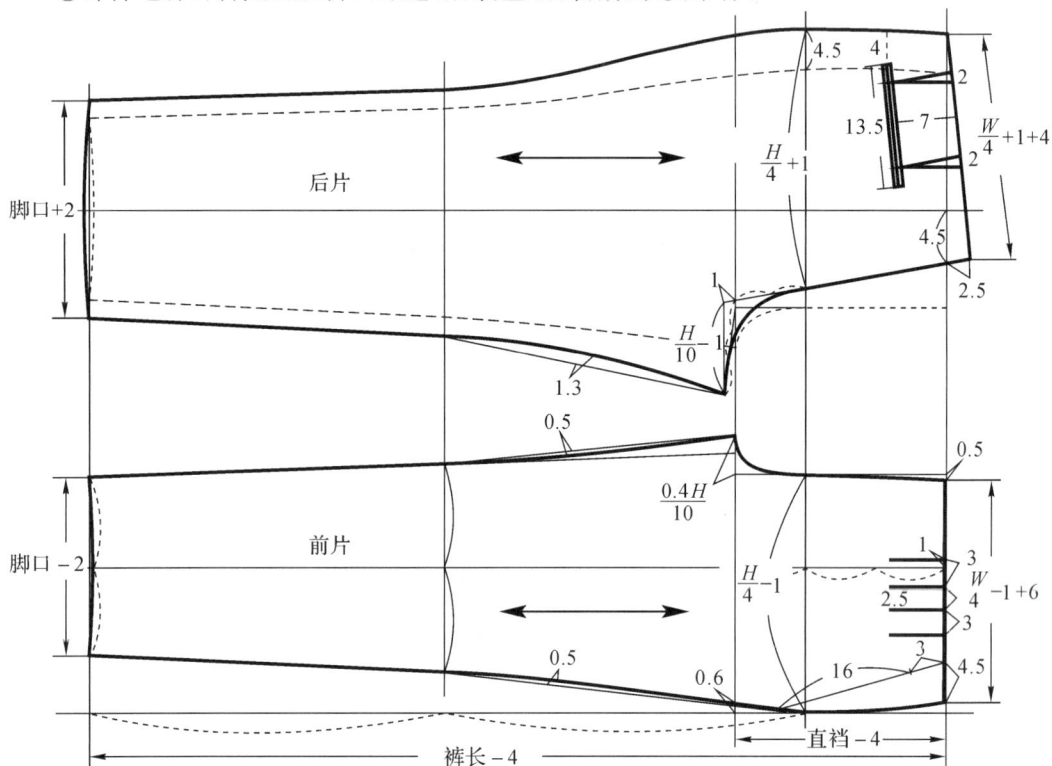

① 前后裤片

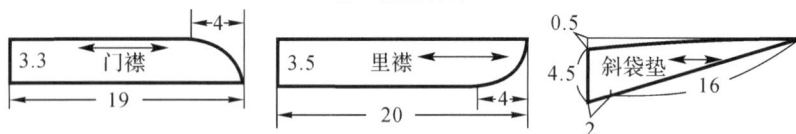

② 部件净样图

图 5-1-3　款式结构图（一）

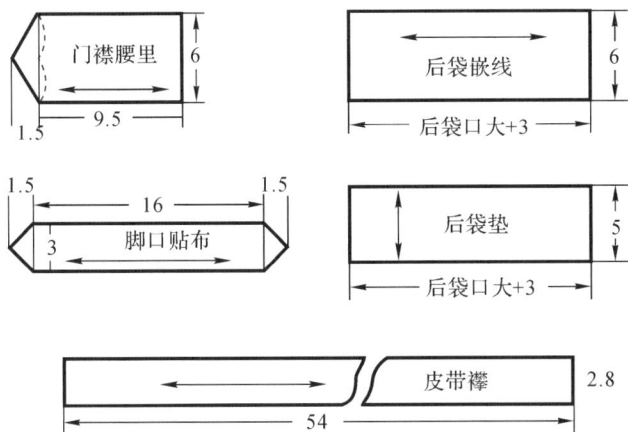

③　部件毛样图

⑤　腰衬图

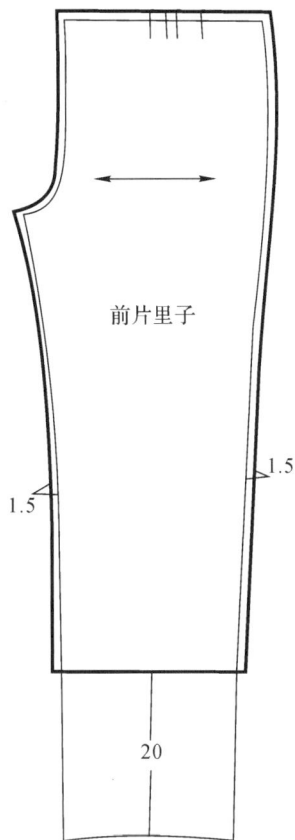

④　前片里子裁剪图

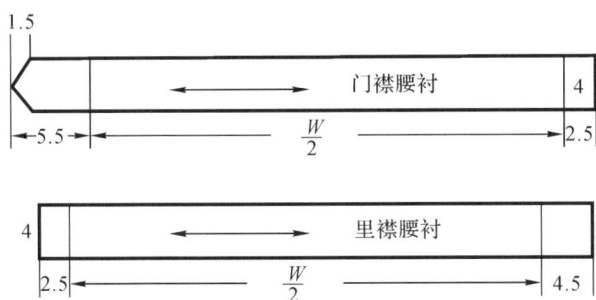

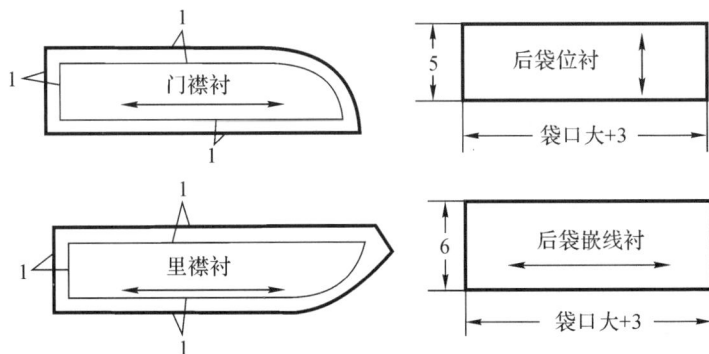

⑥　无纺衬粘衬图

图 5-1-3　款式结构图（二）

里布：④前片；

⑤有纺粘衬：门襟腰、里襟腰；

⑥无纺粘衬：门襟、里襟、后袋位、后袋嵌线。

袋布：⑦后袋布 A、后袋布 B、斜袋布、里襟里。

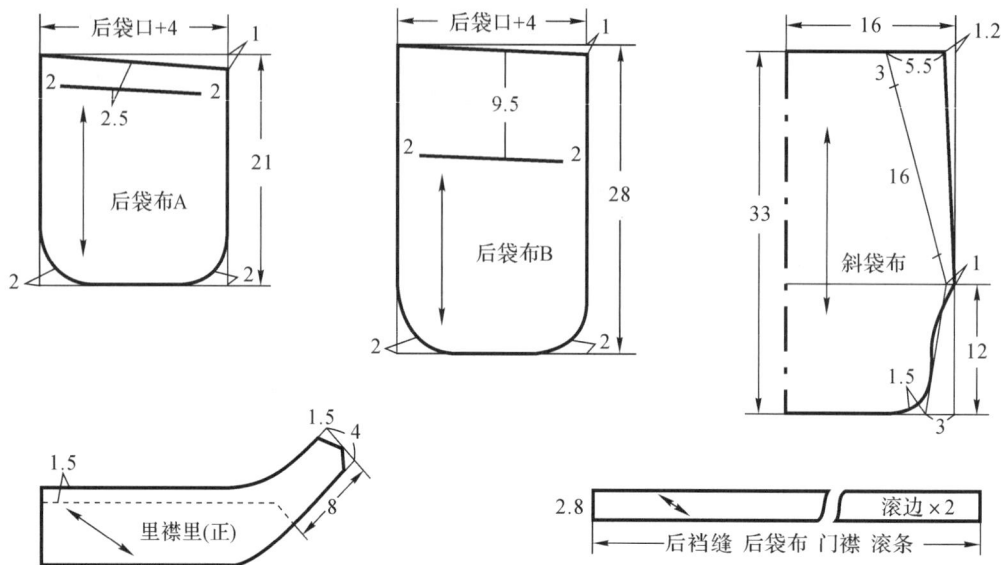

⑦ 袋布图

图 5-1-3 款式结构图(三)

四、裁片数量及辅料要求

1. 面料裁片数量(见表 5-3)

表 5-3 　　　　　　　　　　　　　　　　　　　　　　(单位:片)

名称	前片	后片	腰面	门襟	里襟	斜袋垫	后袋嵌线	后袋垫	皮带襻	后跟贴	门襟腰里
数量	2	2	2	1	1	2	2	2	6	2	1

2. 里料裁片数量(见表 5-4)

表 5 4

名称	前片
数量(片)	2

3. 袋布料裁片数量(见表 5-5)

表 5-5 　　　　　　　　　　　　　(单位:片)

名称	斜袋布	后袋布 A	后袋布 B	里襟里
数量	2	2	2	1

4. 无纺粘衬(见表 5-6)

表 5-6 　　　　　　　　　　　　　(单位:片)

名称	门襟	里襟	后袋位	后袋嵌线
数量	1	1	2	2

5. 其他辅料(见表 5-7)

表 5-7

名称	里布	袋布	无纺粘合衬	腰衬	腰里	拉链	纽扣	四件扣	配色线	滚条
数量	40cm	60cm	30cm	100cm	100cm	1 根	3 粒	1 付	4 个	280cm

五、放缝图、排料图

1. 面料放缝图

面料放缝图见图 5-1-4。

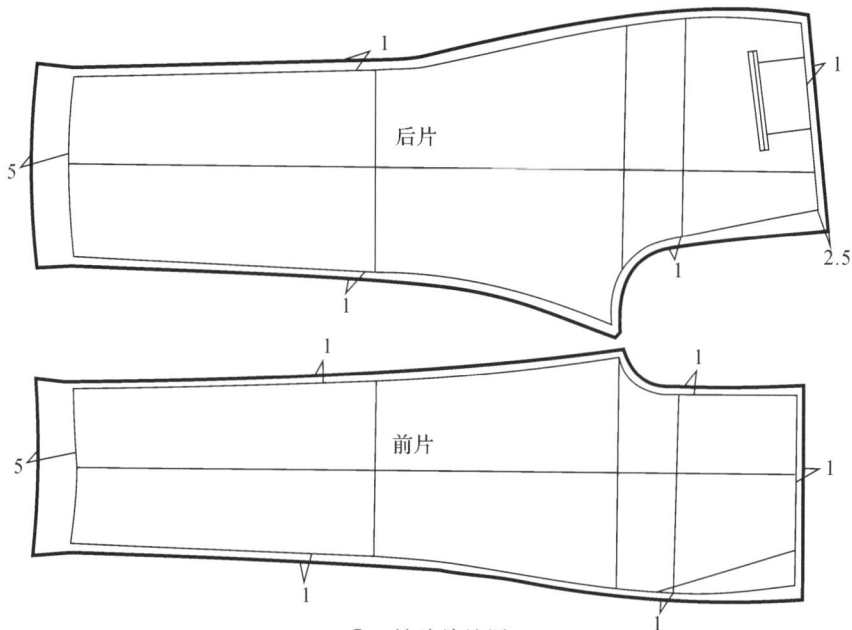

① 裤片放缝图

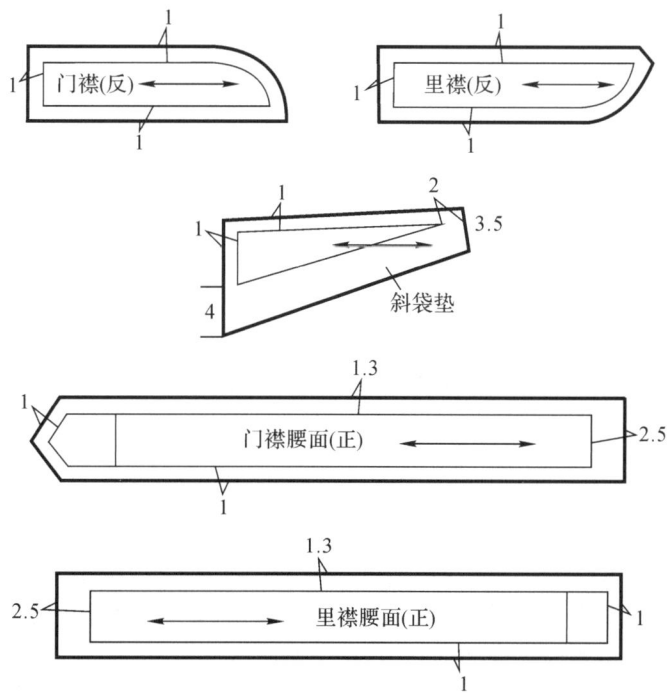

② 部件放缝图

图 5-1-4 面料放缝图

2. 排料图

面料排料图见图 5-1-5。

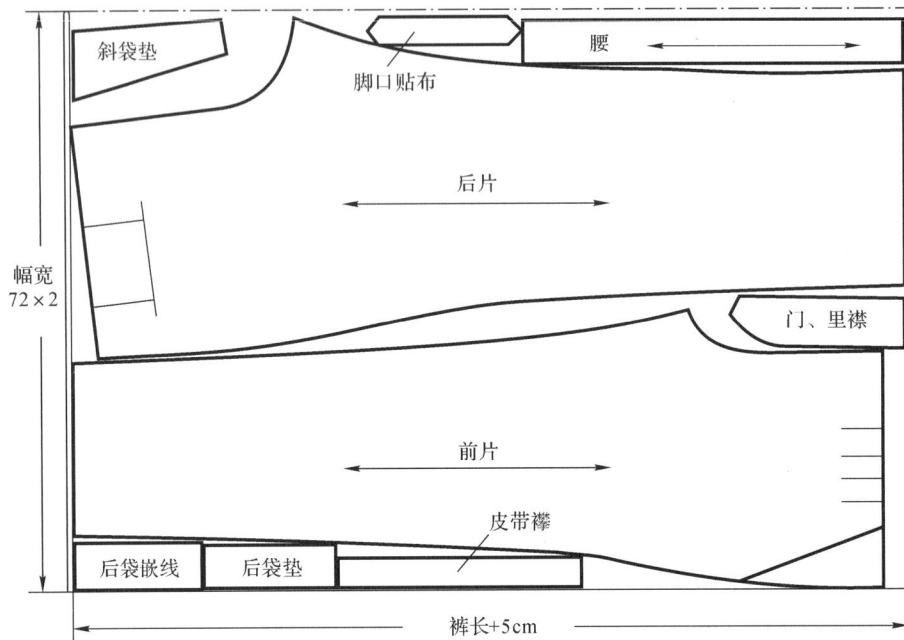

图 5-1-5　面料排料图

面料使用量为 144cm 幅宽，面料需 110cm。估料算式：裤长＋5～7cm 左右。

六、缝制工艺流程

男西裤的缝制工艺流程如下：

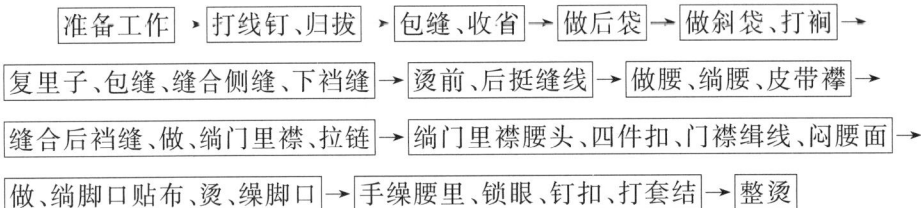

准备工作 → 打线钉、归拔 → 包缝、收省 → 做后袋 → 做斜袋、打裥 →

复里子、包缝、缝合侧缝、下裆缝 → 烫前、后挺缝线 → 做腰、绱腰、皮带襻 →

缝合后裆缝、做、绱门里襟、拉链 → 绱门里襟腰头、四件扣、门襟缉线、闷腰面 →

做、绱脚口贴布、烫、缲脚口 → 手缲腰里、锁眼、钉扣、打套结 → 整烫

七、具体缝制工艺步骤及要求

1. 准备工作

(1)在缝制前需选用与面料相适应的针号和线，调整底、面线的松紧度及线迹密度。

针号：80/12～90/14 号。用线与线迹密度：明线 14～16 针/3cm，底、面线均用配色涤纶线。暗线 13～15 针/3cm，底、面线均用配色涤纶线。

(2)烫粘衬：用熨斗在腰面烫树脂粘合衬；斜袋口、后袋位、后袋嵌线、门襟、里襟烫上无纺粘合衬。注意调到适当的温度、时间、压力，以保证粘合均匀、牢固。

2. 打线钉、归拔

(1)打线钉

打线钉通常采用棉纱线，一般以双线一长两短线钉为佳。线钉的疏密可因部位的不同而有所变化,通常在转弯处、对位标记处可略密,直线处可稀疏。

裤子的线钉部位如图 5-1-6 所示。

①前裤片:裆位线、袋位线、中裆线、脚口线、挺缝线。

②后裤片:省位线、袋位线、中裆线、脚口线、挺缝线、后裆线。

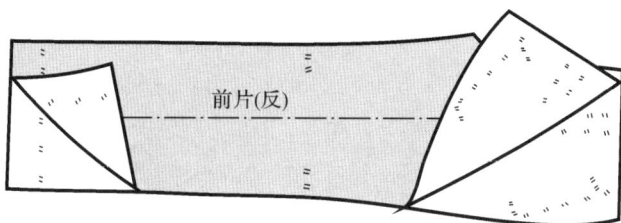

① 前片线钉

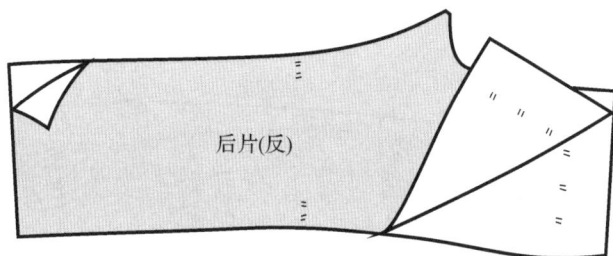

② 后片线钉

图 5-1-6

(2)归拔

如图 5-1-7 所示:

①归拔下裆缝,重点归拔横裆以上及中裆部位。方法是:熨斗按箭头方向将直丝缕用力拔开(拉长)至下裆缝上段至中裆沿边,使成弧线。中裆处边拔边拉出;在往返熨烫时要将回势归平;接着将后窿门横丝处拉开向下,才能在下裆缝 10cm 处归拢,不使上翘。经过这样连续、往返的归拔,即可使下裆缝近似直线形,丝缕定型(见图①)。

②归拔侧缝。侧缝部位与下裆缝部位对称归拔,方法相似。将上端臀围处归拢,边烫边用左手顺着箭头将直丝缕拉长至中裆,使中裆处一段也近似直线形(见图②)。

③对折、复烫定型。在复烫过程中,将裤片对折,观察三处是否达到要求:一是横裆部位要有较明显的凹进;二是臀围部位胖势要凸出;三是下裆缝脚口处要平齐(见图③)。

3. 后片包缝、收省

(1)包缝

侧缝、脚口及下裆缝。

(2)收省(见图 5-1-8)

在后裤片反面按照省中线对折省量车缝,省长为腰口下 8cm(毛),省大为 1.5cm。腰口处打回针,省尖留 5cm 左右的线头打结。省要缉得直而尖。

缝合后,在熨烫馒头上将省道缝头朝后缝坐倒烫平,并将省尖胖势朝臀部方向推烫均匀。

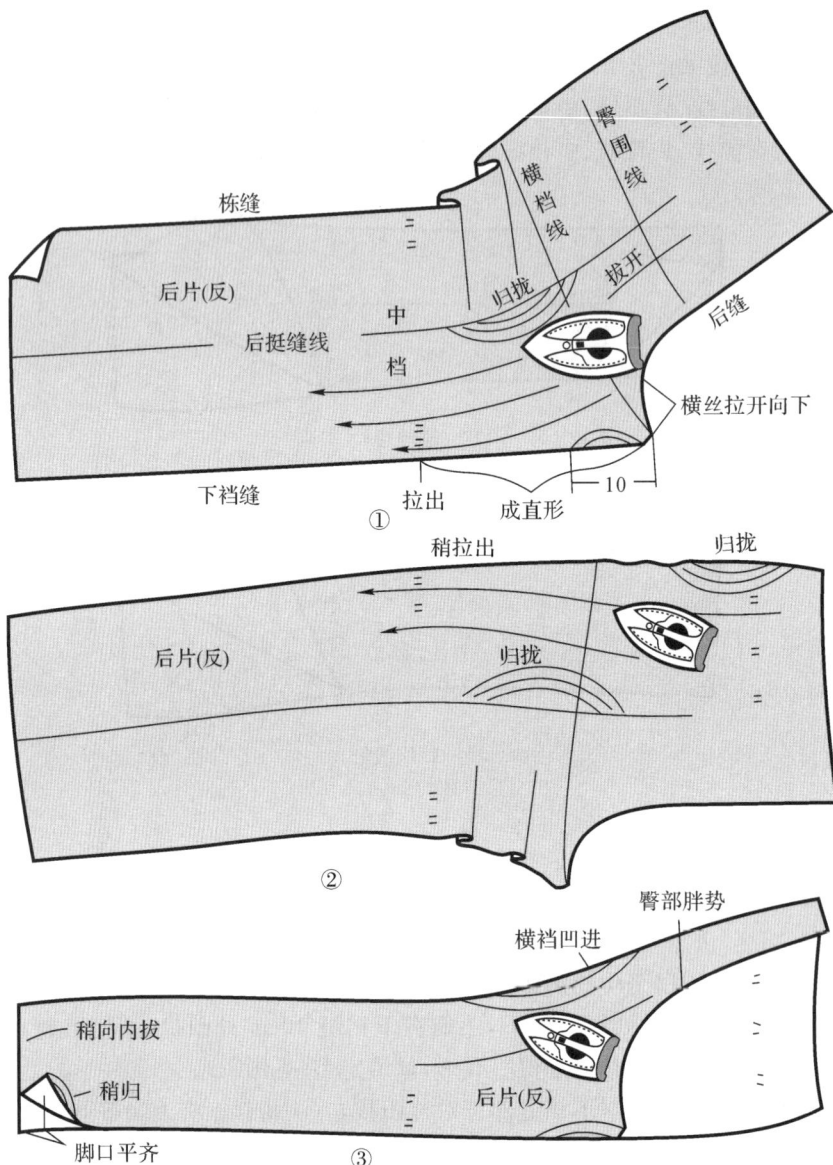

图 5-1-7　归拔

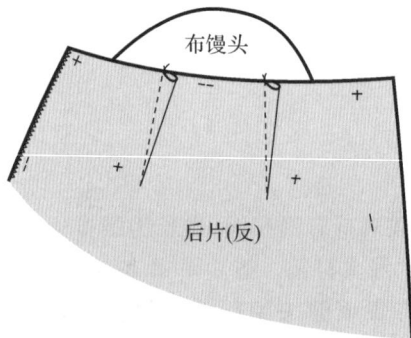

图 5-1-8　收省

4. 做后袋

如图 5-1-9 所示：

（1）画袋位

①根据线钉在后裤片正面画出口袋位置。

②在袋位反面居中烫上无纺粘衬，然后居中画出双嵌线袋口的长度和宽度，并从一侧延袋口中线剪开，到另一侧袋口为止。

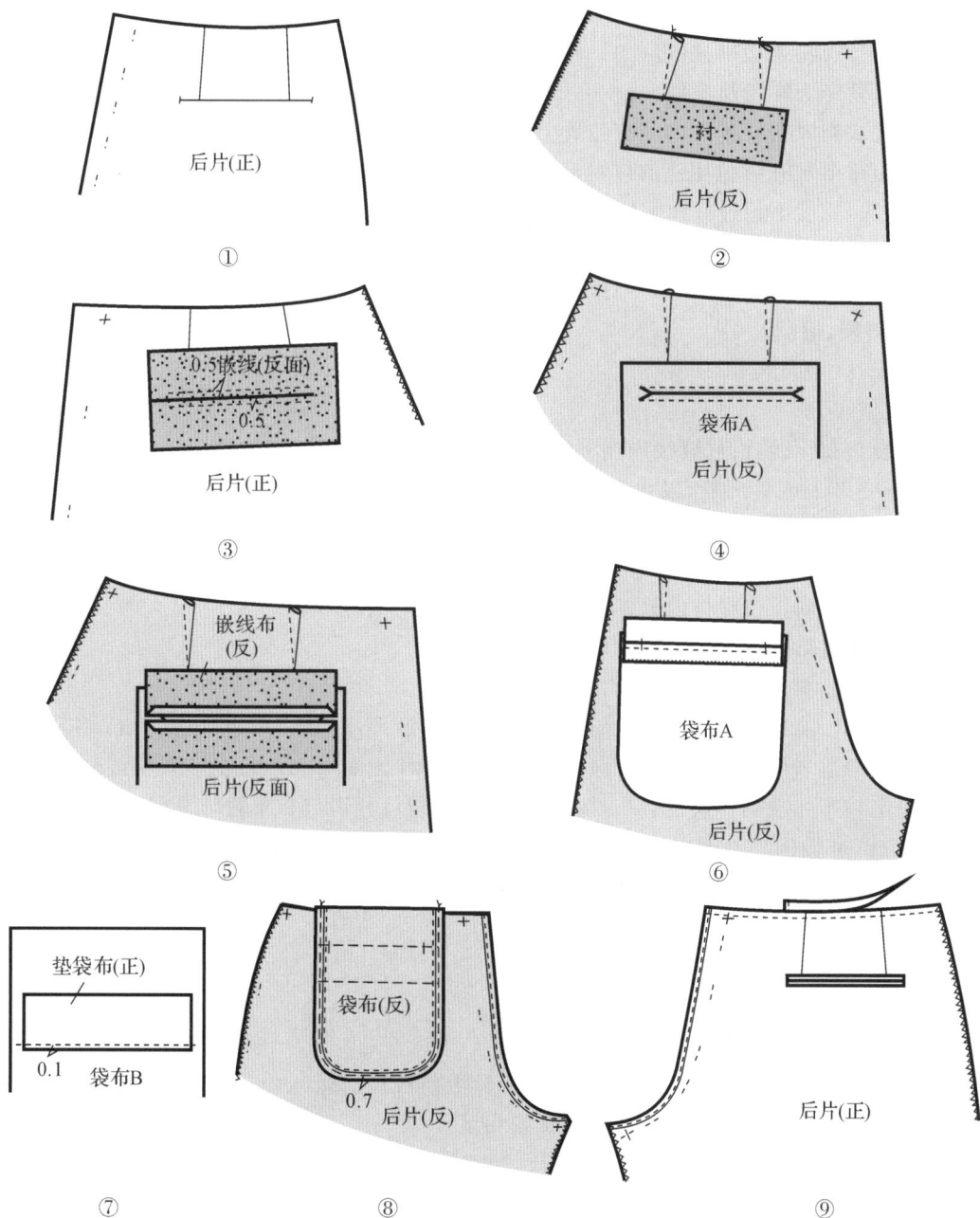

图 5-1-9 做后袋

（2）做袋口

③车缝嵌线。嵌线在上，裤片在下，正面相对，嵌线布中线对准裤片袋位，同时将袋布 A 垫在裤片下面，放置袋口上线 2.5cm，左右居中，然后按袋口长度，缉两条和袋口等长的平行线，四端一定要倒回针固缝。

④剪袋口。沿袋口线剪开，袋口两端剪成三角形。嵌线布另一侧也同时剪开，分成上下两根嵌线。

⑤将嵌线布翻向裤片反面，并将剪开的缝份分缝烫开。

（3）固定嵌线、装袋布、滚边

⑥车缝固定下嵌线及三角。

⑦将袋垫布放在袋布 B 的相应位置上，然后用扣压缝的方法车缝固定。

⑧将袋布 B 放在袋位相应的位置上，车缝固定上嵌线和袋布 B。然后封袋口。封口线来回 3～4 次，长度不超过嵌线宽度。要求袋口闭合，嵌线上下左右宽度一致，袋角方正。最后缝合袋布。袋布 A，B 缝合，用宽 3cm，45°的斜料包滚袋布缝份三边边缘及左右后裆缝。

⑨固定袋布。将袋布 B 上口与腰口车缝固定，剪掉袋布超出腰口的多余部分。

5. 做斜袋、褶裥

如图 5-1-10 所示：

（1）做袋布

①斜袋垫布包缝，沿包缝线内侧将袋垫布与下层袋布缉住，注意左右对称。斜袋布正面相合，离下袋口 2cm 处起缝，以 0.3cm 缝份车缉袋底。

②将斜袋布翻出，在袋底正面缉压 0.5cm 明止口。

（2）扣烫袋口

③在前裤片斜袋位线钉内侧，烫上 1.5cm 宽直丝粘合牵条。

④按照线钉将斜袋口边（光边）折转烫平。

（3）装袋布、缉袋口、固定袋布

⑤装袋布。前袋布袋口边对准前裤片袋口净线，沿裤片边缘（布边）缉 0.1cm 将斜袋布装于前裤片的适当位置。将袋布折向裤片反面，在裤片正面缉 0.8cm 的袋口明线。

⑥固定袋布和褶裥。摆正袋布，按线钉将上、下袋口分别与袋布暂时固定。车缝前腰两褶裥，长 5cm 并烫倒。熨烫褶裥要求正面倒向侧缝线，其中侧缝褶裥烫 18cm 长左右，自然消失；挺缝褶裥烫后应与挺缝线连成一线。最后将打褶好的裤片腰口与袋布上口以 0.5cm 的缝份车缝固定。

6. 复里子、包缝、缝合侧缝、下裆缝

如图 5-1-11 所示：

（1）复里子

前裤片面布与前裤片里布反面相对，用手针沿前裤片边缘 0.4cm 用绗针法固定。按照前裤片位置，扣烫里布腰折裥，倒向与面折裥相反。

（2）包缝

前裤片侧缝、脚口及下裆缝。

（3）缝合侧缝

前裤片在上，后裤片在下，正面相对缝合，侧缝分缝烫开，封上、下袋口。要求：封口线来

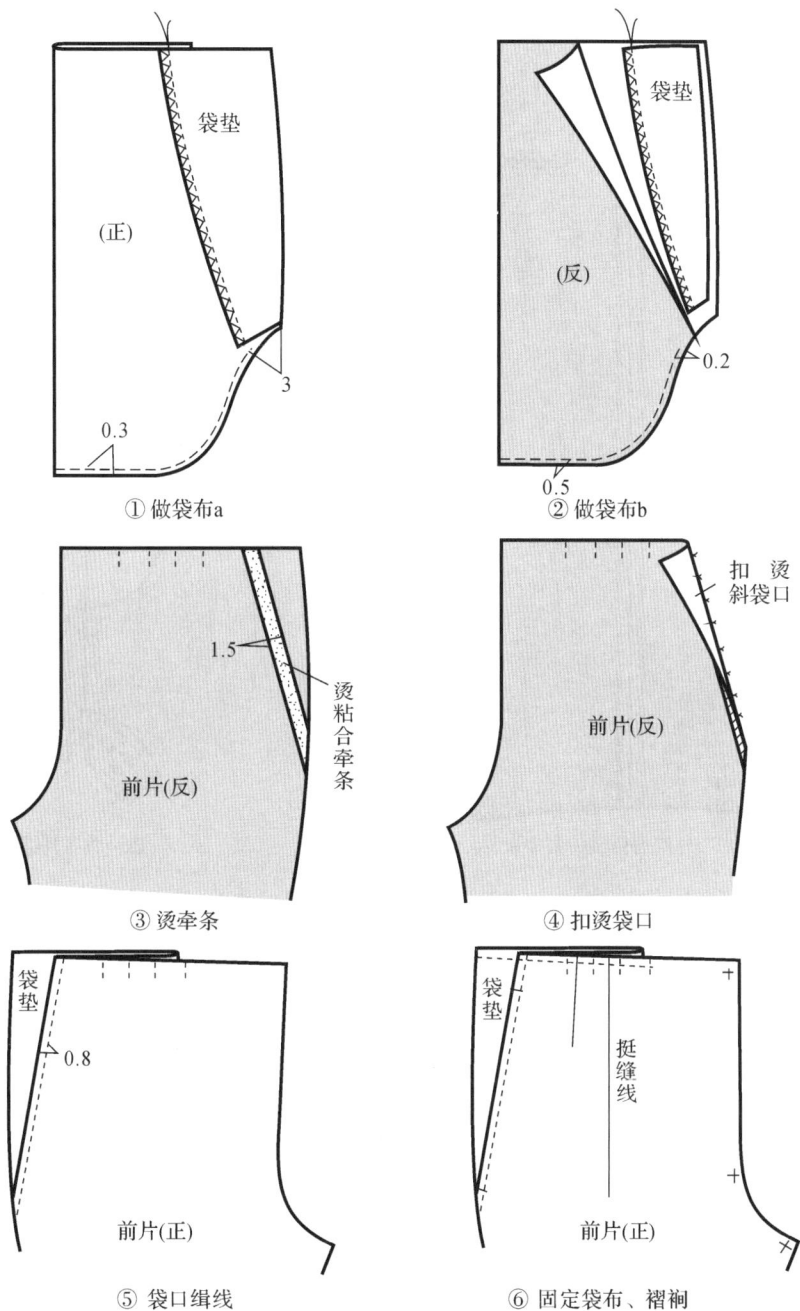

① 做袋布a　　　② 做袋布b

③ 烫牵条　　　④ 扣烫袋口

⑤ 袋口缉线　　　⑥ 固定袋布、褶裥

图 5-1-10

回 3～4 道,注意:不能超过 0.8cm 的袋口明线(见图 5-1-11①)。

(4)缝合下裆缝

● 前片在上,后片在下,正面相对缝合,后片横裆下 10cm 处要有适当吃势。

● 中裆以下前后片松紧一致,并应注意缉线顺直,缝头宽窄一致。中裆以上缉双线。

● 将下裆缝分开烫平,烫时应注意横裆下 10cm 略为归拢,中裆部位略为拔伸(见图 5-1-11②)。

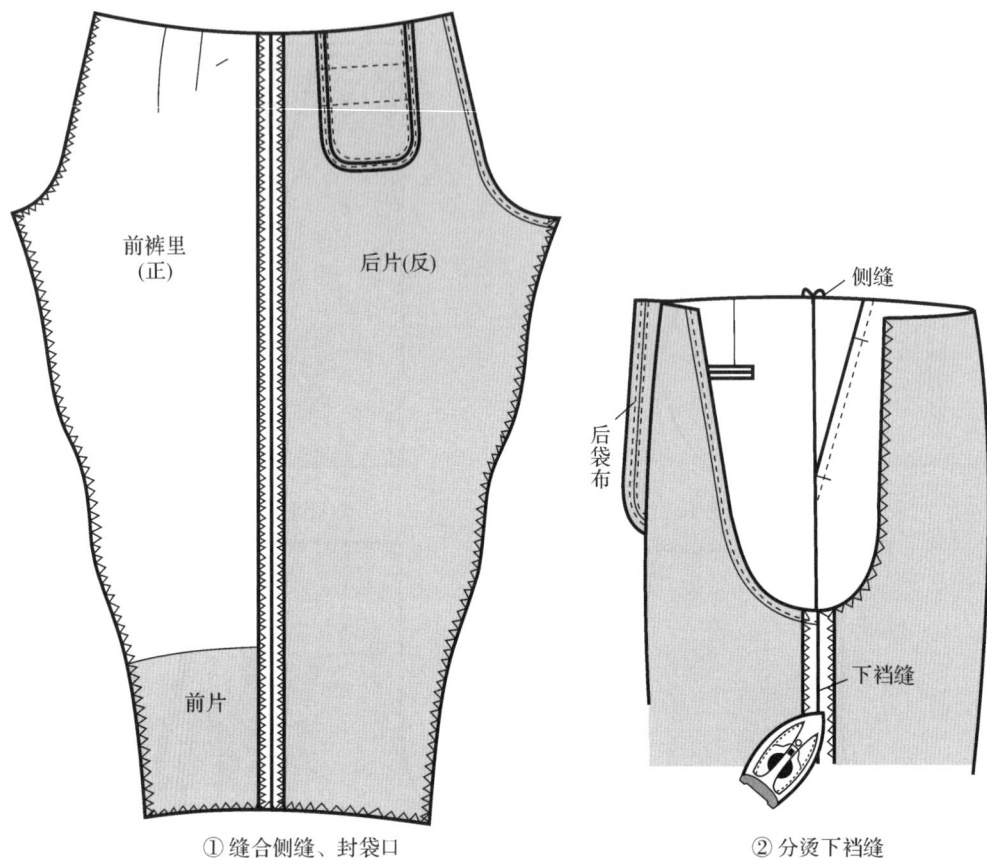

①缝合侧缝、封袋口   ②分烫下裆缝

图 5-1-11

7. 烫前、后挺缝线

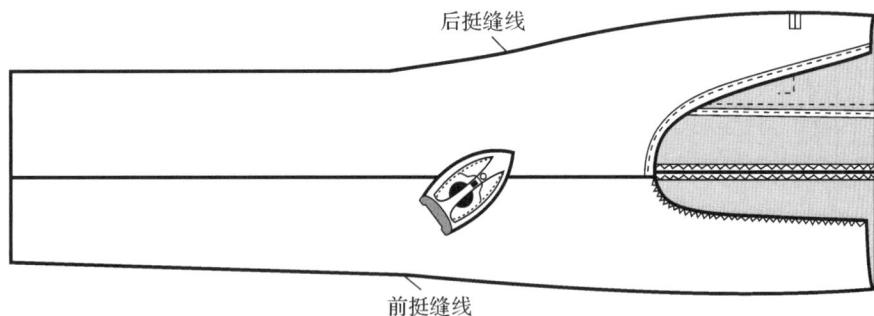

图 5-1-12　烫挺缝线

如图 5-1-12 所示：

(1)将侧缝和下裆缝对齐，以前挺缝线丝缕顺直为主，侧缝、下裆缝对齐为辅，熨烫平整。

(2)烫后挺缝线，先将横裆处后窿门捋挺，把臀部胖势推出，横裆下适当归拢。上部不能烫得太高，烫至腰口下 10cm 左右，熨烫平服。然后熨烫裤子的另一片。要求：两裤片左右对称，后挺缝线上口高低应一致。

8. 做腰、绱腰、皮带襻

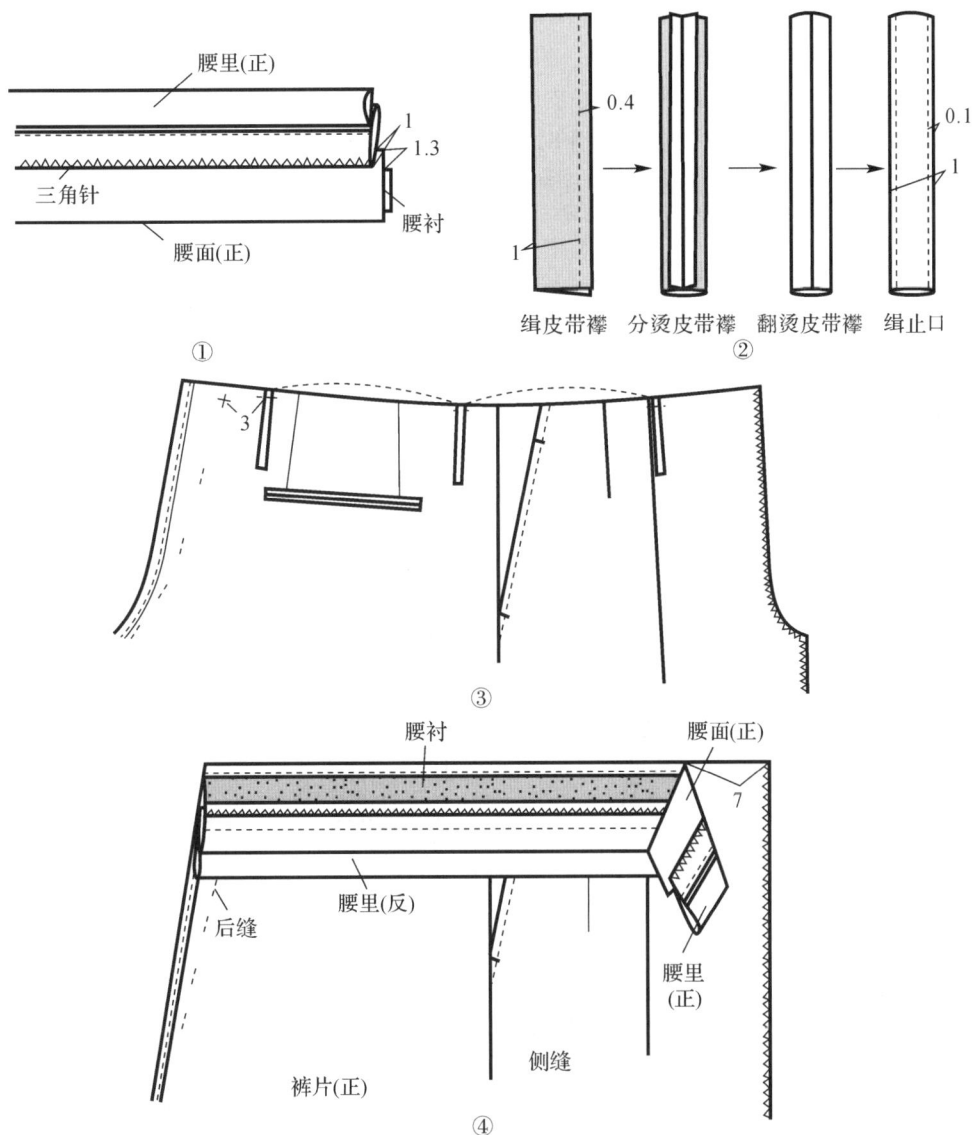

腰里(正)

三角针

腰面(正)

腰衬

1

1.3

0.4

1

0.1

1

绱皮带襻　分烫皮带襻　翻烫皮带襻　绱止口

①

②

3

③

腰衬

腰面(正)

7

后缝

腰里(反)

腰里(正)

裤片(正)

侧缝

④

图 5-1-13

如图 5-1-13 所示：

(1)做腰头、皮带襻

①做腰头。

● 腰采用分腰工艺，即分别制作左、右两片裤腰，绱到左、右裤片上。左门襟腰面毛长为 $W/2+10cm$(宝剑头 5.5cm)，右里襟腰面毛长为 $W/2+8cm$，腰里采用半成品，宽5.5cm。

● 在腰面反面上口下 1.3cm 缝份处烫上 4cm 宽树脂粘合腰衬。腰里正面朝上平叠 1cm 盖在腰面正面上，沿腰里上口边缘车缝三角针或 0.1cm 明线。将腰头面、里反面相对，腰面坐过腰里 0.3cm 将腰头上口烫好。在腰面下口缝份处做好门、里襟、侧缝、后缝对位记号。左腰门襟腰里可短 6cm。

②做皮带襻。取长 9cm 宽 3cm 直料 6 条。正面相对,车缝后净宽 1cm,将缝份放在中间分开烫平,用镊子夹住缝头将皮带襻翻到正面并烫直。再在其正面两边缉 0.1cm 明止口。

③缉皮带襻、腰。先在裤片上定好皮带襻的位置:左右前裥面各一只、后缝居中分别向两侧 3cm 处各一只,其余两只皮带襻分别位于前两个皮带襻之间的中点位置上。

④缉腰。裤片在下,腰头在上,正面相对,记号对准,左右腰头分别缝合。注意:距前片门襟、里襟两头约 7cm 处暂时不缝。

9. 缝合裆缝、做、缉门里襟、拉链

如图 5-1-14 所示:

①缝合裆缝。将左右裤片后缝、后中腰面、腰里正面相对,上下层对齐,由前小裆装拉链点上 1cm 处起针,按照线钉缉向后腰口缝份 2.5cm,注意后裆弯势拉直缉线,腰里下口缉线斜度应与后裆缝上口斜度相对应。后裆缝应缉双线,以增加牢度。将前、后裆缝分开烫平。

②做里襟。在烫上无纺粘衬的里襟里口一侧包缝,里襟面、里正面相对,以 0.8cm 缝头沿外口车缝一道。将里襟翻转正面在上,熨烫平整,沿外口压 0.1cm 明线。

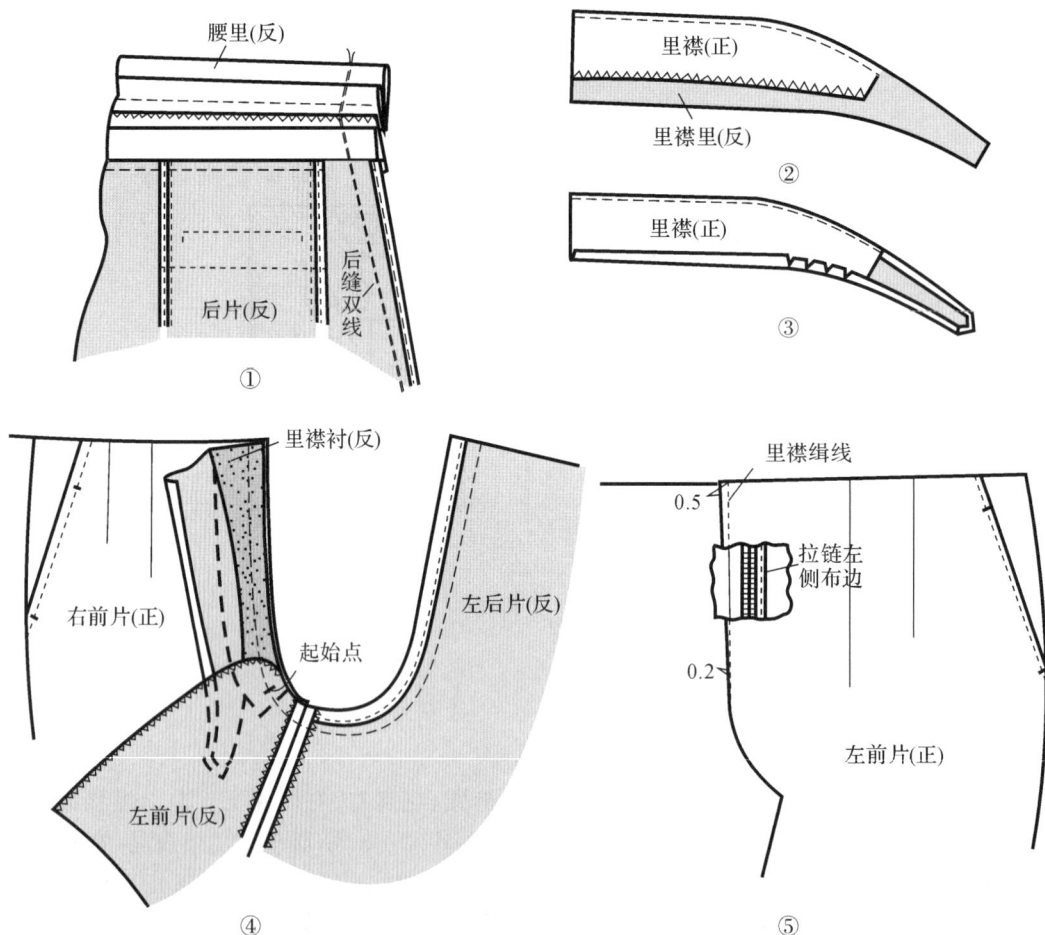

图 5-1-14

③扣烫里襟。里襟里子按里襟面子毛宽扣烫,里襟弯头处打几个刀眼,使里子折转扣烫平整,并在下端略烫弯,最后按净样扣烫成宝剑头。

④装里襟拉链。将拉链、里襟面正面相对,上口平齐,以 0.6cm 缝份缝合。将拉链、里襟面与右前裤片正面相对,以 0.8cm 缝头将里襟面、拉链、右裤片一起缝合。里襟翻转正面朝上,缝份朝裤片倒,里子放平,在裤片上压0.1cm明线。

⑤装门襟拉链。在烫上无纺粘衬的门襟上口与门襟宝剑头腰里下口正面相对缝合。用宽 3cm 45°的斜料包滚门襟外口缝份边缘和门襟腰里里侧。门襟与左前裤片正面相对,从下向上,缝份以0.8到0.6cm缝合。门襟摊开放平,缝份朝门襟一侧倒,沿缝线在门襟上缉 0.1cm明止口。门襟坐进 0.2cm 烫好翻向正面,将拉链拉上,里襟放平,门襟盖过里襟缉线(封口处 0.2cm,上口 0.5cm),将拉链布边与门襟贴边缝合。

10. 绱门里襟腰头、四件扣、门襟缉线、闷腰面

如图 5-1-15 所示:

(1)门襟处腰里装裤钩,上下以腰宽居中为标准,左右以前中心进 1cm 为适宜。里襟处腰面装裤襻一条,上下左右与裤钩位置相适宜(见图 5-1-15①,②)。

(2)缝合门里襟腰头。将前片门襟、里襟处腰头余下的 7cm 分别与裤片缝合。里襟腰头面、里正面相对缝合。修缝并扣烫翻出,沿里襟止口将里襟腰头扣烫顺直。门襟宝剑头按净样缝合,长 5.5cm,修缝扣烫、翻出烫平。

(3)门襟缉线。门襟正面朝上放平,由圆头至腰线按净样 3.3cm 宽缉线,将门襟贴边缉住。为防止出现起皱,车缝时上层面料可用镊子推送或用硬纸板压着缉。

(4)门、里襟下口圆头重叠并以 45°封口,封口长度 1cm。最后将里襟里宝剑头与前、后裆缝缝份用 0.1cm 明线车缝固定(见图 5-1-15③)。

(5)将腰面烫直烫顺,绱腰缝头朝腰头坐倒。腰里翻起,用手工将腰头面、里衬固定,然后绷挺腰面与大身,自门襟开始,在装腰线下 0.1cm 处缉漏落缝,将腰里衬缉住。缉线时应注意上下层一致,上层面子应用镊子推送,下层里子当心起皱,应保证腰面、里平服(见图 5-1-15④)。

(6)封皮带襻。腰线下 1.5cm 处封皮带襻下口,缉线来回四次,长度不超过皮带襻宽。皮带襻向上翻正折光,上端离腰口边 0.3cm 处封口,缉线来回四次。要求:上口封线反面只缉住腰面,而不能缉住腰里。

11. 做、装脚口贴布及烫、撬脚口

如图 5-1-16 所示:

①扣烫脚口贴布,长 16cm 宽 1cm。

②将脚口贴布与后裤口正面中线对齐,并放在脚口折边上,比脚口折边长出 0.1cm,沿四周车缝 0.1cm 的明线于脚口贴布上。

③烫、缭脚口。按线钉扣烫好裤脚边,并沿边用手缝长纴针暂时固定贴边,然后用本色线用三角针法沿包缝线将脚口贴边与裤身缭牢。要求:线迹松紧适宜,裤身只缭住一两根丝缕,裤脚正面不露针迹。

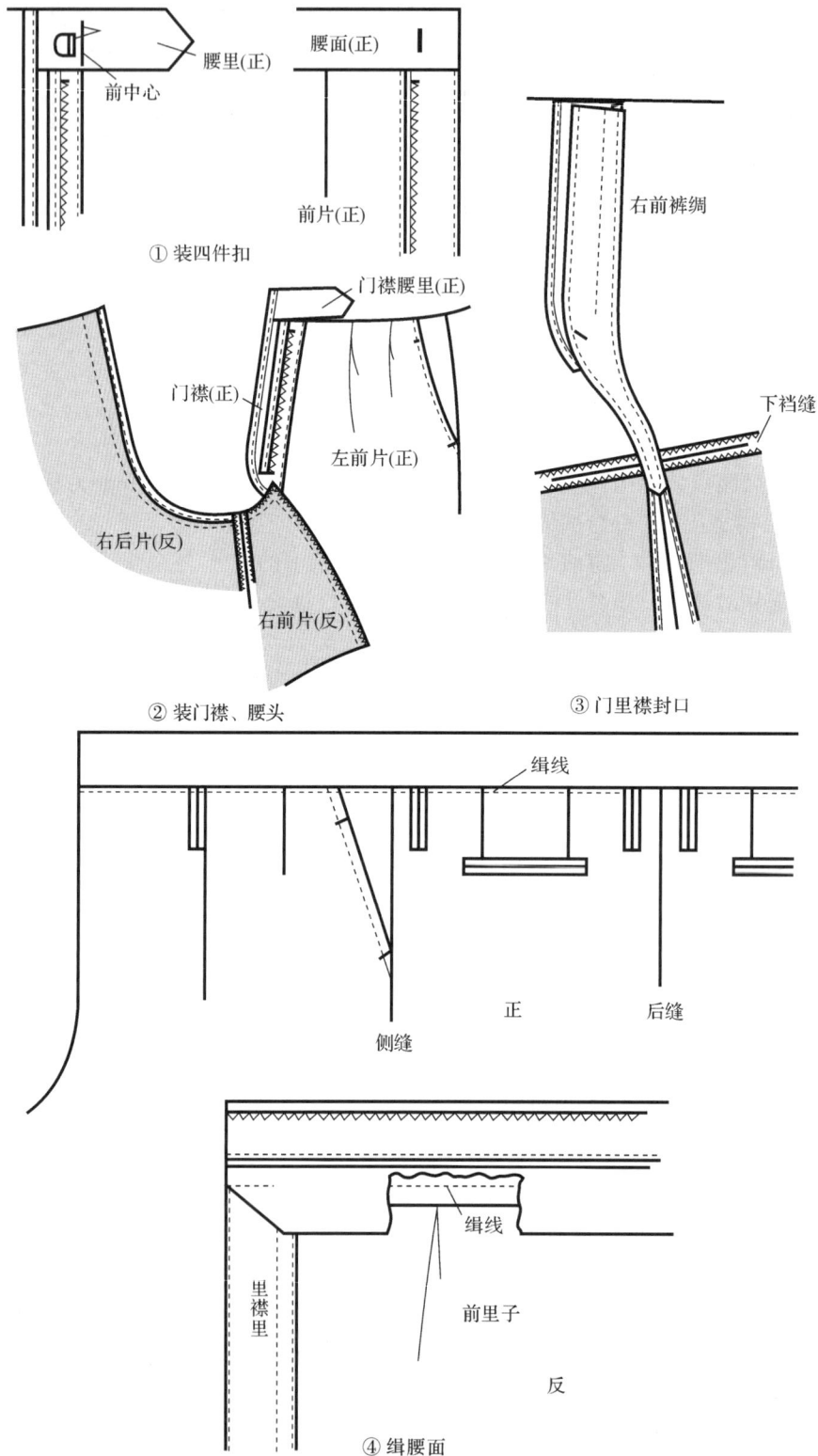

腰里(正)

前中心

腰面(正)

前片(正)

① 装四件扣

门襟腰里(正)

门襟(正)

左前片(正)

右后片(反)

右前片(反)

右前裤绸

下裆缝

② 装门襟、腰头

③ 门里襟封口

缉线

侧缝

正

后缝

里襟里

缉线

前里子

反

④ 缉腰面

图 5-1-15

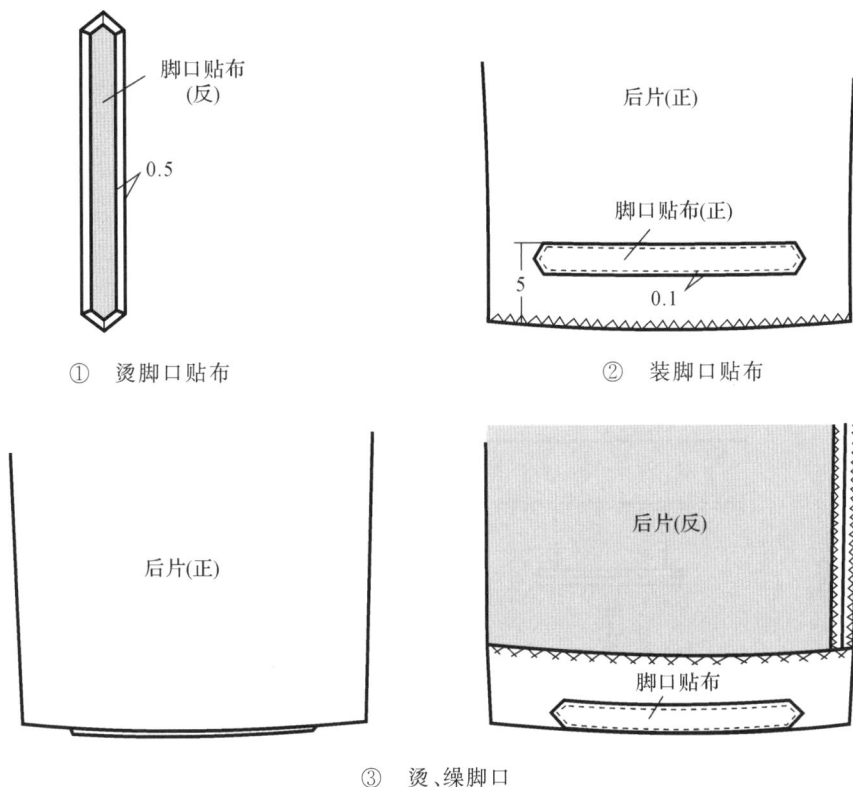

① 烫脚口贴布

② 装脚口贴布

③ 烫、缲脚口

图 5-1-16

12. 手缲腰里、锁眼、钉扣、打套结

如图 5-1-17 所示：

（1）手缲腰里

● 在后腰处将腰里翻开，将 2.5cm 宽的腰里后缝折成三角，用暗针固定。

● 在腰里的两前片居中处、两后片居中处、两侧缝处，分别用手工摘针，将腰里、腰里衬、裤片固定。腰里正面不露针迹。

（2）锁眼、钉扣、打套结

● 锁眼、钉扣。两后袋嵌线下 1cm 居中分别锁圆头眼 1 只，眼大 1.7cm。袋垫头相应位置钉纽扣 1 粒，纽扣大 1.5cm。在门襟腰宽居中，宝剑头进 2cm 处，锁圆头眼 1 只，眼大 1.7cm。里襟头正面相应位置钉纽扣 1 粒，纽扣大 1.5cm。

● 打套结。用套结机打套结。两斜袋口上、下封口 4 只，长度 0.8cm。两后袋口封口 4 只，长度为 1cm。小裆封口 1 只，门、里襟下口圆头封处 1 只，长度均为 1cm。

13. 整烫

（1）整烫前应将裤子上的扎线、线钉、线头、粉印、污渍清除干净。

（2）先烫裤子内部。重烫分缝，将侧缝、下裆缝分开烫平，把袋布、腰里烫平。随后在铁凳上把后缝分开。

（3）熨烫裤子上部。将裤子翻到正面，先烫门襟、里襟、裥位，再烫斜袋口、省缝、后袋嵌线。熨烫时应注意各部位丝向是否顺直，如有不顺可用手轻轻捋顺，使各部位平挺圆顺。

（4）烫裤子脚口。先把裤子的侧缝和下裆缝对准，然后让脚口烫平整。

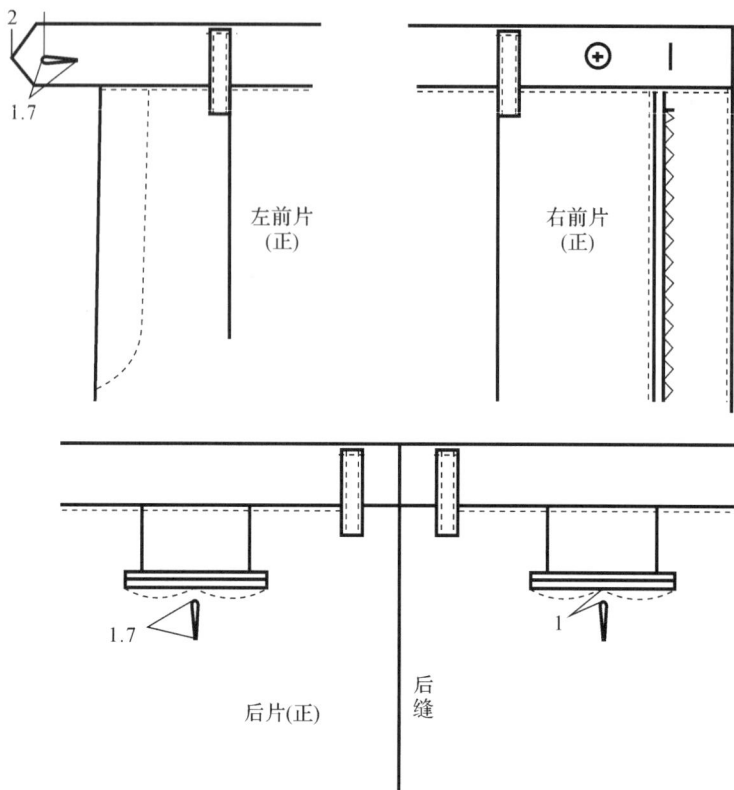

图 5-1-17　锁眼、钉扣

（5）烫裤子前后挺缝。重新将侧缝和下裆缝对齐、烫平。重烫裤子的前、后挺缝线，把挺缝烫平服。然后将裤子调头，熨烫裤子的另一片。烫完后应用衣架吊起晾干。

八、男西裤缝制工艺质量要求及评分参考标准（总分 100）

（1）规格尺寸符合标准与要求。（5 分）

（2）外形美观，整条裤子无线头。（5 分）

（3）前、后袋口分别左右对称、平服，高低一致。（20 分）

（4）腰头宽窄一致；腰头面、里顺直，无起涟现象。（20 分）

（5）裤腰襻左右对称，高低一致。（10 分）

（6）前门襟装拉链平服，拉链不能外露；前后裆缝无双轨。（20 分）

（7）裤脚边平服不起吊；锁眼位置正确，钉扣绕脚符合要求。（10 分）

（8）成衣整洁，不能有水迹，不能烫焦、烫黄；前后挺缝线要烫煞，后臀围按归拔原理烫出胖势，裤子摆平时，能符合人体要求。（10 分）

思考与训练

1. 写出男西裤的缝制工艺流程。

2. 绱好男裤腰头的技术要求是什么？

3. 裤子前门襟拉链有哪几种缝制方法？怎样才能装好裤子前门襟拉链？

4. 裤子斜口袋是怎样缝制的？

第二节 精制男西装

一、外形概述、用料要求

图 5-2-1 所示的男西装的外形特点:平驳头、三粒扣、圆下摆,左右双嵌线袋,左胸手巾袋一个,圆装袖,袖口处开真袖衩,并有四粒装饰扣。

图 5-2-1 男西装外形

在用料选择时,面料可使用全毛、毛涤混纺、棉、麻、化纤等织物。里料一般选用涤丝纺、尼丝纺等织物。袋布既可选用里料,也可用全棉或涤棉布。

款式组合图见图 5-2-2。

二、成品规格

1. 成品号型规格(见表 5-8)

表 5-8 (单位:cm)

名称	号/型	衣长	胸围(B)	肩宽	袖长	袖口
规格	175/92	76	92 净＋16 放松量	47	60	15

2. 细部规格(见表 5-9)

表 5-9 (单位:cm)

名称	翻领	领座	驳头宽	大袋	袋盖宽	手巾袋宽
规格	3.6	2.8	9	15	5.5	2.5

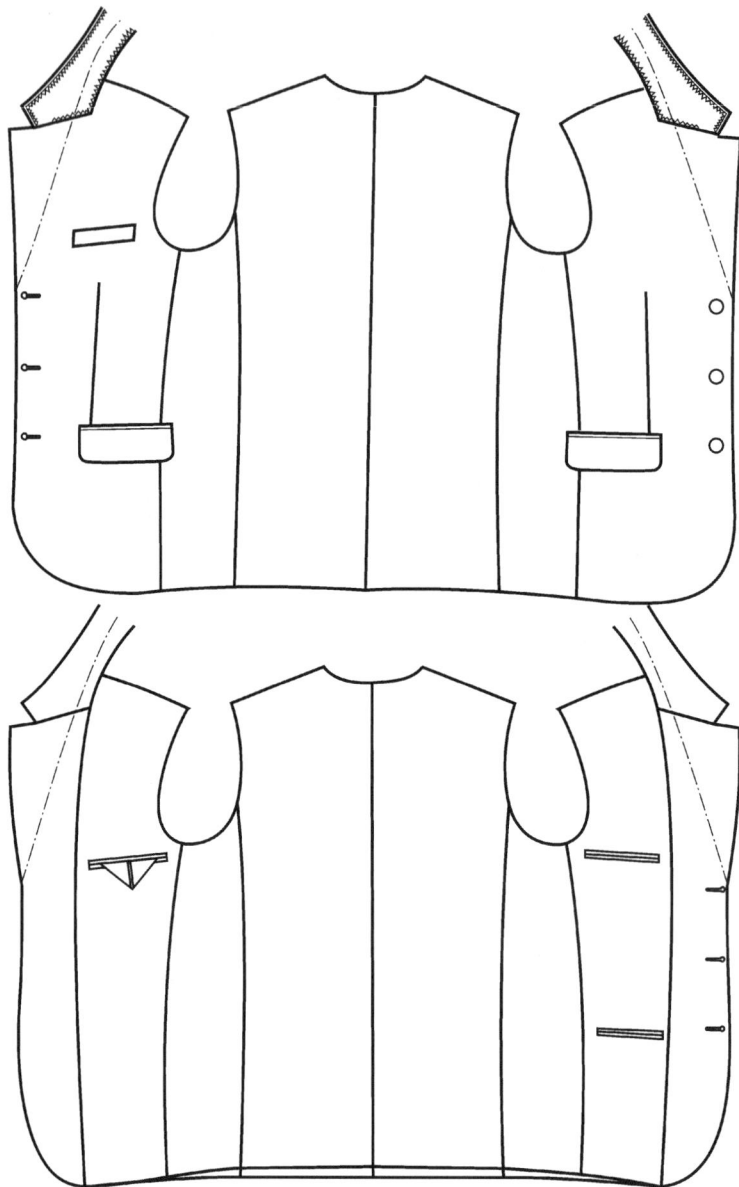

图 5-2-2　款式组合图

三、款式结构图

1. 前衣片、后衣片、大袖片、小袖片、领（见图 5-2-3）

2. 挂面、前衣片里子分割图（见图 5-2-4）

3. 挂面处理图（见图 5-2-5）

4. 上领面、下领座处理图（见图 5-2-6）

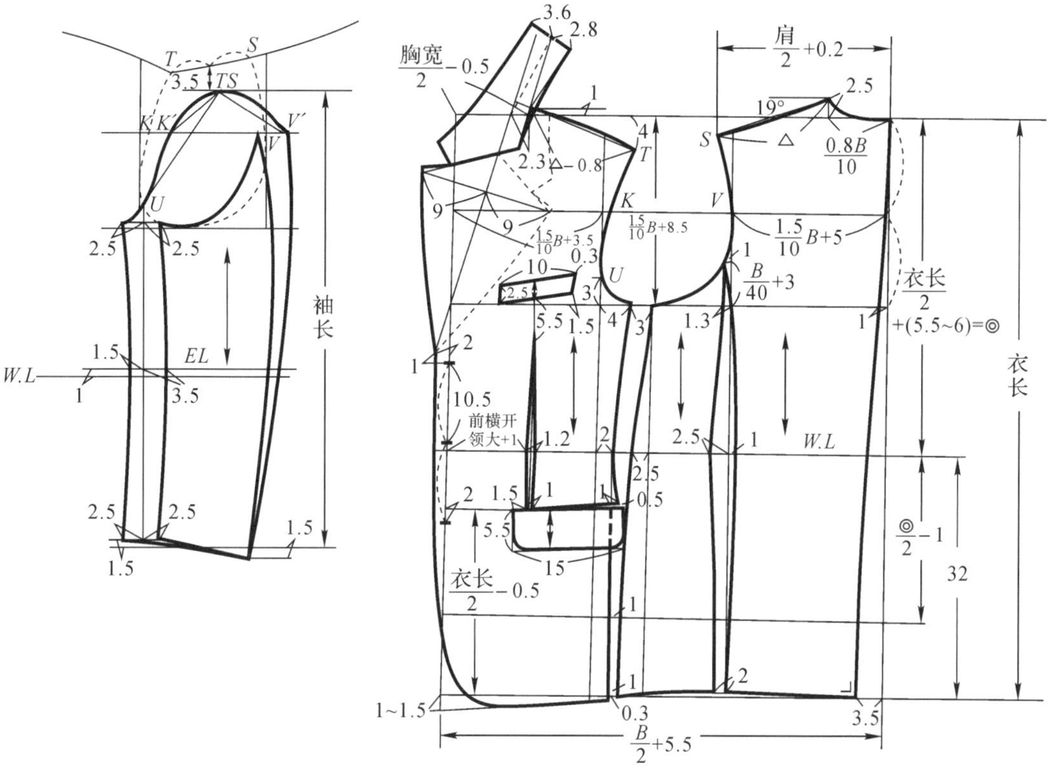

图 5-2-3　款式结构图

四、裁片数量及辅料要求

1. 面料裁片数量（见表 5-10）

表 5-10　　　　　　　　　　　　　　　　（单位：片）

名称	前衣片	后衣片	前侧片	挂面	大袖片	小袖片
数量	2	2	2	2	2	2

名称	上领面	下领座	大袋盖	手巾袋板	手巾袋袋垫	大袋嵌线
数量	1	1	2	1	1	2

2. 里料裁片数量（见表 5-11）

表 5-11　　　　　　　　　　　　　　　　（单位：片）

名称	前片	前侧片	后片	大袖片、小袖片
数量	2	2	2	各 2
名称	大袋盖里	大袋布	里袋布	手巾袋布
数量	2	4	4	2
名称	卡袋布	里大袋嵌线	卡袋嵌线	三角里袋盖
数量	2	2	1	1

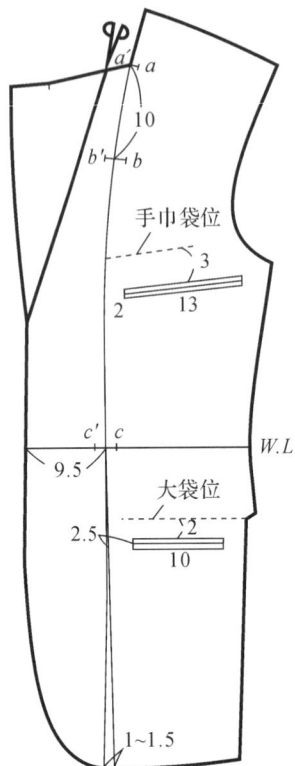

图5-2-4 挂面、前里子布分割图里布袋位图

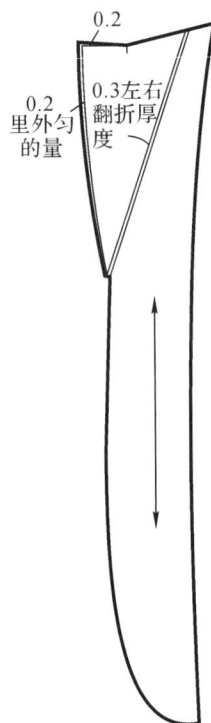

图5-2-5 挂面处理图

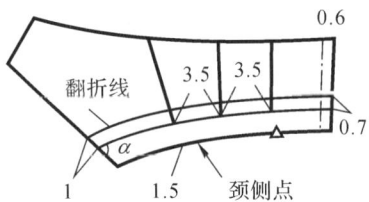

①上、下领面分割图

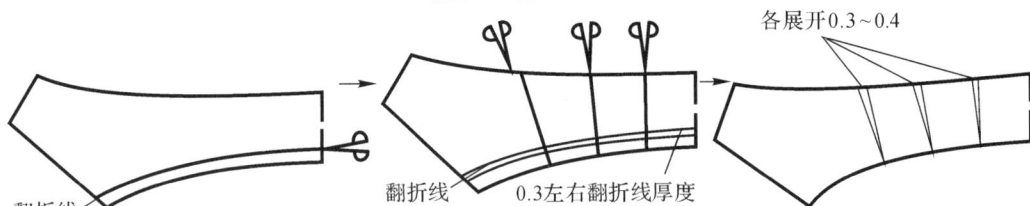

②上领面处理

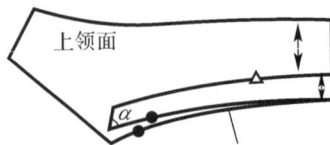

③下领面设计图

图 5-2-6 上领面、下领座处理

3. 有纺粘衬(见表 5-12)

表 5-12 (单位:片)

名称	前片	领底呢
数量	2	1

4. 无纺粘衬(见表 5-13)

表 5-13 (单位:片)

名称	挂面	上领面	下领座	侧片上端	侧片下摆	后片上端	后片下摆	大袖口贴边	小袖口贴边
数量	2	1	1	2	2	2	2	2	2

5. 其他辅料(见表 5-14)

表 5-14

名称	领底呢	有纺粘合衬	无纺粘合衬	成品胸衬	垫肩	成品袖棉条	双面粘合衬	牵条	配色线	白色棉纱线	大纽扣	小纽扣
数量	1 条	90cm	100cm	1 副	1 副	1 副	100cm	400cm	3 个	1 个	4 粒	9 粒

五、放缝、排料图

1. 放缝图

(1)面料放缝图(见图 5-2-7)

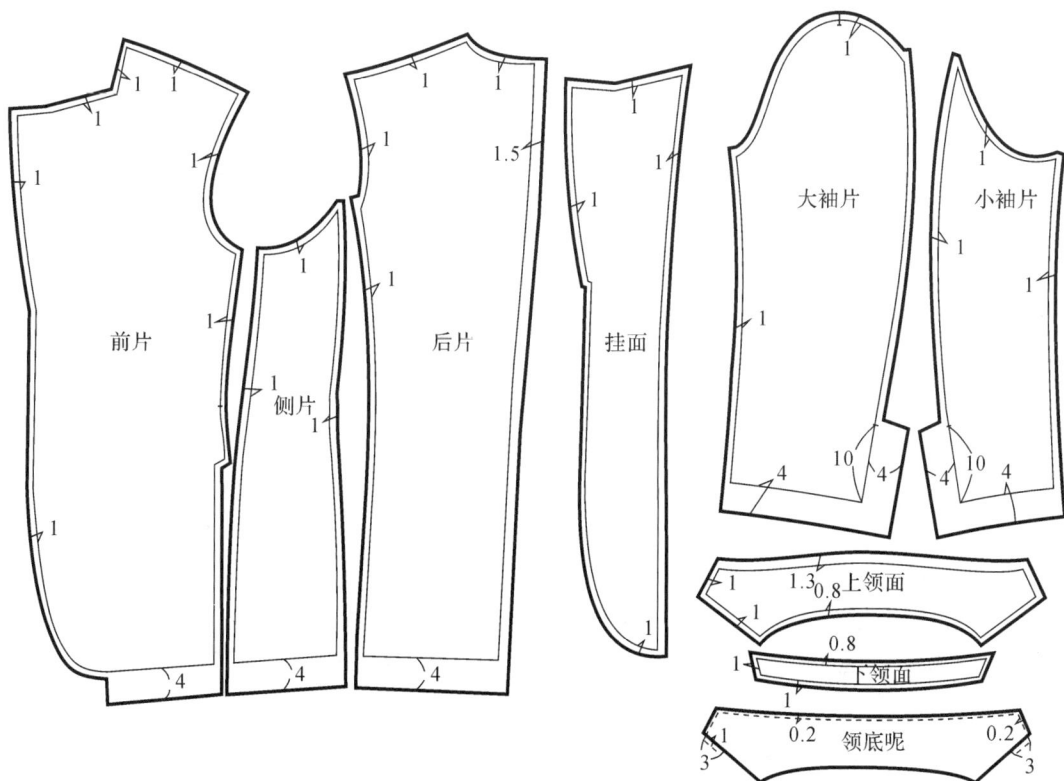

图 5-2-7　面料放缝图

(2)里料放缝图(见图 5-2-8)

(3)零部件裁剪图(见图 5-2-9)

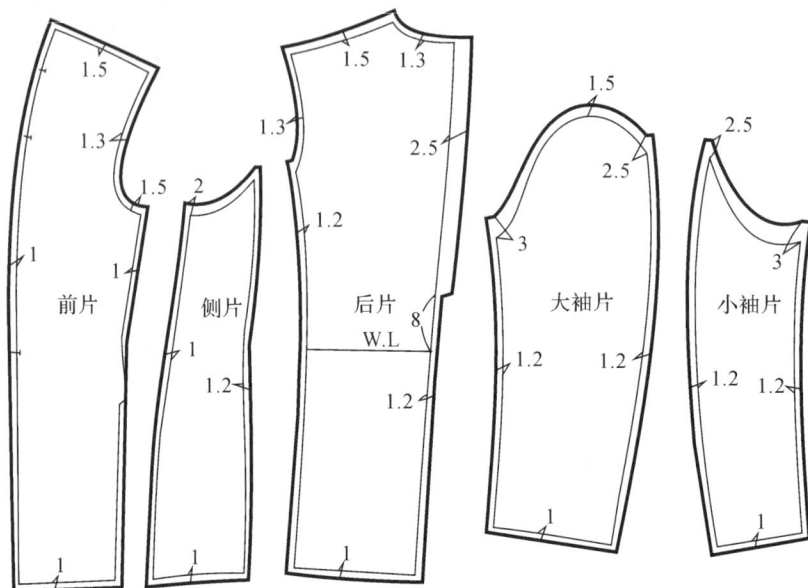

图 5-2-8　里料放缝图

注：袋布均采用里子布

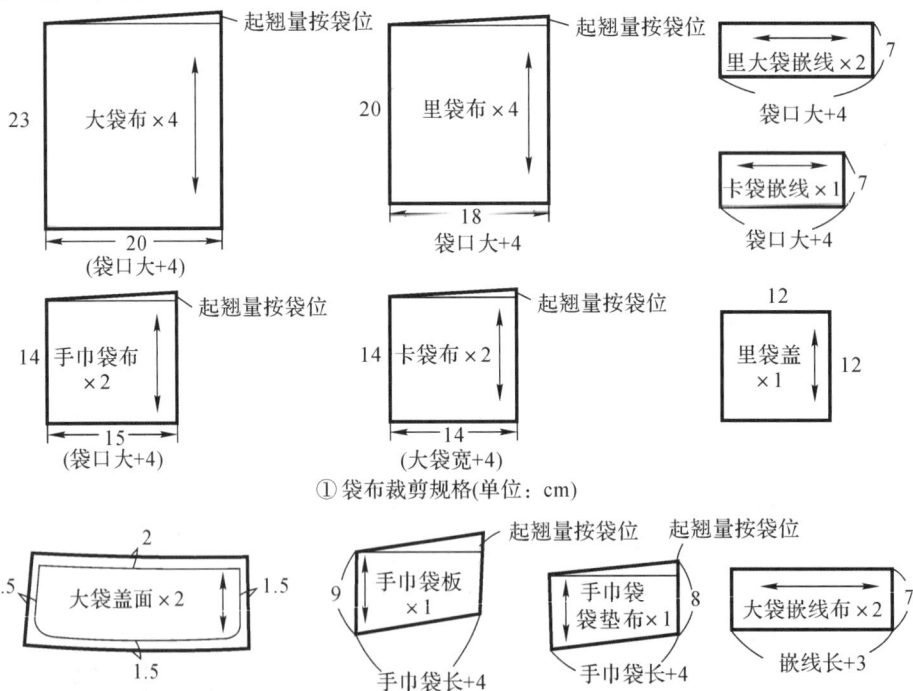

①袋布裁剪规格(单位：cm)

注：袋盖面采用面料，袋盖里采用里料，先进行粗略裁剪，在缝制时再进行精确裁剪

注：手巾袋板采用面料，先进行粗略裁剪，在缝制时再进行精确裁剪

②大袋盖表里、手巾袋袋板等裁剪图

图 5-2-9　零部件裁剪图

2. 排料图

（1）面料排料参考图（见图 5-2-10）

面料使用量为：144cm 幅宽面料，估料算式：衣长＋袖长＋20cm 左右。

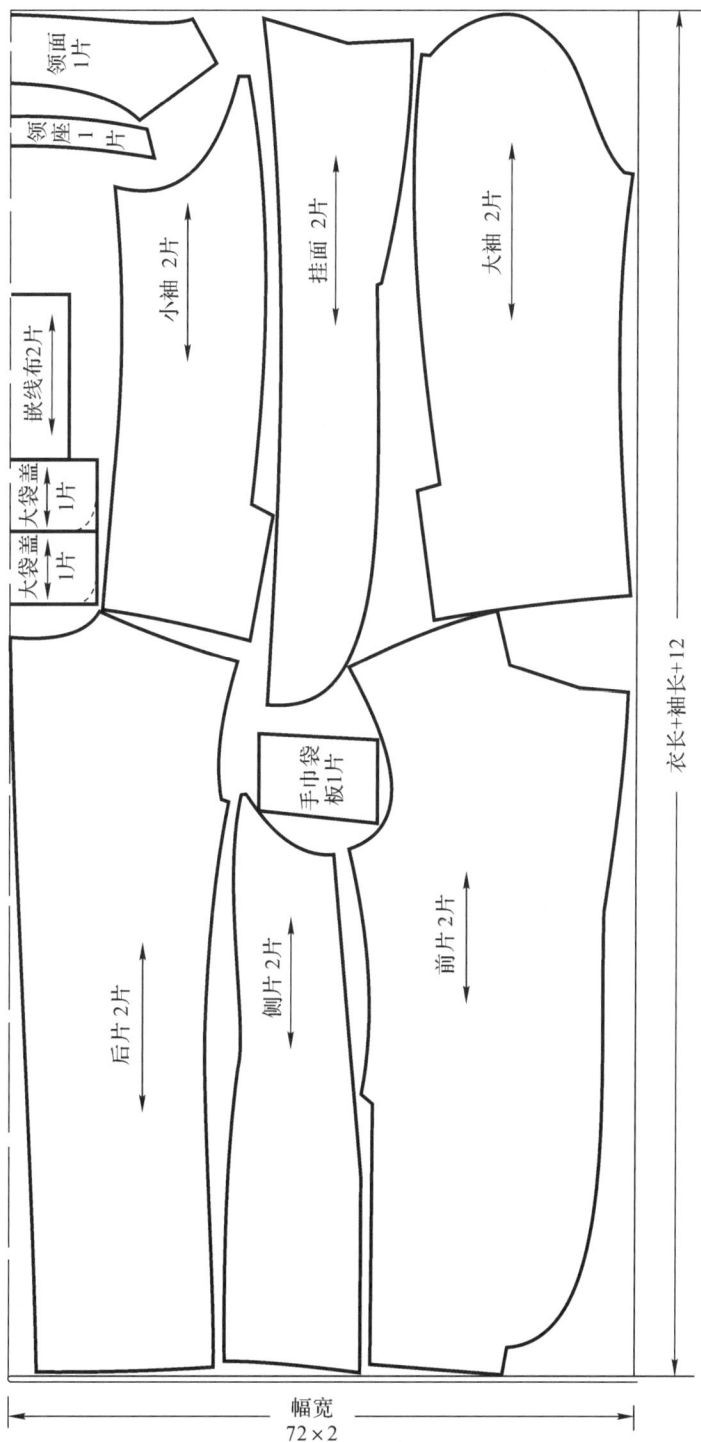

图 4-2-10 面料排料参考图

（2）里料排料参考图（见图 5-2-11）

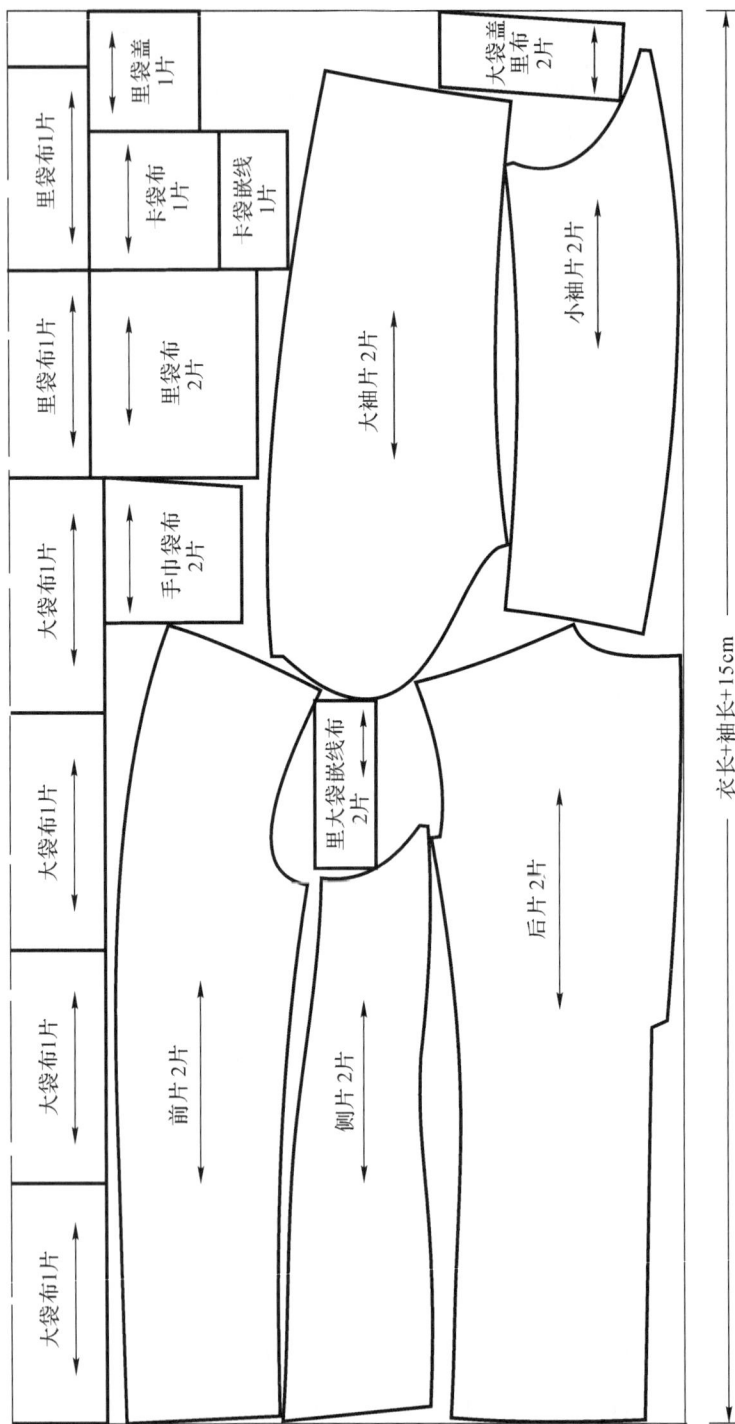

图 4-2-11 里布排料参考图

六、缝制工艺流程

男西装的缝制工艺流程如下:

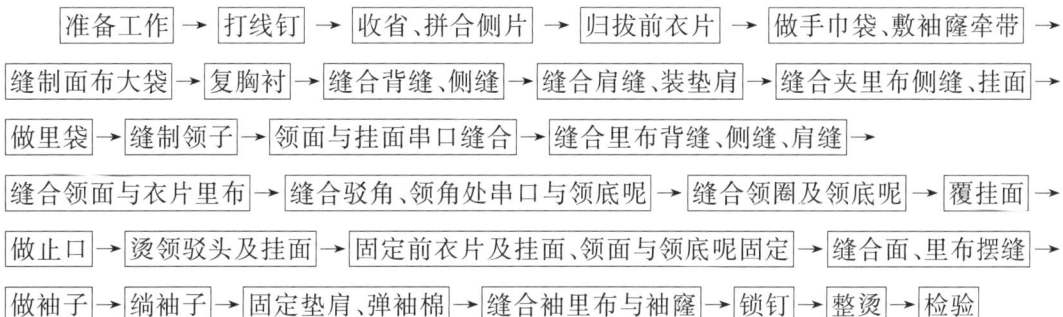

准备工作 → 打线钉 → 收省、拼合侧片 → 归拔前衣片 → 做手巾袋、敷袖窿牵带 →

缝制面布大袋 → 复胸衬 → 缝合背缝、侧缝 → 缝合肩缝、装垫肩 → 缝合夹里布侧缝、挂面 →

做里袋 → 缝制领子 → 领面与挂面串口缝合 → 缝合里布背缝、侧缝、肩缝 →

缝合领面与衣片里布 → 缝合驳角、领角处串口与领底呢 → 缝合领圈及领底呢 → 覆挂面 →

做止口 → 烫领驳头及挂面 → 固定前衣片及挂面、领面与领底呢固定 → 缝合面、里布摆缝 →

做袖子 → 缩袖子 → 固定垫肩、弹袖棉 → 缝合袖里布与袖窿 → 锁钉 → 整烫 → 检验

七、具体缝制工艺步骤及要求

1. 准备工作

(1)裁剪

放缝正确(需过粘合机压烫的衣片,各部件加放 0.8cm,作为预留的过机缩率),丝缕正确(面料经纬丝缕要归烫平整)。

(2)烫粘衬

如图 5-2-12 所示,在使用粘合机压烫裁片前,放正裁片丝缕,先用熨斗粗烫一遍。衬要略松些,自裁片中心向四周熨烫,使其初步固定后再经粘合机压烫定型(粘合机参考数据:如为全毛面料,温度 140℃,压力 2.5~3kg,时间 14~16s)。这样操作可以避免移动裁片时而导致裁片的变形。

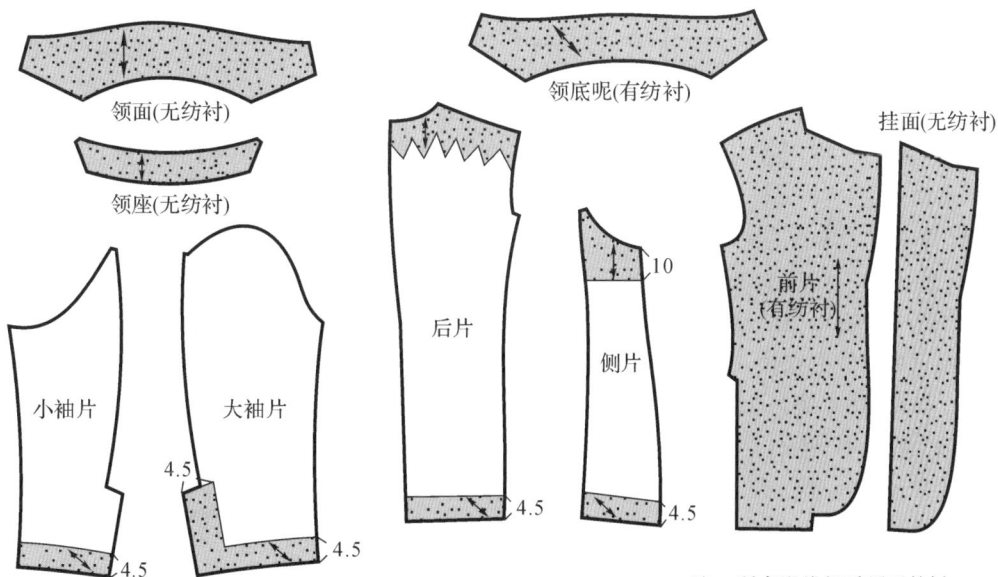

领面(无纺衬)

领底呢(有纺衬)

挂面(无纺衬)

领座(无纺衬)

10

前片(有纺衬)

小袖片

大袖片

后片

侧片

4.5

4.5

4.5

4.5

4.5

注:所有嵌线都采用无纺衬

图 5-2-12　烫粘衬

(3)修片

过粘合机压烫后,根据毛板修片,注意衣片的丝缕。

（4）在缝制前需选用与面料相适应的针号和线，调整底面线的松紧度及线迹密度。

针号：80/12～90/14 号。

用线与线迹密度：明线 14～16 针/3cm，底、面线均用配色涤纶线。暗线13～15 针/3cm，底、面线均用配色涤纶线。

2. 打线钉

（1）要求

打线钉通常采用与面料色彩对比较明显的双股白色棉线。线钉的疏密可因部位的不同而有所变化，通常在转弯处、对位标记处可略密，直线处可稀疏。

（2）线钉部位（见图 5-2-13）

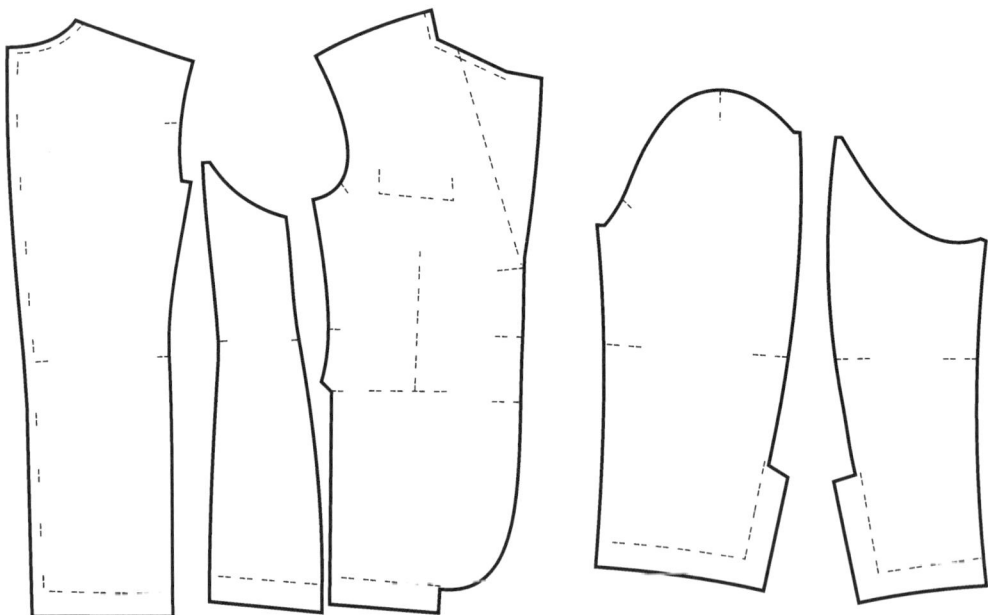

图 5-2-13　打线钉

● 前衣片　串口线、翻折线、领圈线、袋位（手巾袋、大袋）、省位、绱袖对位点、腰线、扣眼位、底边线。

● 后衣片　后领线、背缝线、腰节线、底边线、绱袖对位点。

● 腋下片　底边线、腰节线。

● 袖片　袖山对位点、绱袖对位点、袖肘线、袖口线、袖衩线。

注：也可以放齐衣片，按毛板作出标记，先打线钉，再劈片，可防止面料滑动，保证丝缕正确。

3. 收省、拼合侧片

如图 5-2-14 所示：

（1）收省

① 将肚省剪去，沿省中缝剪开，剪至腰节处（见图①）；

② 省道上部垫一块 45°本色面料，长于省尖 1cm，宽 2cm，然后车缝胸省（见图②）；

③ 收省时缝线在省尖处直接冲出，省尖缉尖（条格面料收省后，省道两边的条格要对称）；

④ 分烫省份。省尖缝熨烫，在省尖点处将靠近省份的垫布剪一刀口，垫布下端将靠近垫布一侧的一层省份剪一刀口，省缝分缝熨烫（见图③）；

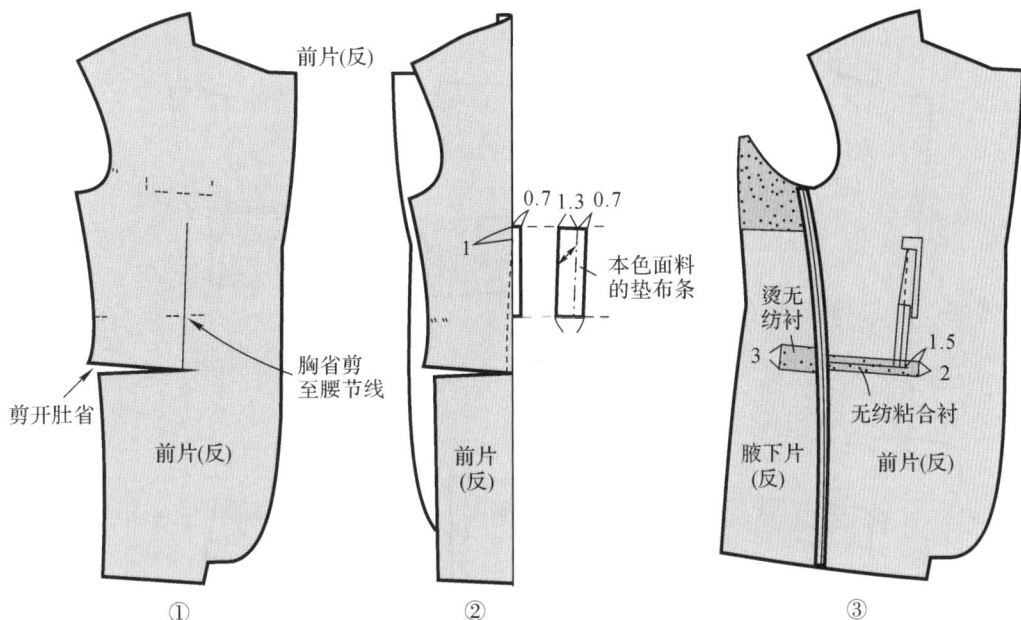

前片(反)

0.7 1.3 0.7

本色面料
的垫布条

胸省剪
至腰节线

剪开肚省

前片(反)

前片(反)

烫无
纺衬

无纺粘合衬

腋下片
(反)

前片(反)

① ② ③

图 5-2-14　收省、拼合侧片

⑤肚省剪开处,上下片并拢形成一条无缝隙的直线,用 2cm 宽的无纺衬粘合,靠前中袋口处粘合衬出袋位 1.5cm(见图③)。

(2)拼合侧片

① 衣身放下腋下片放上,正面相对叠合对齐,袖窿下 10cm 左右前衣片略有 0.2cm 吃势,有利于胸部的造型饱满;

② 将前衣片反面朝上,分烫腋下缝,将拼缝线熨烫顺直。在腋下片袋位处粘烫 3cm 宽的无纺衬。

4. 推、归、拔前衣片

此道工序也叫推门,是利用熨斗热塑定型手段塑造胸部、腰部、腹部、胯部等形体造型状态的过程和手段。要求:胸部隆起,腰部拔开吸进,驳头和袖窿处归拢。熨烫前身止口处时,要在翻驳处将前身衣片向外轻拉,烫后使衣身丝绺顺直(如图 5-2-15所示)。

5. 手巾袋缝制

如图 5-2-16 所示:

①在左前衣片按线钉的位置划出袋位。

②用树脂粘合衬裁成手巾袋板净样尺寸,烫在手巾袋板的反面;然后按净样扣烫三边,最后将手巾袋板与袋布 A 缝合;

③先将手巾袋板放在袋位线上与衣片一起缝合,再把袋垫布的一侧与袋布 B 缝合,然

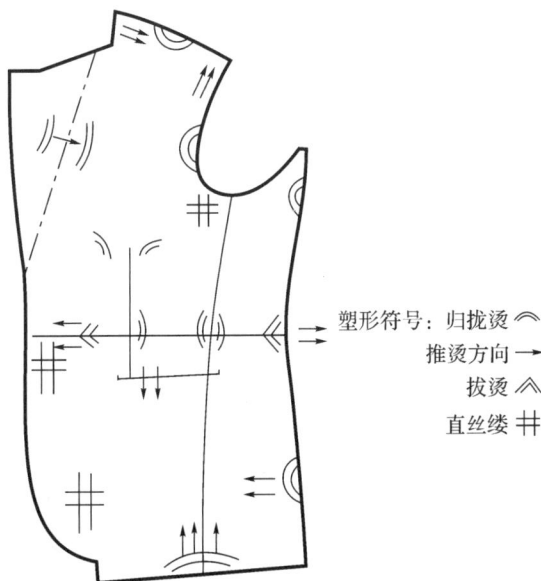

塑形符号: 归拢烫　推烫方向　拔烫　直丝缕

图 5-2-15　归拔衣片

265

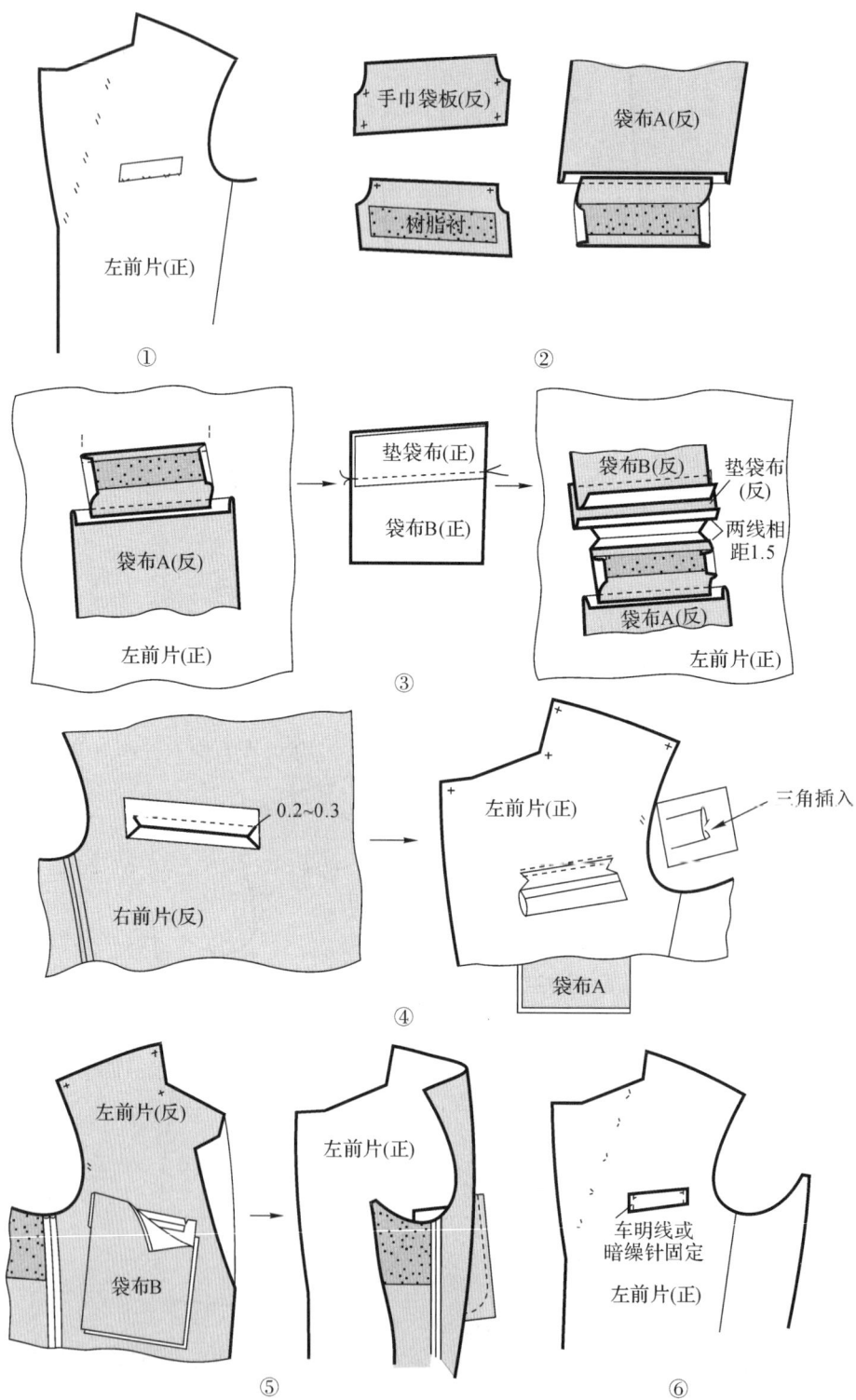

左前片(正)

①

手巾袋板(反)

树脂衬

袋布A(反)

②

袋布A(反)

左前片(正)

垫袋布(正)

袋布B(正)

袋布B(反)

垫袋布
(反)

两线相
距1.5

袋布A(反)

左前片(正)

③

右前片(反)

0.2~0.3

左前片(正)

三角插入

袋布A

④

左前片(反)

袋布B

左前片(正)

左前片(正)

车明线或
暗缲针固定

⑤

⑥

图 5-2-16

后将袋垫布缉缝在袋位上方,与第一条缝线(即线钉位)相差 1.5cm。缉缝袋垫布时,要求袋口两端各缩 0.2～0.3cm,以防开袋后袋角起毛;

④剪三角。先在袋角两端剪三角,再将袋板缝份与袋垫布缝份分开烫平,在缝线上下各车 0.1cm 的明线,然后将袋两端的三角插入袋板中间。

⑤将袋布放平后,把 A,B 两片袋布缝合;

⑥在袋板的两侧车缝明线或暗缲针固定,最后熨烫平整。

6. 拉袖窿牵带

如图 5-2-17 所示:

①从肩点开始把直丝粘合牵条距袖窿边缘 0.5cm 车缝,要求 A 点以上收拢 0.5cm 左右,A 点至 B 点收拢 0.2～ 0.3cm。

②在圆弧处打剪口,用熨斗烫平。

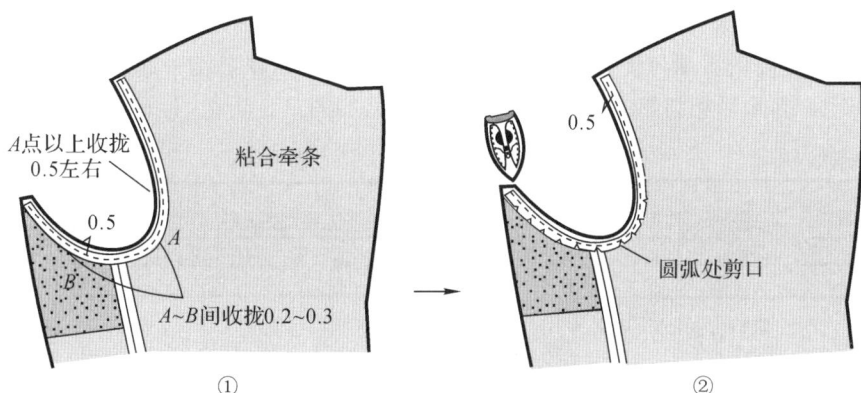

图 5-2-17　拉袖窿牵条

7. 缝制袋盖

如图 5-2-18 所示:

①检查袋盖裁片,画袋盖净样。袋盖面采用面料,袋盖里采用里子料。将袋盖净样放在袋盖面上,前侧要求直丝缕,面、里袋盖的放缝各为 0.7 和 0.5。

②车缝袋盖。袋盖面里正面相对,将里布放在面布上,沿边对齐,沿净线车缝三边。车

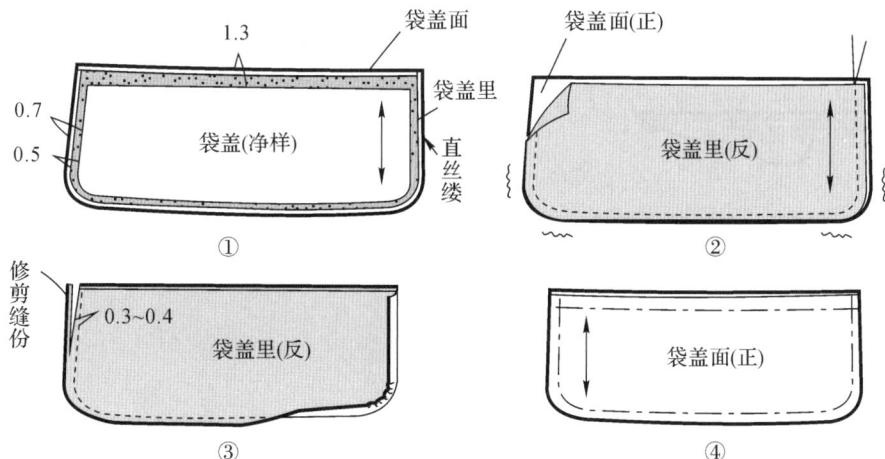

图 5-2-18　袋盖缝制

缝袋盖两侧及圆角时,要求:里布要紧,两圆角圆顺。

③修剪缝头。先将车缝后的三边缝份修剪到 0.4cm,圆角处修剪到 0.2cm;然后将缝份往里子一侧烫倒。

④烫袋盖。先将袋盖翻到正面,翻圆袋角,伸平止口,圆角窝势自然,然后沿边用线假缝固定;再将袋盖进行熨烫。

8. 缝制嵌线、装袋盖及袋布

如图 5-2-19 所示:

①先在嵌线布反面烫上无纺粘合衬,然后划出嵌线的长度和宽度,再沿嵌线的中线从一端剪到距另一端1cm为止。

②在衣片正面袋位处缉缝嵌线布,两端回车固定,最后剪开余下的1cm。

③将衣片的袋位剪成 Y 形,把嵌线布从剪口处翻到反面;再整理嵌线布的宽度并用线假缝固定,最后车缝袋口两端的三角,并把袋布 A 与下嵌线布车缝固定。

④先将袋垫布的下端与袋布 B 车缝固定;再将袋盖对齐,在上端一起车缝固定;然后将袋盖从袋口处穿过,最后把袋布 A 与袋布 B 对齐车缝四周固定。注意:上下嵌线布不能豁开。

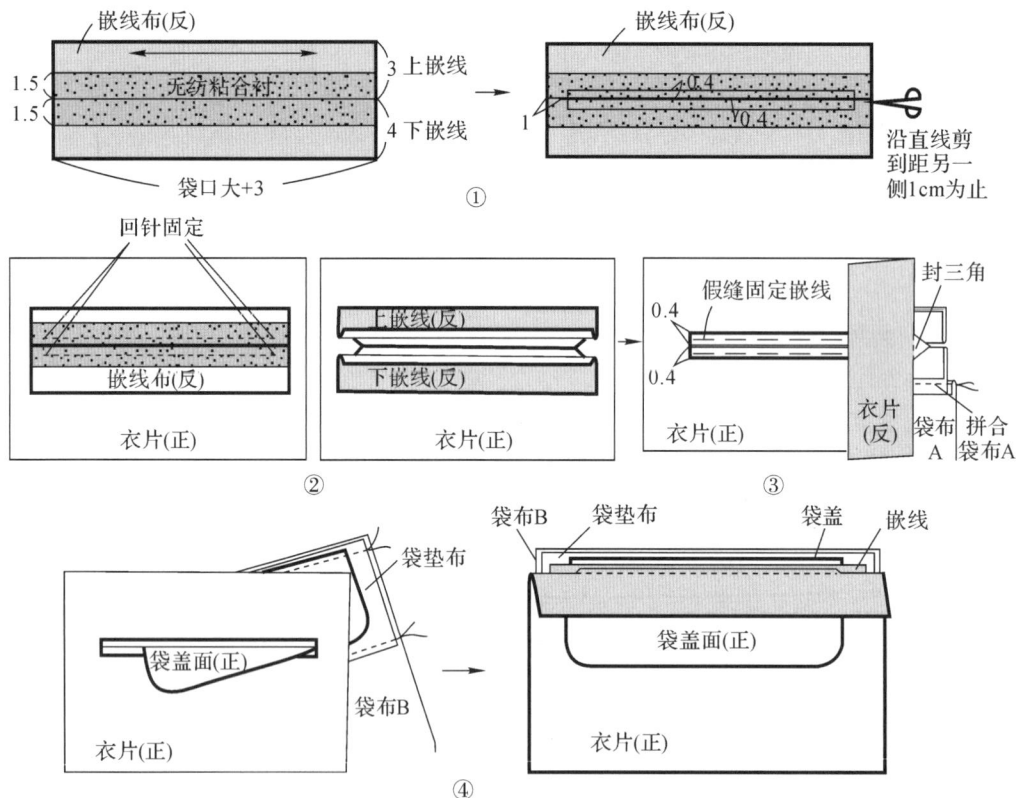

图 5-2-19

9. 覆胸衬

如图 5-2-20 所示:

①将成品胸衬与前衣片胸部反面对齐,距驳口线上部为1cm,下部为1.5cm。衣片胸部凸势与胸衬应完全一致,然后在前衣片正面用手针覆胸衬。注意:衣片与胸衬要尽量吻合,

胸衬与衣片肩线齐边

胸衬袖窿与
衣片修剪整
齐后，用手
针将两者固定

6.5
A　0.5
B

牵条拉紧

按净样画出门
襟止口，下摆
圆角及驳角止
口，然后用粘
合牵条压烫住。

①

②

③

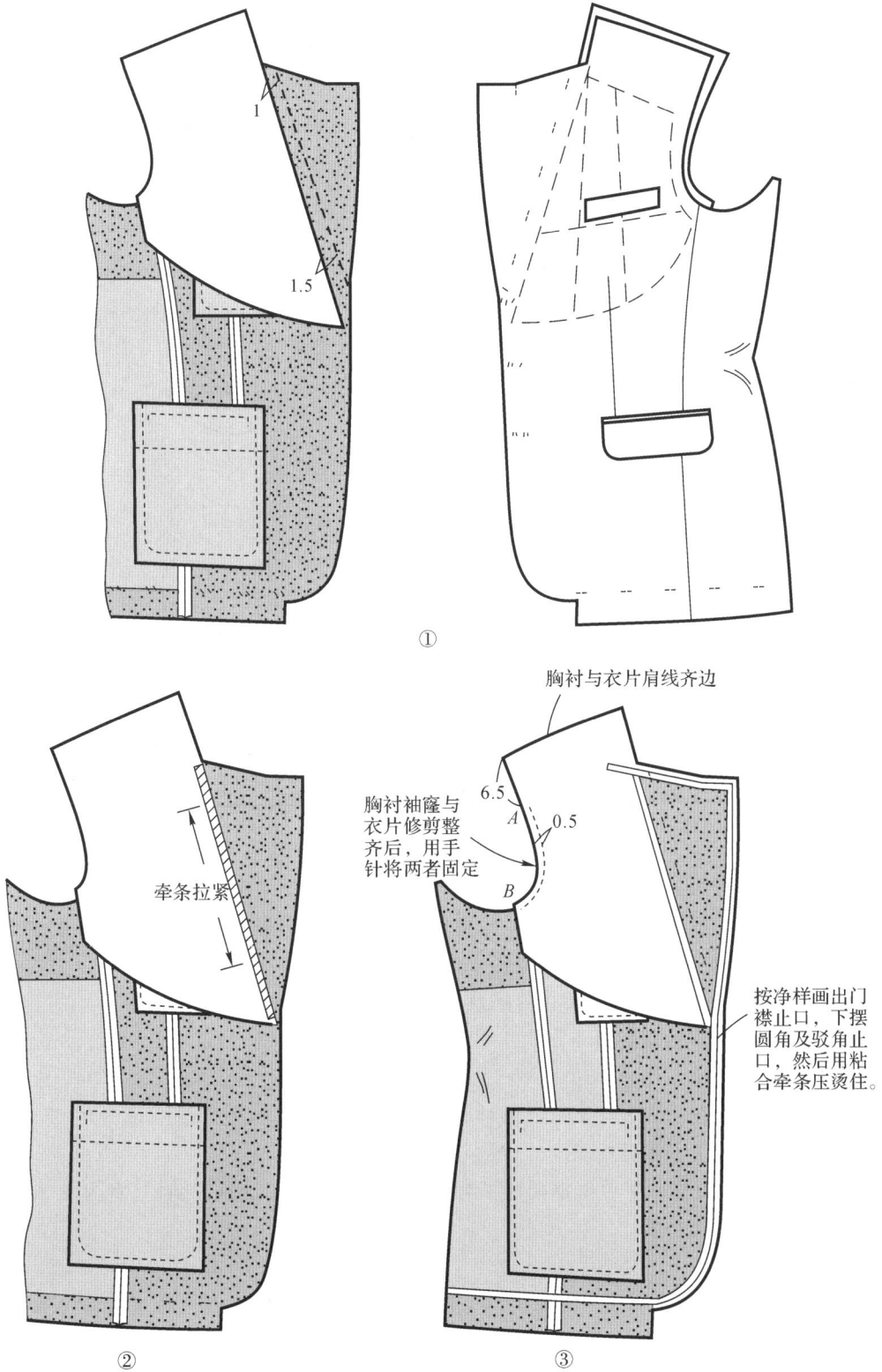

图 5-2-20　覆胸衬

针距一致,缝线平顺。

②先将覆胸衬的衣片进行整烫,使衬与衣片平服帖合,然后在胸衬与驳口处粘烫直丝牵条,要求牵条的一半要压住胸衬,烫牵条时中间部位要拉紧一些,粘合后在牵条上缝三角针固定。

③围绕前领口、前止口及底摆处的净线烫贴牵条,然后将胸衬与衣片肩线齐边修齐,胸衬袖窿与衣片袖窿修剪整齐后用手针将两者固定。

10. 缝合背缝

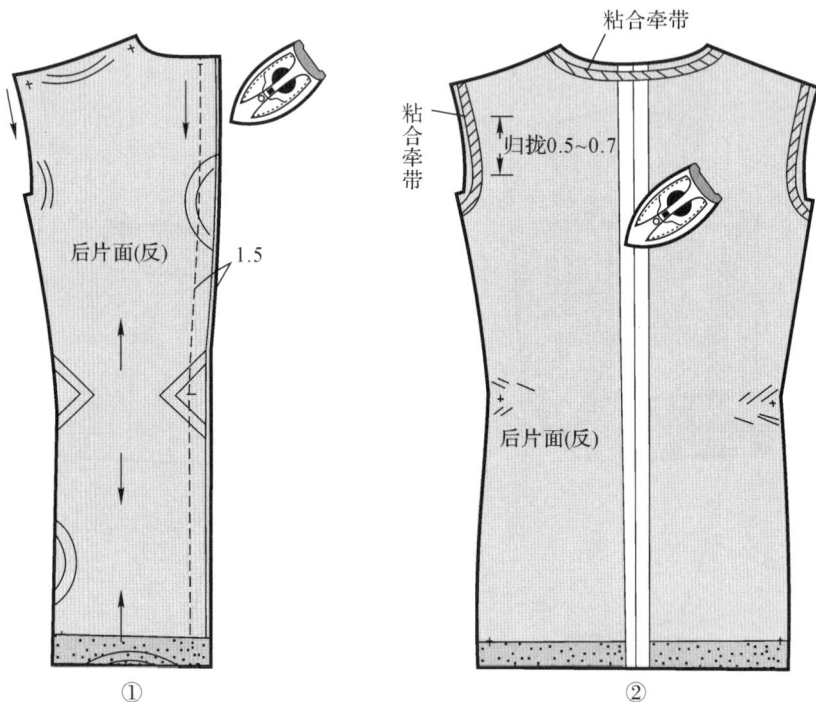

图 5-2-21 综合背缝

如图 5-2-21 所示:

①将两后片对齐,缝合背缝,用熨斗归烫后背上部外弧量,拔出腰节部位内弧量,袖窿稍归,侧缝胯部稍归拢,腰部拔开,使之符合人体的背部曲度。

②先将后背缝分开烫平,然后在袖窿及领口处烫斜丝牵条。

11. 缝合侧缝、剪袖窿胸衬

如图 5-2-22 所示:

①将前衣片放在后衣片上,正面相对车缝,袖窿下 15cm 这段侧缝后衣片吃进 0.3～0.4cm。注意:侧缝上部不要拉长。

②将缝份分开烫平。然后根据袖窿弧势剪去袖窿刀眼至肩缝这段胸衬,宽为 1.2cm。

12. 缝合肩缝、装垫肩

如图 5-2-23 所示:

①缝合肩缝。将前衣片放在后衣片上,正面相对,靠近领圈 2cm 及靠近袖窿 4cm 段平缝,后中段肩缝吃势均匀地缝合。要求缝线顺直。

②分烫肩缝。先不用蒸汽将肩缝分开,再放蒸汽熨烫。然后用手在领圈 A 点开始的 3～4cm 肩缝附近捏住,稍向前身拉,使肩缝略呈 S 形后归拢熨烫,最后归拢后身肩头处。

1.2cm

剪去胸
衬斜线
部分

后片
(正)

15cm

后片吃势
0.3~0.4cm

侧
片
(反)

后片
(反)

①

②

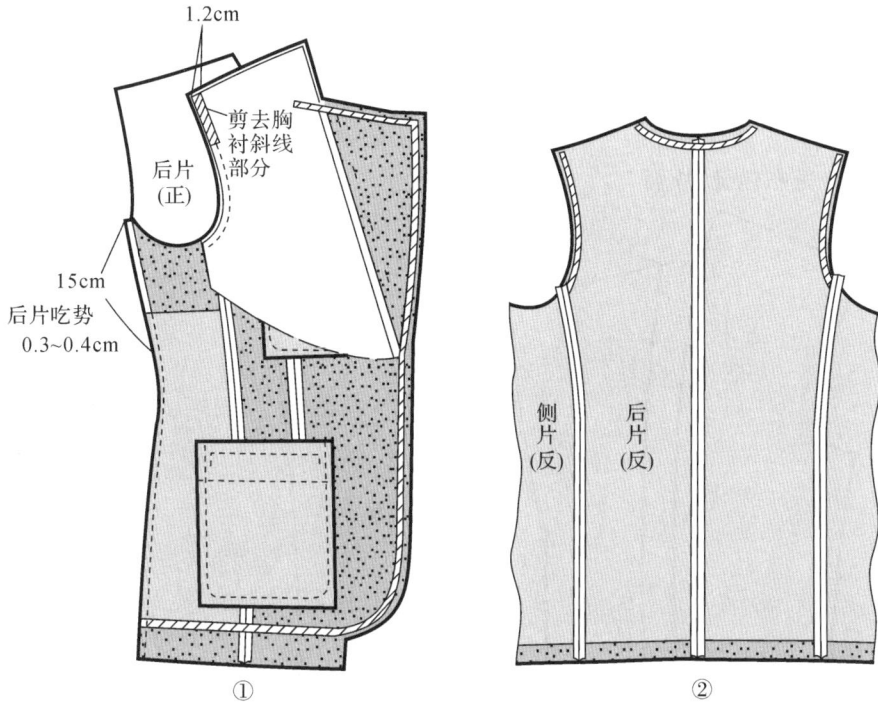

图 5-2-22　缝合侧缝

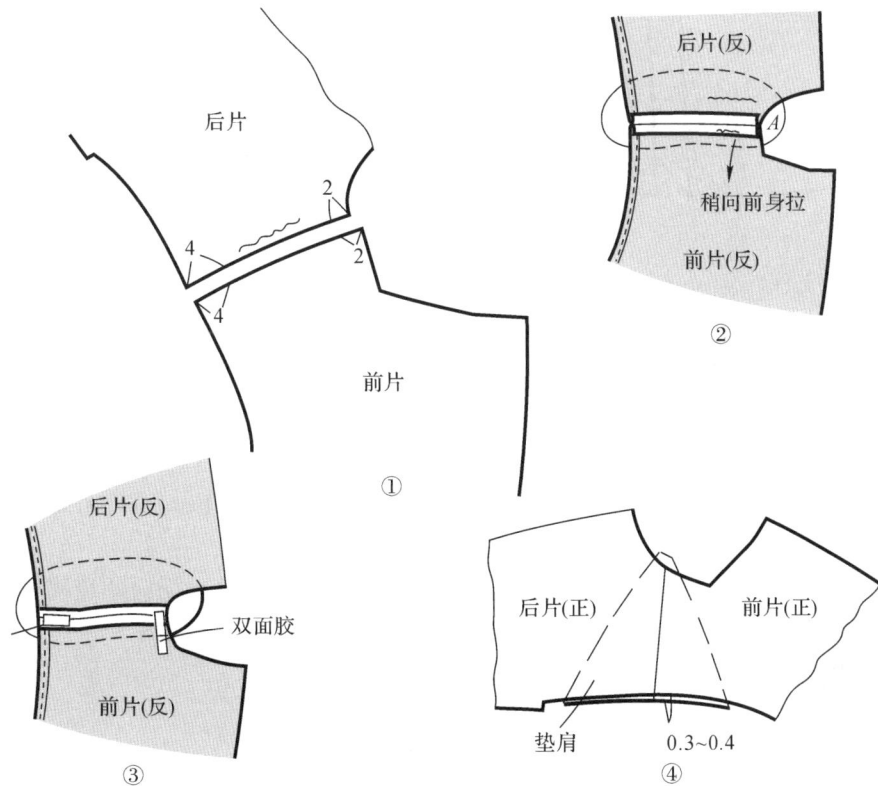

后片

后片(反)

A

2

4

2

稍向前身拉

4

前片(反)

前片

①

②

后片(反)

双面胶

后片(正)

前片(正)

前片(反)

垫肩

0.3~0.4

③

④

图 5-2-23　缝合肩缝、装垫肩

③固定胸衬与面料。在直开领与靠袖窿肩头位置,分别放置 2 条 5cm 和 2.5cm 的双面胶,然后用左手将前身衣服略微托起,再将胸衬与面料固定住。

④装垫肩。将垫肩的缝子与大身肩缝对准,垫肩稍出袖窿 0.3～0.4cm,注意:垫肩两端不能进大身袖窿。然后将前后身肩部捋窝服,用手针固定。

13. 缝合里布侧缝、挂面

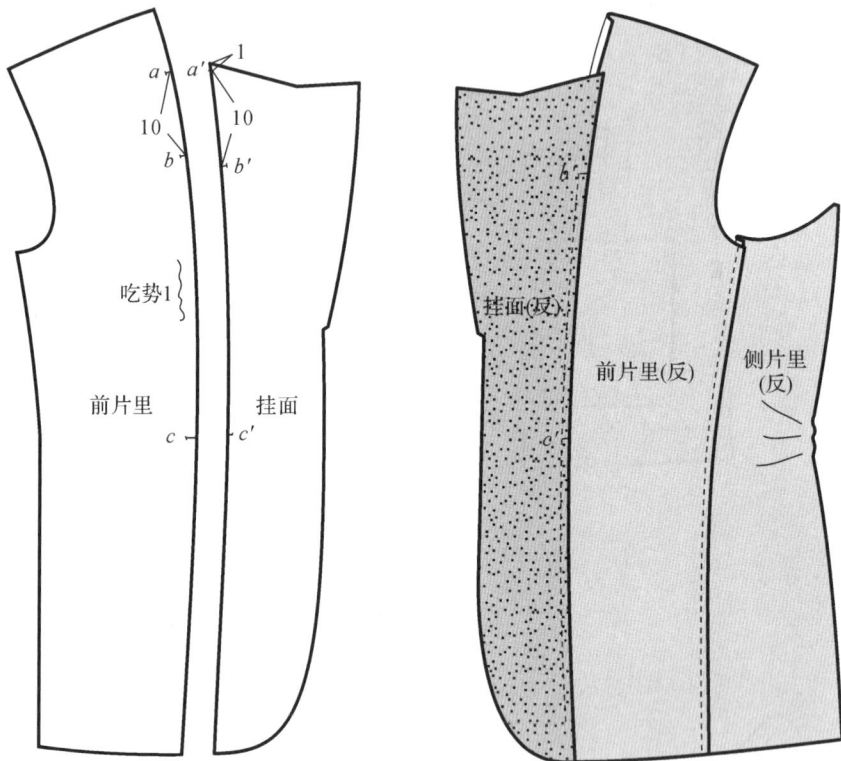

图 5-2-24　缝合里布侧缝、挂面

如图 5-2-24 所示:

(1)缝合里布侧缝

先将里布侧片放在里布大身上,顺直平缝,缝份为 1cm。

(2)缝合里布与挂面

将里布放在挂面上,里布刀眼 b 与挂面刀眼 b' 对齐后开始缝合,里布 b 到 c 这段吃势为1cm,其余平缝,缝份为 1cm。缝制时,要求:里布和顺,松度自然,缝份平直,无抽丝。

(3)熨烫缝份

衣片反面朝上,左右身里布底摆均朝向操作者右手方向,将缝份倒向侧缝熨烫,要求熨烫后正面无坐缝。

14. 划里袋位、缝制里袋

如图 5-2-25 所示:

(1)划里袋位。里布正面朝上,按图 5-2-4 的口袋位置及规格,划出左右两个里胸袋,在左前片划一个卡袋;然后在袋位反面烫上无纺粘合衬,宽为 1.5cm,长为袋口长加 1cm。

(2) 做里袋三角袋盖

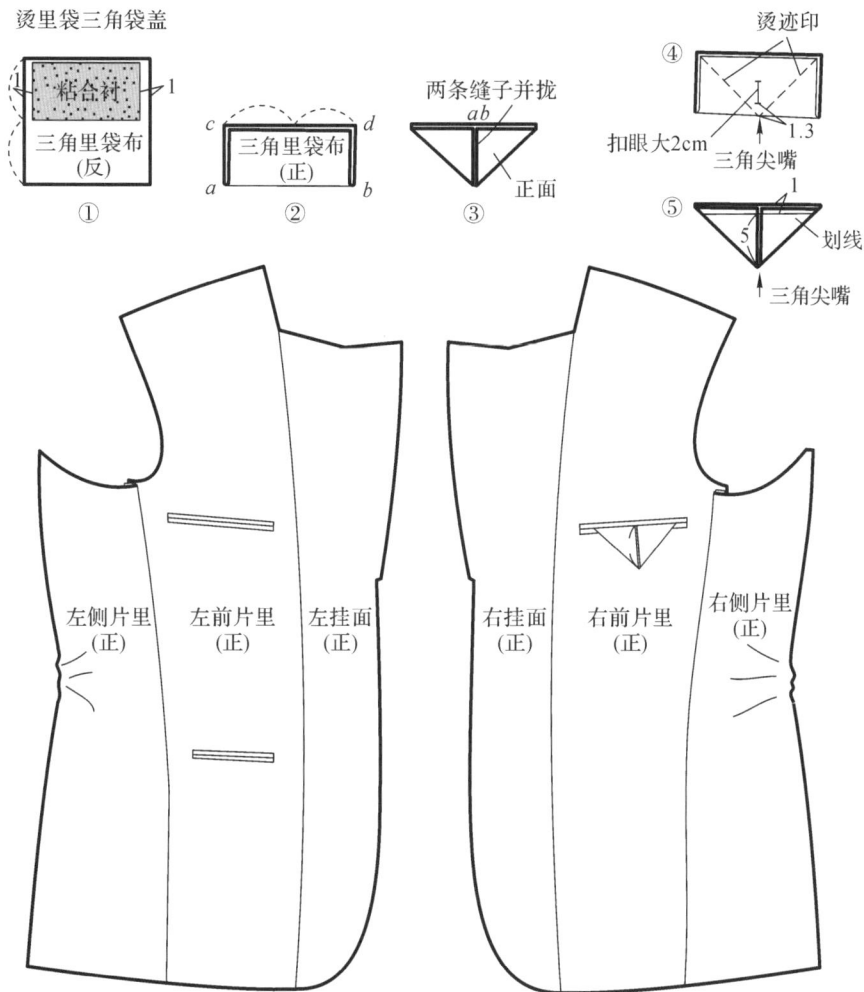

图 5-2-25　划里袋位、缝制里袋

里袋三角袋盖在右片里胸袋上,具体步骤如下:

①在三角里袋布的反面烫上粘衬,具体尺寸见图 5-2-25①。

②将三角里袋布反面相对,两边对齐后对折烫平。

③将对折线两端 *a*,*b* 两角向上折到 *c*,*d* 的中点,要求中间的两条线拼拢,然后压烫。

④展开三角袋布,里面朝上,在中线上距折边线 1.3cm 处,锁一扣眼,扣径大 2cm。

⑤重新折成三角状,在距三角尖嘴 5cm 处划一直线,与里袋布一道缝合。

(3)缝制里胸袋、卡袋

缝制方法参考图 5-2-19,注意:只是在右前里胸袋装有三角袋盖。

15. 领子缝制

如图 5-2-26 所示:

①划领面对位记号。将领角样板放在领面上,并与领面的串口线、领角、及领子的上、下部拼接线三边对齐,划出领面缝份与对位记号。

②缝合领面上、下部。领面上部的拼接线共有 5 个刀眼,共分 6 段,将领面放在领座上,

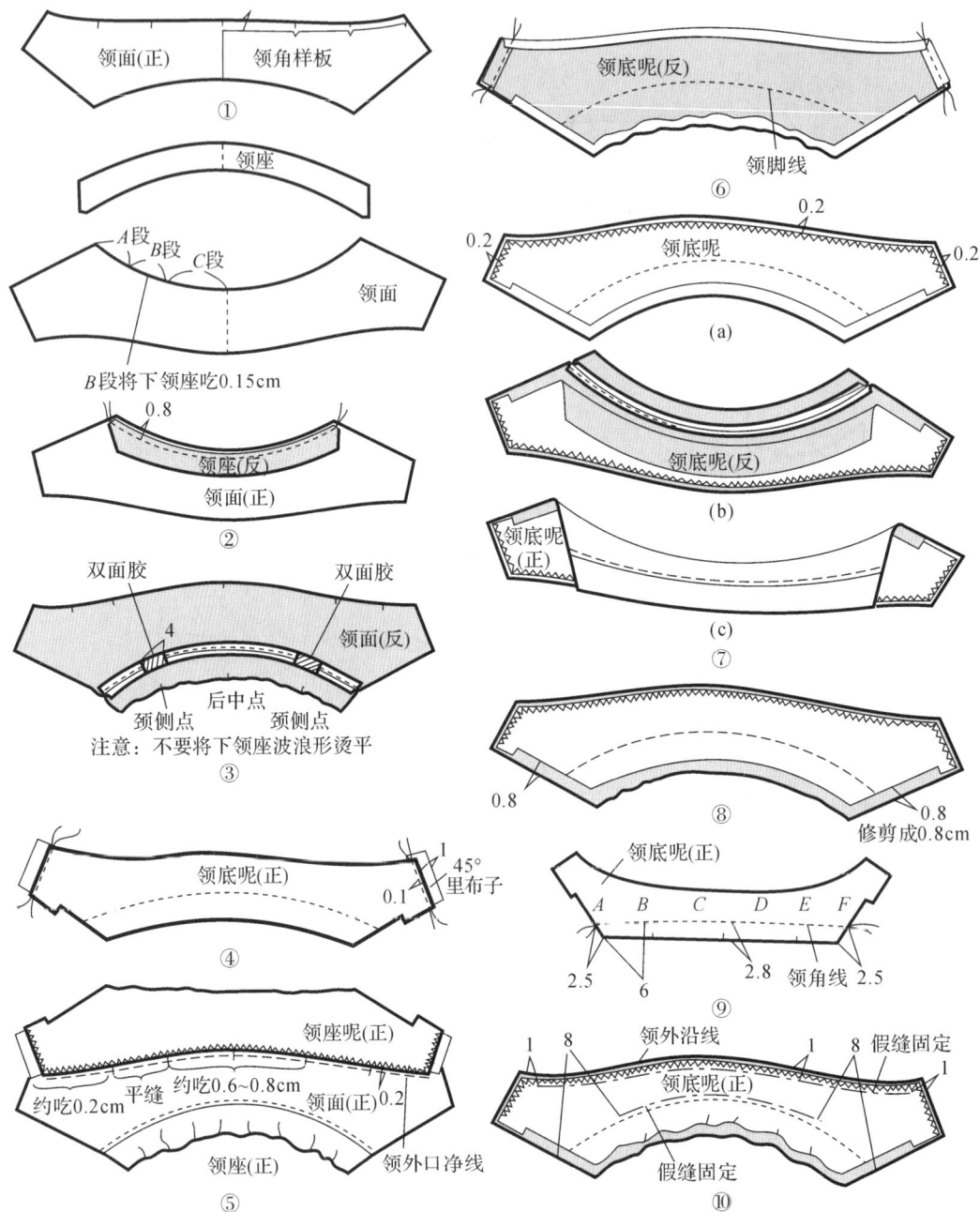

图 5-2-26　领子的缝制

领面的 A 段上下层平缝，B 段将下领座吃进 $0.15cm$，C 段上下层平缝。另一侧方法相同，用 $0.8cm$ 的缝份车缝，然后修剪留 $0.5cm$。

　　③烫上下领拼缝并固定。先将拼接线的缝份分开烫平，在上领一侧的缝份上缉一条 $0.1cm$ 的线。然后在下领座颈侧点刀眼位直上的拼缝处，左右两端各粘一段 $4cm$ 长的双面胶。注意：熨烫时切不可将下领座的曲势压平。

　　④领底呢两领角处拼接里子布。在领底呢的两领角拼一块 $45°$ 的里子布斜丝，用手针

假缝或车缝 0.1cm 固定,两领角各探出 1cm。

⑤三角针缝合领底呢与领面。将领底呢的外口盖住领面外口 1cm,然后用三角针固定,要求:领面略归吃一些,领子的吃势要左右对称。

⑥缝合领角。领底呢反面朝上,在领底呢与领角里布拼接缝上车缝。

⑦翻领角、烫领面

(a)先修剪领角缝份,然后翻转领角到正面;再将领子的外沿,根据样板的势道烫成里外匀 0.2cm。

(b)将领底呢的领座部分往操作者方向折倒,然后沿翻折线烫平。

(c)根据领底呢折转的势道,将领面的领座部分折倒,然后烫平。注意:领脚线部分的领面要烫平。

⑧修剪领面的串口线。领面串口处多出领底呢 0.8cm,多余的毛纱修剪掉。然后检查领角左右是否对称,要求两领角误差不大于 0.15cm。

⑨拉领底呢翻折线的皱度。将领底呢正面朝上,领外沿朝向操作者左手方向,然后车缝领脚线,领脚线起点宽为 2.5cm,中部为 2.8cm,AB 段与 EF 段平缝,BC 与 DE 段以颈侧点刀眼为中心各向两边约 3cm 的间距收拢约 0.4cm,CD 间收拢约 0.4cm。

⑩假缝固定领面与领底呢。先将上下领拼接处 2 块双面胶的粘纸拿掉,把领底呢朝上、领外沿向外,然后放平领脚线以上的领面,沿领外沿手针假缝固定,假缝线距领外沿 1cm、两领角 1cm。领脚线以下的领座部分呈波浪放置,在距串口线约 8cm 处开始沿领脚线假缝固定到另一侧相应点结束。

16. 缝合领面和挂面串口

如图 5-2-27 所示,将领面串口反面朝上,与挂面串口线对齐,同时对齐装领点车缝,缝份为 1cm。注意:要检查领角是否左右对称。

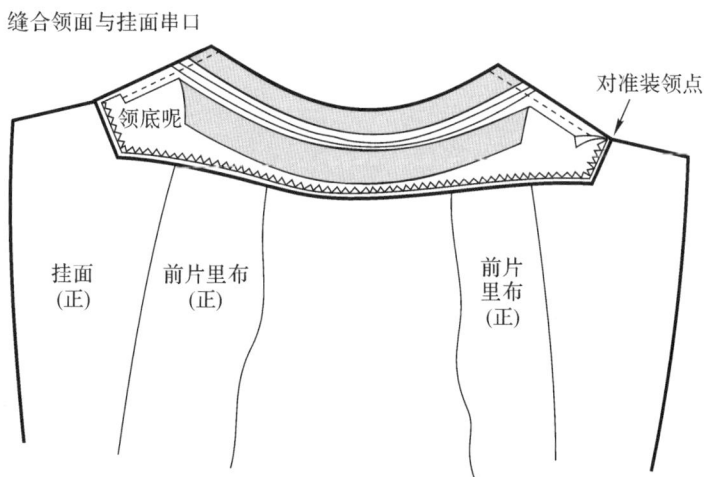

图 5-2-27　缝合领面与挂面串口

17. 缝合里布背缝、侧缝、肩缝

如图 5-2-28 所示:

①缝合里布背缝。自上而下顺着背缝线平缝,缝份为 1cm。

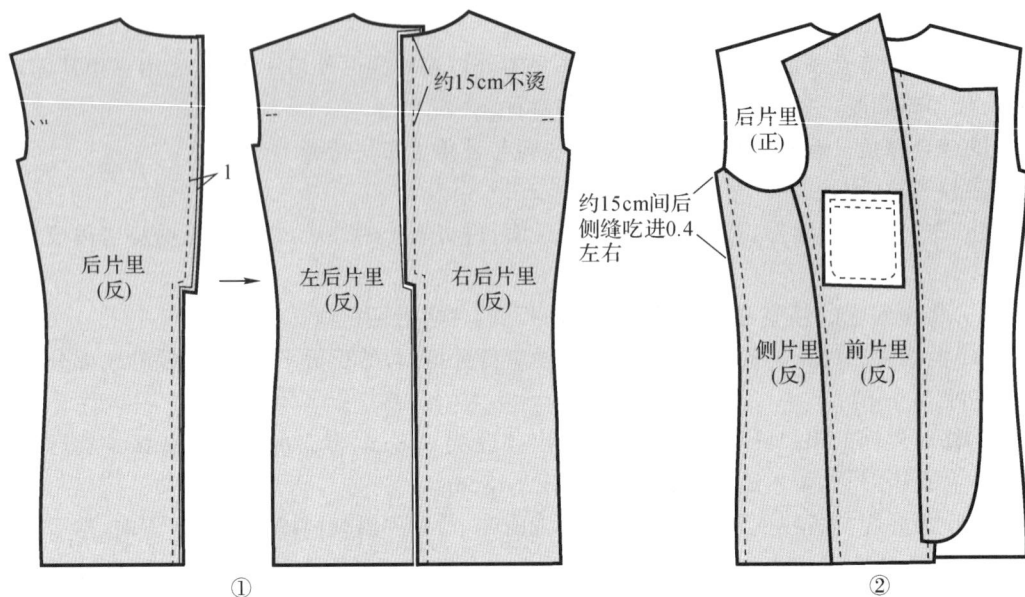

图 5-2-28　缝合里布背缝侧缝

②缝合里布侧缝。将侧片放在后片上，袖窿处至下面约 15cm 间，后片侧缝有 0.4cm 左右的吃势，其余顺着平缝，缝份为 1cm。

③缝合里布肩缝。将前片里布放在后片里布上，领窝处至肩缝约 1/2，有 1cm 左右的吃势。

18. 分烫串口、里布肩缝、烫里布侧缝与肩缝

(1)分烫串口

如图 5-2-29①所示，将衣片的串口放在烫台上，领、驳朝向操作者左手方向，顺着分烫串口缝，烫时需用力归拔 0.2cm，烫至离领、驳角交接点约 2.5cm 处停止不烫。

(2)烫里布肩缝

缝份倒向后片，正面无坐缝。

(3)烫里布侧缝与背缝

将里布反面朝上，里布底边位于操作者右手方向，将侧缝往后片顺着熨烫。然后将背缝倒向操作者方向，从底边烫至距离领圈约 15cm 结束，里布正面有坐缝(见图 5-2-28①)。

19. 缝合领面与衣片里布

如图 5-2-29 所示，将里布放在挂面及领下部上，后领圈朝向操作者右手方向，先缝合里布与挂面及肩头刀眼以前这段。缝合后领圈里布时，注意背缝里布上部有坐缝，坐缝与领中心刀眼对准，背缝折向操作者相反方向。缝合完成后，检验串口处领下部宽窄是否一致。

20. 缝合驳角、领角处串口与领底呢

如图 5-2-30 所示：

①缝合驳角。先对准装领点刀眼，缝合左边驳角，驳角处挂面止口与大身止口并齐，缝合时要求挂面吃进 0.3cm，以便烫出里外匀，缝合到领角处串口处为止，缝份为 0.9cm。

②缝合领角处串口与领底呢。略拔起面子串口缝，将领底呢略进于大身领驳交接点刀眼约 0.1cm 车缝，注意检查驳角的里外匀。然后在装领点、领底呢与领圈缝合止点打剪口。

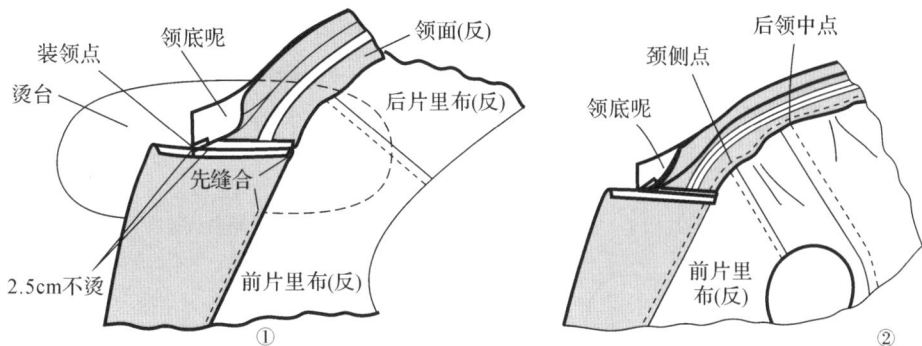

图 5-2-29　缝合领面与衣片里布

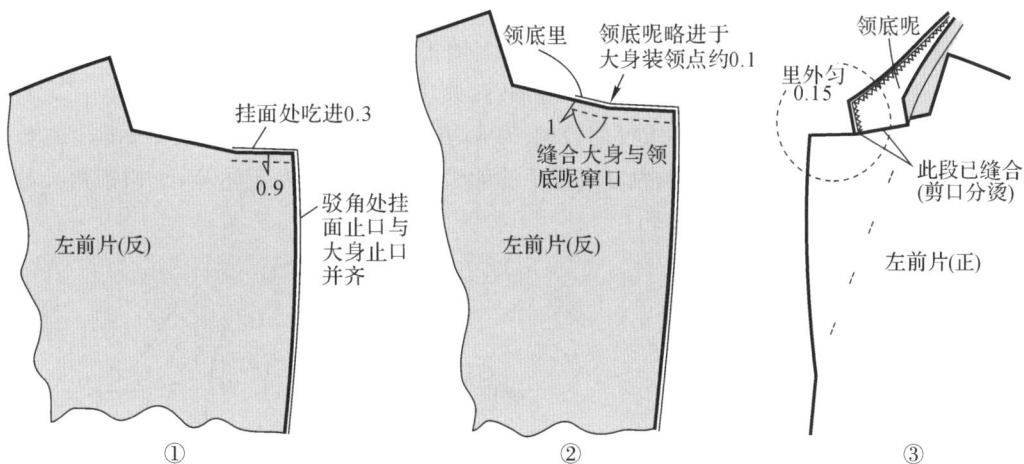

图 5-2-30　驳角、领角处串口与领底呢

③烫驳角及串口领底呢。将驳角翻到正面,大身与领底呢正面朝上,领子朝外放在烫台上,分别放好领角处串口(面子)的缝份及领底呢与大身的缝份,并将领角处已剪口的缝份往下坐倒,同时将领底呢盖在大身领圈上,放好领角处约 0.15cm 的里外匀,放顺驳头及领子势道,烫顺驳角及串口领底呢。

21. 修剪领圈处垫肩、划领圈

(1)修剪领圈处垫肩

垫肩修剪后,垫肩与领圈平齐。

(2)划领圈

将衣片领圈朝向操作者,后片正面朝上,放平后领圈,根据后领圈样板划领圈缝份 1cm。

22. 缝合领圈与领底呢

如图 5-2-31 所示:将衣片正面朝上,领底呢盖过领圈 1cm,领脚方角刚好盖住串口线转角点,领底呢的颈侧点、后中点与衣片的颈侧点、后中点对准,先用手针假缝固定再用三角针固定。要求:肩头至后背中心的领圈内,领底呢吃势约 0.3cm 左右,其余平缝。注意:三角针缝线要盖过原已缝合的领底呢末端约 1cm。

23. 覆挂面

如图 5-2-32 所示:

(1)覆左边挂面时,先用右手捏出驳头上端的吃势量,左手在第一粒扣位处捏住大身和

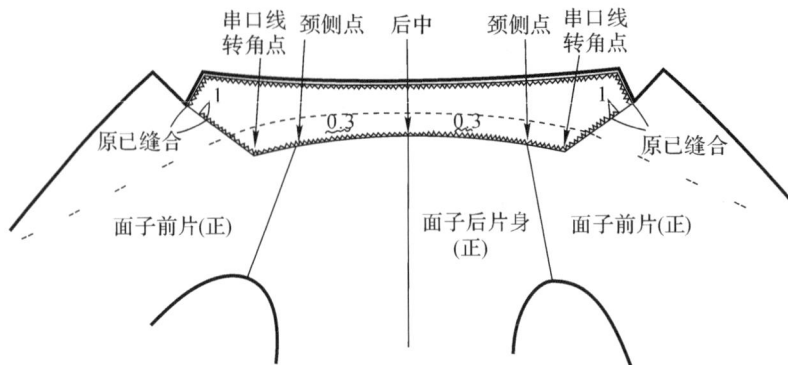

图 5-2-31　缝合领圈与领底尼

挂面,挂面的第一粒扣位处大身止口处平齐,自上而下用笃笃车覆挂面或用手缝针覆挂面。驳角下约 5～6cm 处车第一条固定线或手缝假缝,此段挂面吃势约 0.3～0.4cm。在大身扣眼位处车第二条固定线或手缝假缝,前段略下拉,在第二条固定线往上 4～5cm 内吃势为 0.3cm。在大袋盖 1/2 处车第三条固定线或手缝假缝,第三、四条内无吃势,下摆圆角处挂面向下拉 0.2cm,向内拉 0.3～0.5cm。

(2)同理覆右边挂面。

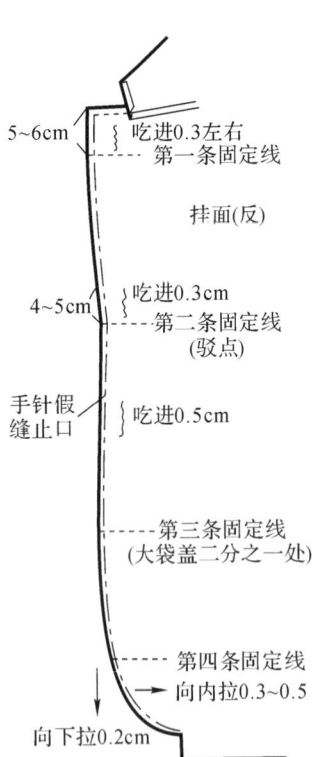

图 5-2-32　覆挂面

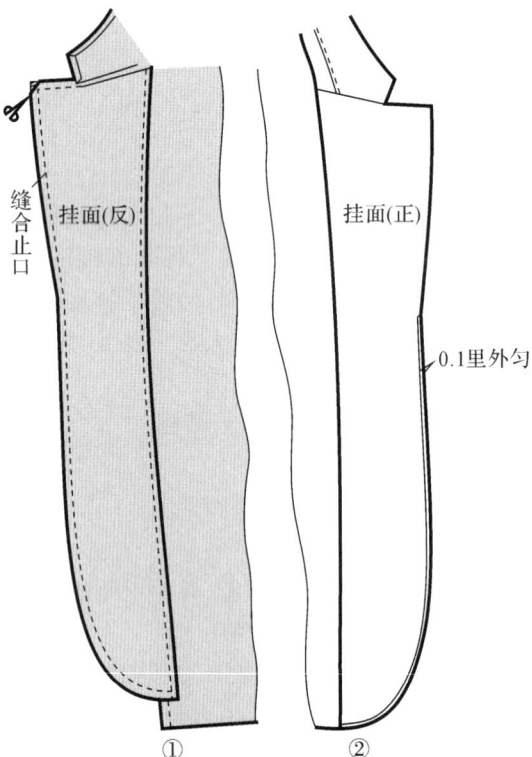

图 5-2-33　做止口

24. 做止口

如图 5-2-33 所示:

(1)划驳角

在大身反面的驳头处,对准装领点划出驳角大小。

(2)缝合止口、修剪缝份

①大身反面朝上,从驳头到下摆圆角按净线车缝,要求缝线顺直见图①。然后拆笃笃车线迹或假缝线迹,再修剪缝份,缝份修剪呈路梯档。大身止口缝份留 0.4cm,挂面止口缝份留 1cm;下摆圆角处,大身止口缝份留 0.3cm,挂面止口缝份留 0.5～0.6cm。最后剪去驳角的三角。

②在离开挂面与里布拼缝处约 1cm 的挂面上粘一条双面胶,长度为里袋口到过串口线 3～4cm 处止。

(3)分烫止口、扣烫下摆

①分烫止口:将左右两边止口分别放在止口分烫模上,顺直分烫。注意:不要将止口拉长、烫还。

②扣烫下摆:按下摆净线进行扣烫。

(4)检查驳角

将驳角翻至正面,检查驳角是否对称,若不对称则加以翻修,使之对称。

(5)止口撩缝

①门襟止口撩缝各分两段,一般次序为:左前身眼位至底边——右前身底边至眼位——左前身眼位至领驳交接点——右前身领驳交接点至眼位。

②撩左前身眼位至底边时,将左前身挂面朝上,从眼位处开始顺直撩至过挂面与里布拼接线约 2cm 处止,注意:平驳领西装下摆圆角以及挂面与贴边交接处要顺着撩。

③撩左前身驳头止口:将大身正面朝上,从扣眼处开始顺直撩至领驳交接点,右前身撩缝原理同左前身。

④要求止口里外匀一致,为 0.1cm,撩缝缝份为 0.3～0.4cm。注意:眼位交接处止口里外匀要到位(见图 5-2-33②)。

25.烫领驳头及挂面

如图 5-2-34 所示,在驳头上部及靠近领角部位,挂面及领面放适当余量,同时检查驳口线末端距眼位固定线是否为 1cm。

26.笃笃车或手针假缝固定挂面及领圈

如图 5-2-35 所示:

①将驳头根据翻驳线折向大身正面,里布面朝上,放平里袋布,用手捏住面布与里布拼缝处底边,并做出下摆圆角处里外匀窝势,从前身底边离上约 5～6cm 处开始固定挂面与大身至里袋口止,笃笃车线迹位于挂面上或在挂面上手针假缝。

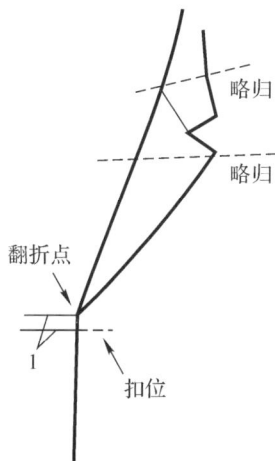

图 5-2-34　烫领驳头及挂面

②向外翻出原折转的领子,里布朝上放平,领角线及翻驳线因烫痕呈自然凸起状,然后对准面、里背缝,从背缝处固定至里袋里,背缝处需倒回针固定。

27.固定前衣身与挂面、领面与领底呢固定

(1)固定前衣身与挂面

将大身面、里反面朝上,从前身底边上约 8cm 处开始撬边,撬至挂面顶端,将挂面缝份与大身撬住,正面不能有针花,不能撬住手巾袋布。

(2)领面与领底呢固定

将领子面布朝上,在上下领的分割线下端车缝固定领面与领底呢(见图 5-2-36)。

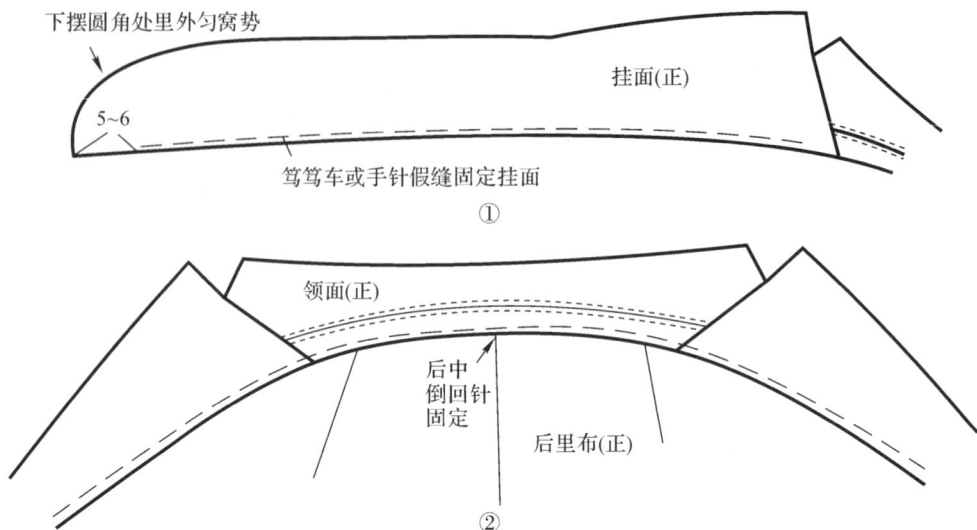

图 5-2-35　笃笃车或手针假缝固定挂面及领圈

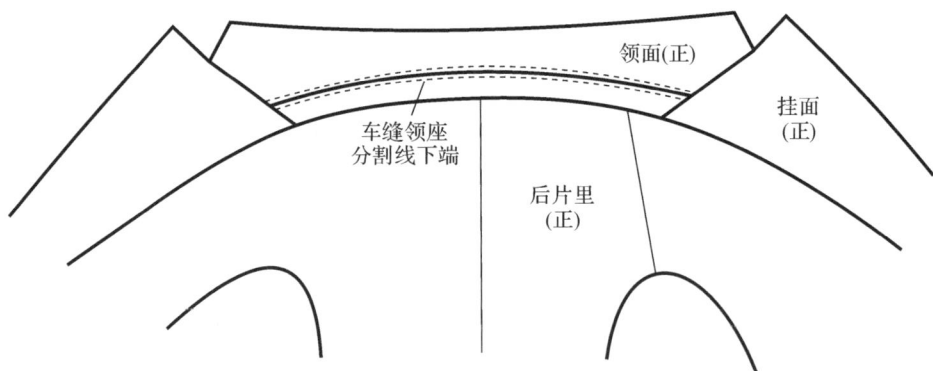

图 5-2-36　领面与领底呢车缝固定

28. 缝合并固定面、里布底摆

如图 5-2-37 所示：

（1）缝合面、里布底摆

将衣服翻到反面，面布放在里布上，缝合底边，要求面里的腋下缝、侧缝、背缝的缝份对准。

（2）固定面、里布底摆

将衣服翻到正面，里布正面朝上，底边朝向操作者右手方向，再根据下摆贴边折痕，折转贴边，拔起里布坐缝，并同时用两手握住缝子的两边，将贴边缝子与面子的缝子对准，离里布约 0.1cm，依次在贴边的腋下缝、侧缝、背缝处打小虫固定贴边，要求正面无针花，里布的坐缝要盖过小虫位置。

29. 做袖子

（1）袖子面布缝制（如图 5-2-38 所示）

①大袖袖衩锁眼，拔内袖缝。先将大袖袖衩锁眼四个，眼位见图示。然后在大袖的袖肘位置拔开内袖缝，使之成自然弯曲状。最后将大小袖口贴边按线钉位置扣烫。

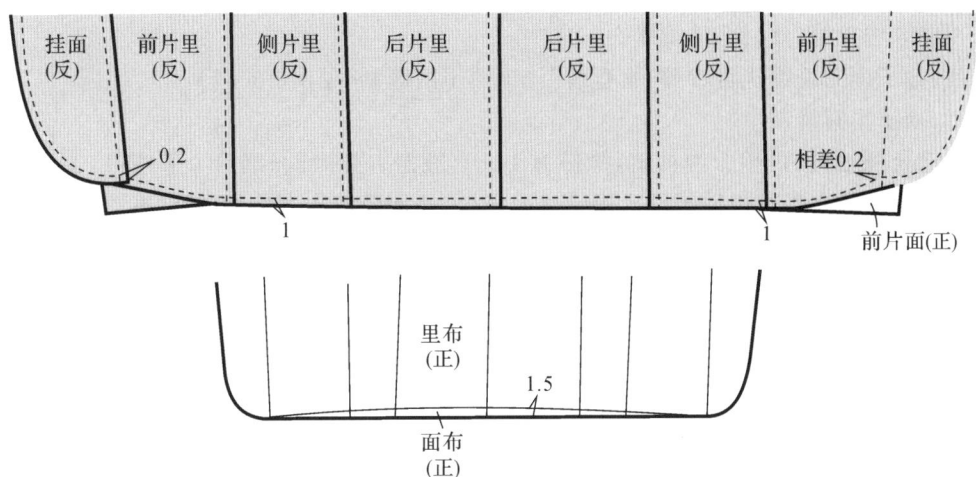

挂面
(反)　前片里
(反)　侧片里
(反)　后片里
(反)　后片里
(反)　侧片里
(反)　前片里
(反)　挂面
(反)

0.2

相差0.2

1

1

前片面(正)

里布
(正)

1.5

面布
(正)

图 5-2-37　缝合面、里布底摆

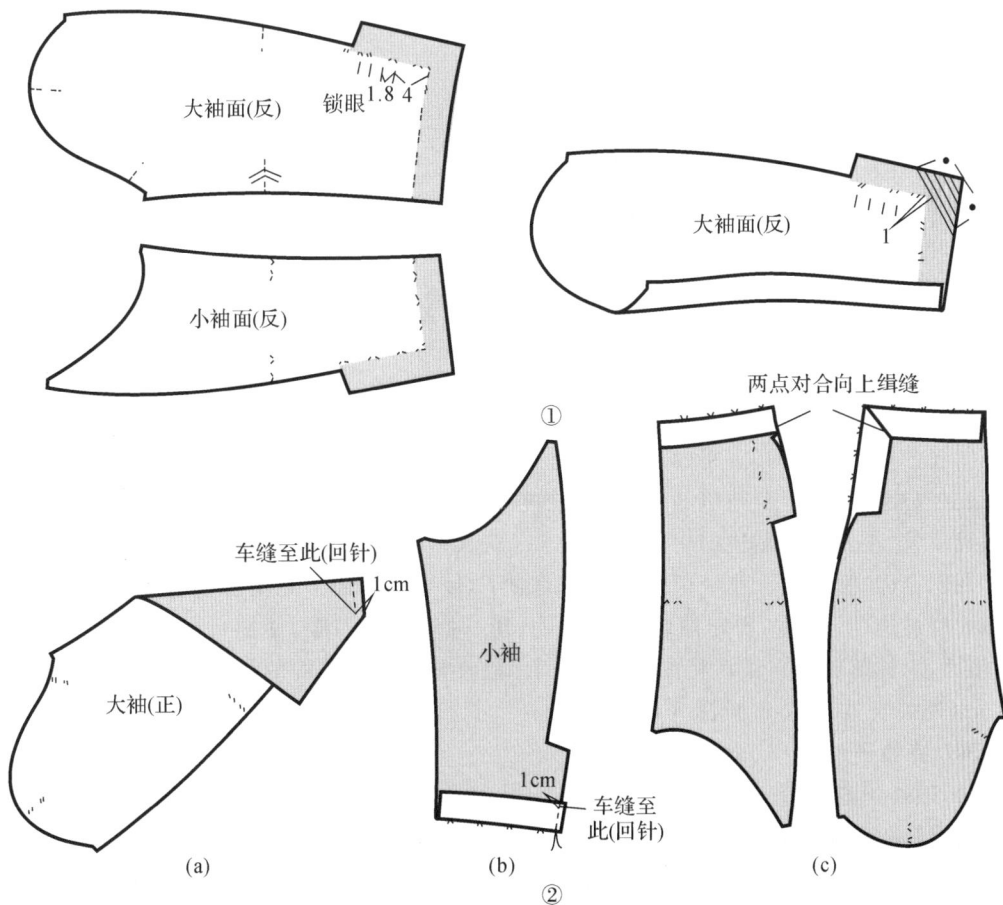

大袖面(反)　锁眼

1.8 4

小袖面(反)

大袖面(反)

1

两点对合向上缉缝

车缝至此(回针)

1cm

大袖(正)

小袖

1cm

车缝至此(回针)

(a)　　　　　　(b)　　　　　　(c)

①

②

图 5-2-38　做袖子

②做袖衩。先缝合大袖衩三角到距边 1cm 回针固定(见图(a));小袖衩按线钉位反折
车缝距边 1cm 回针固定(见图(b))。然后把袖口贴边翻到正面,按线钉扣烫(见图(c))。

③缝合外袖缝及内袖缝。先缝合外袖缝及袖衩,将小袖衩转角处的缝份剪口,分缝烫平。再缝合内袖缝,然后分缝烫平。

注:袖子面布缝制也可参照"女套装"——袖子的缝制(见图5-6-17)。

(2)袖子里布缝制

先缝合外袖缝,再缝合内袖缝,缝份为1cm。注意:内袖缝只缝合上下两段,上为6cm,下为14cm,中间空当留作袖子翻出用。然后将内、外袖缝份往大袖片烫倒(见图5-2-39)。

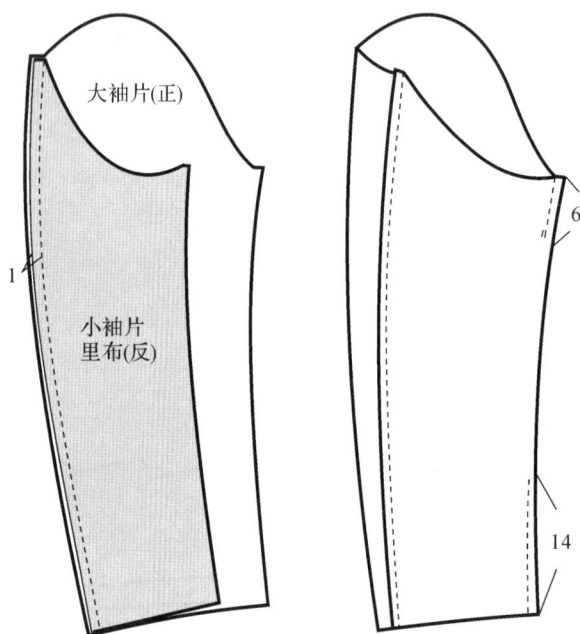

图5-2-39　袖子里布缝制　　　　图5-2-40　缝合袖子面、里布贴边

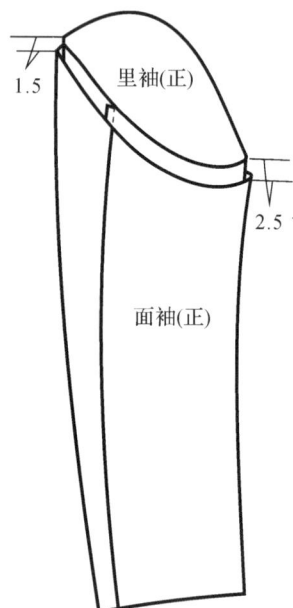

(3)缝合袖口面、里布,固定面、里袖缝(如图5-2-40所示)

①缝合袖口面、里布。将面、里袖口正面相对,并使袖面子位于袖里子上,对准袖子内袖缝,并从内袖缝开始缝合袖口面、里布,在袖衩位大、小袖片贴边要并齐,用回针固定,同时在内袖缝及大、小片袖口贴边的中间分别缝入一块长×宽为2cm×1.5cm的双面胶。

②固定面、里袖缝。拿一只反面朝外的袖子,使小袖片面子与里子相对,根据袖口烫痕,捏准袖口贴边(4cm)宽,折转袖口并对准(面、里)袖缝上的刀眼,使袖口里布有0.5cm的坐缝,将面、里袖缝缝合。最后将袖子翻至正面,检查袖里长出袖面的长度是否标准,内袖长出2.5cm,外袖长处1.5cm(见图5-2-40)。

30. 绱袖子

(1)抽袖山吃势量(如图5-2-41所示)

用手针收缩袖山弧线吃量或用斜丝布条收拢吃势,手缝针迹要小、紧密、均匀,要求在袖山净线以外0.3cm左右,然后在专用圆形烫凳上用蒸汽熨斗将袖山头烫圆顺定型。

(2)绱袖(如图5-2-42所示)

先绱左袖,从大身袖窿侧片靠侧缝的刀眼处开始绱袖,将对应的袖子刀眼与此刀眼对准,绱袖次序为:刀眼——后袖窿——肩头——前袖窿——刀眼。要求:袖子的袖山点对准衣片的肩点,袖子的外缝线对准后衣片的刀眼。

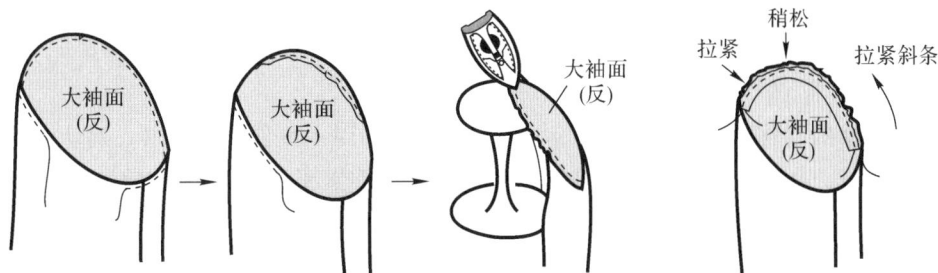

图 5-2-41　收袖山吃势量

绱右袖的方法同绱左袖,次序相反,即刀眼——前袖窿——肩头——后袖窿——刀眼。

绱袖时,也可先用手针假缝,调整好袖子的位置后再车缝,缝份为1cm。要求:缝份顺直、袖子前登、后圆。

（3）分烫袖山头缝分

①先将衣服里子朝外,袖窿朝向操作者方向,将袖山头及肩头部位放在袖山分烫模子上。

②向外翻起袖山处垫肩,根据刀眼分烫袖山缝份,前肩分缝刀眼位于前身胸衬缺口处,后身分缝刀眼离肩缝约6.5cm。

要求:袖山头分缝顺直,肩缝与绱袖线的交叉点不能被拉向肩缝方向,不能将缝份拉长或拉还。

③轧袖窿(此步骤需用专用的袖窿模子及专用设备)将袖窿处大身里布退下,大身面子反面与袖窿模子贴住,袖面子反面朝上,然后将袖子袖窿放平,烫服,轧烫绱袖各部分(除以分烫袖山外)。将绱袖处各部位轧圆。一只袖子一般需分4次轧。完成后需检查各部位是否已轧顺。

31. 固定垫肩、缝弹袖棉

（1）笃笃车固定袖窿处垫肩或手针假缝固定垫肩(如图5-2-43所示)

①衣服大身正面朝上,领子朝外,袖子朝操作者方向,撩起袖窿处里布,将肩头及袖窿放在专用的圆柱状模子上,两手在模子两边固定袖窿处面子与垫肩,以便做出里外匀;

②从肩缝约9cm的前袖窿处开始沿袖窿势道,顺着固

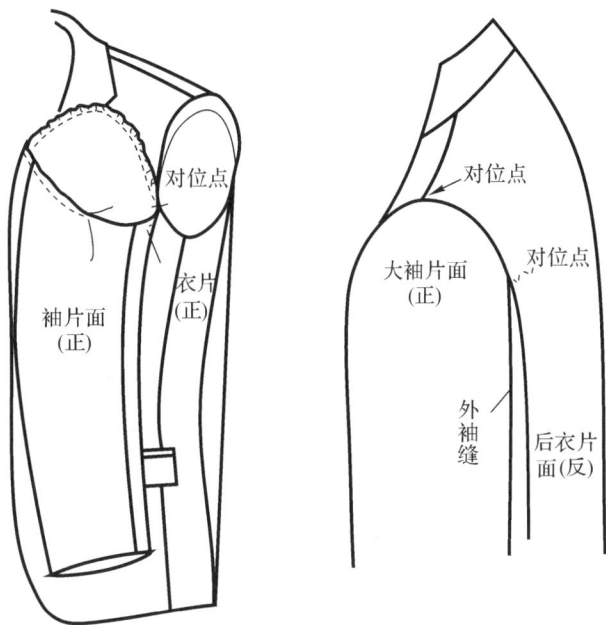

图 5-2-42

图 5-2-43　固定袖窿处垫肩

定至后袖窿外袖缝处的垫肩止点结束。

注意:垫肩固定后袖缝不能后甩。

(2)缝弹袖棉

①弹袖棉的制作(如图 5-2-44 所示)。先将弹袖棉用一块斜纱布包转。将大小 2 块 D 形黑炭衬按图①叠好缝合。然后将已纱布包转的弹袖棉置于两块 D 形黑炭衬上,并与小 D 形黑炭衬的刀眼对准,然后在棉条下面,如图②距棉条末端约进 0.5cm 处缝一块小 D 形黑炭衬,最后将一对缝合完成的弹袖衬检验一下,是否对称。小 D 形黑炭衬在棉条两侧,大小相同,丝缕相反。

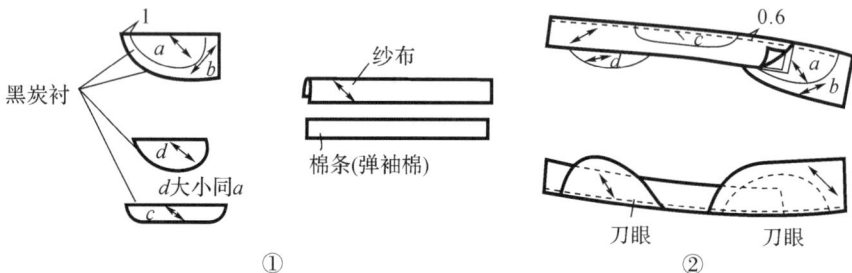

图 5-2-44 弹棉袖的制作

②缝合弹袖棉将袖面子反面朝上置于车台上,两块 D 形黑炭衬面粘住袖子反面,有两块 D 形黑炭衬重叠这端位于前袖窿处。缝右袖弹袖衬时,将两块 D 形衬重叠这端弹衬置于右袖子刀眼下 1cm 处开始缝合,至后袖窿约侧缝处止,弹袖衬与面子边缘并齐,前、后袖窿处弹袖衬略有吃势,袖山头及后袖窿平缝,缝头 0.85cm。缝左袖弹袖衬时,要在右袖窿弹袖衬的终止点的对应位置放入弹袖衬,缝合要求与右袖弹袖衬一致。缝完后检查一下,缝弹袖衬的线迹是否比原绱袖线进 0.15cm。

32. 袖窿里布定位、缝合袖里布与袖窿

(1)袖窿里布定位

夹里面朝外,将袖窿套于车位上,左袖从侧缝处开始定位,经前袖窿、后袖窿到侧缝止,右袖从侧缝处开始定位,经后袖窿、前袖窿到侧缝止。将面、里缝对准,将侧缝上端袖窿处里布与面并齐,并使里布在侧缝处留有适当松度,在定至肩头时,里布放适量吃势,在胸位横向里布有适当的余量约 0.3~0.4cm,定位后要求袖窿里布丝缕顺着,缝头要求在 0.5cm 以内,定位线迹不能超过绱袖线。

(2)缝合袖里布与袖窿

先将袖子翻至袖里朝外,手从里布内袖缝的空档处穿进,捏准面、里内袖缝,然后以 1cm 的缝头开始缝合。要求:缝线不能超过原绱袖线,里布绱袖,前后圆顺,丝缕顺直。

(3)缝合里袖空当

将缝合完成的袖子翻至袖里朝外,根据袖里原缝份大小,将内袖空当处的缝头向里折转,并齐上下缝份的止口,以 0.1cm 缝份缝合空当处的里布,起始与结束需打倒回针固定。最后将完成后的袖子翻至正面。

33. 划眼位、钉扣

(1)如图 5-2-45 所示,划左驳头插花眼:将大身正面朝上,插花眼样板置于左驳角的反面,样板根据驳角势道放置,然后划出——眼位,眼位距止口分别为 1.5cm 与 3cm。划大身眼位:将左大身夹里朝上,大身眼位样板置于眼位处的挂面上,将样板缺口处与衣服正面的眼位线对准,根据衣服规格选择样板上的眼档位置,分别划出各粒扣眼的位置。划好后需自检。

(2)按照扣眼位置用圆头锁眼机进行锁扣眼,在右门襟的对位位置钉上大纽扣。

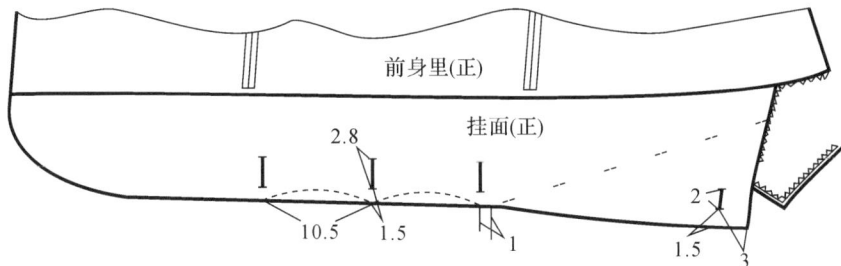

图 5-2-45　划眼位

34. 整烫

拆除掉所有制作过程中的笃笃车线或假缝线,将西服置于整烫机专用凸起的馒头状架上,按胸部造型进行塑型压烫,按顺序再烫肩头部位、前底摆,然后熨烫后背部位。熨烫至袖窿部位时要沿袖窿缝压烫,切忌压烫到袖山包及袖子缝上,要使袖子保持自然丰满状态。最后可将西服置于立体整烫机上进行立体整烫处理。

八、缝制质量要求及评分要求(总分 100 分)

(1)领型、驳头、串口均要求对称,并且平服、顺直,领翘适宜,领口不倒吐。(20 分)

(2)两袖山圆顺,吃势均匀,前后适宜。两袖长短一致,袖口大小一致,袖开衩倒向正确、大小一致,袖口扣位左右一致。(20 分)

(3)各省缝、省尖、侧缝、袖缝、背缝、肩缝直顺、平服。(10 分)

(4)左右门襟长短一致,下摆圆角左右对称、圆顺,扣位高低对齐。(10 分)

(5)胸部丰满、挺括,表、里袋位正确,袋盖窝势适宜,嵌线端正、平服。(10 分)

(6)里子、挂面及各部位松紧适宜平顺(10 分)。

(7)各部位熨烫平服,无亮光、水花、烫迹、折痕,无油污、水渍,表里无线钉、线头(10 分)。

(8)规格尺寸符合设计要求(10 分)。

思考与训练

1. 此款男西装的领子制作与女套装的领子制作有什么区别?

2. 说说此款男西装口袋缝制要点。袋盖缝制有什么要求?请写出手巾袋的缝制步骤及要点。

3. 打线钉的作用是什么?

4. 此款男西装的绱袖与女套装的绱袖有什么不同?

5. 缝制、固定弹袖棉有什么要求?

6. 简述覆胸衬的步骤及要点。

第三节　男马夹

一、外形概述、用料要求

图 5-3-1 所示的男马夹前门襟 V 字领,单排 5 粒扣,前下摆尖角,四开袋,前身收省,摆缝开短衩。后身做背缝,收腰省,束腰带。前身表面同西服面料,后背表、里均用西服里料制作。

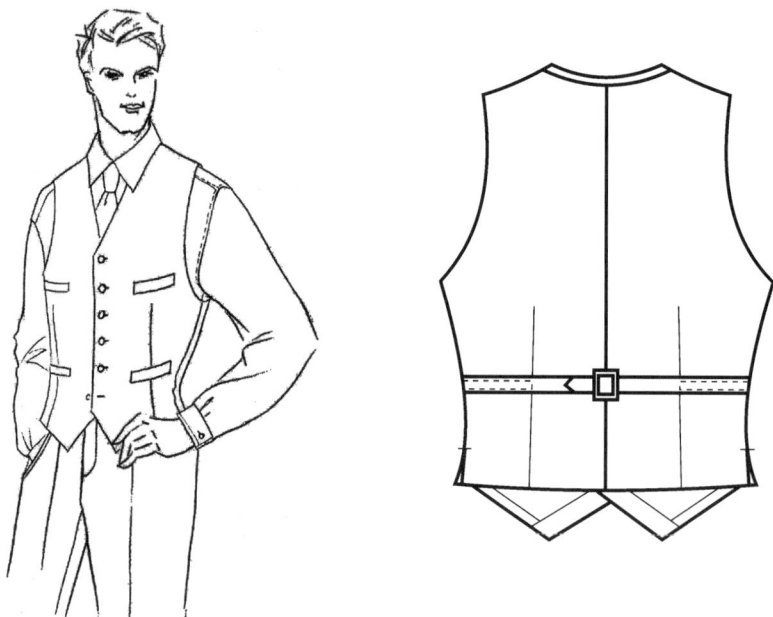

图 5-3-1　男马夹外形

在用料选择时,面料可使用一般毛料、棉、麻、化纤等织物。里料一般选用涤丝纺、尼丝纺等织物。

款式组合图见图 5-3-2。其中①是表面组合图,②是里面组合图。

二、成品规格

1. 成品号型规格(见 5-15)

表 5-15　　　　　　　　　　　　　　　　　　　　　　　　(单位:cm)

名称	号/型	后衣长	胸围(B)	肩宽
规格	175/90	52	90 净+4(放松量)	33

① 表面组合图

② 里组合图

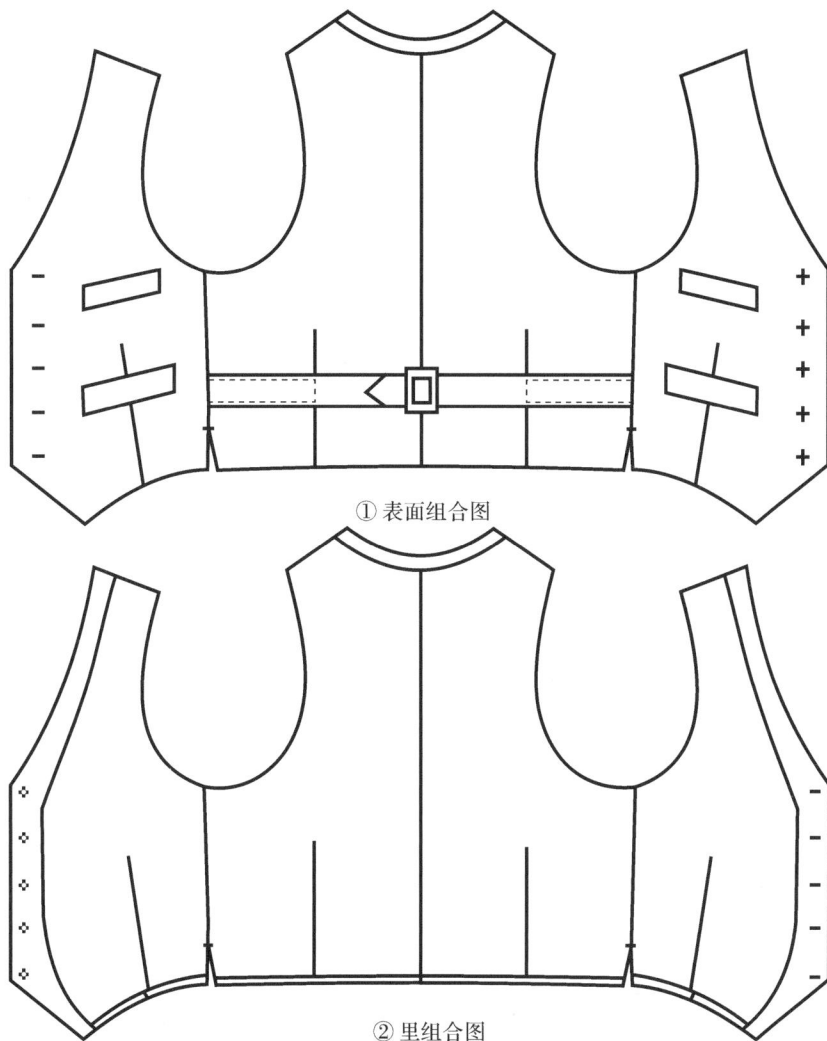

图 5-3-2 男马夹款式组合图

2. 细部规格(见表 5-16)

表 5-16 (单位:cm)

部位	手巾袋大	手巾袋口宽	大袋大	大袋口宽	开衩长
规格	8	2	12	2.5	3

三、款式结构图

款式结构图见图 5-3-3:

(1)前片、后片、挂面见图①;

(2)有纺衬:前身衬、袋口衬、挂面见图②。

(3)袋布:大小袋布见图③。

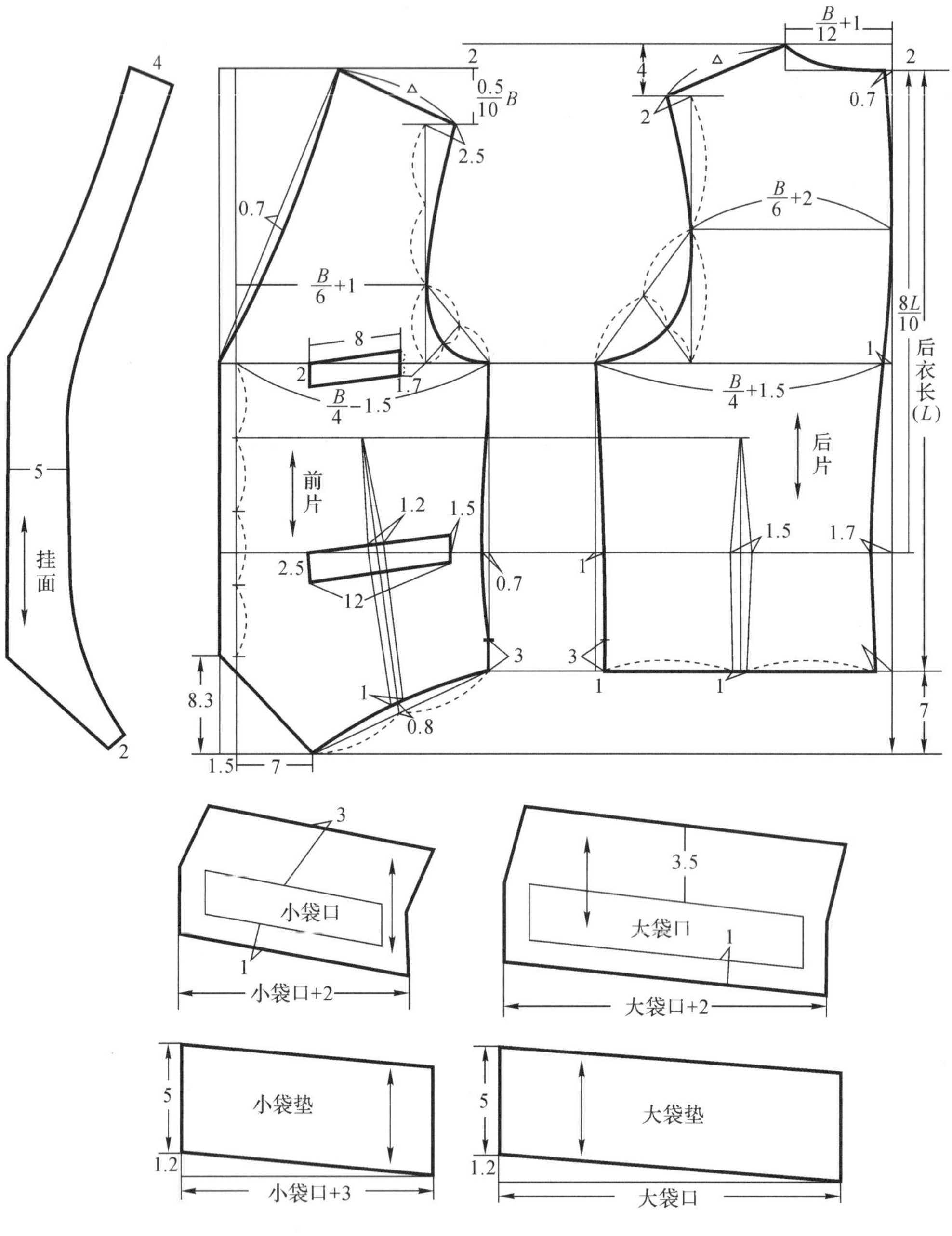

① 款式结构图及部件

图 5-3-3(一)

四、裁片数量及辅料要求

1. 面料裁片数量(见表 5-17)

表 5-17   (单位:片)

名称	前片	挂面	小袋口布	大袋口布	手巾袋垫	大袋垫	后领圈
数量	2	2	2	2	2	2	1

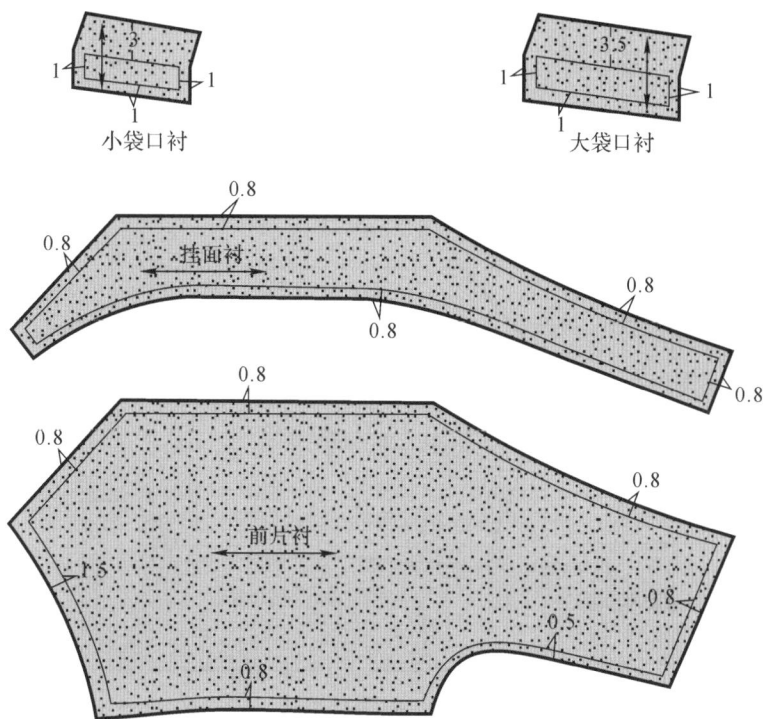

② 粘衬部位图

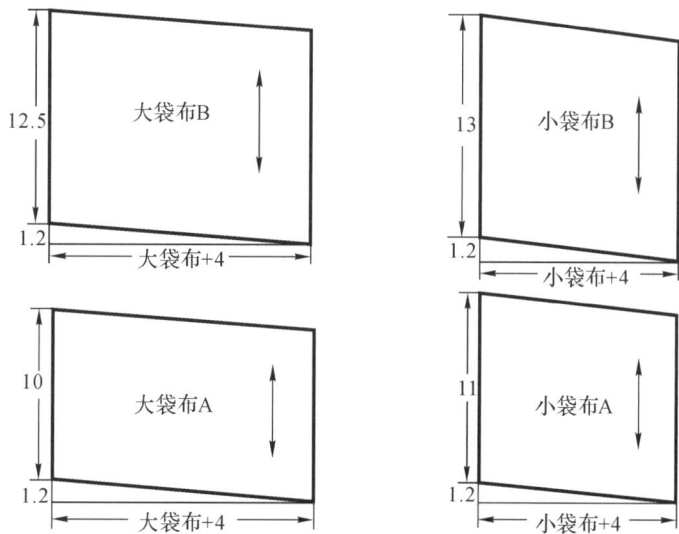

③ 袋布裁剪图

图 5-3-3(二)

2. 里料裁片数量(见表 5-18)

表 5-18 　　　　　　　　　　　　　　　　　　　　　　　(单位:片)

名称	前片	后片	腰带
数量	2	4	2

3. 有纺粘衬裁片数量

（见表5-19）

表 5-19
（单位：片）

名称	前片	大袋口	小袋口	挂面
数量	2	2	2	2

4. 其他辅料（见表 5-20）

表 5-20

名称	袋布	配色线	纽扣	腰带扣
数量	50cm	2个	5粒	1副

五、放缝图、排料图

1. 放缝图

放缝图见图5-3-4。

（1）面：前片、挂面、后领圈（见图①）。

（2）里：前、后片、腰带（见图②）。

2. 排料图

排料图见图5-3-5。

（1）面：见图①。

（2）里：见图②。

（3）衬：见图③。

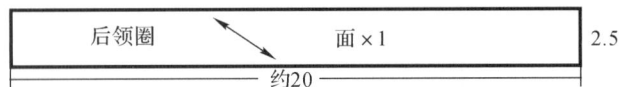
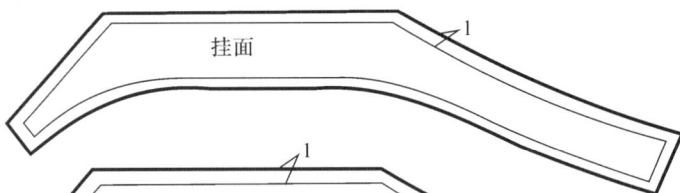
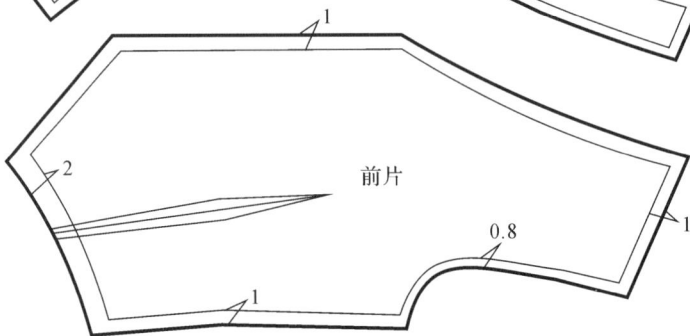

① 面料放缝图

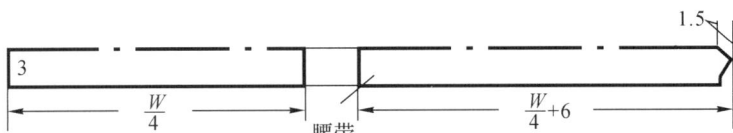
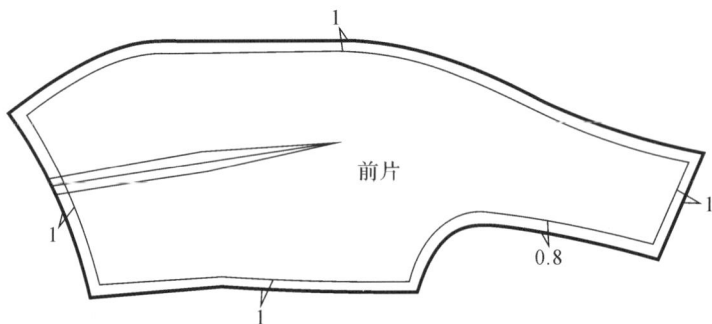
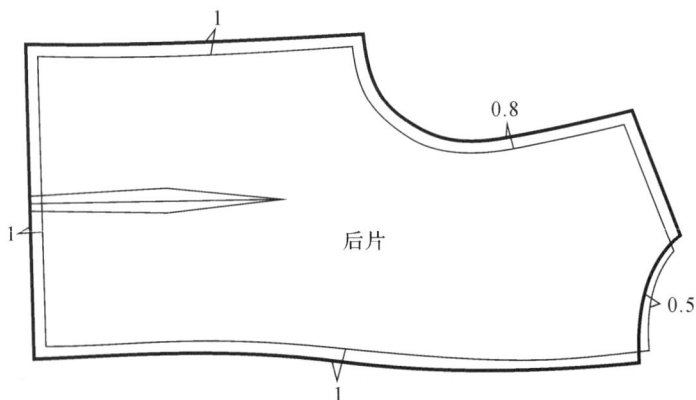

② 里子放缝图

图 5-3-4（二）

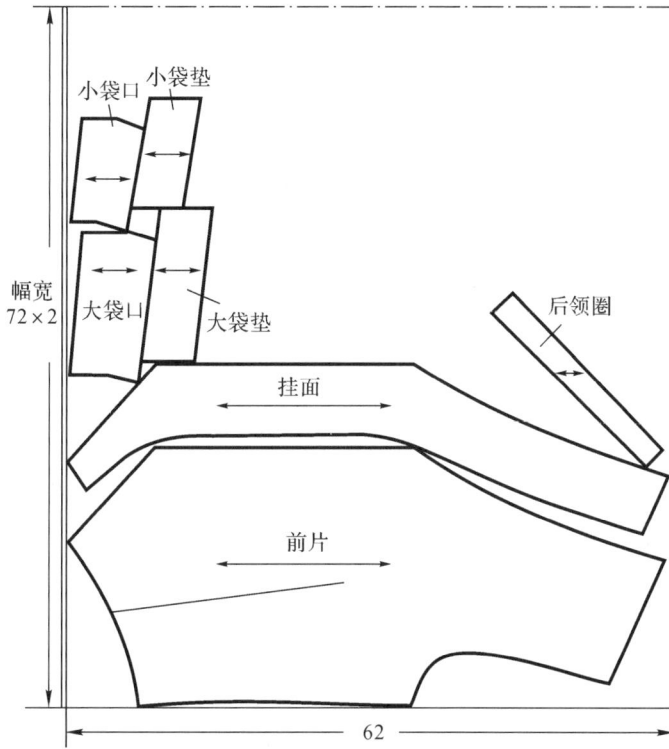

① 面子排料图

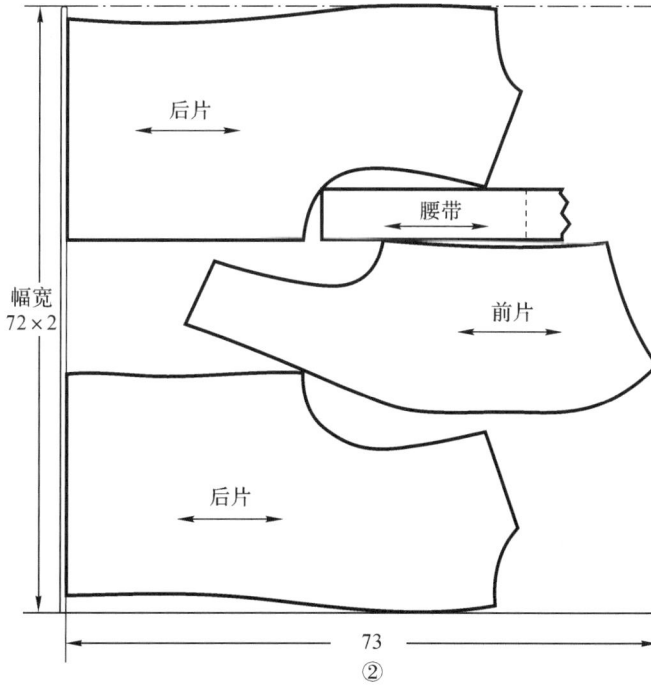

② 里子排料图

图 5-3-5(一)

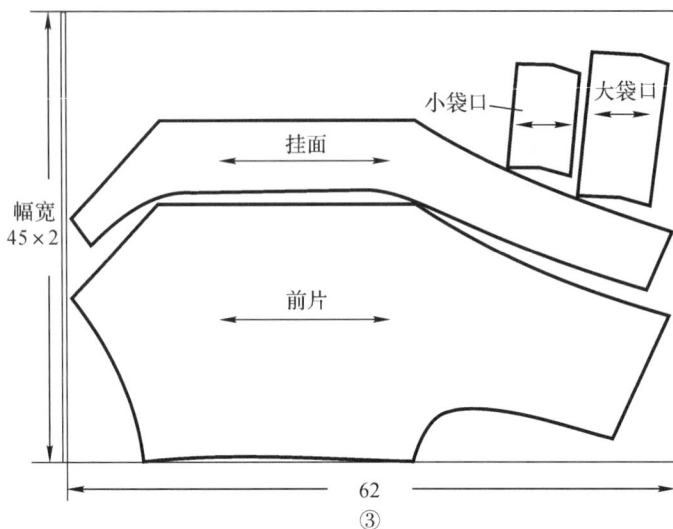

小袋口　大袋口

挂面

幅宽
45×2

前片

62

③

③　里子排料图

图 5-3-5(二)

六、缝制工艺流程

男马夹的缝制工艺流程如下：

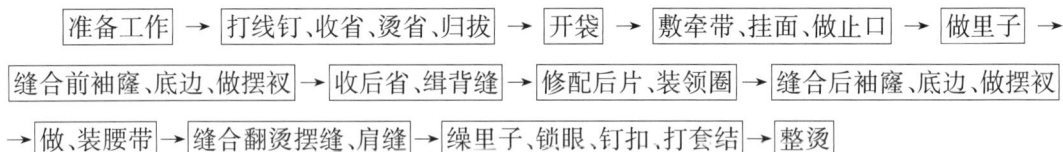

准备工作 → 打线钉、收省、烫省、归拔 → 开袋 → 敷牵带、挂面、做止口 → 做里子 → 缝合前袖窿、底边、做摆衩 → 收后省、缉背缝 → 修配后片、装领圈 → 缝合后袖窿、底边、做摆衩 → 做、装腰带 → 缝合翻烫摆缝、肩缝 → 缲里子、锁眼、钉扣、打套结 → 整烫

七、具体缝制工艺步骤及要求

1. 准备工作

(1)在缝制前需选用与面料相适应的针号和线,调整底、面线松紧度及线迹密度。

针号:80/12～90/14 号。

用线与线迹密度:明线 14～16 针/3cm,底、面线均用配色涤纶线;暗线 13～15 针/3cm,底、面线均用配色涤纶线。

(2)烫有纺粘衬

前衣片,挂面,大、小袋口,用熨斗烫上定位,再经粘合机粘合定型。注意:调到适当的温度、时间、压力,以保证粘合均匀、牢固。

2. 打线钉、收省、烫省、归拔

如图 5-3-6 所示:

①打线钉。线钉部位为领口弧线、止口线、底边线、眼位线、袋口线、腰节线、省位线、袋口线、眼位线。

②收省。先按照省缝线钉,沿省中剪开省缝至省尖下 4cm 处,然后按照省缝线钉车省,要求上下层松紧一致,缉线要顺直,省尖留线头打结。

③烫省、归拔。分烫省缝时,缝头下垫长烫凳,为防止省尖烫倒,可将手缝针插入省尖,

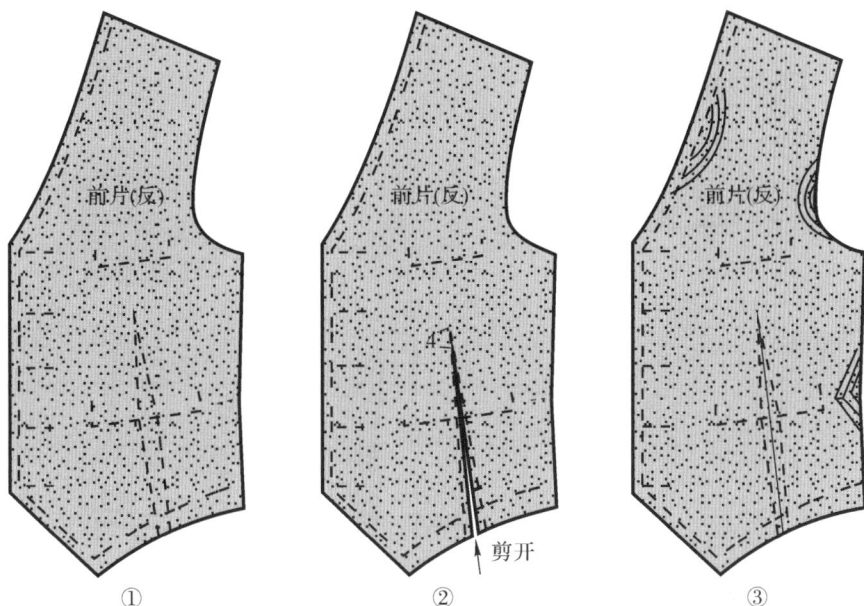

图 5-3-6　打线钉、收省、烫省、归拔

把省尖烫正、烫实。前胸丝缕归正,领口处适当归拢。将摆缝朝自身一侧放平,肩头拔宽,袖窿处归进,横直丝归正,省缝后侧腰节处适当拔开。

3. 挖袋 (图 5-3-7)(大小袋口方法相同)

如图 5-3-7 所示:

①画袋位、扣烫袋口布。根据线钉在衣片正面画出袋位。然后将烫好粘衬的袋口布用袋口净样板扣烫。

②车缝袋口、装袋布。按缝份车缝袋口布与袋布 A。将袋垫布放在袋布 B 的相应位置上,然后用扣压缝的方法车缝固定。袋口布与衣片正面相对,按线钉袋位线车缝,将袋口装上,两端回针固定。离袋口线 1.2cm 平行车缝,将袋垫装上。注意两端缝线比袋口线缩进0.2cm,并回针固定。

③剪袋口。在两缝线中间剪开,两端剪成" Y"形,注意不要剪断线迹。

④分别将袋口布缝份、袋垫缝份分开烫平,翻进、摆正袋布 A,与袋口布缝份重叠烫平,在原缝线处再车一道,将袋布 A 一起缉住。

⑤在袋垫缝正面上下分别压 0.1cm 止口。注意:袋布 B 一起压住。

⑥缝合袋布。沿袋布边缘缝份双线缝合袋布。

⑦封袋口。袋口两侧距边缘 0.15cm 处车缝固定袋口。注意袋口丝缕顺直、袋角方正,起止点回针打牢。

注意:大小袋口方法相同。

4. 敷牵带、挂面、做止口

如图 5-3-8 所示:

(1)敷牵带

从领口下 2cm 开始,经门襟止口、下摆,一直到摆缝衩口上 3cm 处止敷牵带。可采用1.2cm 宽斜料粘合牵条,沿净缝线内侧 0.1cm 粘烫。注意:领口处、门襟下角处稍紧,门里

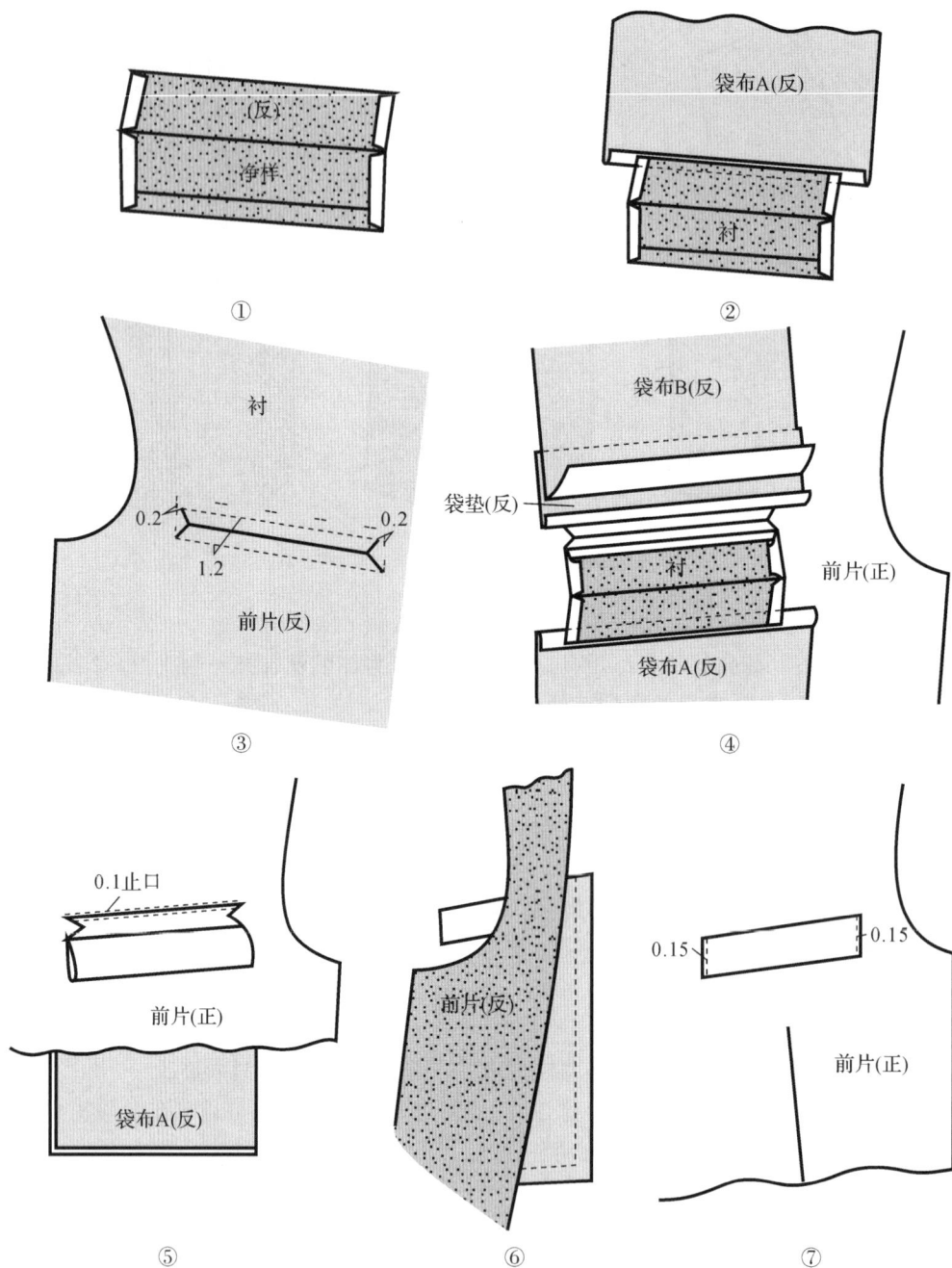

①

②

③

④

⑤

⑥

⑦

图 5-3-7　挖袋

襟止口、底边平敷。敷袖窿牵带时,可在牵带内侧打上几个眼刀,并且略微拉紧。

(2)覆挂面

大身在上,挂面在下,正面相合,用手工长绗针,从领口处起针,上段平覆,中段略松,转弯到下口挂面稍紧。

(3)缝合止口

将覆好的挂面吃势定位,沿粘合牵带外侧 0.1cm 门、里襟净线车缝止口。缝线要顺直,

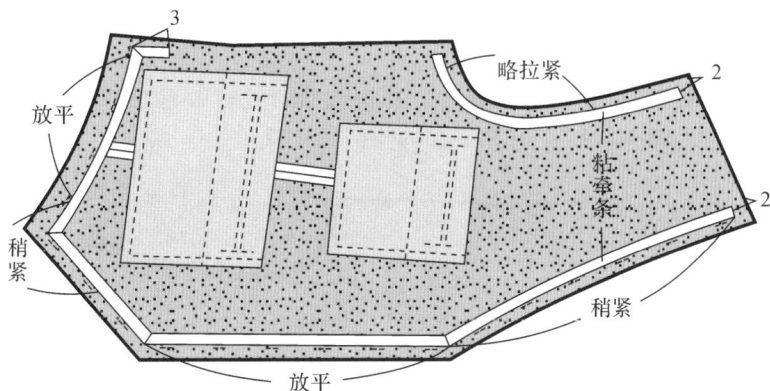

图 5-3-8　敷牵带

吃势不能移动。

（4）翻烫止口

大身留缝头 0.8cm，挂面留缝头 0.4cm，修好止口缝头，并将缝头朝大身一侧扣转、烫平服，然后将止口翻出，按里外匀坐势将止口烫平、烫实。底边也按线钉扣烫好。

5. 做里子

如图 5-3-9 所示：

①前片里子按大小收省，要求上下层松紧一致，缉线要顺直。省缝向侧缝烫倒。

②前片里子与挂面缝合，缝份朝侧缝烫倒。前片面在上，里子放平，修前里子。里子肩宽至后袖窿比面子修窄 0.3cm。侧缝处按照前身面子放 0.3cm，底摆处比面子放长 1cm。

6. 缝合前袖窿、底边、做摆衩

（1）缝合袖窿、底边

前片面里正面相对，按 0.7cm 缝份缝合袖窿，1cm 缝合底边。然后在袖窿凹势处打几个刀眼，将缝头朝大身一边扣倒，翻出止口，让袖窿里子坐进 0.2cm，底边里子坐进 0.5cm

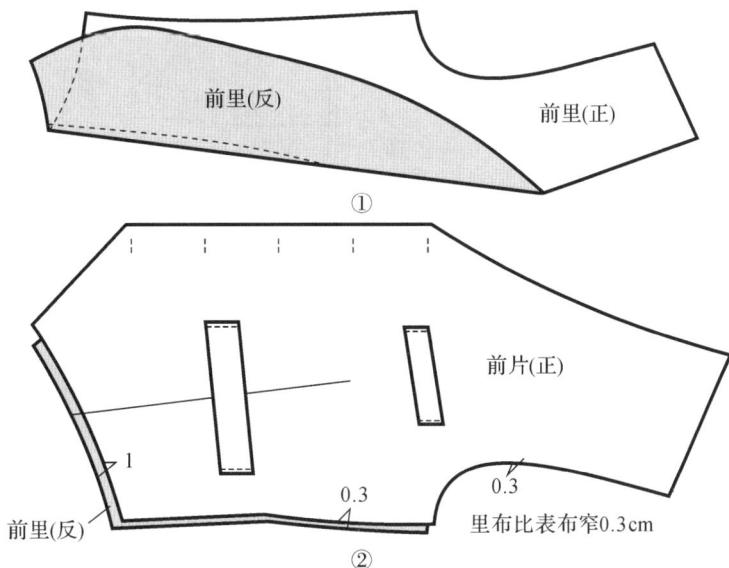

图 5-3-9　做里子

烫好。

（2）做摆衩

前片面里正面相对,在摆缝下端净缝向上 3cm 线钉处打眼刀,眼刀深 0.8cm,并将开衩缝合翻转烫平。左右两个摆衩长短应一致(见图 5-3-10)。

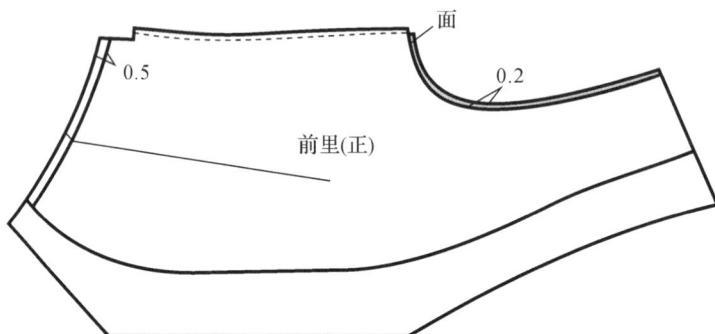

图 5-3-10　缝合前片袖窿、底边

7. 收后省、缉背缝

（1）收省

按照线钉收省,省缝中腰单边 0.9cm,下口单边 0.7cm,上口省尖要缉得尖。后片面子省缝头向两侧坐倒,里子省缝头向中间坐倒。

（2）缉背缝、收省

背缝由上往下缉,应上下松紧一致,缝头为 0.8cm。面、里背缝也交错坐倒,以便不使内外缝重叠而产生厚感(见图 5-3-11)。

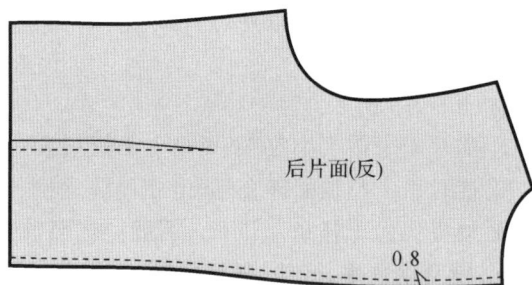

图 5-3-11　收省、缉背缝

8. 修配后片、装领圈

（1）修配后片

后片里子长度比后片面子短 0.6cm,后片里子肩宽至后袖窿修窄 0.3cm(见图 5-3-12)。

（2）装后领圈

在后领圈反面烫上无纺粘合衬,按照后领圈弧长两端各放 0.8cm 缝头剪准,对折并烫成弯形,再分别与衣片后领口面、里拼接,缝头朝大身烫倒。

9. 缝合后袖窿、底边、做摆衩

（1）缝合后袖窿、底边

后背面和里正面相对,以0.7cm

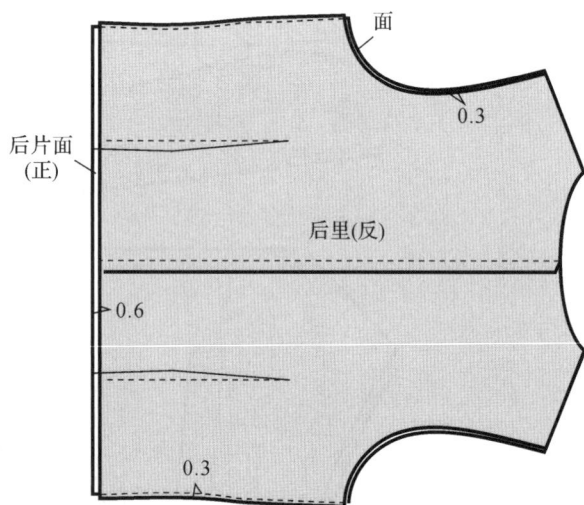

图 5-3-12　修配后片

缝头将后背面、里的袖窿、底边(中间留 10cm 左右开口)、缝合。然后在袖窿凹势处打几个刀眼,将缝头向后背里扣烫,翻出止口,让袖窿里子坐进 0.2cm、底边里子坐进 0.3cm,将止口烫好。

（2）做摆衩

后背面和里正面相对,在摆缝下端净缝向上 3cm 线钉处打眼刀,眼刀深 0.8cm,并将开衩缝合翻转烫平。左右两个摆衩长短应一致（见图 5-3-13）。

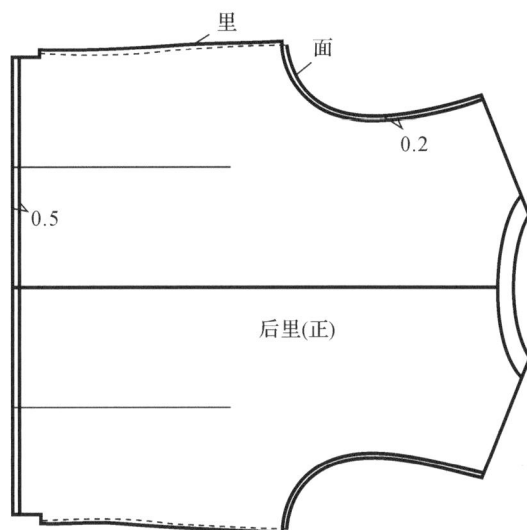

图 5-3-13　缝合后片袖窿、底边

10. 做、装腰带

如图 5-3-14 所示:

①做腰带。腰带有长短 2 根。按净样划准腰带宽度和长度,车缝后,分缝翻出烫平。长腰带一端做成宝剑头,短腰带一端装上扣襻。

②装腰带。以 0.8cm 缝份分别将长腰带装在右后背正面腰节居中摆缝处、短腰带装在

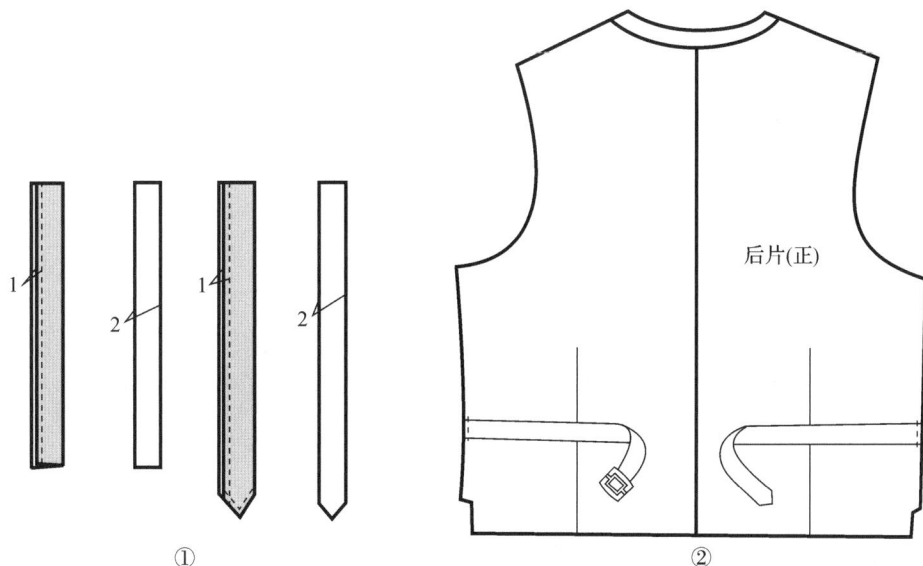

图 5-3-14　做、装腰带

左后背正面腰节居中摆缝处。

11. 缝合翻烫摆缝、肩缝

如图 5-3-15 所示：

(1)缝合摆缝

将前衣片夹入后背面、里中间,前后衣片 4 层摆缝对齐,摆衩上口起针缝合,至摆缝上口袖窿底止。

(2)缝合肩缝

将前片夹入后背面、里中间,前后衣片 4 层肩缝对齐,以 0.8cm 缝头缝合,再将衣片从后背底边翻出。

(3)将后背腰带放平,划准腰节线位置,用 0.2cm 明止口封缉腰带,到后省位止。

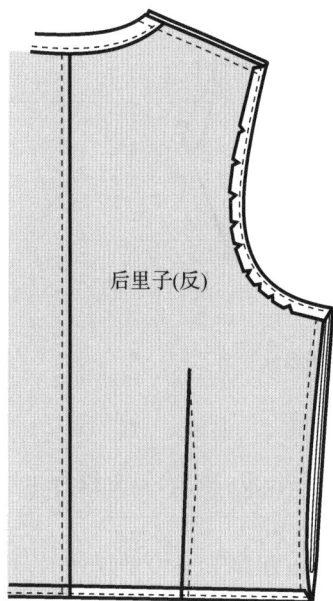

图5-3-15　缝合肩、摆缝

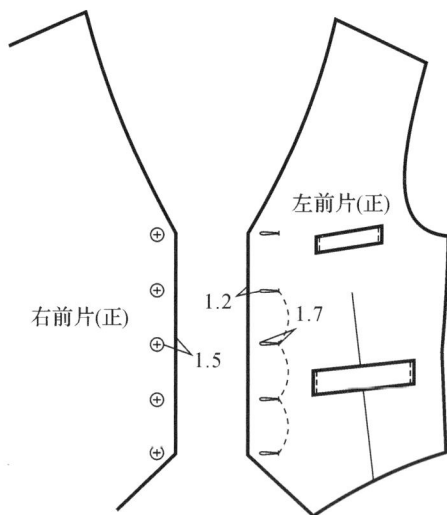

图5-3-16　锁眼、钉扣

12. 缲里子、锁眼、钉扣、打套结

如图 5-3-16 所示：

(1)缲里子

将后背底边中间留的开口,用手工暗针缲牢固定。

(2)锁眼

门襟锁圆头眼 5 只,以线钉为准将眼位划好,注意后边向上稍翘一点,眼位离止口 1.5cm,扣眼大 1.7cm。在里襟正面相应位置钉纽扣 5 粒,纽扣直径大 1.5cm。

(3)在下摆衩口处打好套结。

13. 整烫

(1)烫里子

整烫前,先将线钉、扎线、线头清除干净。然后将前片反面平放在烫板上,将下摆及挂面内侧烫平。

（2）烫前身

将背心正面向上，胸部下面垫布馒头，用蒸汽熨斗熨烫。将丝缕归正，把水分烫干。

（3）烫袖窿

袖窿下垫布馒头，将袖窿摆缝烫挺。

（4）烫肩缝、后背

下垫铁凳，将肩缝烫顺、烫挺，再把后背大身烫平。

八、男马夹缝制工艺质量要求及评分参考标准（总分 100）

（1）规格尺寸符合标准与要求。（10 分）

（2）领口圆顺、平服，不豁、不抽紧。（15 分）

（3）左右袋口角度准确、平服，高低一致。（10 分）

（4）胸省顺直，左右对称，高低一致。（10 分）

（5）袖窿平服，不豁、不紧抽，左右袖窿基本一致。（15 分）

（6）两肩平服，小肩长度基本一致。（10 分）

（7）后背平服，背缝顺直，摆叉高底一致。（10 分）

（8）锁眼位置与纽扣一致，钉扣绕脚符合要求。（10 分）

（9）成衣整洁，各部位整烫平服，无水迹、烫黄、烫焦、极光等现象。（10 分）

思考与训练

1. 写出男马夹的缝制工艺流程。

2. 男马夹的胸袋是怎样缝制的？

3. 男马夹敷牵带、做止口的步骤及要点是什么？

4. 怎样检测一件男马夹的缝制工艺质量。

第四节　男夹克

一、男式夹克衫外形概述、用料要求

图 5-4-1 所示的夹克衫前片左右各有一个斜插袋，胸口装有两个对称的拉链袋，前门襟开口为暗门襟装拉链，袖片有分割线，装克夫，领子为有底领的翻领，款式造型简洁，宽松度合适，穿着舒适、精神，便于活动。内里前片为全夹里，后片为半夹里，有三个挖袋，使用功能性强。

此款男式夹克衫面料可选择华达呢、凡立丁等薄型呢绒，也可选择罗缎、斜纹布、府绸等棉织物，还可以选择涤纶仿毛、仿麻织物。门幅为 144cm 双幅。里料可选用美丽绸、羽纱、呢丝纺、呢龙绸等，里料一般也采用 144cm 双幅面料。

款式表面组合图见图 5-4-2，里面组合图见图 5-4-3。

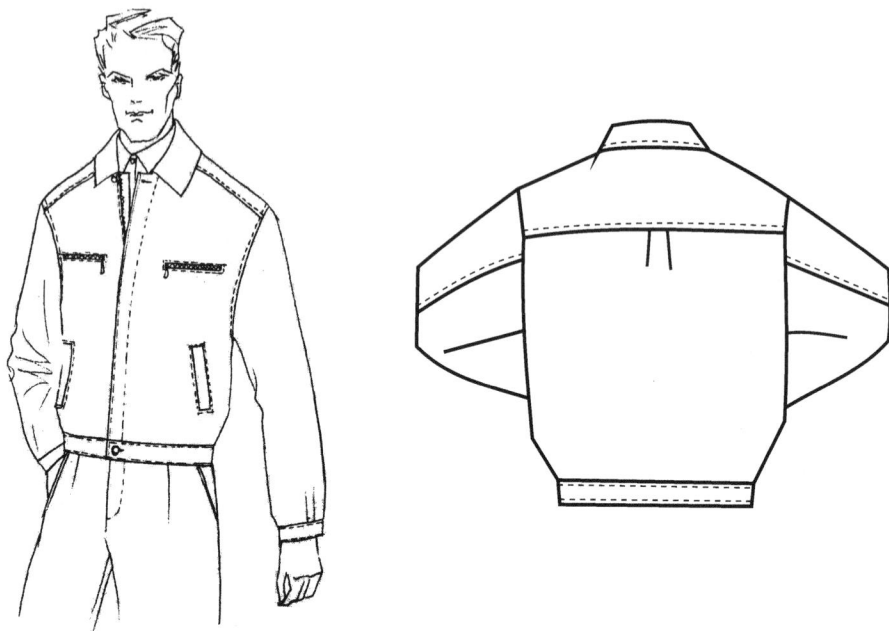

图 5-4-1　夹克衫外形

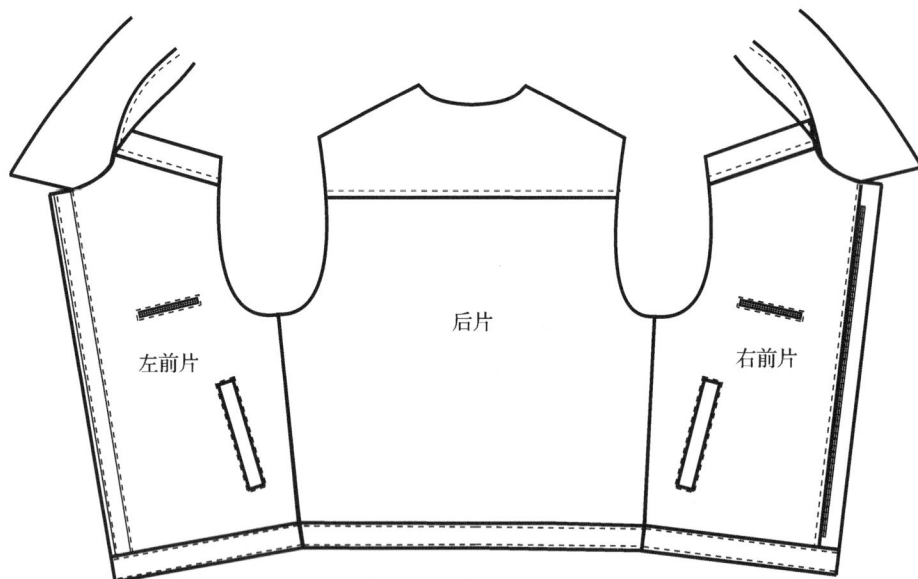

左前片　　后片　　右前片

图 5-4-2　表面组合图

二、男式夹克衫成品规格

1. 成品规格（见表 5-21）

表 5-21　　　　　　　　　　　　　　　（单位：cm）

名称	号型	衣长	胸围(B)	肩宽	袖长	下摆	袖克夫长
规格	175/90	70	90＋30 (放松量)	51	60	112	25

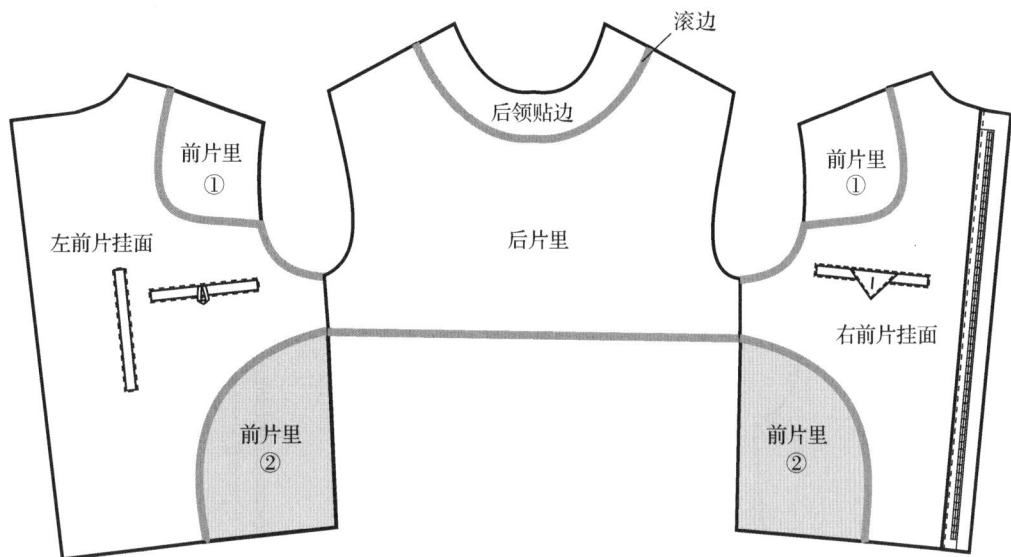

图 5-4-3　里面组合图

2. 细部规格（见表 5-22）

表 5-22 （单位：cm）

名称	袖克夫宽	下摆宽	底领宽	翻领宽	领角长
规格	4	4	3.5	5	7.5

三、男式夹克衫结构图

款式结构图见图 5-4-4。

小部位结构图见图 5-4-5。

四、男式夹克衫裁片数量辅料要求

1. 面料裁片数量（见表 5-23）

表 5-23 （单位：片）

名称	左前片	右前片	后片	后覆势	大袖片	小袖片
数量	1	1	1	1	2	2
名称	左挂面①	左挂面②	右挂面	后领贴边	袖克夫	翻领
数量	1	1	1	1	2	2
名称	底领	下摆围	斜插袋嵌线布	斜插袋袋垫	拉链袋嵌线布	拉链袋袋垫
数量	2	1	2	2	2	2
名称	横里袋嵌线布	横里袋袋垫	竖里袋嵌线布	竖里袋袋垫	三角袋扣片	布环扣条
数量	2	2	1	1	2	1

肩/2

领/5-0.5

2.5

5

14

0.7

3

1.5/10B+6

后片

B/4

2/10B+9

2

4

肩/2

领/5-0.5

5.5

领/5-1

4

0.7

3

0.7

23

3.5

右前片

1.5/10B+4.5

6.5

9

B/4

18.5

17

2.5

20.5

2

4

1.5

衣长
70

0.3

左前片

1.5

1.5

14

0.5

0.5

袖片

袖长/2+2.5

袖长-4

1　1

9　9

3.5

10

1.5 1.5

3.5　3.5

10

1.5

袖克夫

25

4

5

翻折线

8

2.5

0.5

0.5

7

3.5

6

1.5

o+●

翻领

2

2

底领

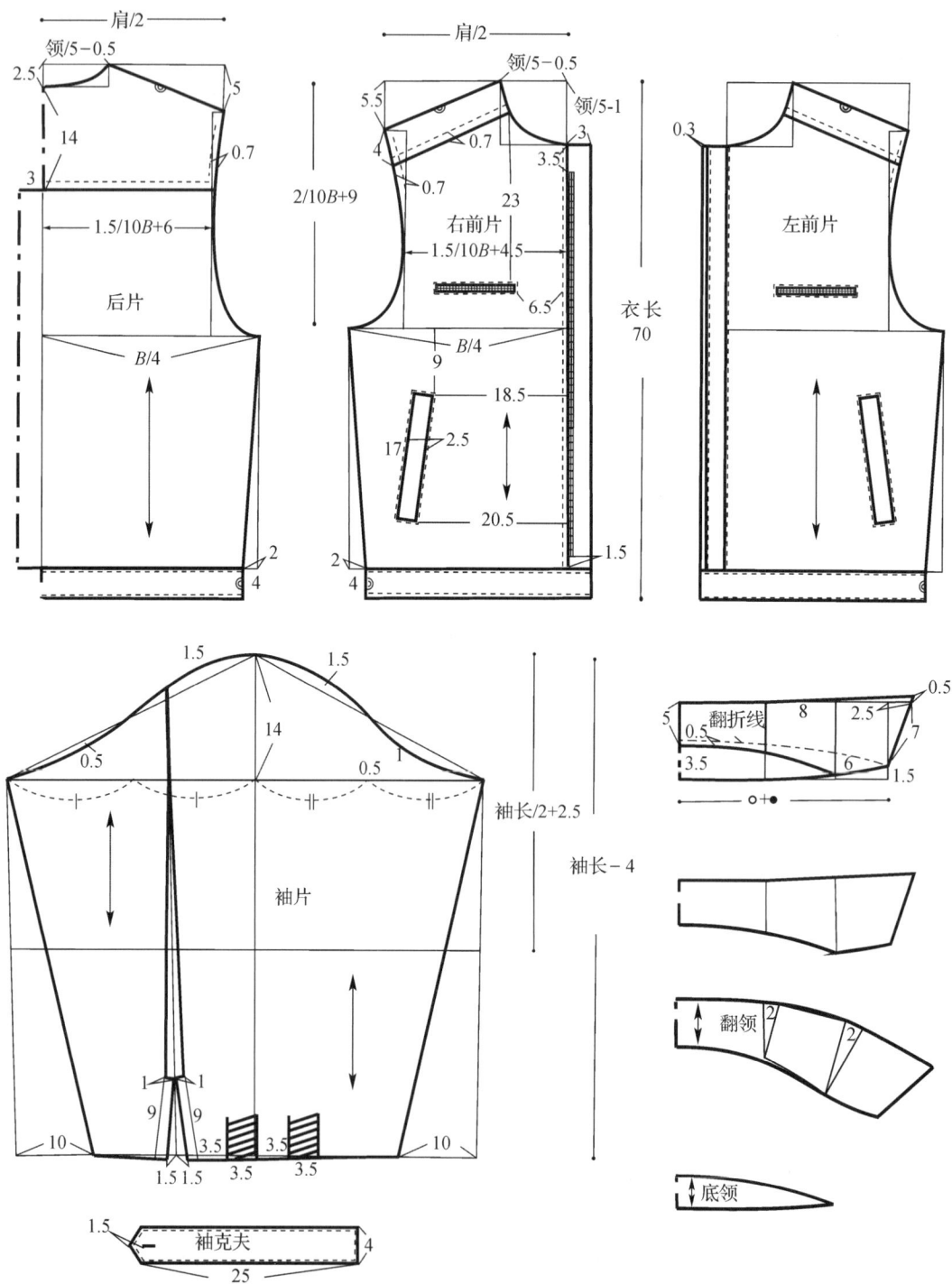

图 5-4-4　款式结构图

5

5 后领
贴边

3

后片里

6

6

5

前片
（里）

26

13.5 5.5

1.2

左挂面②

前片（里）

10

3.3

左挂面①

5

3

2

15

3.5

2.3 13.5

1.2

1.2

右挂面

前片
（里）

6

10

6

15

2

21 袋布A

23

袋布A

袋布B

2

斜插袋袋布

17

袋布A

13

17

袋布B

16

拉链袋袋布

17.5

横里袋袋布

22

14

1

15

袋布A

1

6

袋布B

竖里袋袋布

21

7 斜插袋嵌线布

17

拉链袋嵌线布

17.5

4.5 横里袋嵌线布

19

4 竖里袋嵌线布

21

6 斜插袋袋垫

17

4 拉链袋袋垫布

17.5

5.5 横里袋袋垫

19

6.5 竖里袋袋垫

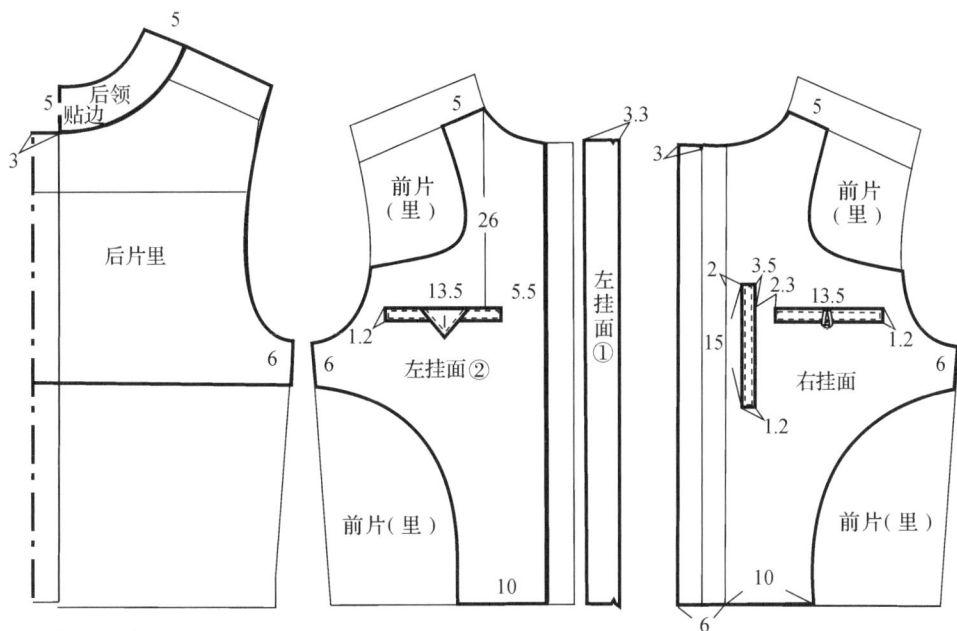

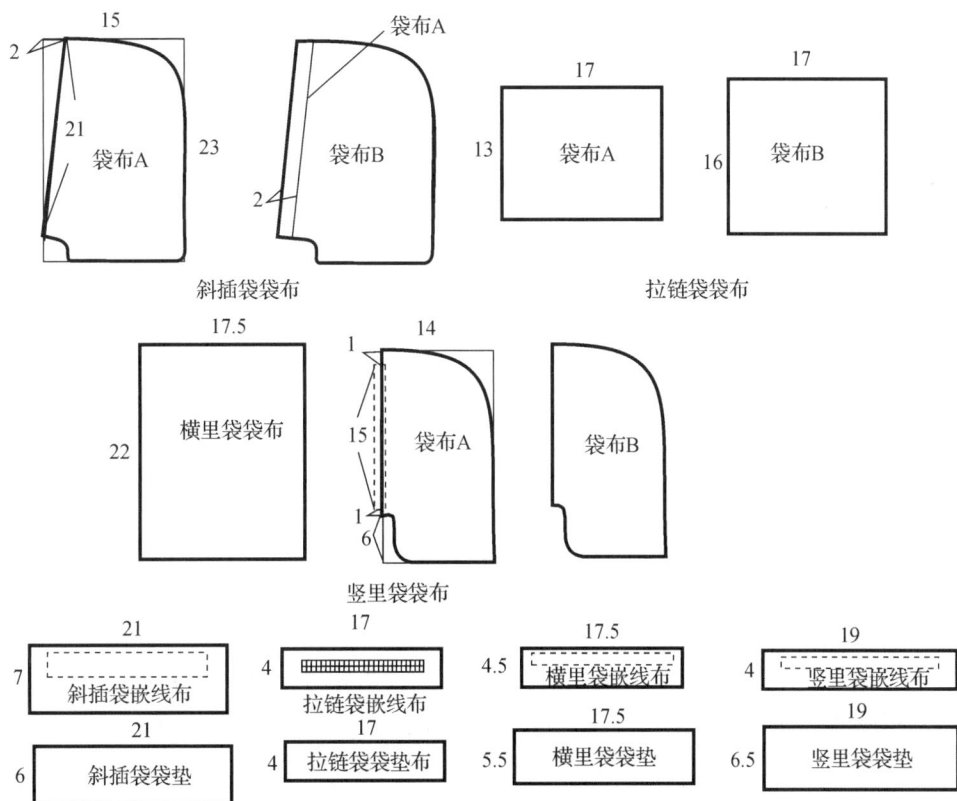

图 5-4-5　小部位结构图

2. 里料裁片数量(见表 5-24)

表 5-24 (单位:片)

名称	前片里①	前片里②	后片里	大袖片里	小袖片里
数量	2	2	1	2	2
名称	斜插袋袋布	拉链袋袋布	横里袋袋布	竖里袋袋布	
数量	4	4	2	2	

五、放缝、用料、排料图

图 5-4-6 所示为男式夹克衫放缝、用料、排料图。

所需辅料为普通长拉链一根,直径 2cm 与面料同色的纽扣 4 个,无纺粘衬 1m。

六、工艺流程

男夹克的工艺流程如下:

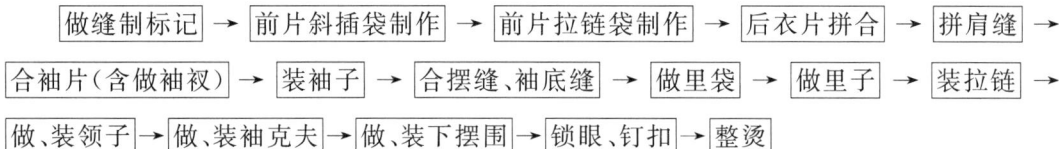

做缝制标记 → 前片斜插袋制作 → 前片拉链袋制作 → 后衣片拼合 → 拼肩缝 →

合袖片(含做袖衩) → 装袖子 → 合摆缝、袖底缝 → 做里袋 → 做里子 → 装拉链 →

做、装领子 → 做、装袖克夫 → 做、装下摆围 → 锁眼、钉扣 → 整烫

七、男式夹克衫缝制工艺

1. 准备工作

在缝制前需选用与面料相适应的针号和线,调整底、面线松紧度及线迹密度。

针号:80/12～90/14 号。

(1)用线与线迹密度:明线 14～16 针/3cm,底、面线均用配色涤纶线。暗线 13～15 针/3cm,底、面线均用配色涤纶线。

(2)做缝制标记

在门襟止口位、装领位、袖子开衩止点、裥位、袖子和袖窿的装袖对刀处打上刀眼。

2. 前片斜插袋制作

如图 5-4-7 所示:

①斜插袋袋口长 17cm,宽 2.5cm。嵌线布反面贴粘合衬,然后对折烫平,将嵌线布和袋布 A 对齐固定一下,将袋垫布折一缝份,压缝在袋布 B 上。

②袋布 A 在上,嵌线布在下,对准衣片表面的袋口位置缝合,缉缝时两端必须回车固定。

③将袋布 B 袋垫一侧的缝份对准另一侧袋口,缉缝时两端也必须回车固定。

④在袋口处按 Y 形剪口(剪开袋口,两头剪三角),要剪到缉合线的端点线根处,但不能剪断线。将袋布 A 和嵌线布翻进去,沿翻折线压 0.1cm 明线缝。

⑤将袋布 B 和袋垫布翻到后面,把三角也翻到里面,缉缝封死三角。

⑥车缝袋布一圈。

⑦从衣片正面车缝插袋口另外三边的明线。

3. 前片拉链袋制作

如图 5-4-8 所示:

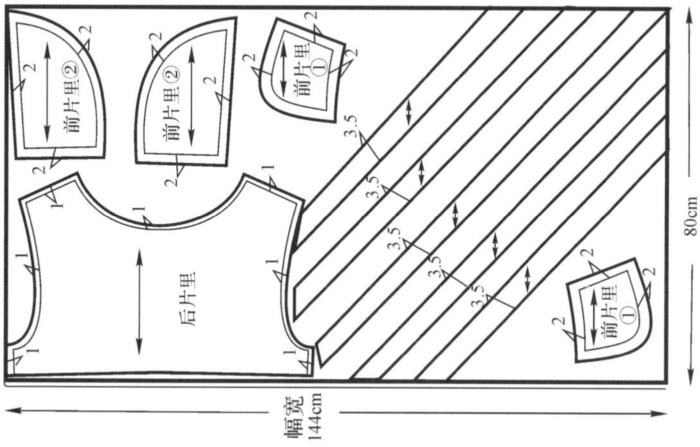

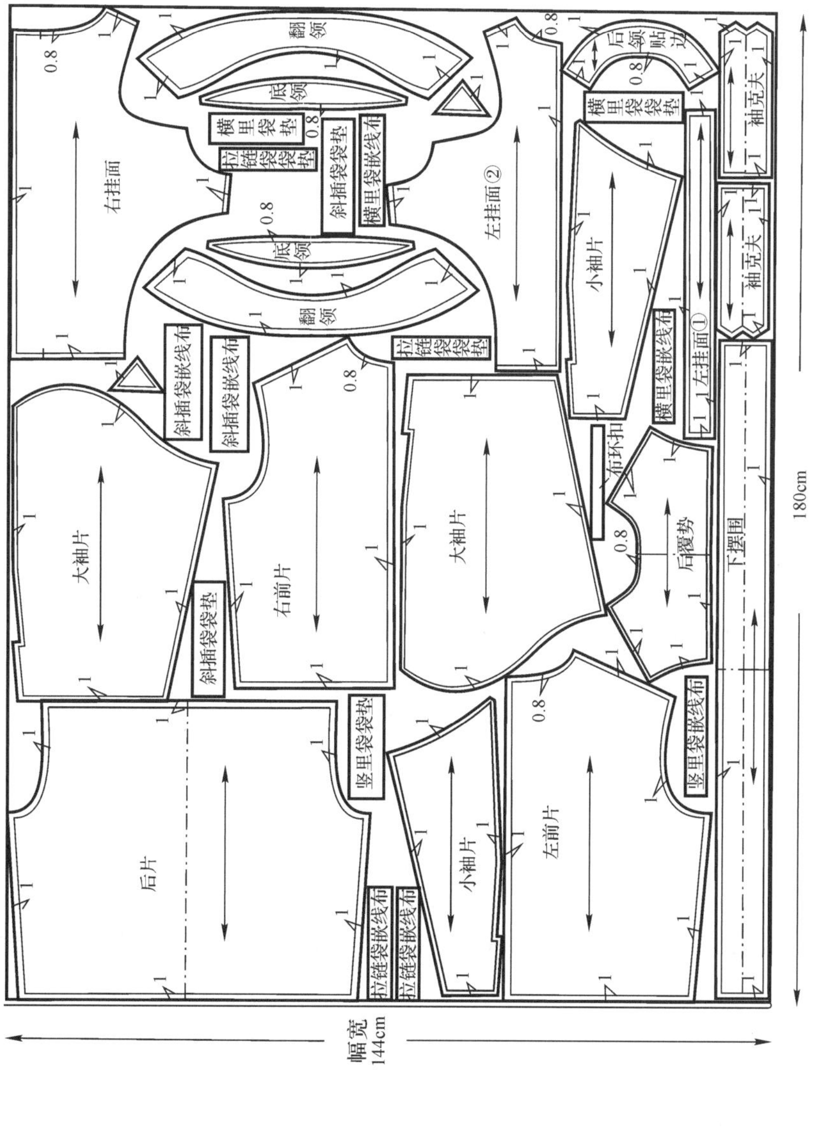

图 4-4-6　面、里料放缝排料图

嵌线布　　　　袋垫布

前衣片(正)

前片
（正）

袋布A
（正）

袋布B
（正）

袋布A
（正）

①　　　　　　　　②

袋布B
（反）

袋布A
（正）

袋布B
（反）

袋布A
（正）

③　　　　　　　　④

袋布A
（反）

前片（反）

前片（反）

袋布A
（反）

前片（正）

⑤　　　　　　⑥　　　　　　⑦

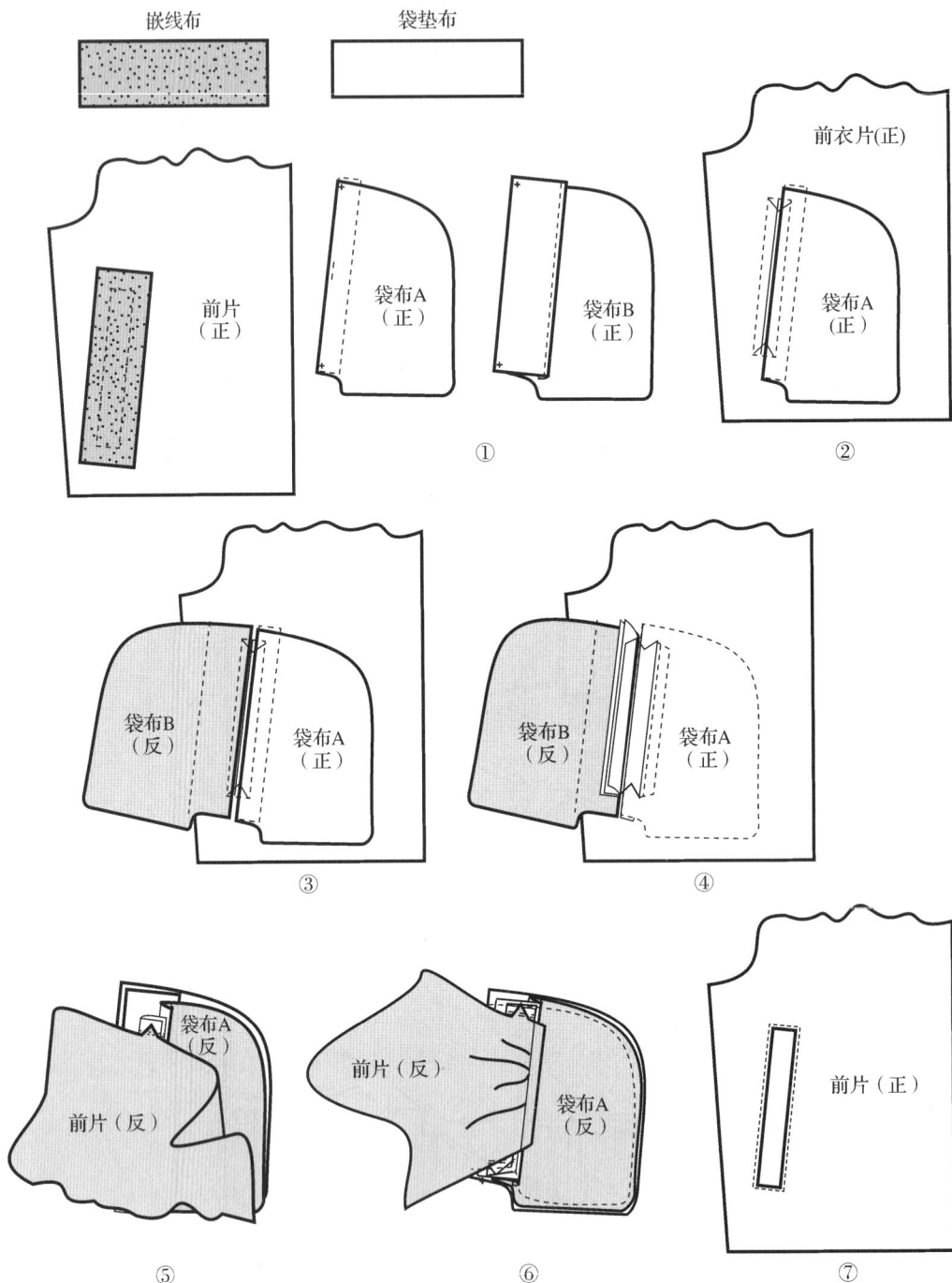

图 5-4-7　前片斜插袋制作

①在前身拉链袋位置反面贴上粘合衬，在嵌线布上也贴好粘合衬。将袋垫布折一缝份压在袋布 B 上。

②将嵌线布正面与前身正面相对，沿拉链袋口转圈缉缝一周，并在袋口处按 Y 形剪口（剪开袋口，两头剪三角）。

③将嵌线布翻到里面，熨烫平整。

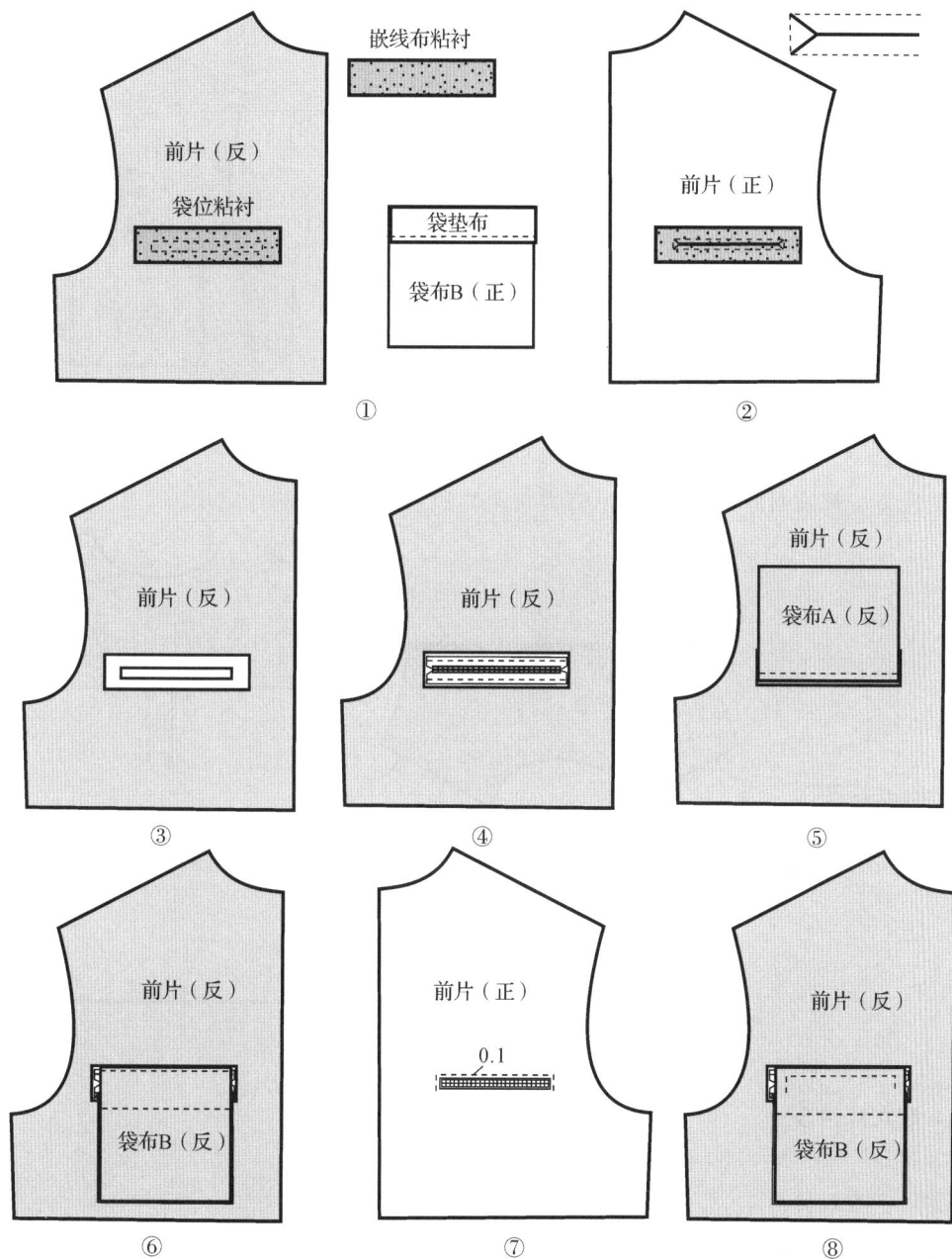

图 5-4-8　拉链袋制作（一）

④拉链从背面铺上，并用手针绷缝固定。

⑤手针固定下袋布 A，要反方向固定，然后再翻下。

⑥手针固定上袋布 B。

⑦从前身正面把袋布铺好缉缝上 0.1cm 明线一道。

⑧图中⑧是从里面看的形状。

⑨把袋布都翻到上面，从正面缉缝 0.1cm 下明线一道，特别注意不要将袋布 B 缉上。

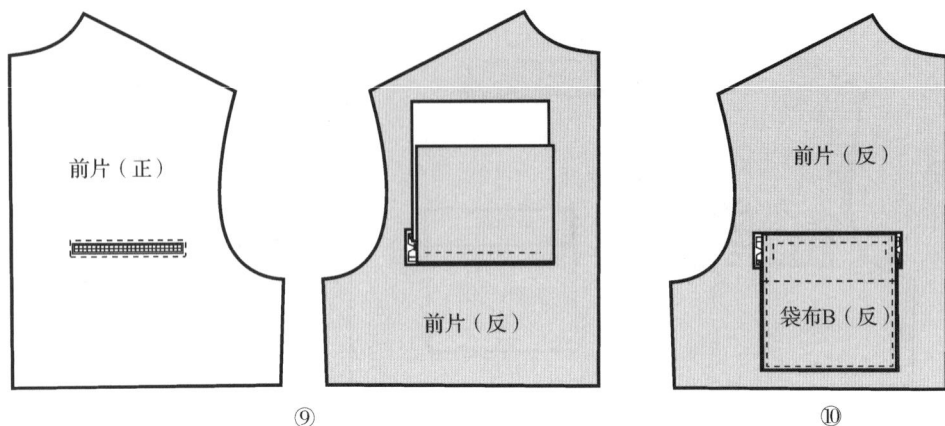

图 5-4-8　拉链袋制作(二)

⑩将袋布都铺回原来的位置,车缝袋布两侧和下边。口袋制作完毕。

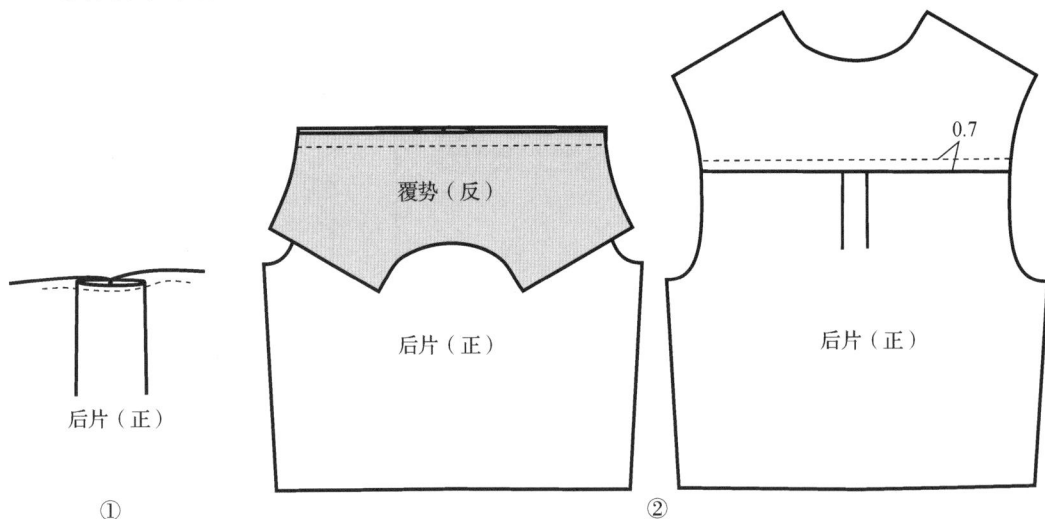

图 5-4-9　后衣片缝合

4. 后衣片拼合

如图 5-4-9 所示:

①后下衣片打褶。

②后衣片上下片拼合,缝份向上衣片方向倒,正面压 0.7cm 明线。

5. 缝合前后肩缝

缝合面料前后片肩缝,缝份向后片方向倒,正面压 0.7Ccm 明线(见图 5-4-10)。

6. 袖片缝合

如图 5-4-11 所示:

①在袖片开衩的位置贴粘合衬。

②将大小袖片正面相对缝合,缝至开衩止点 90° 转弯,向延伸布方向缝 1cm 并回针封住。

③将拼合的缝份向大袖片方向烫倒,小袖片延伸布没有缝住的 1cm 缝份向相反方向

烫倒。

④在开衩处将小袖片移开,从大袖片袖口开始压 0.7cm 明线(注意不要压住小袖片),缝至开衩止点,将机针抬起,将小袖片放平,再继续压线至袖山头。

⑤袖口打褶。

7. 装袖子

将袖片与袖窿缝合,缝份向衣身方向倒。正面车缝 0.7cm 明线,车缝在袖窿上(见图4-4-12)。

8. 合摆缝、袖底缝

前后身摆缝、袖底缝对合好,正

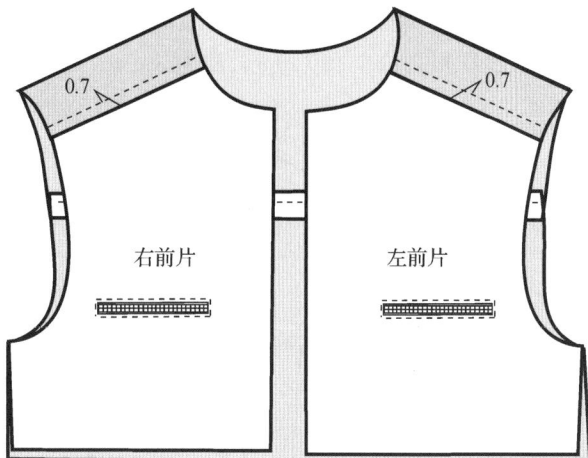

图 5-4-10　前后肩缝缝合

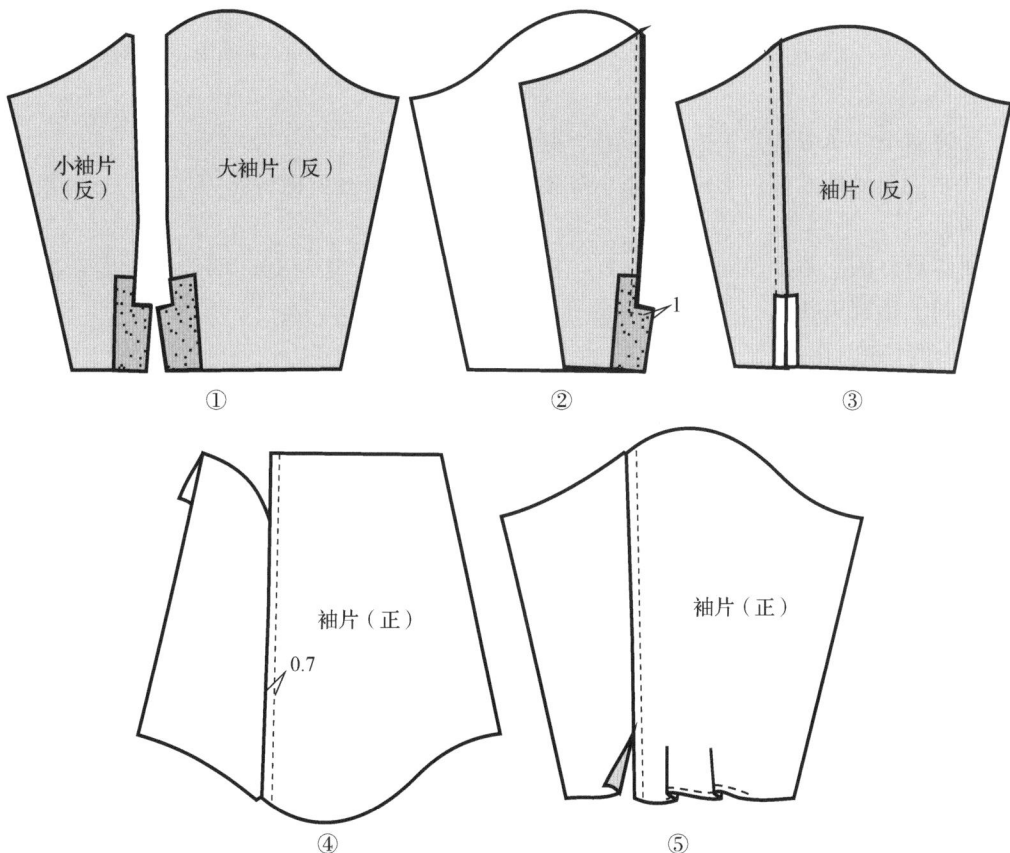

图 5-4-11　袖片缝合

面相对反面缝合。

9. 做里袋

里袋包括左右各一大横开袋,右侧还有一个竖开袋,全部采用单嵌线方法制作。左侧横开袋要制作一个三角形袋扣,右侧横开袋要制作一个布环扣襻。具体制作方法如下:

(1)三角形袋扣制作(见图5-4-13)

①此袋扣是一个底为6cm,高为3.5cm的等腰三角形,画好净样以后三边均放缝1cm,

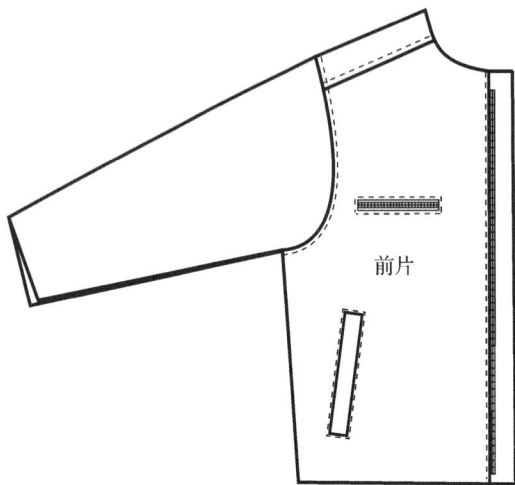

图5-4-12 装袖子

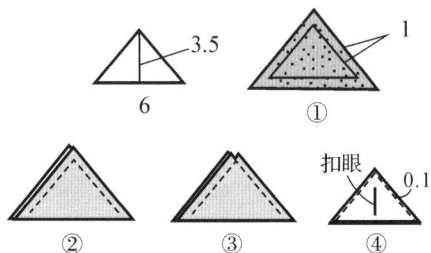

图5-4-13 三角形袋扣制作

裁两片。

②将两个三角形裁片正面相对,缝合两条等腰边。

③在三角的顶端剪一小缺口,修小等腰边的缝份,并将缝份向将作为外片的三角裁片方向扣烫。

④将缝好的三角片翻到正面,烫好,在等腰的两边上压缝0.1cm明线。最后在做好的三角袋扣上锁圆头扣眼一个。

(2)布环扣制作

(3)横里袋制作

准备嵌线布1片贴粘合衬,袋垫布1块,口袋布1块,如图5-4-14所示:

①贴粘衬部位。

②将袋垫布与口袋布正面相对缝合,将缝份倒向袋垫布,翻到正面,然后在袋垫布上压0.1cm明线。

③在挂面正面沿开袋口将嵌线布和袋垫布分别车缝住。注意将三角形袋扣和布环扣分别夹在袋垫布和挂面中间。

④剪开袋口,两端剪成三角,把嵌线布和袋垫布翻进,嵌线布翻折成单嵌线,固定烫好,在正面嵌条下缉明线,距边0.1cm。

⑤翻到反面将口袋布缝于嵌线布上,口袋布翻折好。

⑥从正面将袋布两侧露出,封三角,再车缝袋布两侧。

⑦最后在单嵌线袋的另外三边车缝0.1cm明线。

(4)竖里袋制作

准备嵌线布1片贴粘合衬,袋垫布1块,口袋布2块。做法与横里袋基本相同(见图5-4-15)。

10. 做里子

(1)里子前后片制作

如图5-4-16所示:

横里袋袋垫　横里袋嵌线布粘衬

17.5

22　横里袋袋布

左挂面（反）

右挂面（反）

①

袋垫（反）

袋布（正）

袋垫（正）

袋布（正）

②

袋布（反）

袋垫（反）

嵌线布（反）

左挂面（正）

③

左挂面（正）

④

袋布（反）

左挂面（反）

⑤

左挂面（反）

袋布（反）

⑥

左挂面（正）

⑦

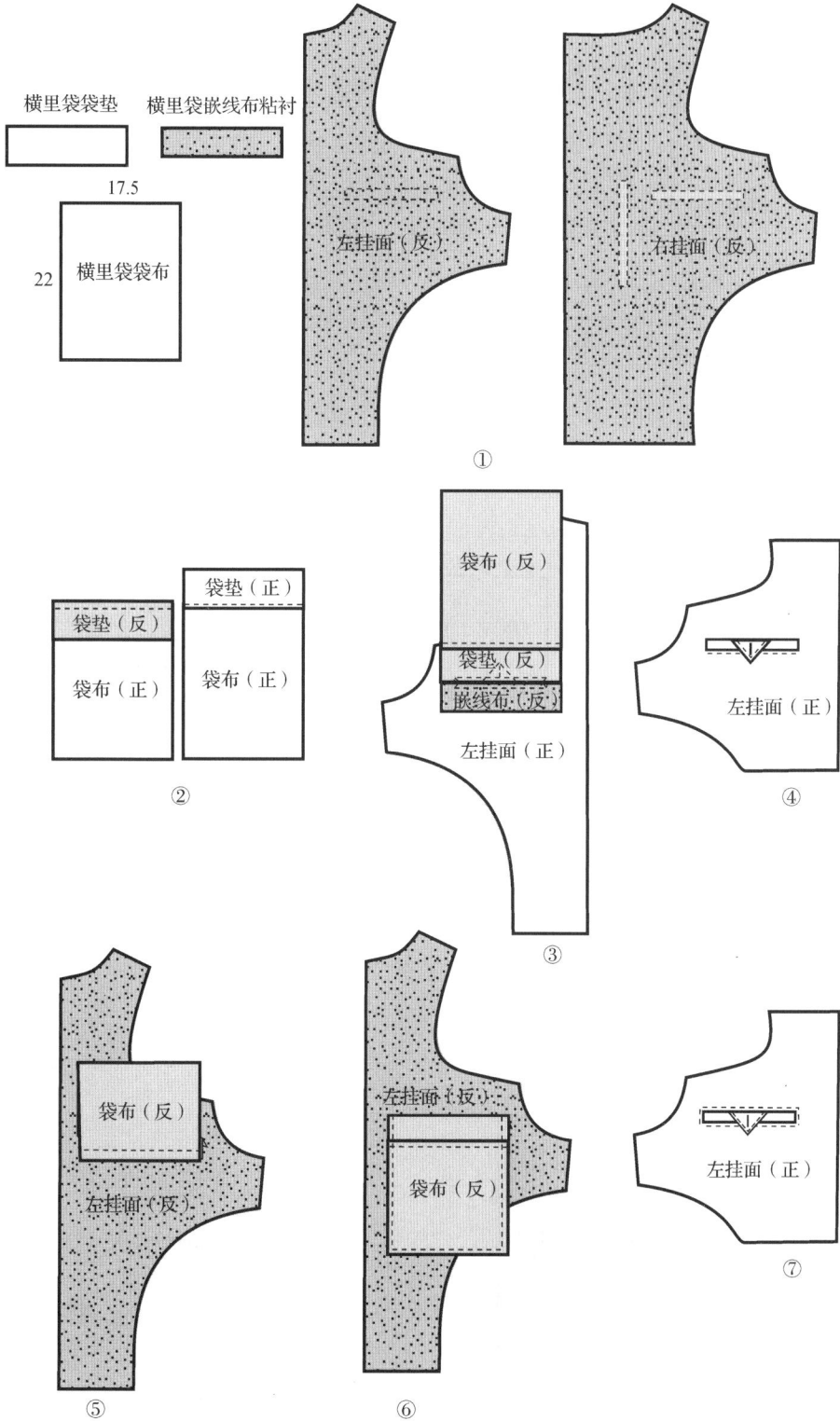

图 5-4-14　横片袋制作

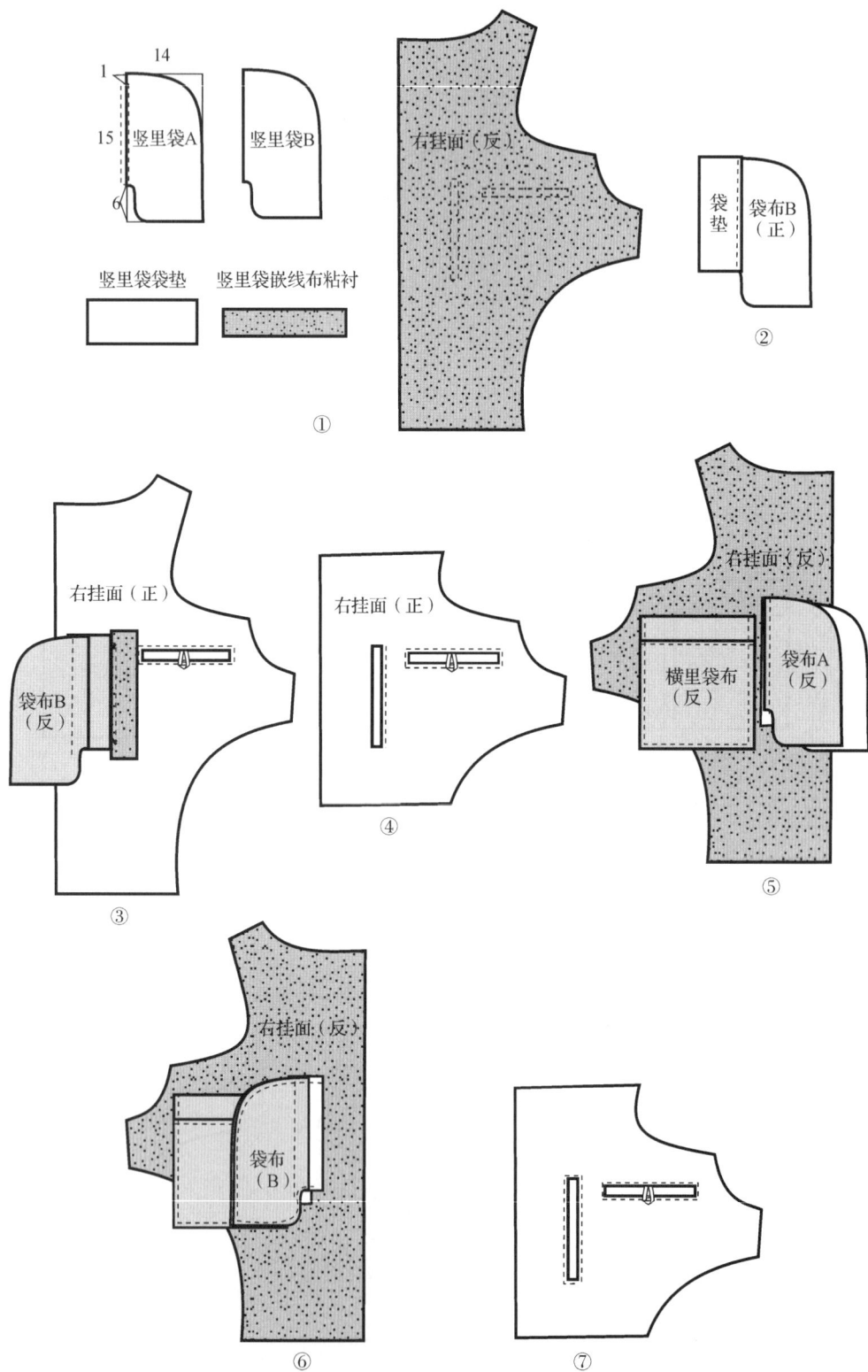

图 5-4-15　竖里袋制作

①将后片里子后领中部按预留的尺寸打一褶。

②将挂面用斜条滚边宽度为0.5cm,然后压到前片的里子布上,注意压线与滚边压线要重合,不要有双轨。

③后领贴边也用斜条滚边,方法与挂面相同,里子后片为半里,为保持统一,里子后片下摆也用斜条滚边。

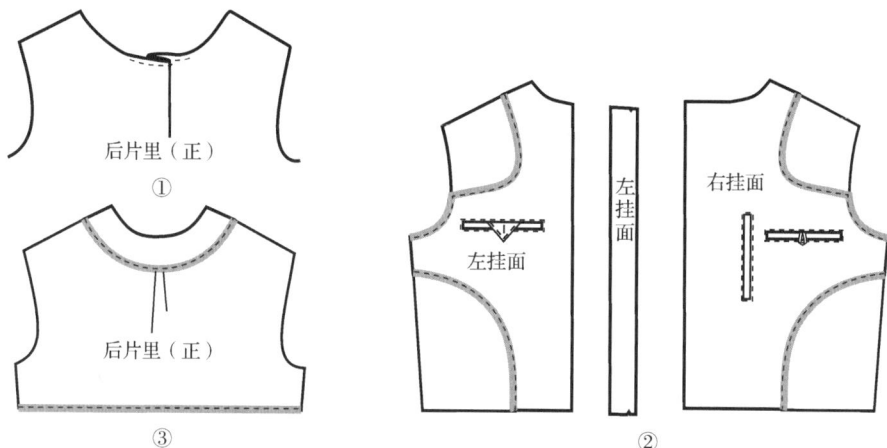

图5-4-16　前后片里子制作

（2）里子袖片制作

从袖山头开始拼合大小袖片,缝至开衩止点回针,分缝熨烫,再将大小袖片开衩处的缝份与袖片面料开衩布缝合。

（3）缝合里子肩缝、袖缝、侧缝

先将前后片肩缝缝合（见图5-4-17）,再将袖山与袖窿缝合,最后缝合袖缝与侧缝。

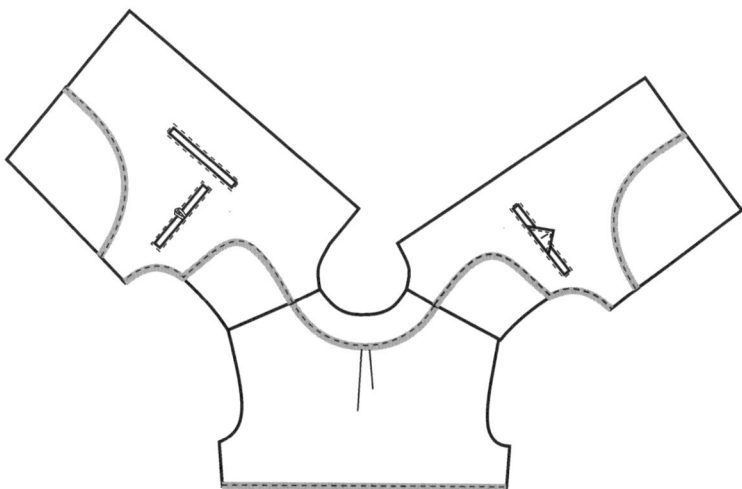

图5-4-17　前后片里子组合图

（4）将里子的侧缝缝份向前片方向烫倒与面子的缝份绺在一起。

11. 装拉链

（1）左侧拉链缝制（见图5-4-18）

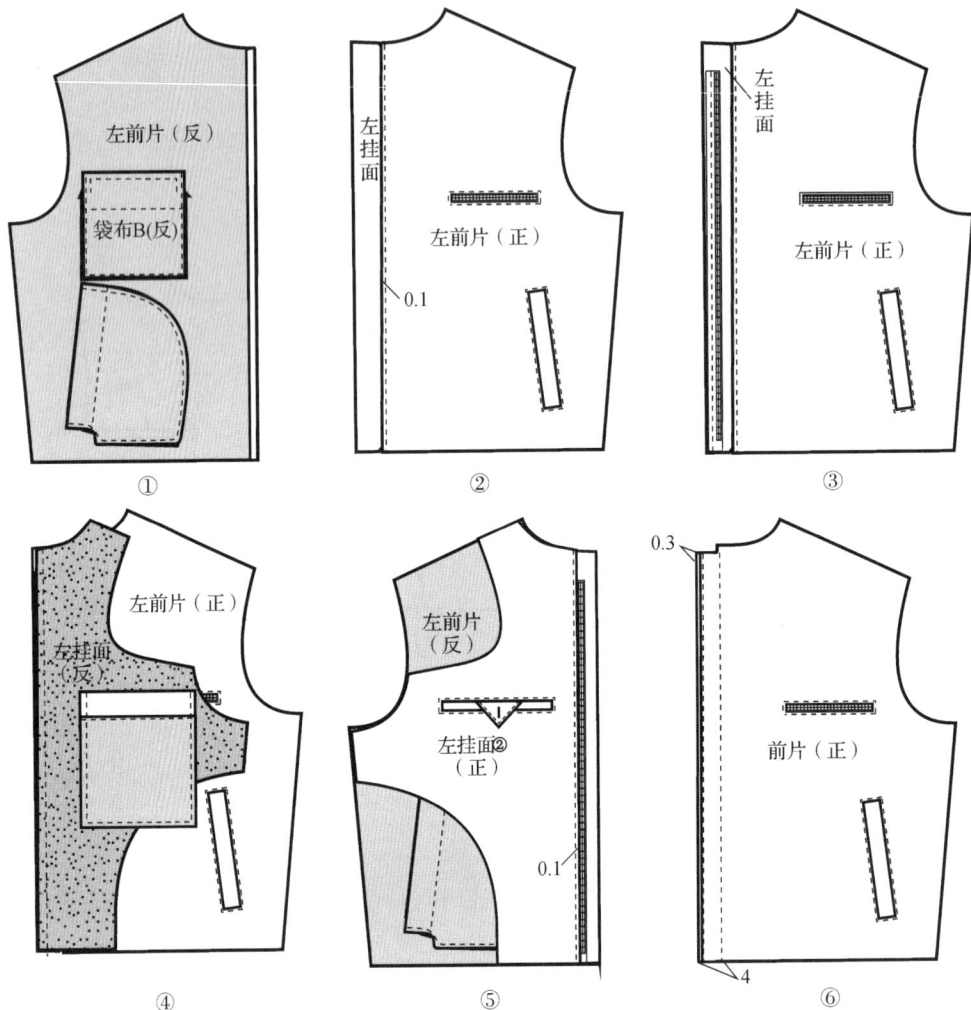

图 5-4-18　左侧拉链缝制

①将左前片门襟边缘 1cm 缝份向反面扣倒烫平。

②将左前片门襟压到左挂面①上,缉 0.1cm 明线。

③将左侧拉链按图位置与左挂面①先固定。

④将左侧挂面②与左挂面①正面相对,将拉链夹在中间,车缝 1cm 缝份。

⑤将左挂面②翻到正面,并缉压 0.1cm 明线。

⑥将左衣片翻到正面,烫好前门襟止口线,使挂面反吐出 0.3cm,最后按刀眼将叠门上口封住,并在距门襟边缘 4cm 处压一明线。

(2)右侧拉链缝制(见图 5-4-19)

①右侧挂面按设计要求一部分要翻到正面作为叠门,因此按刀眼先将右挂面的部分翻到正面烫好。

②将右侧拉链按图位置与右挂面先固定。

③将右前片门襟边缘 1cm 缝份向反面扣倒烫平。

④将右前片门襟压到右挂面外翻部分上,将右拉链夹在中间,缉 0.1cm 明线。最后按

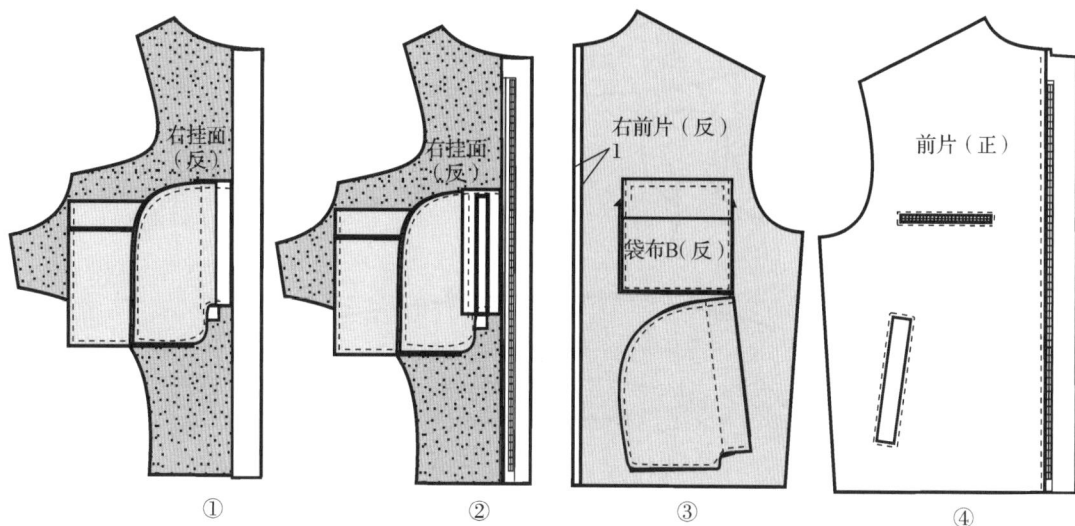

图 5-4-19　右侧拉链缝制

刀眼将叠门上口封住。

12. 做领子、绱领子

(1)做领子(见图 5-4-20)

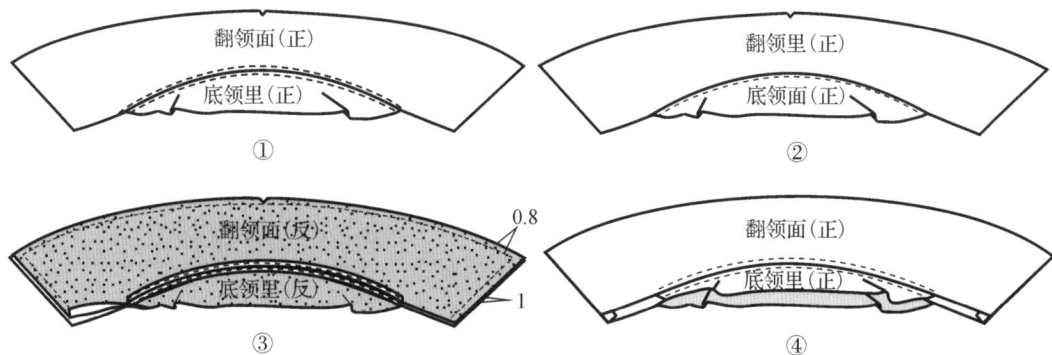

图 5-4-20　做领子

①将底领里与翻领面正面相对拼合,然后修小缝份至 0.5cm 分缝烫平,再翻到正面在拼缝两侧分别压 0.1cm 明线。

②将底领面上口缝份扣进0.8cm,然后再用克缝与翻领里的下口拼合。

③将拼合好底领的两片翻领正面相对,将翻领面放在上层,翻领里放在下层,下层缝份要比上层少 0.1cm～0.2cm,将两层缉在一起,缉缝时要将上层多出的量吃进,缉到离下口 1cm 处停止,回针。修剪缝份至 0.3cm～0.5cm。

④将缝份向翻领面方向折烫,翻出领面,再熨烫,翻领里不能倒吐。将翻领与底领的拼缝缝份车住固定。最后将拼合好的领面下口向里扣烫 1cm 缝份。

(2)绱领子(见图 5-4-21)

将领里下口正面与衣片领口正面相对,缝合在一起,再在已折进缝份的领面下口上压

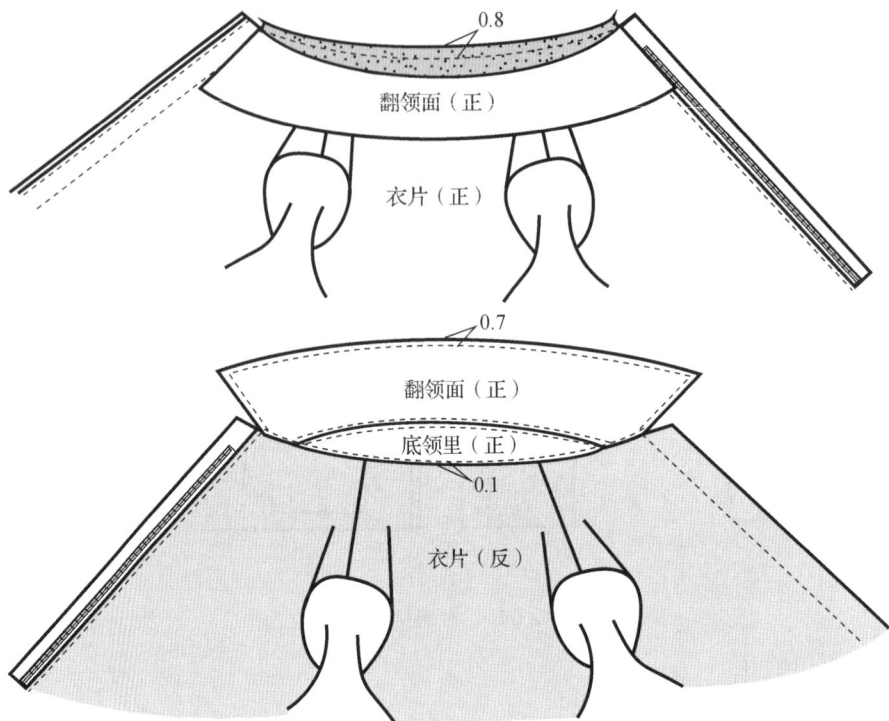

图 5-4-21 绱领子

0.1cm 明线。

13. 做、装袖克夫

（1）做袖克夫（见图 5-4-22）

①烫粘衬。将无纺衬烫在袖克夫的反面，超出连折线 0.5cm。

②将袖克夫表里正面相对，在袖克夫的反面一侧车缝宝剑头的两条等腰边，宝剑头高 1.5cm。袖克夫的反面另一侧车缝 1cm 缝份，车缝至离袖克夫边缘 1cm 停止，回针。

③将宝剑头等腰边缝份修剪成 0.5cm，剑头顶端缝份再剪掉一小角。并将宝剑头缝份沿车缝线向袖克夫面折转扣烫，另一侧缝份也沿车缝线向袖克夫面折转扣烫。

④将袖克夫翻到正面，用熨斗熨烫定型，并扣烫好袖克夫下口里外层边缘 1cm 缝份，里层可比外层多吐出 0.1cm。

（2）装袖克夫

将袖口夹在里外层袖克夫之间，袖克夫的外层朝上，缉 0.1cm 明线。

14. 做、装下摆围

（1）做下摆围（见图 5-4-23）

①贴粘衬。将无纺衬贴在下摆围面的反面，超出连折线 0.5cm。

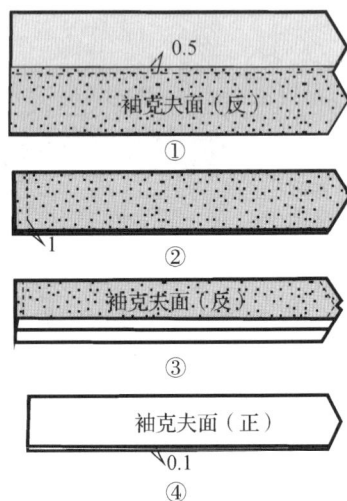

图 5-4-22 袖克夫制作

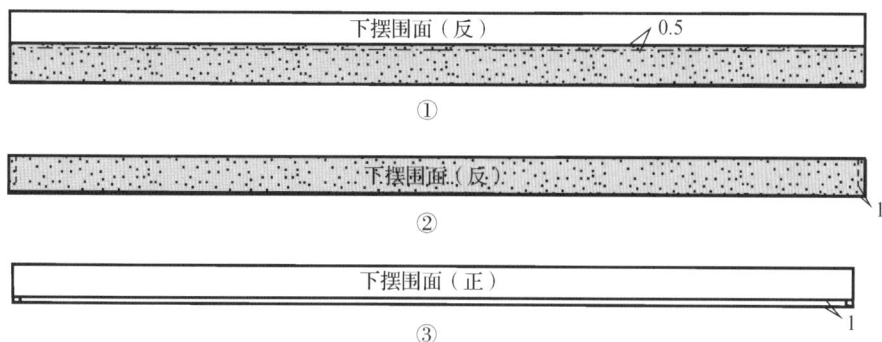

图 5-4-23　下摆围制作

②将下摆围正面相对,在两端车缝 1cm 缝份,车缝至边缘 1cm 处停止,回针。

③将缝好两端的下摆围翻到正面,用熨斗熨烫定型,接着扣烫好下摆围面下口 1cm 缝份。

(2)装下摆围

将下摆围里的上口与衣片下摆的反面相对,车缝 1cm 缝份,然后将衣片翻到正面,将缝份向下摆围方向烫倒,最后在下摆围面的上口绱 0.1cm 明线,整条绱完后,不要断线,继续绱缝下摆围另三侧边,均压 0.1cm 明线。

15. 锁眼、钉扣

锁眼、钉扣工艺如图 5-4-24 所示。

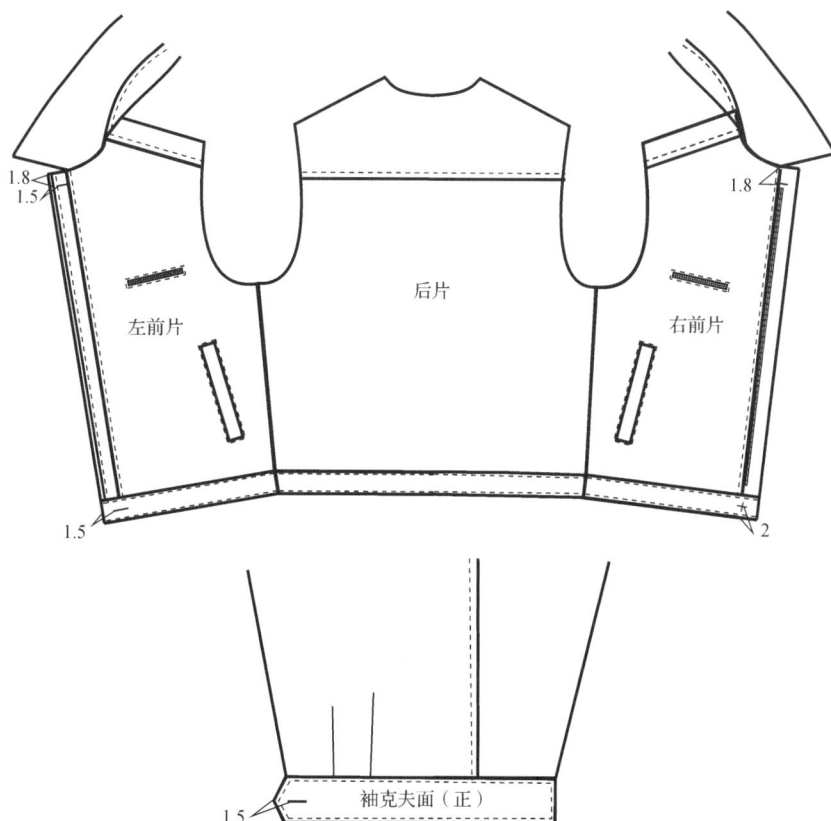

图 5-4-24　锁眼、钉口

16. 整烫

夹克衫属于穿着比较随意的服装,所以对熨烫要求并不高。在缝制过程中应该把能烫好的部位都烫好,不然夹克衫成品完成以后有些部位就不容易再烫好。夹克衫成衣完成以应后先将各部位的线头修剪干净,然后熨烫。熨烫步骤是,先烫门里襟止口、底边与领,后烫前后身与袖子部位。

八、男式夹克衫缝制质量要求及评分参考标准(总分 100)

(1)符合成品规格。(10 分)

(2)成品整洁,无极光、线头、污渍。(10 分)

(3)领头平挺,领角长短一致,并有窝势。翻领面无起皱,无起泡,底领窝服。缉领止口宽窄一致。(15 分)

(4)斜插袋、拉链袋以及里袋左右对称、袋口和袋布平服。(20 分)

(5)拉链长短一致、平服,止口缉线顺直,宽窄一致。(10 分)

(6)挂面滚条不起涟形,夹里平服。(10 分)

(7)两袖左右对称,袖山吃势均匀、圆顺,袖开衩和袖克夫平整。(15 分)

(8)下摆围顺直,宽窄一致,面里平服,不起皱,不起涟。(10 分)

思考与训练

1.怎样缝制有底领的翻领?

2.简述拉链袋的缝制工艺。

3.夹克衫的质量要求是什么?

4.怎样缝制夹克衫两片袖的袖衩?

第五节　男大衣

一、男大衣外形概述、用料要求

图 5-5-1 所示的男大衣为关门领,插肩袖,暗门襟、斜插袋,后中下摆设背衩,袖口装袖襻,领子、袖缝、门襟、背缝等缉明止口。

大衣面料的选择范围较广,应按不同的穿着场合、个人喜好选择不同色彩、质地、厚度的面料。常用的面料有精纺呢绒、直贡呢、全毛华达呢、哗味呢、羊绒大衣呢、立绒大衣呢、拷花大衣呢、毛涤花呢等;常用里料有尼龙绸、醋酸酯绸、涤丝绸等。

款式组合图见图 5-5-2。

二、男大衣成品规格

1. 成品号型规格(见表 5-25)

图 5-5-1　男大衣外形

表 5-25　　　　　　　　　　　　　　　（单位:cm）

名称	号/型	衣长	胸围(B)	肩宽	袖长	袖口
规格	175/92	110	92＋28(放松量)	47	62	17

2. 细部规格(见表 5-26)

表 5-26　　　　　　　　　　　　　　　（单位:cm）

名称	翻领宽	领座宽	前领宽	袋口长/宽	背衩长	门襟止口缉线宽
规格	6	3.5	10	17.5/4	35	6

三、男大衣款式结构图

男大衣款式结构图见图 5-5-3。

四、男大衣裁片数量及辅料要求

1. 面料裁片数量

表 5-27　　　　　　　　　　　　　　　（单位:片）

名称	前衣片	后衣片	前袖片	后袖片	挂面	后领贴边
数量	2	2	2	2	2	1
名称	袋口布	袋垫	领面	领里	领脚面/里	袖襻面、里
数量	2	2	1	1	1/1	4

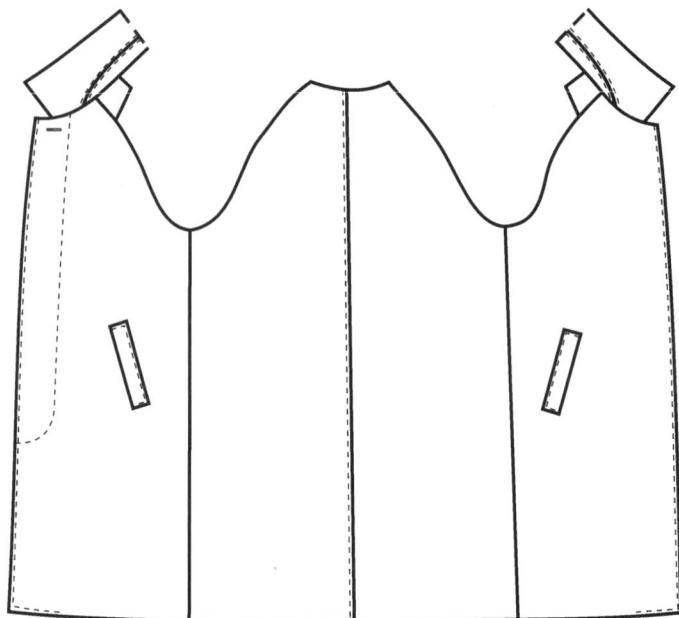

① 表面组合图

② 里面组合图

图 5-5-2　款式组合图

2. 里料裁片数量（见表 5-28）

表 5-28　　　　　　　　　　　　　　　　　　　　　　　（单位：片）

名称	前片里	后片里	前袖里	后袖里	暗门襟里	里袋嵌线	里袋垫头	暗门襟滚料
数量	2	2	2	2	1	2	2	1

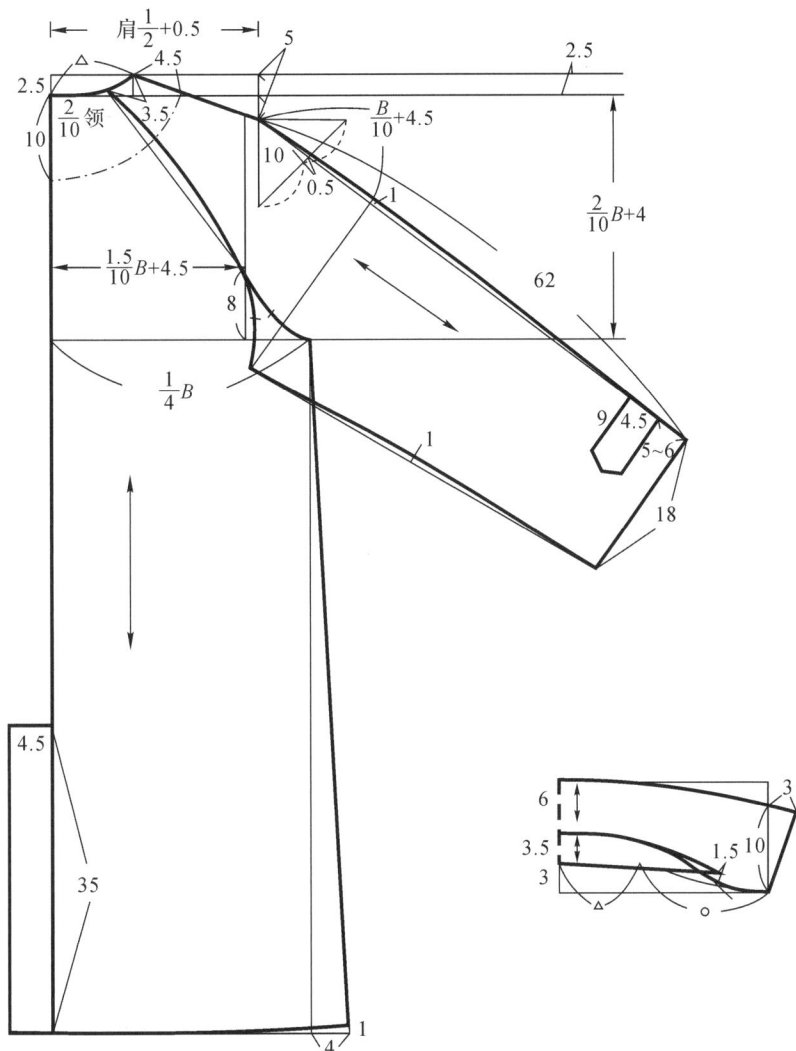

图 5-5-3　款式结构图（一）

3. 粘衬及其部位

有纺衬 1.5m，使用部位有前片、挂面、领面、背衩、下摆；无纺衬 0.5m。使用部位有袖口贴边、大袋、里袋、领里、领脚、后领贴边。

4. 其他辅料（见表 5-29）

表 5-29

名称	斜袋布	里袋布	垫肩	纽扣大/小	配色线
数量	4 片	4 片	1 副	5 粒/2 粒	3 个

五、放缝图

男大衣放缝图见图 5-5-4 和图 5-5-5。排料图见图 5-5-6 和图 5-5-7。

对于门幅宽为 144cm 的面料，用料为衣长×2＋30cm。

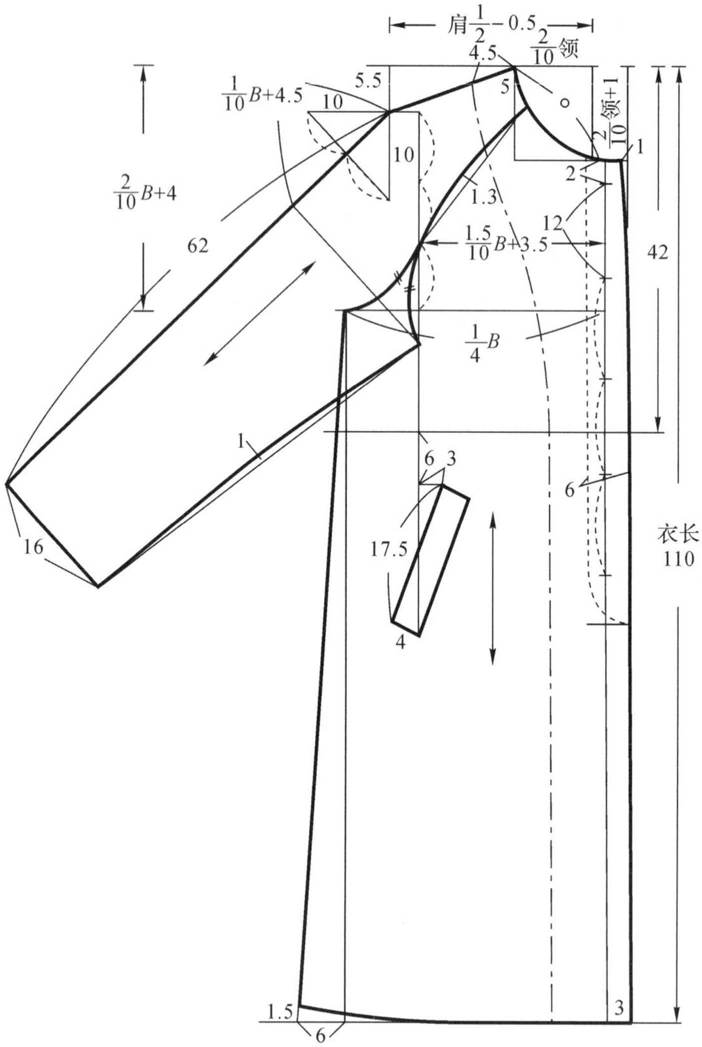

图 5-5-3 款式结构图(二)

六、男大衣缝制工艺流程

男大衣缝制工艺流程如下:

粘衬 → 打线钉 → 做前片挖袋 → 做暗门襟、做里袋 → 做止口 → 做后身、后开衩 →

合摆缝、烫底边 → 做袖 → 绱袖 → 做领 → 绱领 → 缲里子 → 缉止口 → 锁眼 → 钉扣

→ 整烫

七、男大衣具体缝制工艺步骤及要求

1. 准备工作

(1)在缝制前需选用与面料相适应的针号和线,调整线迹密度。

针号:80/12～90/14 号。

用线与线迹密度:明线 14～16 针/3cm,底、面线均用配色涤纶线。暗线13～15 针/3cm,

图中各部件标注：

后衣片面×2

前衣片面×2

挂面×2

后领贴布

前袖片面×2

面布

里布

后袖片面×2

后

面、里

袋口布×2

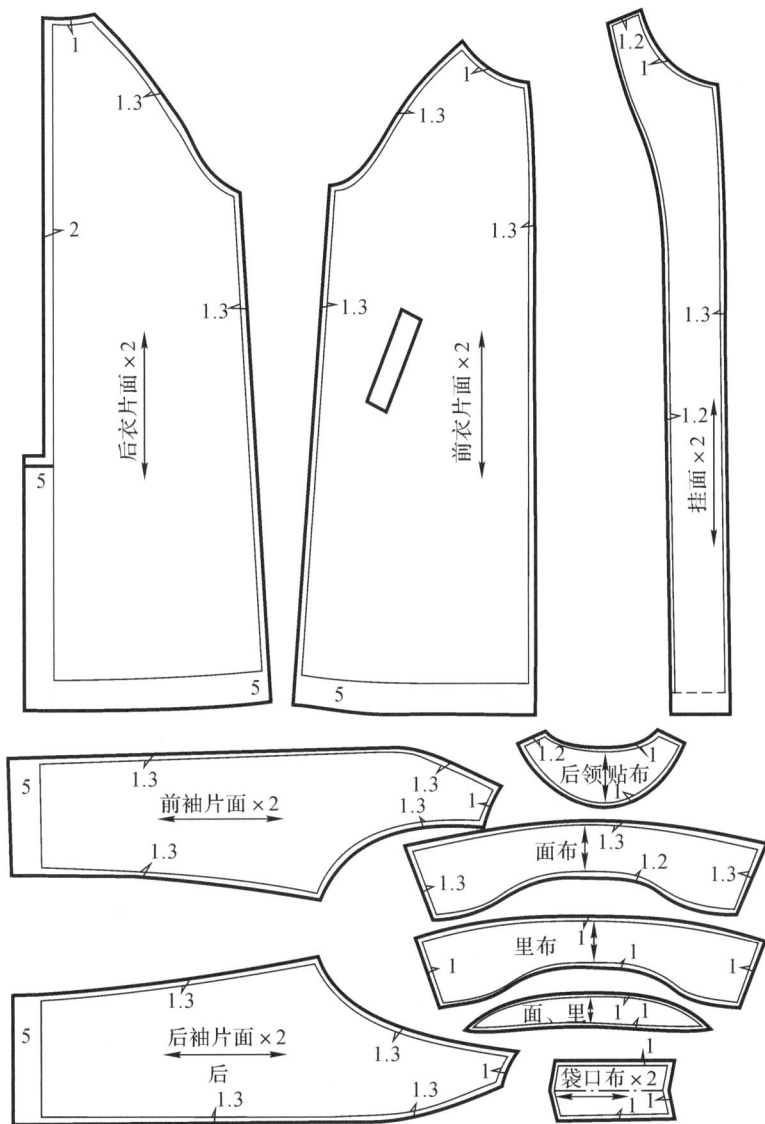

图 5-5-4　面料放缝图

底、面线均用配色涤纶线。

（1）粘衬及其部位

前片及下摆、后片肩部、背衩及下摆、挂面整体、袖片上部、袖口贴边、领面、领座整体（见图 5-5-8）。

2. 打线钉

在以下部位打线钉（见图 5-5-9）：

● 前衣片　前中线、扣位线、袋位线、绱袖对位线、腰节线、底边线。

● 后衣片　背缝线、背衩线、绱袖对刀线、腰节线、底边线。

● 袖片　连肩袖线、绱袖对刀线、袖肘线、贴边线、袖襻线（见图 5-5-9）。

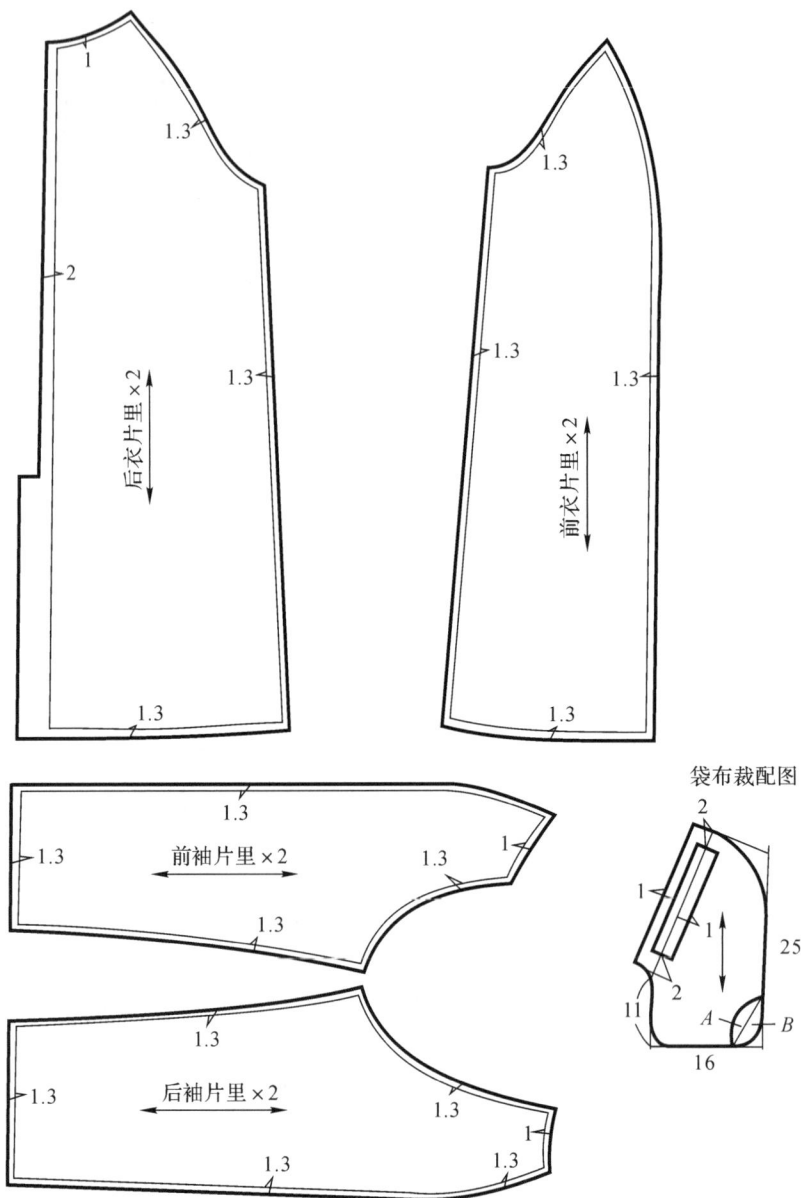

图 5-5-5　里料放缝图

3. 做前片挖袋

（1）裁配袋口布面、里、衬。按图5-5-10所示尺寸画准袋口净样，将面料对折，一侧为袋口布面，一侧为袋口布里，面、里相同，连缝对折的一侧为袋口，其余3边按净样放缝头0.8～1cm，袋口为直丝。另外，准备同样大小的直丝有纺衬为袋口衬。如为厚料，可考虑粘衬只烫袋口布面。

（2）袋口布面、里反面烫上粘合衬，按照净样划出净缝线，按净缝线合缉袋口两端，缝缉时袋口里适当拉紧些，再将袋口翻到正面扣烫服帖，并在袋口布连口一侧预缉0.8cm明止口（见图5-5-10）。

宽幅144cm

用料250cm

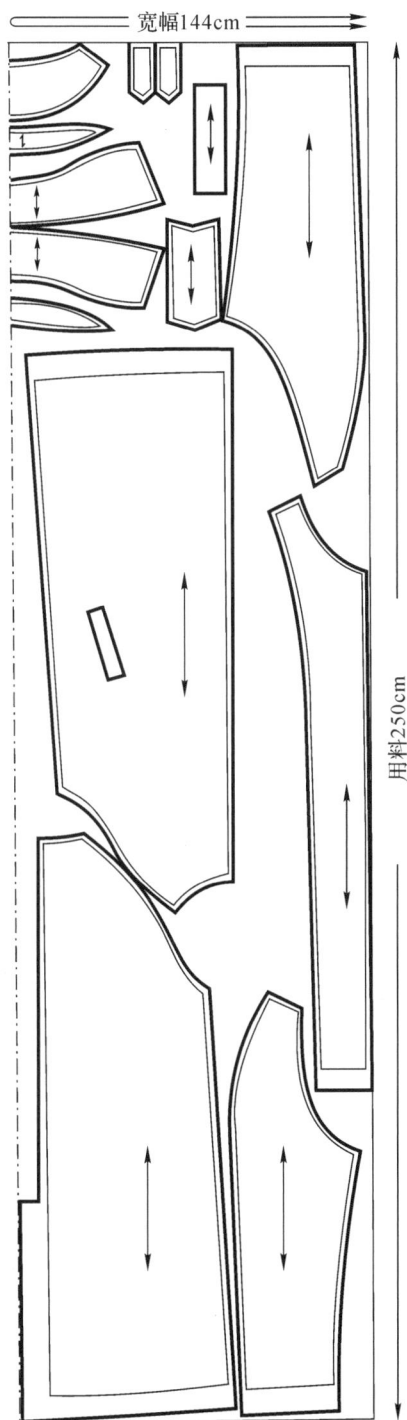

图 5-5-6　面料排料图

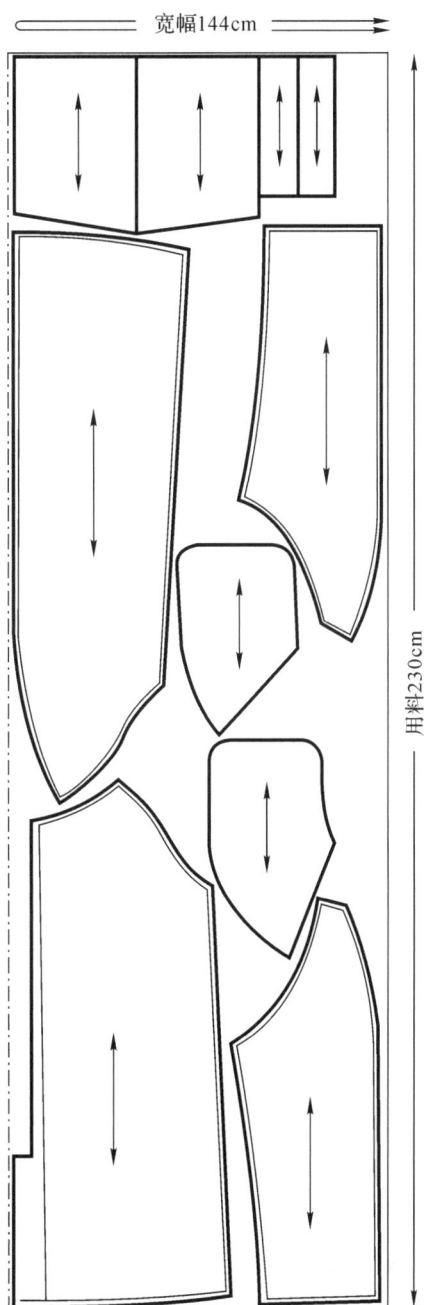

宽幅144cm

用料230cm

图 5-5-7　里料排料图

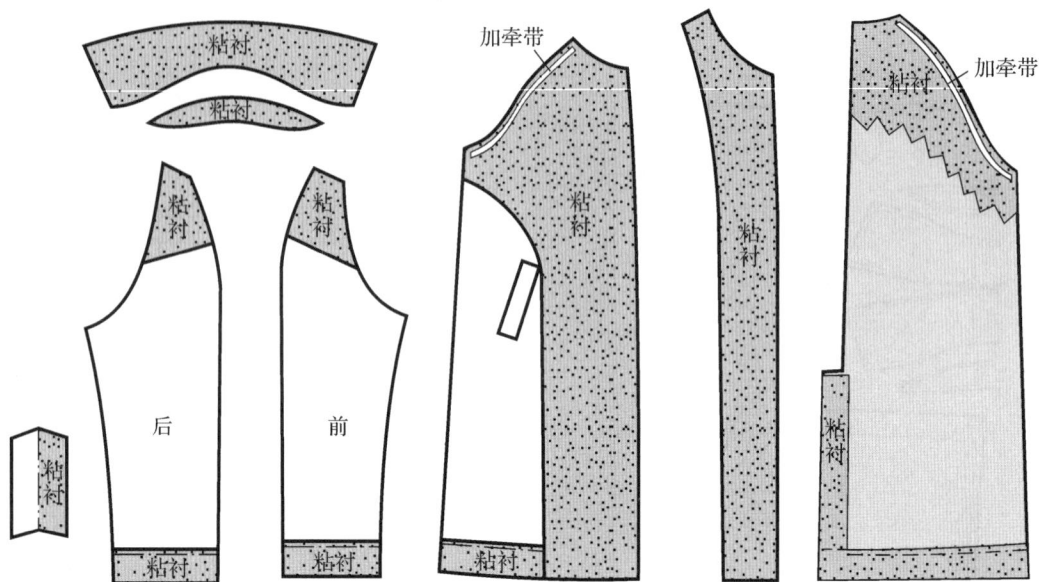

图 5-5-8 粘衬的部位

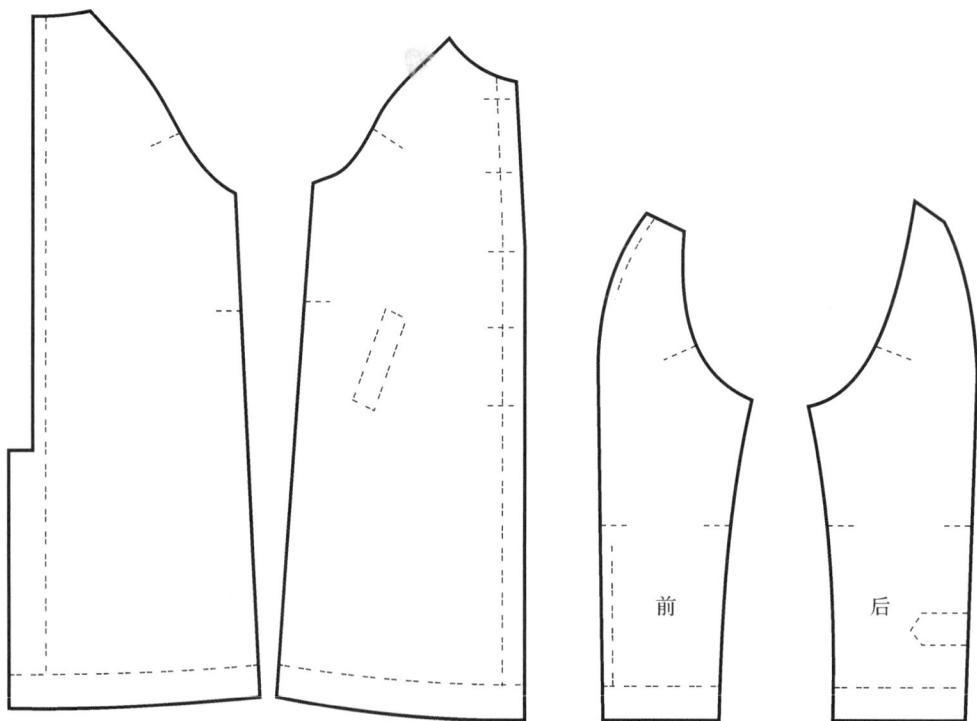

图 5-5-9 打线钉的部位

（3）挖口袋（见图 5-5-11）

①将袋口布里与上袋布正面相合，以 0.8cm 缝头先预缉一道。再将袋口布面与大身正面相合，对齐袋位线，以 0.8cm 缝头将上袋布、袋口布与大身一并缉住，将起止点回针打牢。然后将垫袋布对齐下袋布外口，摆正，沿锁边线把垫头与大身一并缉住。垫头缉线上端要缩进 0.2cm，下端要缩进 0.5cm，缉线间距要宽窄一致，两端回针要打牢。

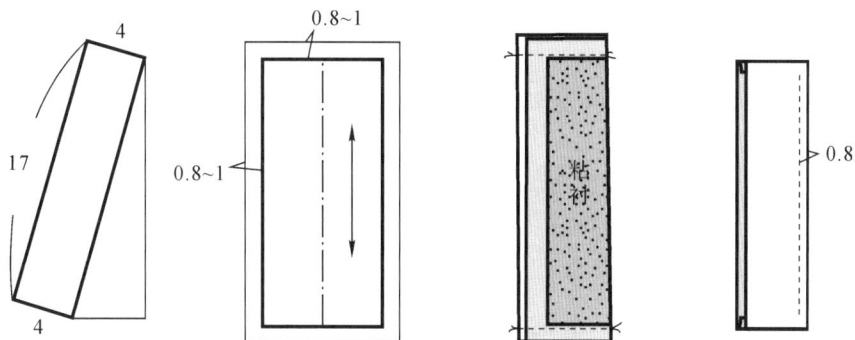

图 5-5-10　做袋口布

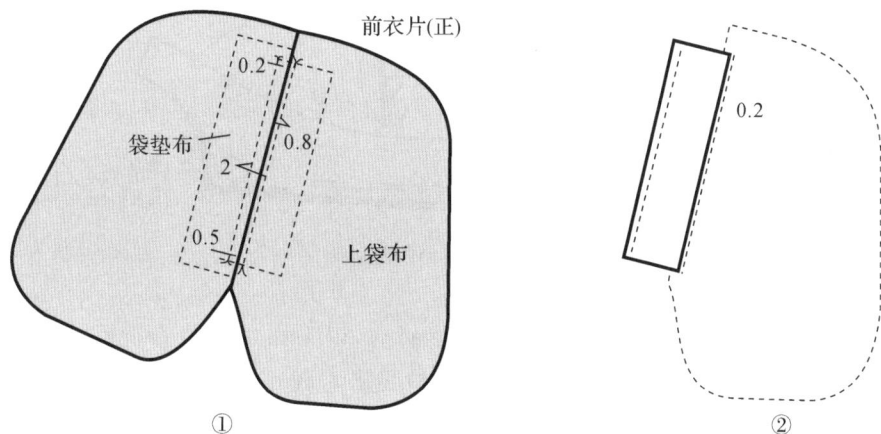

图 5-5-11　挖口袋

②在两缉线间居中剪开,两端剪成 Y 形。先将袋口布缉线缝头朝大身坐倒烫平,将垫头缉线缝头朝垫头坐倒烫平,在垫头上缉 0.2cm 明止口,然后兜缉袋布。

(4)将袋口布熨烫服帖,两端缉压 0.1cm、0.8cm 明止口,并沿对角线将袋角缉住(见图 5-5-12)。

4. 做暗门襟

如图 5-5-13 所示:

(1)用 60cm 长、13cm 宽长方形里料(斜料)作暗门襟开口滚条,滚条上口平齐衣片领口,外口偏出挂面边沿 2cm,用线扎定。

(2)在滚条的暗门襟开口处烫上 45cm 长、3cm 宽的无纺粘衬,并在粘衬上准确划出暗门襟开口位置(从挂面毛缝向里 2.5cm,领口下 11cm 处,长 38～40cm)。

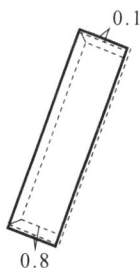

图 5-5-12　缉压袋口明线

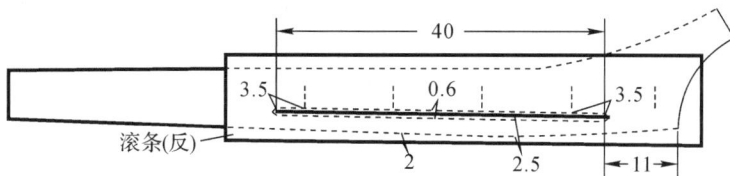

图 5-5-13　做暗门襟

（3）暗门襟开口居中，间距 0.6cm 划出尖角矩形，以稍密的针距兜缉一周，缉线接头叠过 3cm。

（4）尖角矩形居中剪开，将滚条翻转、包紧、扎实，用漏落缝沿滚条外侧兜缉一周，将滚条缉住。

（5）将暗门襟开口烫平，用线绷牢，离尾端 1cm 来回缉线三道，将开口封牢，封线长 1cm。

（6）将暗门襟里子垫在开口下面，上口平齐衣片领口，外口对齐挂面边沿，用线扎定。

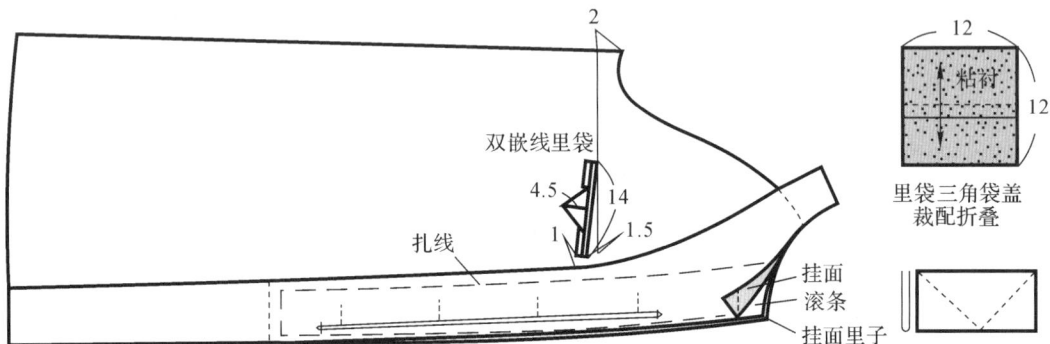

图 5-5-14　做里袋

5. 做里袋

前片里子与挂面正面相合，对准刀眼，边沿对齐，以 1cm 缝头缉合，缝头向里子烫倒。袖窿下 2cm 划出水平线，袋前端离挂面 1cm，前后起翘 1.5cm，袋大 14cm，划出袋位线（见图 5-5-14）。然后在左右前片里上各做 1 只双嵌线里袋，嵌线宽为 1cm（里袋具体缝制方法与男西装里袋相同）。

6. 做止口

（1）划出门襟止口净线，前片面在下，里在上，面、里正面相合，离边 2cm 将面、里假缝固定，左片应将暗门襟里一并固定。

（2）按门襟止口净线缉缝，缉线要顺直，起止点要打回针（见图 5-5-15）。

（3）在领缺嘴处打上刀眼，先将缝头分烫开，再修剪缝头，大身留缝头 0.4cm，挂面留缝头 1cm。将止口翻出，揿平止口，喷

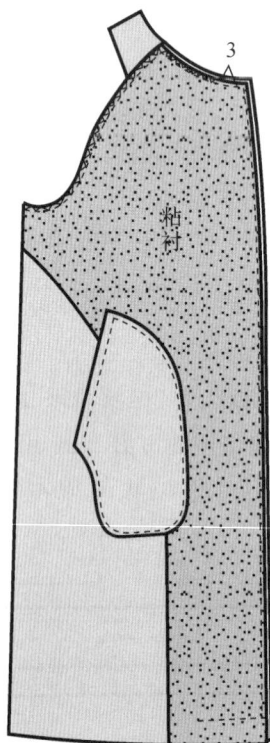

图5-5-15　缉止口

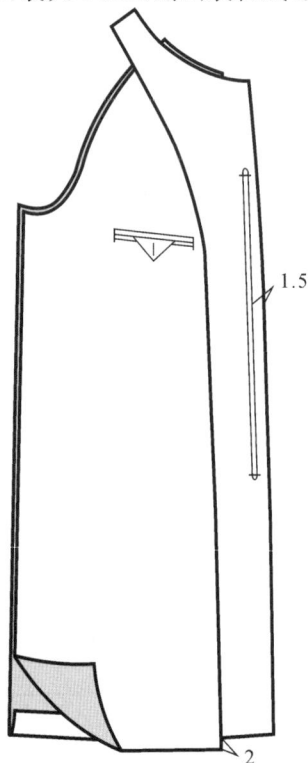

图5-5-16　整烫止口、外理下摆

水、盖布、烫好。最后，里子按底边净线放出 2cm，其余各处按面子修齐（见图 5-5-16）。

7. 做后背和后衩

（1）先整烫后中缝，右片背衩沿粘衬边将 1cm 缝头扣转，熨烫、抻平（见图 5-5-17）。

（2）缝合后背缝，缝份 2cm。要求缉线顺直，上下层松紧一致。然后将缝子抻平，向左片烫倒，顺势将后衩一并烫好，后衩应顺直、服帖。最后按线钉将后片底摆贴边烫好。衩与底摆的关系为左片需先折底摆后折衩，右片则需先折衩后折底摆。

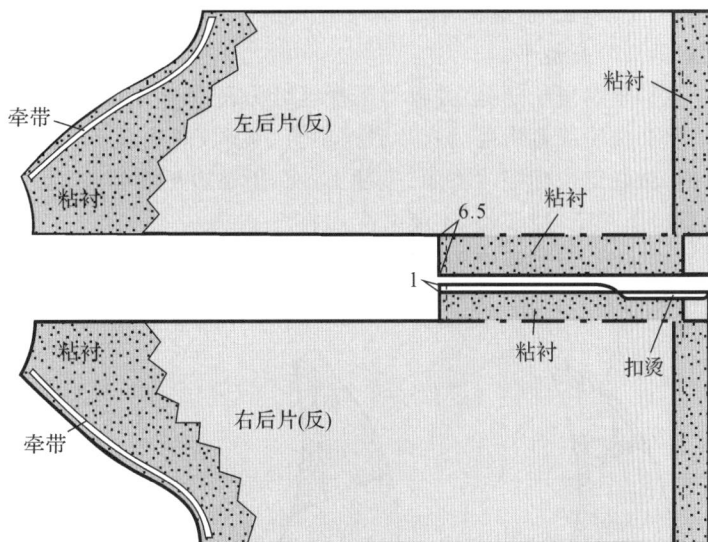

图 5-5-17　做后背

（3）左片衩口以上 2cm 处起针，沿边缉压 0.8cm 明止口。再将背缝内层缝头（左片缝头）修至 0.4cm，抻平背缝，在背缝左侧缉压 0.8cm 明止口。止口应与左衩明止口接顺，并交叠 2cm。

（4）提起后背，查看背缝，看背衩是否服帖，满意后再明封后衩（见图 5-5-18）。

（5）合缉背里，将背里缝头朝左片烫倒，然后将后领贴边按 1cm 缝头与后片里子布正面相对缉缝，注意后中两边各留 2cm 暂时不缝住，翻下后片里子布整烫平服，后背面、里反面相合，领口对齐，背缝对准，用线将面、里扎定。再将后衩里子修剪熨烫准确，并与后衩面子扎定待缲。然后让后背里子较底摆净缝长出 2cm，其余各处里子按照面子毛缝修剪准确（见图 5-5-19）。

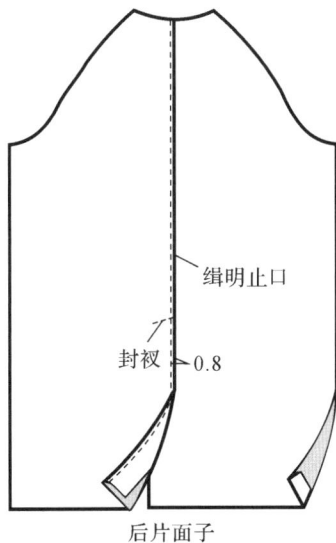

图 5-5-18　做后衩（面子）

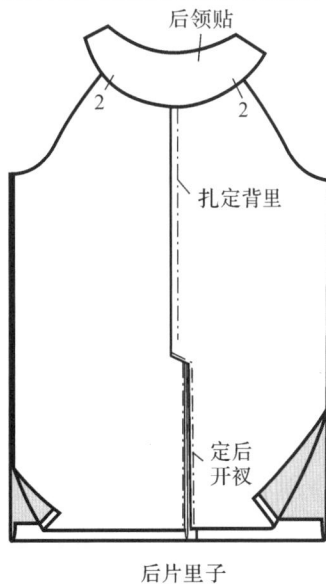

图 5-5-19　做后衩（里子）

8. 合缉摆缝、烫底边

（1）将前后衣片正面相合，前片在下，后片在上，摆缝对齐，腰节线钉对准，以 1cm 缝头用扎线定好。

(2)车缉摆缝,缝头 1cm 缉线应顺直,上下层松紧一致。缉完查看满意后拆去扎线,将摆缝缝头分开烫平。

(3)车缉里子摆缝,并将里子摆缝缝头朝后身烫倒。

(4)按照线钉将前后衣片底摆烫直、烫顺,离底摆 1.5cm 扣烫里子底边。将面、里缝子对准,做好定位标记。将面、里翻出,面、里贴边正面相合,以 1cm 缝头合缉并将贴边缝头与大身缝头固定,线要松,不能缝穿面料。

(5)将大身领圈用倒钩针一圈钩好,或用斜丝牵带沿净样粘烫以免领圈、变形。倒钩针离边 0.7cm。

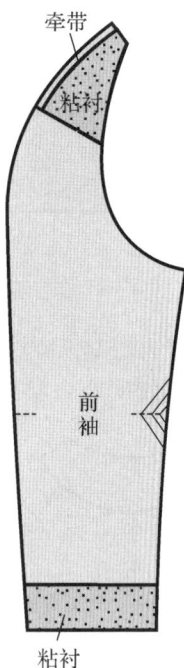

图 5-5-20 归拔袖片

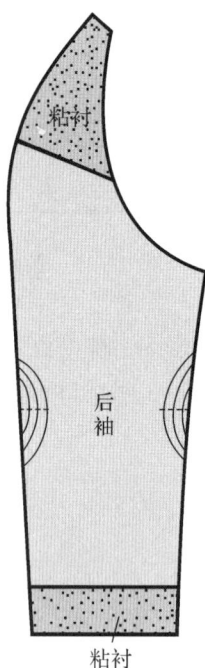

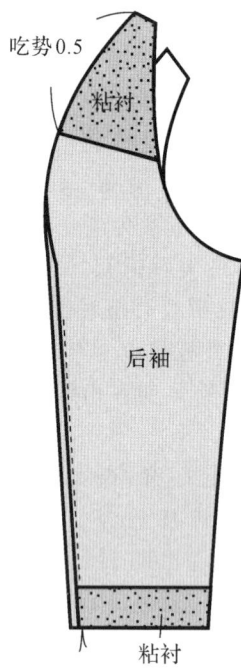

图 5-5-21 车缝袖缝

9. 做袖

(1)沿前插肩袖缝烫上粘牵带,将前袖袖底缝的袖肘处适当拔开,后袖袖底缝袖肘处则略为归拢(见图 5-5-20)。

(2)前后袖片正面相合,前、后袖缝头为 1.2cm,缝缉连肩缝。后肩缝上部吃进 0.5cm,袖口净缝线上 4~6cm 处夹入袖襻一起缉住(见图 5-5-21)。

(3)把连肩缝缝头先分烫开,然

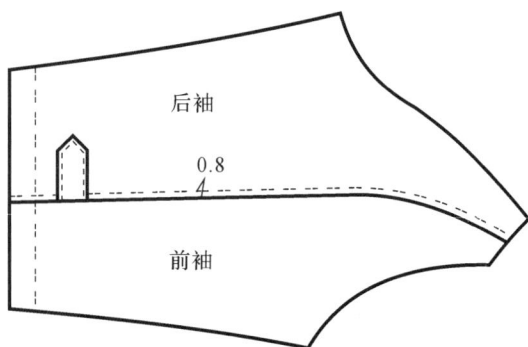

图 5-5-22 车缝袖缝明线

后再向后袖坐倒烫平,翻到正面,烫平缝子,在后袖一侧压 0.8cm 明止口(见图 5-5-22)。

(4)按照线钉扣烫袖口贴边,拔去线钉,袖子上口领圈处烫上粘牵带(见图 5-5-23)。然后合缉袖底缝,并在袖凳上将缝头分开烫平服,将袖口熨烫顺直。

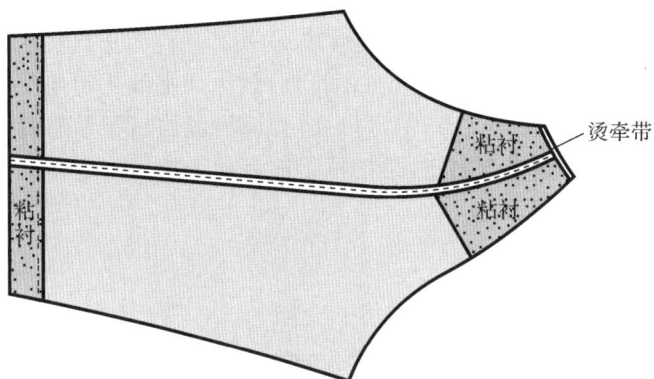

图 5-5-23　烫牵带

图 5-5-24　面、里袖口缝合

(5)将袖里拼缉好,袖里缝头向后袖片烫倒。然后缝合面里袖口,将袖子面、里反面在外,袖口相对,将贴边翻起的袖面袖口套入袖里袖口,面、里袖口缝头对齐,兜缉一周(见图 5-5-24)。

(6)按 1cm 缝头将袖口贴边缝头用三角针与大身绷牢,绷线应松些,袖子正面不能有印迹。并用手缝针将袖里缝头缝好,离袖子上口 10cm,将面、里扎定(见图 5-5-25)。

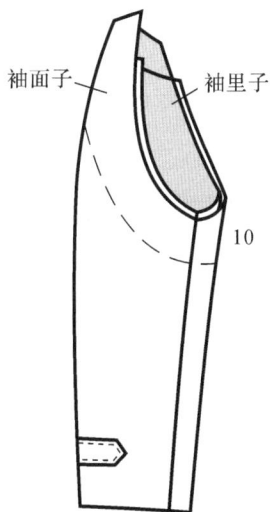

图5-5-25　整烫(理)袖子

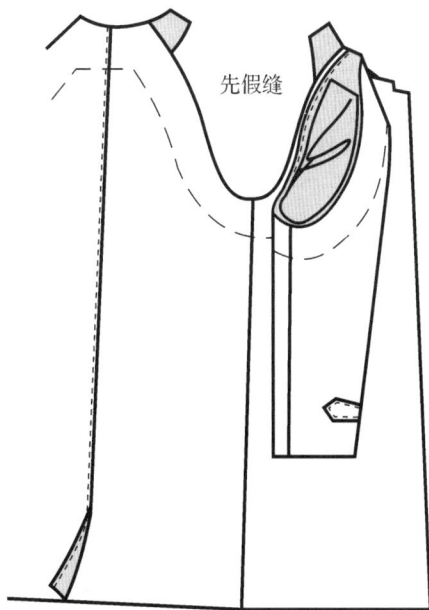

图5-5-26　绱袖子

10. 绱袖

(1)将左右两袖袖山和袖窿进行比较,对袖子的松度与吃势做到心中有数,并做好装袖对位标记。

（2）可先装左袖，将袖子与衣片正面相合，让缝头对齐，装袖眼刀对准，从前领圈开始以1cm缝头假缝。袖底缝、摆缝口对准，应缝线顺直，吃势均匀，缝定后用熨斗烫平，放到人台上细看袖底是否圆顺，吃势是否均匀，合格后再假缝另一只袖子，观看两袖是否对称，满意后再车缝缉，车缝时要上下松紧一致，缉线顺直（见图5-5-26）。

（3）先将装袖缝头分开烫平，再让缝头朝袖子一侧坐倒，在缝子正面的袖子一侧缉压0.8cm明止口。前身明止口应从前领圈起针到胸宽点止（约17cm长），后身明止口从后领圈起针到背宽点止（约18cm长），胸宽点及背宽点收针处可不打倒回针，而把线头引向反面打结。用同样方法将袖里装到大身里子上（见图5-5-27），然后将挂面肩缝与后领贴肩缝缝合并分开烫平，用手缝针将肩垫与面子肩缝缝合固定，再把里子前后袖上端尚未缝住的部分缝合。

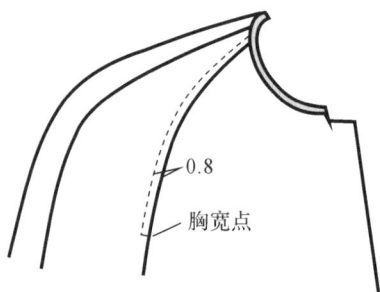

图 5-5-27　缉压袖缝明线

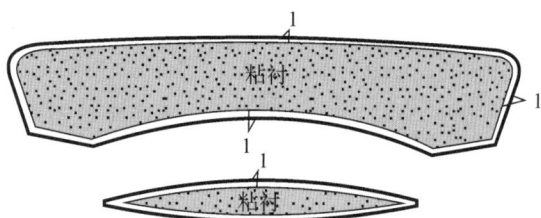

图 5-5-28　修准领面、领角

11. 做领

（1）修准领面与领脚（见图5-5-28）。

（2）分别拼合领子面、里的领脚，并将缝头分开烫平服，拼缝两侧缉压0.1cm明止口。

（3）缝合领外口。将领里、领面正面相合，外口对齐，领角两侧拉紧领里，领面略吃进0.3cm，按净线外0.1cm缝合领外口（见图5-5-29）。

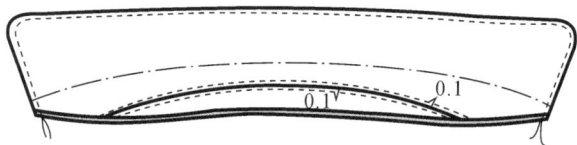

图 5-5-29　拼缉领子面、里脚和兜缉领子外口

（5）领面留缝头0.3cm，领角留缝头0.2cm，修剪领止口。抻平领止口，领里坐进0.1cm，在领里一侧将领止口烫顺、烫薄，再翻到领面一侧盖布、喷水，将领子烫平服。

（6）按照翻领线折转烫好领子，修齐底领外沿，做好装领对刀标记。沿边0.7cm缉一道将底领面、里缉住，以保持领子的翻转窝势（见图5-5-30）。最后在领外口缉压0.8cm明止口。

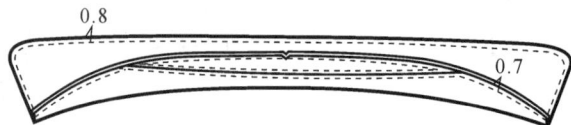

图 5-5-30　修剪、整烫领子和缉压领子明线

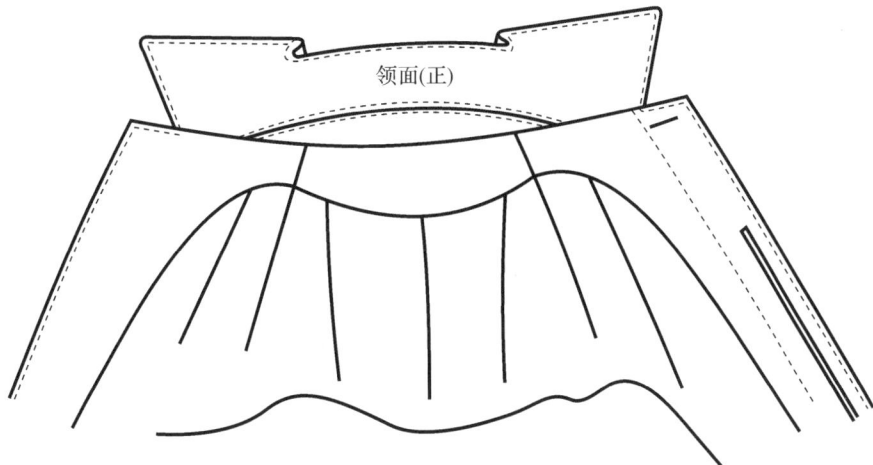

图 5-5-31　绱领子

12. 绱领

（1）将衣身面、里反面翻出，正面相合，领口对齐，将做好的领子夹入其中（领里与大身正面相合，领面与里子正面相合），后中、肩缝眼刀对准。将领子与大身领圈以 0.7cm 缝头扎定，再将里子领圈以 0.7cm 缝头扎定，然后里子在下，领子居中，大身在上以 0.8～1cm 缝头"一把绱"将领子绱住（也可以分别绱住）。

（2）将整衣从背衩处翻出，装领缝头朝大身坐倒，把领圈熨烫平服（见图 5-5-31）。

13. 缉止口

缉门襟止口。先将门襟止口喷水、盖布、烫薄、烫顺，再缉压 0.8cm 止口，要求止口顺直，宽窄一致。

14. 锁眼

（1）第一扣眼为明眼，锁在左片大身正面，位于领口下 2cm 处，离门襟止口向内 2.5cm，眼大 2.7cm。

（2）第二、三、四、五扣眼为暗眼，锁在左片挂面的暗门襟开口里侧，间距 12cm，离暗门襟开口 0.5cm，两扣眼间暗门襟开口用线缝住。

（3）左右袖襻各锁扣眼 1 只，扣眼离袖襻尖端 1.5cm，高低居中。

15. 缉暗门襟止口

将暗门襟面、里放平，在左前片上划出暗门襟止口粉印，止口宽 6cm。用线将止口扎定，自领口开始沿粉印缉压暗门襟止口。为保证上下层松紧一致，应用镊子推送上层或用硬纸板压着缉（见图 5-5-32）。

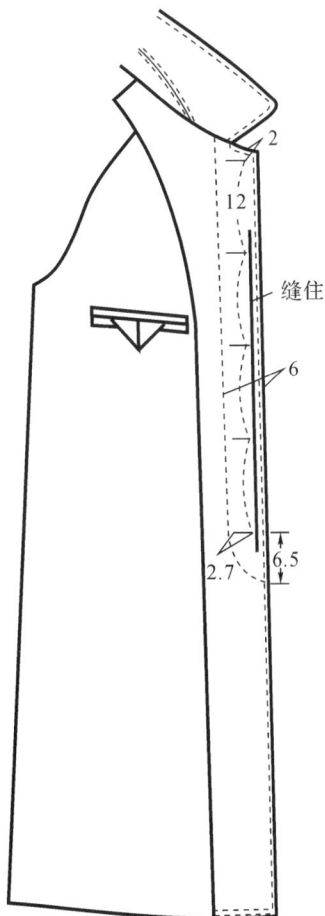

图 5-5-32　缉门襟止口、锁眼

16.钉扣

左右衣片门襟对齐,按照眼位在右衣片上划相应纽扣位,用线钉上纽扣。并将袖襻拉挺,依眼位在后袖片相应位置钉上纽扣。

17.整烫

(1)烫门襟、里襟。将衣服门襟(里襟)放平,正面朝上,用蒸汽熨斗将止口烫直、烫顺,趁热用烫木使劲压一下,使止口变薄变挺。

(2)烫领子、领圈。先将领子放平,在领面一侧用蒸汽熨烫,将领止口熨烫平薄。然后按照翻领线将领子折转熨烫,并将领角烫出窝势,顺势在铁凳上将领圈熨烫平服。

(3)烫后背、背衩。将衣服后背放平,正面朝上,背缝、背衩拉挺摆正,用蒸汽熨斗熨烫,将背缝烫直,背衩烫顺、烫服帖。

(4)烫底边。将衣服底边正面朝上放平摆顺,用蒸汽熨斗将底边烫顺、烫实,并将里子贴边坐势烫好。

(5)烫袖子。在铁凳上将装袖缝逐段熨烫平服,在袖凳上将连肩缝烫直、烫顺。

(6)烫口袋。将口袋正面朝上放平,将其熨烫平服、端正。

八、男大衣缝制工艺质量要求与评分参考标准(总分 100)

(1)规格尺寸符合标准与要求。(15分)

(2)领子:两领角长短一致,里紧外略松,有窝势。领面无起皱,无起泡,绱领,门襟和里襟上口平直,缉线止口宽窄一致,无涟形,左右对称,准确无歪斜。针脚整齐无跳针(20分)

(3)袖子:两袖长短、宽窄一致,缉明线止口顺直,左右袖平服对称,绱袖吃势均匀。(20分)

(4)口袋:前片口袋左右对称、长短一致,缉明线止口顺直,宽窄一致、缉线平服。(10分)

(5)后背部平服,背缝后开衩顺直,无弯曲现象。(10分)

(6)卷底边宽窄一致,门襟长短一致,纽扣高低对齐。(10分)

(7)线头修净。缉线不可有跳针或浮线。(5分)

(8)整烫平挺,无烫黄现象,无污渍,无极光,无水花。(10分)

思考与训练

1.男大衣暗门襟有哪几种缝制方法,具体缝制有什么区别?

2.插肩袖的缝制方法有哪几种,各有什么特点?

3.缝制男大衣后开衩时要注意些什么?